"十二五"普通高等教育本科国家级规划教材
高等教育安全工程系列"十一五"规划教材
高等院校安全工程类特色专业系列规划教材

矿山安全工程

主　编　金龙哲
副主编　张英华　蒋仲安　栗婧
参　编　（按姓氏笔画排列）
　　　　牛　伟　刘双跃　刘　建　朱红青　杜翠凤　汪　声
　　　　欧盛南　栗继祖　黄志安　程五一　谢振华
主　审　傅　贵

机械工业出版社

本书详细阐述了矿山安全工程的相关理论与实际应用技术,主要内容包括:矿山安全概论,矿山通风技术,矿山粉尘防治技术,矿山瓦斯防治技术,矿井火灾防治技术,矿山水灾防治技术,矿山尾矿库安全技术,露天矿边坡稳定技术,矿山应急救援等。本书理论与实际应用相结合,具有很高的实践性。

本书主要作为高等院校安全科学与工程、矿业工程类专业本科生、研究生教材,也可供从事矿山安全生产的工程技术人员和管理人员学习参考。

图书在版编目(CIP)数据

矿山安全工程/金龙哲主编. —北京:机械工业出版社,2011.10
(2025.2重印)
　高等教育安全工程系列"十一五"规划教材
　ISBN 978-7-111-35627-1

Ⅰ.①矿… Ⅱ.①金… Ⅲ.①矿山安全—安全工程—高等学校—教材
Ⅳ.①TD7

中国版本图书馆 CIP 数据核字(2011)第 164215 号

机械工业出版社(北京市百万庄大街22号　邮政编码100037)
策划编辑:冷　彬　责任编辑:冷　彬　版式设计:霍永明
责任校对:佟瑞鑫　封面设计:张　静　责任印制:常天培
固安县铭成印刷有限公司印刷
2025年2月第1版第7次印刷
184mm×260mm ・20.5 印张・504 千字
标准书号:ISBN 978-7-111-35627-1
定价:59.00元

电话服务　　　　　　　网络服务
客服电话:010-88361066　　机 工 官 网:www.cmpbook.com
　　　　　010-88379833　　机 工 官 博:weibo.com/cmp1952
　　　　　010-68326294　　金 　书 　网:www.golden-book.com
封底无防伪标均为盗版　机工教育服务网:www.cmpedu.com

安全工程专业教材编审委员会

主 任 委 员： 冯长根

副主任委员： 王新泉 吴 超 燕军成

委　　　员：（排名不分先后）

　　　　　　　冯长根 王新泉 吴 超 蒋军成 沈斐敏 钮英建

　　　　　　　霍 然 孙 熙 王保国 金龙哲 王述洋 刘英学

　　　　　　　张俭让 司 鹄 王凯全 董文庚 景国勋 柴建设

　　　　　　　周长春 冷 彬

序

"安全工程"本科专业是在1958年建立的"工业安全技术"、"工业卫生技术"和1983年建立的"矿山通风与安全"本科专业基础上发展起来的。1984年,国家教委将"安全工程"专业作为试办专业列入普通高等学校本科专业目录之中。1998年7月6日,教育部发文颁布《普通高等学校本科专业目录》,"安全工程"本科专业(代号:081002)属于工学门类的"环境与安全类"(代号:0810)学科下的两个专业之一㊀。据"高等院校安全工程专业教学指导委员会"1997年的调查结果显示,自1958~1996年年底,全国各高校累计培养安全工程专业本科生8130人。近年,安全工程本科专业得到快速发展,到2005年年底,在教育部备案的设有安全工程本科专业的高校已达75所,2005年全国安全工程专业本科招生人数近3900名。

按照《普通高等学校本科专业目录》(1998)的要求,原来已设有与"安全工程专业"相近但专业名称有所差异的高校,现也大都更名为"安全工程"专业。专业名称统一后的"安全工程"专业,专业覆盖面大大拓宽。同时,随着经济社会发展对安全工程专业人才要求的更新,安全工程专业的内涵也发生很大变化,相应的专业培养目标、培养要求、主干学科、主要课程、主要实践性教学环节等都有了不同程度的变化,学生毕业后的执业身份是注册安全工程师。但是,安全工程专业的教材建设与专业的发展出现尚不适应的新情况,无法满足和适应高等教育培养人才的需要。为此,组织编写、出版一套新的安全工程专业系列教材已成为众多院校的翘首之盼。

机械工业出版社是有着50多年历史的国家级优秀出版社,在高等学校安全工程学科教学指导委员会的指导和支持下,根据当前安全工程专业教育的发展现状,本着"大安全"的教育思想,进行了大量的调查研究工作,聘请了安全科学与工程领域一批学术造诣深、实践经验丰富的教授、专家,组织成立了"安全工程专业教材编审委员会"(以下简称"编审委"),决定组织编写"高等教育安全工程系列"十一五"规划教材"㊁。并先后于2004.8(衡阳)、2005.8(葫芦岛)、2005.12(北京)、2006.4(福州)组织召开了一系列安全工程专业本科教材建设研讨会,就安全工程专业本科教育的课程体系、课程教学内容、教材建设等问题反复进行了研讨,在总结以往教学改革、教材编写经验的基础上,以推动安全工程专业教学改革和教材建设为宗旨,进行顶层设计,制订总体规划、出版进度和编写原则,计划分期分批出版30余门课程的教材,以尽快满足全国众多院校的教学需要,以后再根据专业方向的需要逐步增补。

㊀ 按《普通高等学校本科专业目录》(2012版),"安全工程"本科专业(专业代码:082901)属于工学学科的"安全科学与工程"类(专业代码:0829)下的专业。

㊁ 自2012年更名为"高等教育安全科学与工程类系列规划教材"。

由安全学原理、安全系统工程、安全人机工程学、安全管理学等课程构成的学科基础平台课程，已被安全科学与工程领域学者认可并达成共识。本套系列教材编写、出版的基本思路是，在学科基础平台上，构建支撑安全工程专业的工程学原理与由关键性的主体技术组成的专业技术平台课程体系，编写、出版系列教材来支撑这个体系。

本系列教材体系设计的原则是，重基本理论，重学科发展，理论联系实际，结合学生现状，体现人才培养要求。为保证教材的编写质量，本着"主编负责，主审把关"的原则，编审委组织专家分别对各门课程教材的编写大纲进行认真仔细的评审。教材初稿完成后又组织同行专家对书稿进行研讨，编者数易其稿，经反复推敲定稿后才最终进入出版流程。

作为一套全新的安全工程专业系列教材，其"新"主要体现在以下几点：

体系新。本套系列教材从"大安全"的专业要求出发，从整体上考虑、构建支撑安全工程学科专业技术平台的课程体系和各门课程的内容安排，按照教学改革方向要求的学时，统一协调与整合，形成一个完整的、各门课程之间有机联系的系列教材体系。

内容新。本套系列教材的突出特点是内容体系上的创新。它既注重知识的系统性、完整性，又特别注意各门学科基础平台课之间的关联，更注意后续的各门专业技术课与先修的学科基础平台课的衔接，充分考虑了安全工程学科知识体系的连贯性和各门课程教材间知识点的衔接、交叉和融合问题，努力消除相互关联课程中内容重复的现象，突出安全工程学科的工程学原理与关键性的主体技术，有利于学生的知识和技能的发展，有利于教学改革。

知识新。本套系列教材的主编大多由长期从事安全工程专业本科教学的教授担任，他们一直处于教学和科研的第一线，学术造诣深厚，教学经验丰富。在编写教材时，他们十分重视理论联系实际，注重引入新理论、新知识、新技术、新方法、新材料、新装备、新法规等理论研究、工程技术实践成果和各校教学改革的阶段性成果，充实与更新了知识点，增加了部分学科前沿方面的内容，充分体现了教材的先进性和前瞻性，以适应时代对安全工程高级专业技术人才的培育要求。本套教材中凡涉及安全生产的法律法规、技术标准、行业规范，全部采用最新颁布的版本。

安全是人类最重要和最基本的需求，是人民生命与健康的基本保障。一切生活、生产活动都源于生命的存在。如果人们失去了生命，一切都无从谈起。全世界平均每天发生约68.5万起事故，造成约2200人死亡的事实，使我们确认，安全不是别的什么，安全就是生命。安全生产是社会文明和进步的重要标志，是经济社会发展的综合反映，是落实以人为本的科学发展观的重要实践，是构建和谐社会的有力保障，是全面建设小康社会、统筹经济社会全面发展的重要内容，是实施可持续发展战略的组成部分，是各级政府履行市场监管和社会管理职能的基本任务，是企业生存、发展的基本要求。国内外实践证明，安全生产具有全局性、社会性、长期性、复杂性、科学性和规律性的特点，随着社会的不断进步，工业化进程的加快，安全生产工作的内涵发生了重大变化，它突破了时间和空间的限制，存在于人们日常生活和生产活动的全过程中，成为一个复杂多变的社会问题在安全领域的集中反映。安全问题不仅对生命个体非常重要，而且对社会稳定和经济发展产生重要影响。党的十六届五中全会首次提出"安全发展"的重要战略理念。

安全发展是科学发展观理论体系的重要组成部分，安全发展与构建和谐社会有着密切的内在联系，以人为本，首先就是要以人的生命为本。"安全·生命·稳定·发展"是一个良性循环。安全科技工作者在促进、保证这一良性循环中起着重要作用。安全科技人才匮乏是我国安全生产形势严峻的重要原因之一。加快培养安全科技人才也是解开安全难题的钥匙之一。

高等院校安全工程专业是培养现代安全科学技术人才的基地。我深信，本套系列教材的出版，将对我国安全工程本科教育的发展和高级安全工程专业人才的培养起到十分积极的推进作用，同时，也为安全生产领域众多实际工作者提高专业理论水平提供了学习资料。当然，由于这是第一套基于专业技术平台课程体系的教材，尽管我们的编审者、出版者夙兴夜寐，尽心竭力，但由于安全学科具有在理论上的综合性与应用上的广泛性相交叉的特性，开办安全工程专业的高等院校所依托的行业类型又涉及军工、航空、化工、石油、矿业、土木、交通、能源、环境、经济等诸多领域，安全科学与工程的应用也涉及人类生产、生活和生存的各个方面，因此，本套系列教材依然会存在这样和那样的缺点、不足，难免挂一漏万，诚恳地希望得到有关专家、学者的关心与支持，希望选用本套教材的广大师生在使用过程中给我们多提意见和建议。谨祝本系列教材在编者、出版者、授课教师和学生的共同努力下，通过教学实践，获得进一步的完善和提高。

"嘤其鸣矣，求其友声"，高等院校安全工程专业正面临着前所未有的发展机遇，在此我们祝愿各个高校的安全工程专业越办越好，办出特色，为我国安全生产战线输送更多的优秀人才。让我们共同努力，为我国安全工程教育事业的发展作出贡献。

中国科学技术协会书记处书记[一]
中国职业安全健康协会副理事长
中国灾害防御协会副会长
亚洲安全工程学会主席
高等学校安全工程学科教学指导委员会副主任
安全工程专业教材编审委员会主任
北京理工大学教授、博士生导师

冯长根

2006年5月

[一] 现任中国科学技术协会副主席。

前　言

我国是矿产资源最丰富的国家之一，矿产资源是我国国民经济的基础产业。新中国成立以来，尤其是改革开放以来，我国在矿产资源的开发利用方面得到了很大的发展，取得了长足的进步。我国原煤产量由1949年的3200万吨、改革开放初期的6亿吨左右，提高到2008年的27.16亿吨、2009年的30.5亿吨，生产力水平大幅度提高，建成了一批国际领先、高产高效的矿井，初步健全了比较完整的技术保障体系；产业结构调整取得重大进展，行业整体效益不断增加。有今天这样一个喜人的发展局面，正是由于在党和政府的重视下，矿山行业广大科技人员通过坚持不懈的探索和实践，在矿山建设、生产管理各个领域创造了多项优秀科技成果并进行了多项技术与管理的改革。

但是，由于我国矿产资源赋存与地质条件复杂多样，而且煤炭生产95%以上是井工开采，受瓦斯、水、火、粉尘、顶板、煤与瓦斯突出、冲击矿压等煤矿灾害的威胁严重；非煤矿山种类多、规模小、户数多、分布广、基础差、所有制成分复杂，增加了非煤矿山的安全管理难度，坍塌、爆破、尾矿库垮塌、透水、窒息、冒顶、火灾、机械、爆炸等事故层出不穷，重特大事故时有发生，矿山安全生产形势在我国工业企业中依然相当严峻，且任重而道远。

为了研究和总结矿山灾害防治的最新理论与技术，全面系统地集成矿山安全最新的科技成果，我们编写了《矿山安全工程》一书。希望本书的出版能为我国矿山工业的安全发展提供更好的智力支持和技术保障。

全书不仅介绍本学科前沿的理论与技术，同时把传统的、目前行之有效的理论、技术、措施有机地结合起来。力求做到系统、权威、全面，结构新颖，具备较高的科技含量。全书贯穿了资源—经济—安全协调可持续发展的理念、企业的社会责任，并力求向读者简要展示全球矿业的前沿科学技术和管理经验，以及未来的发展趋势。

全书共分九章，内容涵盖了矿山安全的各个方面。其中：

第1章，矿山安全概论，由金龙哲、栗婧编写；

第2章，矿山通风技术，由蒋仲安、杜翠凤、牛伟编写；

第3章，矿山粉尘防治技术，由金龙哲、刘建、欧盛南、程五一编写；

第4章，矿山瓦斯防治技术，由张英华、黄志安、朱红青编写；

第5章，矿井火灾防治技术，由谢振华编写；

第6章，矿山水灾防治技术，由刘双跃编写；

第 7 章，矿山尾矿库安全技术，由谢振华编写；

第 8 章，露天矿边坡稳定技术，由金龙哲、栗婧编写；

第 9 章，矿山应急救援，由刘建、汪声、栗婧、栗继祖编写。

全书由北京科技大学金龙哲教授总体策划构思，提出总体编写思路，制定总体框架，确定编写原则和各篇章内容，在编写过程中程五一、栗继祖、朱红青参与了讨论与修改，由金龙哲总体统稿。

本书在编写过程中参阅了大量的文献，在此，对所引用的参考文献的作者表示衷心的感谢。

由于编者水平有限，难免有不妥之处，恳请读者提出批评意见，指出不足之处！

编　者

目 录

序
前言

第1章 矿山安全概论 … 1
 第一节 矿山灾害概况 … 1
 第二节 我国矿山灾害治理战略 … 13
 第三节 矿山安全技术发展 … 15

第2章 矿山通风技术 … 20
 第一节 矿内空气 … 20
 第二节 矿井通风阻力 … 26
 第三节 矿井通风动力 … 30
 第四节 局部通风 … 38
 第五节 采区通风 … 47
 第六节 通风网络风量分配 … 56
 第七节 矿井通风系统设计 … 61
 第八节 矿井通风新技术 … 65
 第九节 通风检测检验技术 … 68
 本章习题 … 80

第3章 矿山粉尘防治技术 … 82
 第一节 矿井防尘的理论基础 … 82
 第二节 采掘工作面防尘技术 … 89
 第三节 物理化学降尘技术 … 101
 第四节 个体防护技术 … 108
 本章习题 … 109

第4章 矿山瓦斯防治技术 … 111
 第一节 煤矿瓦斯概述 … 111
 第二节 瓦斯致灾类型 … 118
 第三节 瓦斯治理技术 … 131
 本章习题 … 146

第5章 矿井火灾防治技术 … 147
 第一节 矿井火灾概述 … 147
 第二节 矿井内因火灾及其预防 … 150
 第三节 矿井外因火灾及其预防 … 167
 第四节 矿井灭火技术 … 170
 第五节 火区封闭及管理 … 174
 本章习题 … 178

第6章 矿山水灾防治技术 … 179
 第一节 矿井水灾概述 … 179
 第二节 矿井充水条件分析 … 185
 第三节 矿井突水与水量估算 … 190
 第四节 矿井水害防治技术 … 194
 本章习题 … 209

第7章 矿山尾矿库安全技术 … 210
 第一节 矿山尾矿库概述 … 210
 第二节 尾矿库和尾矿坝的类型和特征 … 215
 第三节 尾矿库的安全运行 … 222
 第四节 尾矿坝的维护 … 230
 第五节 尾矿库安全管理 … 236
 本章习题 … 241

第8章 露天矿边坡稳定技术 … 242
 第一节 边坡稳定性的基本概念 … 242
 第二节 影响边坡稳定的因素 … 248
 第三节 边坡稳定性监测与检测 … 260
 第四节 滑坡的防治 … 266
 本章习题 … 272

第9章 矿山应急救援 … 273
 第一节 矿山应急救援体系 … 273
 第二节 矿山事故灾害应急预案 … 275
 第三节 矿山救护 … 286
 本章习题 … 314

参考文献 … 315

第1章

矿山安全概论

矿山是工业生产各行业中风险最高的行业，具有劳动密集型生产特点。矿山生产与其他生产活动一样，是人类利用自然创造物质文明的过程。在这一过程中，人类会遇到而且必须克服许多来自自然界的不安全因素。在矿山生产过程中，人们要利用许多工程技术措施、机械设备和各种物料，相应地，它们也带给人们许多不安全因素。人们一旦忽略了对不安全因素的控制或者控制不力，则将导致矿山事故。矿山事故不仅妨碍矿山生产的正常进行，而且可能造成人员伤亡、财产损失和环境污染。因此，搞好矿山安全生产是保护人员生命健康、顺利进行矿山生产的前提和保证。

矿山安全工程是伴随着矿山生产的出现而出现的，又随着矿山生产技术的发展而不断发展。工业革命以后，矿山生产中广泛使用机械、电力及烈性炸药等新技术、新设备、新能源，使矿山生产效率大幅度提高。同时，采用新技术、新设备、新能源也带来了新的不安全因素，导致矿山事故频繁发生，事故伤害和职业病人数急剧增加。

第一节 矿山灾害概况

安全生产是矿业生产的头等大事。经过广大矿业职工的长期艰苦努力，我国矿山安全状况整体稳定、趋于好转，但形势依然严峻，重特大灾害事故还时有发生。本节主要介绍我国矿山灾害概况、特征以及主要成因。

一、非煤矿山灾害基本情况

非煤矿山是指除煤矿（含石煤）以外的所有金属和非金属矿山，具体包括：金矿、锡矿、锑矿、铅锌矿、钒矿、铀矿、瓷土矿、石灰石矿（场）、建筑用砂、石矿、青石矿、铜矿、钨矿、花岗岩矿、萤石矿、砖瓦粘土场以及石油、天然气等。

我国非煤矿山非常多，由于小规模及个体经营的较多，因此，很难做出完整的统计。从安全状况相对较好的企业的统计数据便可见一斑。截至2006年底，全国已取得安全生产许可证的非煤矿山共有91998座，其中金属矿山8301座，占总数的9.02%，非金属矿山80702座，占总数的87.72%，其他矿山2995座，占总数的3.26%。此外，还有6630座在建矿山。

非煤矿山采选业是国民经济高速发展的重要基础，其生产总值约占全国GDP总值的1%。然而，目前我国非煤矿山生产深受重大事故灾害的困扰，是仅次于交通和煤炭矿山的第三大危险性行业。

（一）我国非煤矿山安全现状

种类多、规模小、户数多、分布广、基础差、所有制成分复杂，是我国的非煤矿山的显著特点，这些特点大大增加了非煤矿山的安全管理难度，坍塌、爆破、尾矿库垮塌、透水、窒息、冒顶、火灾、机械、爆炸等事故层出不穷。

非煤矿山一直是事故的多发领域，我国非煤矿山安全生产形势一直严峻。例如，2001年7月17日，广西南丹县龙泉矿冶总厂所属拉甲坡矿3号作业面发生透水事故，81人死亡，直接经济损失8000余万元；2003年"12·23"开县井喷失控事故，罗家16H井在起钻过程中，大量含有高浓度硫化氢的天然气喷出并迅速扩散，因为没有及时点火，结果造成243人死亡，2142人中毒住院治疗，6.5万名当地居民被迫紧急疏散；2008年9月8日，山西省临汾市襄汾县新塔矿业有限公司（以下简称新塔矿）发生尾矿库特别重大溃坝事故，造成277人死亡；2009年9月8日，河南省灵宝市金源矿业公司第五分公司王家峪矿井下发生火灾事故，死亡13人。

非煤矿山事故的主要特点是：个体、集体、私营企业的事故次数和死亡人数所占比重较大；有色金属、非金属矿采选业的事故次数和伤亡人数较多，且呈明显上升趋势；事故发生的主要类型是物体打击、冒顶片帮、高处坠落、坍塌和放炮等；事故发生区域相对集中。

近些年来，通过非煤矿山安全专项整治工作的开展和安全生产许可制度的实施，全国非煤矿山安全生产状况得到了较大改善，死亡人数逐年下降。非煤矿山安全生产形势保持了总体稳定、趋于好转的发展态势。但非煤矿山伤亡事故总量过大，重大、特大事故多发的势头还没有得到有效遏制，非法、违法生产现象严重，安全生产形势依然严峻。

（二）非煤矿山灾害主要类型及致灾因子

1. 冒顶片帮和坍塌

冒顶片帮和坍塌由于其发生的偶然性和普遍性，一直是最受关注的矿山安全生产问题。

2. 地下水灾害

地下水灾害主要表现为突水淹井、海水入侵、破坏水资源、产生井下泥石流、引起地面塌陷等，给采矿安全带来危险，甚至危及矿山生存。

3. 尾矿坝废石场崩塌、滑坡、泥石流

我国矿山历年废石的堆存量已达127亿吨，金属矿尾矿累计堆存量已达50余亿吨，许多废石、尾矿堆场因处置不当或受地形、气候条件及人为因素的影响，易于发生崩塌、滑坡、泥石流等事故，给人民生命财产和环境带来重大损失。

4. 采空区失稳和塌陷

我国地下矿山应用空场采矿法非常普遍，保守估计应用空场法的金属矿山比重高达30%~40%，空场采矿不断扩大和积累的地下采空区以及引发的塌陷等，给我国地下矿山的安全生产带来了巨大损失。据不完全统计，我国因采矿引起的塌陷面积已达$1150km^2$，发生采矿塌陷灾害的矿业城市有30多个，每年因地面塌陷造成的损失达4亿元以上。

5. 露天矿边坡滑坡

随着露天矿山开采深度的增加，其边坡高度也在加大，滑坡等失稳现象逐年增多。根据我国大中型露天矿山的不完全统计，不稳定边坡或具有潜在滑坡危险的边坡，占矿山边坡总量的15%~20%，个别矿山高达30%。

6. 中毒窒息

非煤矿山在生产过程中，爆破是主要的作业工序，而炸药爆炸后产生的一氧化碳、二氧化碳和氮氧化物等有毒有害气体，如不及时排出，很可能导致作业人员中毒窒息，也就是人们常说的"烟炮中毒"，它直接危害职工的健康和生命安全。

7. 爆破事故

爆破作业是矿山开采中必不可少的工序，爆破事故也是矿山常见的伤亡事故之一。爆炸物品从采购、运输、储存、保管、分发、加工、使用等全过程稍有不慎将会发生严重事故，不但造成矿山系统的破坏，而且导致作业人员的伤亡，后果严重。

8. 电气事故

非煤矿山生产系统和辅助系统均使用较多的电气设备，电气设备和设施如果长时间超负荷运行，产生大量热量，导致电气设备内部绝缘体破坏，保护监测装置失效，造成火灾、爆炸；另外，配电线路、开关、熔断器、插销座、照明电器、电动机等均有可能引起电伤害，也可能成为火灾的引燃源。电气危害的主要表现形式是电气火灾危害和触电危害。

9. 粉尘危害

非煤矿山生产过程中，不可避免地会有大量矿岩粉尘的产生，粉尘是随着爆破以及凿岩、耙矿、溜矿、装卸矿、破碎矿石等作业的进行而不断产生的，它是矿山采矿各个环节普遍存在的一种有害杂质。其中粒径小于 $5\mu m$ 的为呼吸性粉尘，小颗粒越多，分散度就越高。据有关资料介绍，井下粉尘产生的比例是：凿岩占 41.3%，爆破占 45.6%，装运矿（岩）石占 13.1%。在湿式凿岩作业的条件下，粒径 $5\mu m$ 以下的粉尘占 80%～90%。

（三）事故总量分析

2009 年，全国金属非金属矿山共发生生产安全事故 1230 起、死亡 1542 人，同比分别减少 186 起、525 人，下降 13.1% 和 25.4%。其中较大事故 45 起、死亡 176 人。重大事故 4 起、死亡 70 人。2010 年 1～3 月，全国金属、非金属矿山共发生生产安全事故 153 起、死亡 209 人，同比减少 52 起、54 人，分别下降 25.4% 和 20.5%。其中较大事故 11 起、死亡 50 人。

（四）事故类别分析

从事故总量来看，物体打击、冒顶片帮、高处坠落事故起数居前三位；坍塌、物体打击、冒顶片帮事故死亡人数居前三位。从事故下降幅度来看，各类煤矿事故总体均下降，放炮、坍塌、物体打击年均下降幅度最大。

在 2002～2009 年发生的非煤矿山事故中，事故起数和死亡人数按照事故类型分类详见图 1-1。

（五）重特大事故分析

2002～2009 年，重特大事故总数有较大幅度下降，8 年共发生 21 起、死亡 959 人。

从事故类别分析，坍塌、中毒和窒息、爆炸，无论是事故起数还是死亡人数，均居重特大事故前三位。2002～2009 年重特大事故中，坍塌事故 8 起、死亡 441 人，分别占总量的 38.10% 和 45.99%；中毒和窒息事故 5 起、死亡 351 人，分别占总量的 23.81% 和 36.60%；爆炸事故 3 起、死亡 63 人，分别占总量的 14.29% 和 6.57%；透水事故 2 起、死亡 46 人，分别占总量的 9.52% 和 4.80%；淹溺事故 1 起、死亡 19 人，分别占总量的 4.76% 和 1.98%；高处坠落事故 1 起、死亡 26 人，分别占总量的 4.76% 和 2.71%；冒顶、片帮事故 1 起、死亡 13 人，分别占总量的 4.76% 和 1.36%。

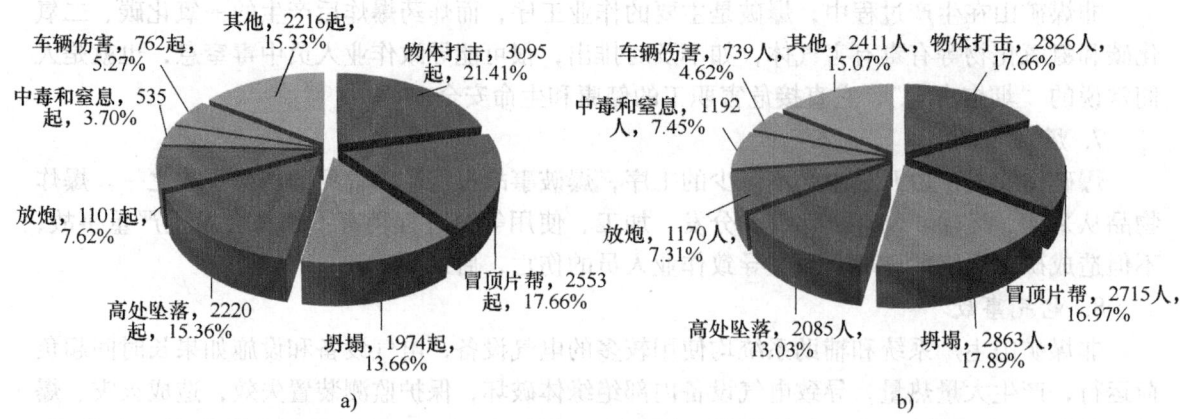

图1-1 2002~2009年全国非煤矿山事故按事故类型分析图
a) 事故起数 b) 死亡人数

（六）非煤矿山事故主要原因

1. "三违"现象严重，生产场所环境不良

据统计，违章指挥、违章作业、违反劳动纪律（简称"三违"）和生产场所环境不良导致的事故占总量的60%左右，其中"三违"导致的事故占35%左右，生产场所环境不良导致的事故占25%左右。

2. 开采规模过小，安全生产条件差

经营非煤矿山的绝大多数是私营小企业，非煤矿山"多、小、散"的状况普遍存在，小型矿山占99%以上，生产工艺技术落后，装备水平和技术含量低，安全管理差，大量的地下矿山未建立完善的通风系统。从事故分析可以看出，事故总量比较大的省（区），多数也是非煤矿山数量多、经济欠发达的地区。2006年18起一次死亡3人以上的放炮事故中，有10起为炮烟中毒事故，这些矿井均未实行机械通风，且在作业前未对井下空气质量进行检查。

3. 矿山技术力量薄弱，职工缺乏安全知识

多数非煤矿山是简易投产，短期行为严重，没有配备安全、技术、通风、地质、测量等必要的专业技术人员，难以发现在生产中存在的重大安全隐患。从业人员普遍文化水平低，尤其是大量的小型采石场，几乎都是私营个体矿山，从业人员多数是农民，缺乏基本的安全技术知识，容易酿成事故。

4. 无证非法违法开采现象严重

受矿产品价格上涨带来的巨大利益驱动，目前一些地区无证违法开采、以采代探，一些企业违规开采等行为还比较严重。近年发生的几起特大事故都是一矿出事，危及多矿，教训深刻。矿业秩序混乱成为影响非煤矿山安全生产的源头之一。据统计，2006年一次死亡3人以上的重特大事故中，无证非法违法开采的事故占30%左右。

5. 应急处置不当，导致事故扩大

导致事故扩大的原因一是未严格执行事故应急救援预案规定，救援措施不当；二是缺乏应急救援常识，不熟悉应急救援预案的相关要求，不熟悉个人防护和救护的基本方法，缺乏自我保护意识，未参加过应急救援演练。

6. 安全监管力量严重不足，监管不到位

基层安全监管机构不健全，非煤矿山安全监管的专业人员严重不足，基层工作经费和办公条件、技术装备欠缺，现场监管缺位问题突出，同时存在着业务素质和执法水平不高、执法不严、工作落实不下去等问题。

二、煤矿灾害事故基本情况

煤炭工业是我国国民经济的基础产业，以煤为主是我国能源安全的基本战略。目前，煤炭在我国一次能源消费构成中占70%以上，我国76%的发电能源、76%的工业燃料和动力、60%的民用商品能源以及70%的化工原料都是煤炭提供的。

2002~2009年，煤炭产量持续快速增长，事故总量持续下降，保障了国民经济快速发展的需要。特别是2005年以来，开展煤矿瓦斯治理和整顿关闭两个攻坚战，重点治理事故多发、灾害严重的地区，抓安全基础管理，煤矿事故和百万吨死亡率大幅度下降，煤矿安全生产形势保持了总体稳定、趋于好转的态势，是30年来煤矿安全生产最好的时期，百万吨死亡率达到了历史最好水平。但事故总量仍偏大，重特大事故还时有发生，安全生产形势依然严峻。

（一）煤炭工业的特点和生产结构

煤炭是我国重要的基础能源和重要原料。新中国成立以来，尤其是改革开放以来，煤炭工业得到很大发展，全国原煤产量由1949年的3200万吨、改革开放初期的6亿吨左右，提高到2009年的30.5亿吨，生产力水平大幅度提高，建成了一批国际领先、高产高效矿井，初步健全了比较完整的技术保障体系。

1. 煤炭工业的基本特点

煤炭工业是资源性行业，煤炭是不可再生的资源。煤矿的寿命取决于其所拥有的煤炭储量和生产能力，煤矿的安全生产状况受其资源条件的制约。煤炭工业是高危险性行业，煤矿地下采掘生产系统管网式的布置，近封闭式的结构，瓦斯、地压、水、火、煤尘等多种致灾因子共存的环境，使煤矿易发多类灾害事故。灾害事故一旦发生，容易引起其他灾害的伴生或耦合，使应急处置、救援救助复杂、困难。

2. 煤矿生产能力结构与利用

（1）煤炭产量持续快速增长。煤矿生产能力得到了充分甚至是过度的利用。依靠这些整体落后的生产能力，使煤炭工业得到长足发展。改革开放尤其是进入21世纪以来，煤炭产量超常增长，2009年煤炭产量达到30.5亿吨，比2005年增加9.4亿吨，增长44.5%；比2002年增加16.57亿吨，增长118.9%。

（2）经济运行质量稳步提高。2007年规模以上煤炭企业预计实现利润总额950亿元，比2002年增长864.96亿元，增长了11倍多。其中94家国有重点煤炭企业预计实现补贴后利润252亿元，同比增长29.7%。

（3）产业集中度进一步提高。2009年末，全国年产量超千万吨的企业34家，产量规模超过11亿吨，占全国总量的45%；年产量超过5000万吨的企业6家，产量5.76亿吨，占全国总量的23%；年产量超亿吨的神华、中煤两大集团合计产量4.52亿吨，占全国总量的14.8%。

（4）国有重点煤矿安全生产基础管理得到进一步提升。机械化程度明显提高。2009年，国有重点煤矿采煤机械化程度达90%，综采程度达80%，分别比2002年提高7.72%和14.49%；综掘程度达28.44%，比2002年提高12.56%。同年，原煤全员效率达到5吨/工，百万吨死亡率明显下降。同年，国有重点煤矿百万吨死亡率为0.044，比2005年减少0.914，下降95.4%；比2002年减少1.226，下降96.5%。

（5）安全高效矿井技术指标达到先进水平。2006年219处安全高效矿井共生产原煤7.02亿吨，平均单井产量320.7万吨，百万吨死亡率为0.064，平均原煤工效18.8吨/工，平均单井盈利1.65亿元，其中35处矿井盈利逾亿元，其他主要经济技术指标接近或达到世界主要产煤国的水平。

（二）我国现有煤矿安全形势

煤矿安全生产形势在我国工业企业中最为严峻，死亡人数是世界主要采煤国中最高的，长期以来我国煤矿的死亡人数占世界煤矿死亡人数的80%。2002年以来，全国煤炭产量持续快速上升，煤矿事故总量逐年下降。特别是2005年后，随着瓦斯治理和整顿关闭攻坚战的开展，关闭非法和不具备安全条件的煤矿，有效遏制了重特大瓦斯事故，确保了安全生产形势的稳定好转。图1-2为2002~2009年煤矿事故情况与煤炭产量统计图。

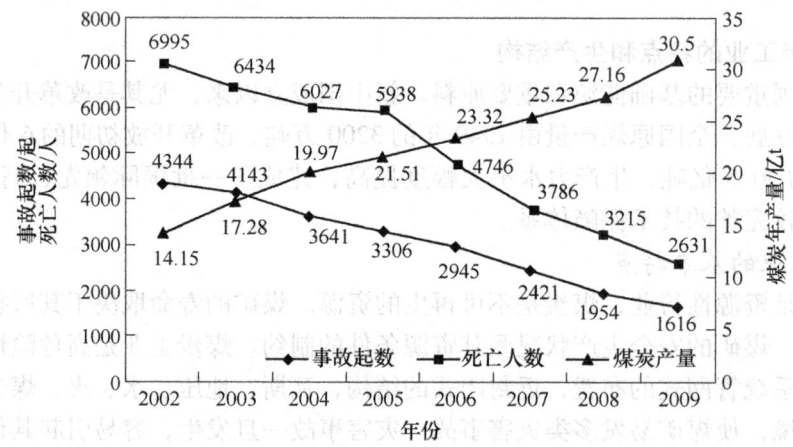

图1-2 2002~2009年煤矿事故情况与煤炭产量统计图

1. 事故总数逐年下降

2009年全国煤矿共发生煤矿事故1616起、死亡2631人，与2005年相比，事故数减少1690起、死亡人数减少3307人，分别下降26.8%和36.2%；与2002年相比，事故数减少1923起、死亡人数减少3209人，分别下降44.3%和45.9%。

2. 重大事故大幅度下降

我国煤矿发生的一次死亡10~29人重大事故呈现逐年大幅下降的趋势。2002~2009年的8年间，重大事故发生起数和死亡人数分别减少了66.0%、71.1%。但2005年，仍发生重大事故47起、死亡778人。

3. 特别重大事故大幅度下降

我国煤矿发生的一次死亡30人以上特大事故虽总体呈现逐年下降态势，但仍时有发生，造成了重大损失和恶劣的社会影响。2009年发生一次死亡30人以上事故4起、死亡292人，与2005年相比，事故数减少7起、死亡人数减少669人，分别下降63.6%和70.0%；与

2002年相比,事故数减少5起、死亡人数减少125人,分别下降55.6%和30.0%。

4. 百万吨死亡率逐年下降

百万吨死亡率是衡量煤矿安全生产水平的重要指标。随着我国煤矿安全保障程度的逐步改善和国家确实加强煤矿安全监管监察工作,煤矿的百万吨死亡率均呈现持续下降态势。2009年全国煤矿事故百万吨死亡率为0.892,创历史最低水平,首次低于1,比2005年减少1.918,下降68.3%;比2002年减少4.048,下降81.9%。见图1-3。

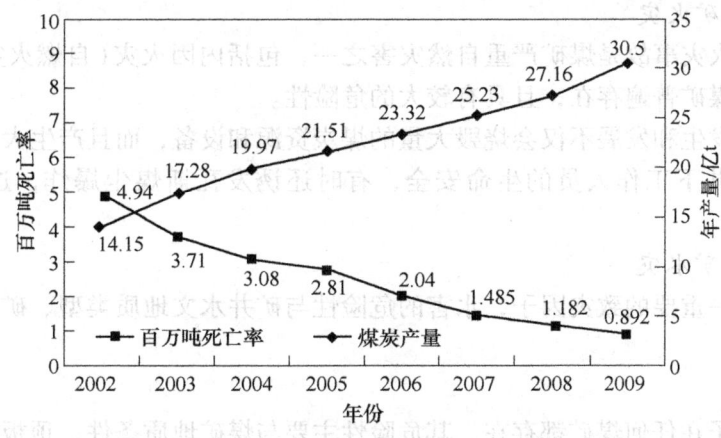

图1-3　2002~2009年百万吨死亡率与煤炭产量关系图

5. 职业危害

我国煤矿职业危害防治形势异常严峻,从接触职业危害人数、职业病患者累计人数、死亡人数到新发病人数,在国内工业企业中均居首位,在世界主要采煤国家也是最严重的。

目前,我国煤矿尘肺病患者累计在20万人以上,并且每年以4000~5000人的规模在增长,每年因尘肺病死亡2000~3000人。这些数字还不包括职业危害更严重的国有地方煤矿和乡镇煤矿。煤矿的其他职业危害,如噪声、振动等也相当严重。

(三) 煤矿灾害主要类型及致灾因子

我国大陆由众多小型地块多幕次汇聚形成。汇聚过程中多次发生陆块之间的碰撞、俯冲,使煤盆地经受挤压变形的强烈改造。近代由于印度板块不断向我国大陆凸入楔进,使我国煤田原地应力普遍偏高。总体上看,我国主要煤田的构造复杂程度远远超过北美、澳大利亚、印度、俄罗斯的地台轻微变形的煤田。复杂的煤田地质条件给煤矿安全生产带来了严重的瓦斯、高地应力、高地温等灾害,存在诸多致灾因子。

1. 瓦斯——瓦斯爆炸

瓦斯爆炸是煤矿生产中最严重的灾害之一,爆炸产生的高温高压气体使爆炸源附近的气体以极高的速度向外冲击,同时产生大量有害气体,其后果不仅严重损坏井下设施,而且造成大量人员伤亡,有时还会引起瓦斯连续多次爆炸、煤尘爆炸和井下火灾。我国陆上埋深2000m以上的煤层瓦斯资源量为314600亿 m^3 ,测定的煤层最高瓦斯压力达到13.8MPa。到2009年底,已陆续探明瓦斯储量1700亿 m^3 。煤层的富瓦斯赋存,使我国煤矿瓦斯灾害十分严重,瓦斯是我国煤矿危害最大的致灾因子。

2. 煤尘——煤尘爆炸

矿井煤尘不仅严重影响井下作业环境,而且对人的眼睛、牙齿、皮肤等都有不同程度的侵害，尤其是长期接触煤尘的工人，很容易患上严重的职业病——尘肺病。此外，矿井里的可燃煤尘在一定条件下会引起粉尘爆炸，给矿井带来严重的损害。煤炭生产的各个环节都产生煤尘，其主要危害是造成煤尘爆炸，煤尘爆炸是煤矿的严重灾害之一。世界各国在煤矿开采历史上所受到的煤尘危害是惨痛的。1917年，抚顺大山坑煤矿发生特大瓦斯煤尘爆炸，死亡917人；1942年，辽宁本溪煤矿发生特大瓦斯煤尘爆炸，死亡1723人；2005年黑龙江七台河东风煤矿"11·27"矿难，造成171人死亡，也是煤尘爆炸所致。

3. 火——煤矿火灾

由火引起的火灾事故是煤矿严重自然灾害之一，包括内因火灾（自燃火灾）和外因火灾。火灾危险在我国煤矿普遍存在，且具有较大的危险性。

矿井火灾的发生和发展不仅会烧毁大量的煤炭资源和设备，而且产生大量的高温烟流和有害气体，危及井下工作人员的生命安全，有时还诱发瓦斯煤尘爆炸，进一步扩大其灾难性。

4. 水——煤矿水灾

水是煤矿另一重要的致灾因子，水害的危险性与矿井水文地质类型、矿井涌水量等密切相关。

5. 顶板

顶板致灾因子在任何煤矿都存在，其危险性主要与煤矿地质条件、顶板的稳定性和煤层条件相关。

6. 冲击矿压危险

冲击矿压是一种以煤岩体急剧、猛烈破坏为特征的动力现象。冲击矿压发生时，煤岩体在外载作用下产生的变形能瞬间释放为动能，引起煤岩体急剧破坏、坍塌冒落，伴随气体或液体喷出，造成人员伤亡。喷出气体中含有可爆炸瓦斯时，遇火源可能发生爆炸，造成更大灾难。2005年，辽宁阜新孙家湾海州立井"2·14"事故的发生，就与冲击矿压有关。

7. 热害

随着开采深度的增加，围岩温度提高，加之采掘机械化程度提高，机械设备、电器散热等影响，矿井热害问题也越来越突出。

8. 其他致灾因子

煤矿还存在其他致灾因子，如电、辐射、振动、噪声、电磁污染、机械能异常传递等。随着煤矿装备水平和生产集中化程度的提高，机电装备向智能、重型、高能级的方向发展，煤矿井下的电等级和容量增大，与之相关的致灾因子的危险性也在增加，必须采取相应的控制防范措施，以最大限度降低其带来的安全风险。

（四）事故总量分析

2002~2009年，煤矿事故总量逐年下降，各类煤矿事故均有不同程度下降，瓦斯、水害、顶板等主要灾害治理取得明显成效，大多数地区安全生产形势持续稳定好转。

煤矿事故起数和死亡人数逐年下降，见图1-4。2002~2009年全国煤矿共发生事故24370起、死亡39772人，平均每年发生3046起、死亡4972人。2009年共发生事故1616起、死亡2631人，比2005年减少1690起、死亡人数减少3307人，分别下降51.1%和55.7%；比2002年减少2728起、死亡人数减少4364人，分别下降62.4%和55.7%。

1. 按所有制分析

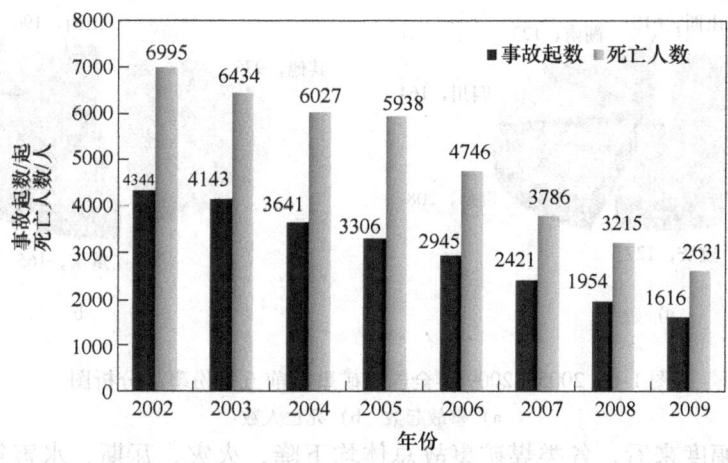

图 1-4 2002~2009 年全国煤矿事故起数和死亡人数图

从所有制看,乡镇煤矿事故起数、死亡人数所占比例仍最高,是国有煤矿的两倍多;2009 年与 2002 年安全生产年相比,国有重点、国有地方、乡镇三类煤矿事故均逐年下降,降幅基本都超过 50%;2005 年以来,国有重点煤矿随着本质安全矿井试点建设的开展,安全基础管理得到强化,事故总量和百万吨死亡率下降幅度最为显著。2003~2009 年,乡镇煤矿发生事故和死亡人数最多,分别占总数的 72.9% 和 72.8%(见图 1-5)。

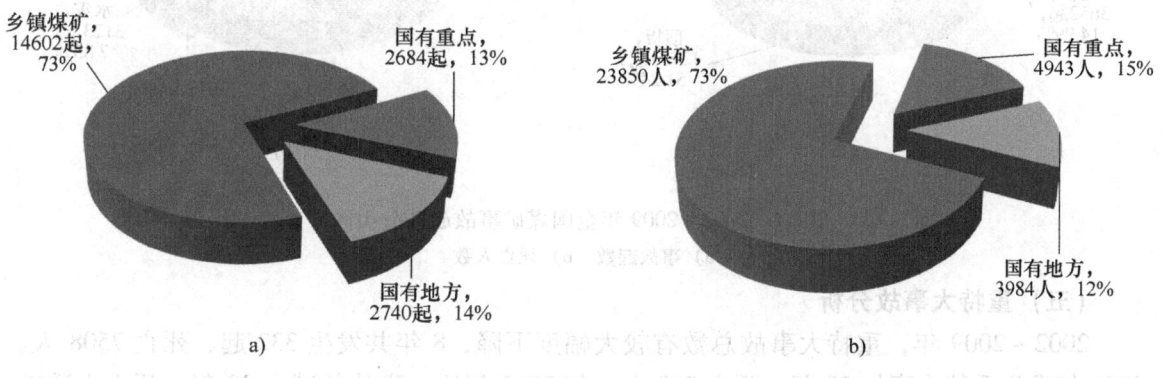

图 1-5 2003~2009 年全国煤矿事故按所有制分析图
a) 事故起数　b) 死亡人数

2. 按区域分析

由于地质条件、技术条件和管理水平的差异,不同区域的煤矿安全生产水平差别较大。2005~2009 年,各省(区、市)煤矿事故总量保持下降趋势。其中贵州、四川、湖南、重庆、云南、山西六省(市)事故起数和死亡人数始终排在全国前列,但下降趋势明显。5 年间,贵州、四川、湖南、山西、重庆合计发生事故 6888 起、死亡 10557 人,分别占全国总数的 56.1% 和 52.0%(见图 1-6)。

3. 按事故类别分析

我国煤矿各类灾害事故均有发生,包括自然灾害类事故(如瓦斯爆炸、突出、火灾、水灾、顶板等)和生产性不安全因素导致的生产性事故(如机械伤害、触电、提升运输事故等)。从事故总量来看,顶板、运输、瓦斯事故起数居前三位;顶板、瓦斯、运输事故死亡人数居前三

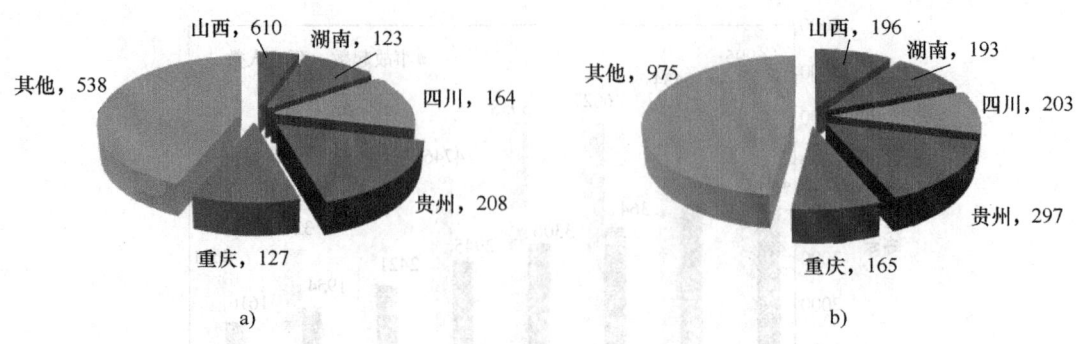

图 1-6 2005～2009 年全国煤矿事故前五省份事故分析图
a) 事故起数 b) 死亡人数

位。从事故下降幅度来看，各类煤矿事故总体均下降，火灾、瓦斯、水害年均下降幅度最大。2002～2009 年所发生煤矿事故的事故起数和死亡人数按事故构成分类，如图 1-7 所示。

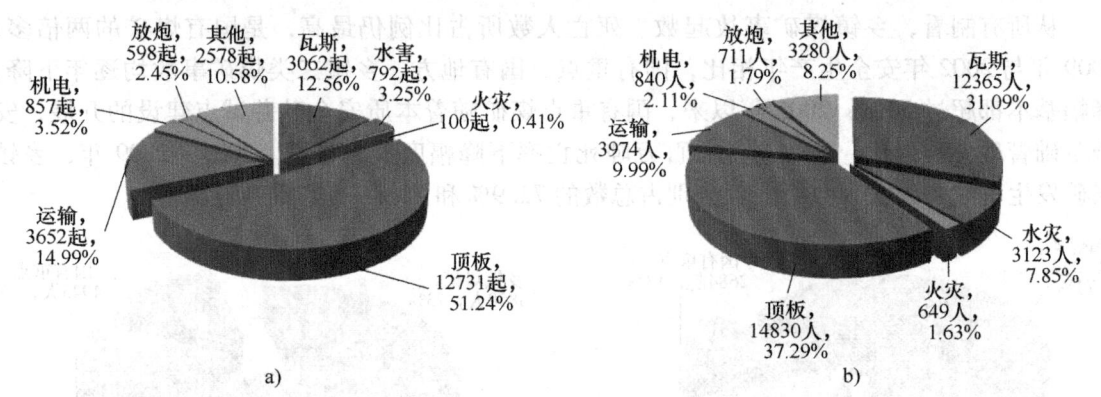

图 1-7 2002～2009 年全国煤矿事故起数分类图
a) 事故起数 b) 死亡人数

(五) 重特大事故分析

2002～2009 年，重特大事故总数有较大幅度下降，8 年共发生 332 起、死亡 7508 人。2009 年发生重特大事故 20 起、死亡 509 人，与 2005 相比，事故数减少 38 起、死亡人数减少 1230 人，分别下降 65.52% 和 70.73% (见图 1-8)。

1. 按事故类型分析

从事故类别看，瓦斯、水害、火灾无论是事故起数还是死亡人数均居重特大事故前三位；瓦斯事故总量下降最多，但在重特大事故中的起数和死亡人数都最高，瓦斯治理仍是煤矿安全工作中的重中之重。

2002～2009 年所发生的煤矿重特大事故中，瓦斯事故 221 起、死亡 5492 人，分别占总量的 66.57% 和 73.15%；水害事故 60 起、死亡 1158 人，分别占总量的 18.07% 和 15.42%；火灾事故 23 起、死亡 403 人，分别占总量的 6.93% 和 5.37%；运输事故 5 起、死亡 59 人，分别占总量的 1.51% 和 0.79%；顶板事故 7 起、死亡 113 人，分别占总量的 2.11% 和 1.51%；其他事故 16 起、死亡 283 人，分别占总量的 4.82% 和 3.77%。

2. 百人以上事故分析

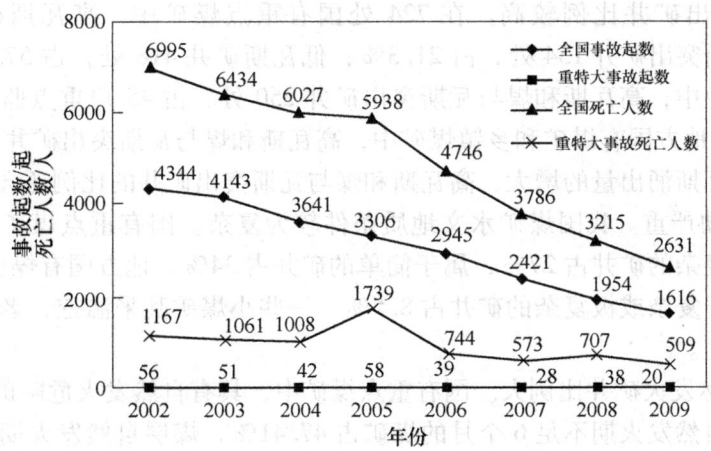

图 1-8　2002~2009 年全国煤矿重特大事故统计图

2002~2009 年，全国煤矿共发生一次死亡百人以上事故 9 起、死亡 1265 人。其中，2002 年 1 起、死亡 124 人；2004 年发生 2 起、死亡 314 人；2005 年发生 4 起、死亡 614 人；2007 年发生 1 起、死亡 105 人；2009 年发生 1 起、死亡 108 人。从事故类别分析，瓦斯事故 8 起、死亡 1144 人，分别占总数的 88.9% 和 90.44%；透水事故 1 起、死亡 121 人，分别占总数的 11.1% 和 9.56%。

(六) 事故原因分析

煤炭生产是高危、艰苦性行业。煤矿事故的发生与我国大陆板块的形成，与社会经济发展和煤矿安全科技水平紧密相关。

1. 自然开采条件差，伴生的灾害多

我国大陆是由众多小型地块多幕次汇集形成，多次发生陆块间的碰撞、俯冲，产生强烈的板内变形，使煤盆地经受挤压变形的强烈改造，致使我国煤田地质条件复杂，客观上容易发生事故。

(1) 煤田地质结构复杂。我国煤田地质构造是由多个板块碰撞挤压，经历多次强烈地壳运动、地质改造后形成的。在国有重点煤矿中，地质构造复杂或极其复杂的煤矿占 36%（生产能力约占 27%），地质构造简单的煤矿占 23%（生产能力约占 26%）。

(2) 开采深度大。据调查，我国大中型煤矿平均开采深度 456m，其中，华东地区约 620m，东北地区约 530m，西南地区约 430m，中南地区约 420m，华北地区约 360m，西北地区约 280m；采深超过 1000m 的煤矿有 14 处，超过 800m 的有 15 处；采深大于 600m 的矿井产量占 28.47%。小煤矿平均采深 196m，其中采深超过 300m 的矿井产量占 14.51%。

(3) 顶板条件差异较大。我国多数大中型煤矿顶板属于 Ⅱ（局部不平）类、Ⅲ（裂隙比较发育）类；Ⅰ类（平整）顶板约占 11%，主要分布在义马、郑州、潞安、阳泉、大同等矿区；Ⅳ类、Ⅴ类（破碎、松软）顶板约占 5%，主要集中在淮南、淮北、焦作等矿区。近几年来，顶板事故的起数和由于顶板事故造成的死亡人数所占的比例都是煤矿各类事故中最高的。

(4) 冲击地压危害严重。我国是除德国、波兰以外冲击地压危害最严重的国家之一。我国 910 处大中型煤矿中，具有冲击地压危险的煤矿 47 处，占 5.16%。随着开采深度的增加，现有冲击地压矿井的冲击地压频率和强度在不断增加。

(5) 瓦斯突出矿井比例较高。在 724 处国有重点煤矿中，高瓦斯矿井 152 处，占 21.0%；煤与瓦斯突出矿井 154 处，占 21.3%；低瓦斯矿井 418 处，占 57.7%。45 户煤矿安全重点监控企业中，高瓦斯和煤与瓦斯突出矿井 250 处，占 45 户重点监控煤炭企业矿井总数的 60.40%。地方国有煤矿和乡镇煤矿中，高瓦斯和煤与瓦斯突出矿井占 15%。随着开采深度的增加，瓦斯涌出量的增大，高瓦斯和煤与瓦斯突出矿井的比例还会增加。

(6) 水害威胁严重。我国煤矿水文地质条件较为复杂。国有重点煤矿中，水文地质条件属于复杂或极复杂的矿井占 27%，属于简单的矿井占 34%。地方国有煤矿和乡镇煤矿中，水文地质条件属于复杂或极复杂的矿井占 8.5%。一些小煤矿乱采滥挖，老窑透水、地表水侵入事故时有发生。

(7) 煤层自然发火矿井比例大。国有重点煤矿中，具有自然发火危险的矿井占 47.3%。小煤矿中，煤层自然发火期不足 6 个月的煤矿占 47.41%，煤层自然发火期为 6~12 个月的煤矿占 47.85%。自然发火灾害较为严重的地区有西北、东北、华东等。由于煤层自燃，我国每年损失煤炭资源 2 亿吨左右。

(8) 煤尘爆炸危险存在较普遍。全国煤矿中，具有煤尘爆炸危险的矿井占煤矿总数的 60% 以上，煤尘爆炸指数在 45% 以上的煤矿占 16.3%。国有重点煤矿中具有煤尘爆炸危险性的煤矿占 87.37%，其中具有强爆炸性的占 60% 以上。

2. 技术装备水平不平衡，总体落后

总体上看，我国煤矿安全装备还比较落后，呈现不平衡状态，不能有效地预防和控制事故。国有型煤矿部分技术装备已达到世界先进水平，而多数中小煤矿的技术水平仍非常落后。

(1) 煤矿安全技术基础薄弱，科技支撑能力不足。我国煤矿复杂的地质条件，决定着灾害事故的多样性和复杂性，其中一些灾害的致灾机理，如煤与瓦斯突出、冲击地压等的发生机理是世界性的技术难题，这就需要煤矿安全科学技术提供强有力的支持。我国煤矿安全科研基础设施不健全，安全科技力量分散、流失严重，安全科技投入严重不足，至今尚未建立起较完善的煤矿安全生产科技支撑体系；安全科研基础理论研究薄弱，对灾害的发生机理、灾害的演化过程尚不能全面认识，影响了灾害防治关键技术的突破，而许多灾害事故的发生都与科技支撑能力密切相关。

(2) 采煤机械化程度仍较低。采煤机械化程度是表示现代采煤技术的应用程度的一个重要指标，采煤机械化程度的提高，既可以大幅度增加工作面单产和效率，也可大大简化生产系统，为矿井安全监控水平的提高创造良好的条件。

3. 基础管理薄弱，安全责任落实不到位

(1) 企业安全管理水平低，安全生产主体责任落实不到位。目前，我国煤矿普遍存在着安全管理水平低，技术手段落后，忽视人的科学管理和人机环境工程的研究控制，忽视创造本质安全化作业条件和提高系统整体安全性能，使安全技术措施不能充分发挥效能的问题。一些煤炭企业没有建立严密、完整、有序的安全管理体系和规章制度，安全生产工作没有做到经常化、规范化、标准化，执行各项规章制度不严，违章作业、违章指挥、违反劳动纪律的现象普遍存在，安全责任制、安全投入政策以及企业用工、设备管理、培训宣传、技术和现场管理、领导干部跟班下井等一系列安全管理制度没有落到实处。

(2) 行业管理模式有待改进。我国煤炭行业管理分散，形成多头管理，安全责任不清，煤矿安全管理大多仍停留在纵向分科管理、事后总结经验教训的被动管理模式上。

（3）监管监察措施不到位。我国煤矿安全监察方式仍以行政方式为主，而美国的安全监察方式已经转到行政监察、咨询服务和人员培训结合的方式；部分地方和部门安全监管监察措施不到位，执法不严格，安全生产监管监察缺乏权威性和有效性，对安全生产违法行为查处不力。

4. 法律法规不健全，标准制定（修订）工作滞后

（1）煤矿安全法规标准体系不健全。随着我国社会主义市场经济的建立和完善，煤炭安全生产面临许多新情况、新问题，煤矿安全工作体制也发生了重大变化。尽管国务院先后颁布了《关于促进煤炭工业健康发展的若干意见》《国务院关于预防煤矿安全生产事故的特别规定》等法规，但《煤炭法》《矿山安全法》《煤矿安全监察条例》《职业病防治法》等重要法律法规已不能适应当前的形势，需修订完善，相应的配套法规和实施细则也有待建立，诸多法律的可操作性亟待提高。

（2）行业技术标准化工作滞后。我国煤矿安全生产发展迅速，但标准化工作远远滞后，满足不了安全生产的需要。标准总数少，覆盖面不够，与安全生产关系密切的技术、管理标准更少。当前，我国煤矿瓦斯事故多，而瓦斯防治标准共计31项，其中，管理标准2项，技术标准9项，产品标准20项，这种状况显然不利于瓦斯防治工作的开展和防治能力的提高。当前的行业技术标准已满足不了生产发展的需要。

5. 影响煤矿安全生产的深层次问题

我国煤矿事故总量过大，既有现实原因，也有历史原因。从事故分析情况来看，同样反映了以下深层次问题：

（1）我国经济的粗放型经济增长方式尚未从根本上改变。我国经济增长方式仍然落后，固定资产投资增长过快，依然存在高耗能、高污染、高投入；煤电油运绷得很紧，加大了安全生产工作压力。

（2）煤炭行业未取得与其在国民经济、社会、国家安全中重要程度相适应的地位和政策环境。企业与社会的负担依然沉重；税赋过高、受制于交通运输的格局仍然没有改变；非完全成本的核算方法、造成自我发展能力不足。全国煤矿总体的安全投入不适应生产发展对安全保障能力的需要。

（3）安全管理体制有待完善，有效的社会制约机制缺损。国家确定的"国家监察、地方监督、企业负责"的煤矿安全工作体制还需要经过较长一段时间的考验与适应；监察模式还比较落后，国家监察和地方监管的关系还需理顺；社会制约机制仍未充分建立。

（4）煤矿专业技术人才匮乏，从业人员整体素质偏低。据调查，全国国有煤矿职工总数中，大专以上文化程度的技术人员仅占3%左右。96%的国有煤矿缺乏机电专业人才，88%的国有煤矿缺乏采矿专业人才，大部分国有煤矿通风安全专业人才不足。

第二节　我国矿山灾害治理战略

我国矿山致灾因子的特点决定着矿山做好安全工作的必要性、重要性和艰巨性。矿山灾害治理的战略应该是：以安全发展为核心，以企业为主体，以全面提高灾害事故控制水平和矿井抗灾防灾能力为重点，以"安全第一，预防为主，综合治理"为方针，以机制创新和科技进步为动力,坚持依法办矿、以法治矿,坚持"管理、装备、培训"并重的原则,建立适应社会主义市场经济体制要求的安全管理体制,健全矿山安全科技创新和矿山灾害治理科学技术体系,提高安全管理及装备水平,建立矿山灾害治理长效机制,全面增强矿山安全生产保障能力。为实施矿山安全生产发展战略,应从以下几方面入手,采取科学的应对措施。

1. 大力调整煤炭生产结构,提高煤炭工业整体安全水平

根据统一规划、合理集中、依法开采、保证安全的原则,通过制定和实施各级各类矿山强制性安全标准,完善煤炭生产准入机制,加强大中型煤炭企业的调整、改造、升级等措施,依法大力调整煤炭生产结构,淘汰落后生产能力,大幅度减少矿山数量,提高煤炭工业整体安全生产水平。

2. 建立健全矿山安全生产保障体系

根据实行分级设立、分级保障、分级支持、分级管理和资源优化配置的原则,建立适应社会主义市场经济体制要求的矿山安全生产法律法规体系、安全技术保障体系、安全监察体系、应急救援体系、安全技术培训体系、安全生产信息网络体系和安全生产宣传教育体系,形成对矿山安全生产的强有力支持、全方位的支撑和保障。

3. 推进技术创新,提高矿山灾害控制水平

围绕矿山安全生产的重大问题,以矿山灾害防治为主体,"一通三防"技术为重点,开展矿山安全生产共性技术、关键技术和安全防护用品的研究、开发及产业化工作。通过技术创新,完善和发展矿山灾害防治科学技术体系,提高对矿山灾害事故的控制水平,全面增强矿井防灾抗灾能力,提高防灾水平。

4. 推广应用新技术与装备

针对通风系统改造、安全监测监控系统、防尘技术及系统、瓦斯防治与瓦斯抽放技术、矿山压力与控制技术、火灾、水害防治技术等方面的科技现状,结合近年来的最新科技成果,加大新技术与装备的推广应用力度。

5. 推进管理创新,提高安全生产科学管理水平

建立安全生产评估、许可和认证技术体系。开展对重大危险源的辨识、评估、预测和分级管理技术,安全人机工程技术,安全经济分析与评价技术,事故调查分析技术,安全检测检验技术和安全信息技术的研究;开发重大危险源安全监控网络和虚拟现实技术;建设安全生产科学管理信息网络系统;实现安全管理的科学化、信息化、智能化。

6. 推进机制创新,完善安全生产管理体制和制约机制

以安全发展为原则,以企业为主体,以充分调动各方面积极性,实行全员、全方位、多层次安全生产监督管理为基本措施,建立企业自我约束、政府监管与社会监督相结合的矿山安全管理体制和制约机制。推行职业安全卫生管理标准化体系,建立国家、企业和劳动者三方协调机制。完善安全生产的监督、激励机制,充分发挥社会的监督作用。

7. 完善矿山安全投入保障机制,加大矿山安全投入

以企业投入为主体,以创造矿山安全化作业条件,实现安全生产为基本目标,依靠国家的政策引导和资金支持,建立矿山安全投入保障机制。随着经济的发展,矿山企业应逐步加大安全投入,提高矿山安全装备水平和对灾害的控制程度,形成矿山安全生产的良性循环。

8. 建立工伤赔偿、康复和事故预防一体化、社会化保险体系

推行强制性工伤保险制度，并与事故预防紧密结合，利用差别费率、浮动费率和奖惩措施，用经济杠杆促进煤炭企业加强安全生产管理，强化安全生产职责。

9. 加强矿山安全文化建设，大力推进安全生产宣传教育

以矿山企业安全技术培训为重点，以安全生产宣传教育和安全文化建设为保障，全面提高矿山从业人员的安全文化素质，强化安全生产意识，为矿山安全生产提供精神动力和智力支持。

10. 严格事故的调查、分析和处理，充分发挥事故的警示作用

以事故预防为基本出发点，以"四不放过"（事故原因未查清不放过、责任者未受到查处不放过、群众未受到教育不放过、未采取防范措施不放过）为基本原则，建立事故分析支持体系，发挥安全专家在事故调查分析中的作用，提高结案速度和结案准确性，逐步实现矿山事故调查的标准化、规范化。严格执行事故报告、统计和分析制度以及事故责任行政追究制度，最大限度发挥事故的警示作用。

第三节 矿山安全技术发展

矿业的高速发展依赖矿山灾害防治技术的进步。国家在每个历史时期都对以减少事故与人员伤亡为重点的科技攻关给予一定的支持，使矿山灾害防治理论与技术得到发展，并初步形成体系，为煤矿安全生产作出了重大贡献。但我国矿山安全理论与技术在诸多领域还存在大量问题，需要大力开展矿山安全科学技术攻关。

一、非煤矿山的安全技术发展

目前，我国安全生产技术的发展水平参差不齐，严重制约了矿山企业的可持续发展，安全生产形势严峻，迫切需要安全技术作支撑。非煤矿山对安全技术的需求主要体现在基础性研究、共性关键性技术和科学管理技术三个方面。安全技术的发展应将事故预防预测技术与安全生产管理相结合，以"技术进步"为先导，"预测理论"为基础，"监测技术"为手段，"提高安全管理水平"为目的，促进我国安全生产状况的根本好转。

（一）非煤矿山的安全生产领域基础性研究

（1）工程地质灾害发生机理与控制理论研究。研究矿山工程地质灾害形成的过程、动力来源、作用机理、破坏方式与控制理论等，是矿山灾害学研究的重要部分，是实现灾害有效监测、预报与科学防治的基础。

（2）工程地质灾害风险评估与预测理论研究。矿山工程地质灾害风险评估既涉及自然科学理论，又涉及社会经济理论，根据灾害风险评估的需要，须形成相对独立的理论体系，使矿山灾害风险评估具有坚实的基础。

（二）非煤矿山安全生产共性、关键性技术

（1）工程地质灾害监测与预报技术。主要开展：GPS 和 GIS 集成技术在生产安全监测中的应用研究，以解决露天矿山滑坡和地面塌陷灾害及尾矿库隐患的监测和预报问题；深井矿山岩爆多通道微震监测系统，实现矿山地压灾害预报的自动化和智能化；采场地压声发射（AE）监测技术研究。

（2）采空区探测与处理技术。采空区是影响矿山安全生产的最主要的危害源之一。有效地解决存在空区隐患条件下的矿山安全生产技术难题,研究地下不明空区的先进探测方法和手段,以及岩层控制和空区处理技术,是非煤矿山生产所面临的重大技术难题之一。

(3)岩溶地面塌陷和井下突(透)水、突泥超前预报与防治技术。我国非煤岩溶矿床分布广泛,矿坑涌水量较大,地下水或流砂可能突然溃入并淹没坑道甚至整个矿井,常常给矿山带来灾难性的后果,造成重大的生命及财产损失。因此,主要应当研究岩溶矿床水文地质特征,岩溶地面塌陷及井下突(透)水规律,岩溶塌陷预测预警技术,井下突泥、突(透)水的超前探测、处治方法及其配套施工技术。

(4)矿山深井开采中地压、地温、通风等关键技术。深部开采所面临的一系列安全生产技术难题有:深井开采的地压加剧,岩爆发生的可能性加大;地温增高,井下工作环境热害严重,并给深部作业区新鲜风源供应与污浊风流处理带来困难。这些技术问题如不能很好地解决,不仅使这些企业存在伤亡事故和职业危害的危险性,而且使正常的生产无法顺利进行。

(5)露天矿高陡边坡变形失稳监测与控制技术。边坡变形失稳是露天矿主要的安全问题,边坡变形失稳始终伴随着整个开采过程,随着露天矿山的不断延深,矿坑的不断加深加陡,边坡安全问题更加突出。

(6)非煤矿山尾矿坝和排土场失稳的控制技术。排土场和尾矿库是非煤矿山必不可少的重要生产设施,其状况的好坏直接影响到矿山能否正常持续生产。针对尾矿库和排土场设施的特点,研究有利于尾矿库和排土场安全的工艺措施和检测、监测方法,预防和控制尾矿库、排土场灾害事故的发生。

(7)深凹露天矿尘毒危害防治技术。主要包括:爆破尘毒防治技术,研制低尘毒炸药和低污染爆破技术,改善矿山爆破后的大气环境质量;爆堆铲装防尘技术,研究开发荷电喷雾降尘技术及其移动式水雾喷洒设备和爆堆预湿防尘技术等。

(8)非煤矿山安全生产检测检验技术和测试仪器开发。我国非煤矿山产品市场,尚没有建立有效的市场准入制度,安全隐患大,给矿工的身体健康和生命安全造成极大威胁,这些本质上不安全的产品引发矿工人身伤亡事故的事件时有发生,严重制约着矿山安全生产措施的顺利实施。

(9)虚拟现实技术(Virtual Reality,简称VR)在非煤矿山安全工程中的应用研究。虚拟现实技术可辅助人类了解实际的矿山作业环境,进行风险预测和典型矿山事故的分析与再现等。这种应用技术的研究开发,对提高矿山安全生产,矿工的安全保护意识和系统优化设计具有重要的实用价值。其主要包括矿山生产环境风险评价的VR技术、矿山工作人员技术培训的VR技术、矿山事故调查的VR技术、矿山灾害研究的VR技术等。

(10)非煤矿山重大危险源辨识技术与监控系统研究。非煤矿山重大危险源辨识与监控是有效控制重、特大事故发生的关键,主要有非煤矿山危险源分类和分级体系研究;非煤矿山重大危险源辨识技术研究,包括辨识方法、参数的确定、辨识模型的建立等;非煤矿山重大危险源监控实施方案研究,包括重大危险源监控实施程序、监控方法、监控模式和监控内容,以及非煤矿山重大危险源监控网络化系统研究等。

(三)非煤矿山安全生产管理科学技术

我国非煤矿山安全生产管理水平低,技术措施执行不力、落实不到位,监督监察缺乏针对性、时效性。因此,应大力开展安全管理技术和安全生产监督监察技术的研究,促进企业安全生产管理的机制创新，提高安全生产监管监察的科技含量，实现安全生产管理的科学化、规范化、标准化。

（1）非煤矿山企业安全管理技术。安全管理技术落后是造成当前矿山企业屡屡发生安全事故的主要原因之一，矿山安全管理是以矿山安全为目的，进行有关决策、计划、组织和控制方面的活动，发现、分析预测和消除矿山生产过程中的各种危险，防止发生事故和职业病，避免各种损失，保障矿工的安全与健康，推动矿山企业生产的顺利进行。

（2）非煤矿山安全生产调度指挥管理信息系统。开发矿山综合调度指挥管理信息系统，以矿山生产指挥决策信息支持及高效安全开采为目的，集矿山安全、工况监测及生产调度信息的采集、实时传输处理、图像/图形显示、图形和数据存储管理及输出为一体。

（3）建立非煤矿山安全生产基础数据库。由于非煤矿山企业点多面广，安全生产管理复杂，急需建立起非煤矿山安全生产基础数据库，以便于各级安全生产监督管理部门对非煤矿山安全生产状况进行有效的监管。

二、煤矿灾害防治理论与技术的发展

（一）瓦斯灾害防治技术

瓦斯是我国煤矿的主要灾害，瓦斯爆炸、瓦斯煤尘爆炸、煤与瓦斯突出等是煤矿重特大事故的最主要形式，遏制瓦斯灾害事故对煤矿安全生产具有重大意义。

1. 煤层瓦斯含量测定技术

我国已经成功开发出地质勘探期间煤层瓦斯含量、煤层瓦斯涌出量的预测方法和装置。虽然这些技术已在煤矿使用了几十年，并经过多次改进，但精确度仍是一个十分突出的问题。测定值普遍低于实际值，以致有的煤矿在建井期间就不得不进行安全补套设计，既造成大量资金浪费，又使矿井潜存系统性的事故隐患。

2. 瓦斯爆炸预防与控制技术

预防瓦斯爆炸的根本措施中煤层瓦斯抽放是一项治本之策。瓦斯抽放也是防治煤与瓦斯突出的根本而有效的措施。国家确定的"以风定产、瓦斯抽放、监测监控"的瓦斯治理方针，使煤层瓦斯抽放技术在近年得到了广泛的推广应用，与瓦斯抽放工艺技术配套的钻机、抽放泵、抽放管网监控系统和安全防护设备，也随着瓦斯抽放技术的研究而适时开发，形成了各类抽放工艺与配套设备构成的成套瓦斯抽放技术。但我国煤层的基本特点是，高瓦斯与抽放的高难度共存。高瓦斯矿井绝大多数是低透气性煤层，尤其是突出矿井的突出危险煤层，一般都具有瓦斯含量高、松软、透气性差的特点。在这类煤层中进行钻孔作业，容易出现夹钻、顶钻现象，使钻孔施工极其困难，甚至发生钻孔突出事故。

3. 煤与瓦斯突出防治技术

煤与瓦斯突出既是极其复杂的矿井瓦斯动力现象，又是煤矿井下严重的自然灾害。国内外已对此进行了近百年的研究，做了大量工作。但至今对各种地质、开采条件下突出发生规律还没有完全掌握，突出发生机理也未弄清，尚不能完全杜绝煤与瓦斯突出的发生。

（二）煤矿火灾防治技术

煤炭自燃火灾防治是煤矿火灾防治技术的主体。目前，我国在自燃火灾防治技术领域已经初步形成了由煤炭自然发火预测预报技术、预防技术和火灾处理技术等组成的自燃火灾防治技术体系。实践证明，各类方法均存在不足。自燃倾向性预测法存在标准试验条件的问题，还不能完全反映煤自然发火的实际环境。因素综合评判法和经验统计法也分别存在主观臆断性和简化边界条件限制了相应预测方法的真实性等问题。

总体上看，自燃火灾预测、预防、预报和灭火技术在煤矿火灾防治中取得了显著的效果。但还存在一些不足：一是煤层自然发火初期的预测技术还未突破；二是不能完全解决煤层防灭火问题，注浆、注阻化剂等因重力作用，难以在高处积存，不能用于扑灭高处大面积火源；三是注氮、注惰性泡沫等需要火区封闭严密，但漏风处理难度较大；四是对隐蔽火源的探测尚无技术手段，需要加大力度进行研究。

（三）煤矿水灾防治技术

我国煤矿受水害威胁严重。在601个原国有重点煤矿中，有285个分布在华北地区，产量占全国的60%以上，其中80%的矿井不同程度受到奥陶纪灰岩岩溶水的威胁。我国煤矿防治水技术是以查清水文地质条件为主，分析水力联系，探找矿井充水规律，在此基础上，提出矿井生产中的防治水技术措施。

为了配合防治水技术，我国煤矿水文物探技术得到了发展，已成功研究出钻孔无线电波透视仪、钻孔激光流速仪、水位遥测系统，以及可以探测掘进工作面前方巷道侧帮、底板等一定深度范围内的含水导水地质构造的防爆直流电法仪、防爆音频电穿透仪、无线电透视系统和高密度电法测量系统等物探手段和物探技术。

虽然我国煤矿防治水技术有了长足进步，但在矿井水害形成的基本理论研究方面还十分薄弱，矿井水害超前探测、预警，矿井突水条件探测等方面还缺乏技术手段和理论支持，尤其是对老采空区积水和奥陶纪灰岩岩溶水的探测技术，需要开展科技攻关研究。对快速堵水材料、装备和工艺技术等的开发也需要加大力度。

（四）安全检测监测技术

对于以瓦斯检测技术为主的安全监测技术的研究我国已开展多年，已经形成了分别基于热催化原理和光干涉原理的瓦斯含量测定技术，并对红外线瓦斯测定技术进行过研究。热催化原理的测定仪经济性好，测量准确，在世界各国均受到欢迎。其技术核心是载体催化元件。但我国生产的载体催化元件与国外相比，性能上存在较大差距。

以实时监测监控瓦斯为主要内容的安全监控技术，自20世纪70年代开始研究以来有了较大发展，形成了以KJ系列为主的系列产品。该类系统主要由矿井安全与生产监测监控系统、信息管理系统、调度通信系统等部分组成，可将矿井各环节的计算机监控、工业电视监控系统融为一体，在地面中央调度控制室就可以实现对全矿井各生产环境、设备的监视和控制，因而在安全生产中发挥着重大作用。但还存在着监控系统间互不兼容、信息不能共享、传输速率比国外的产品低等问题。

（五）我国煤矿安全的技术对策

针对我国煤矿安全的科技需求，在瓦斯防治技术、煤与瓦斯突出防治技术、矿井火灾防治、粉尘防治和防爆隔爆技术等方面制定了一系列的煤矿安全技术对策，对提升我国煤矿安全防护水平和保障煤矿安全生产起到了巨大作用。

1. 建立示范点、重点推广先进适用技术

主要研究包括：瓦斯抽放技术，开采保护层技术，突出预测预报技术；建立健全煤矿安全监控系统，合理配置监控系统功能，有条件的矿区、地区实现联网，促进信息共享；推广自然发火早期预测预报技术以及注浆、阻化剂、凝胶、氮气等综合防火技术；全面采用被动

式隔爆技术,提高安全保障能力。

2. 突破灾害防治关键技术,实现支撑发展

针对矿井灾害发生的主要因素,集中科研力量攻破灾害防治的关键技术,为矿井的安全生产奠定基础。主要研究内容包括:

(1) 提高热催化元件的寿命和稳定性,开发红外、光纤等原理的新型 CH_4、CO、CO_2 测定仪和传感器。

(2) 尽快突破宽带网络型煤矿安全监控系统的技术关键,研究处理能力强,智能化程度高的煤矿灾害预警技术,提高监控系统对瓦斯等灾害的预警能力。

(3) 研究适合高地应力、高瓦斯、松软突出煤层条件的钻机和钻机工艺,以及瓦斯抽放技术。

(4) 研究超长定向水平钻孔钻机与钻进工艺及预抽瓦斯技术。

(5) 研究井下、地面,采煤采气协调开发技术,把高瓦斯煤层转化为低瓦斯煤层,从而实现安全生产的技术与装备。

(6) 研究探测矿井小构造和瓦斯富集区的地球物理方法及装备。

(7) 完善煤与瓦斯突出预测预报技术,提高预报准确性;研究延期突出的预测和预防技术。

(8) 突破煤层自然发火初期的预测预警技术,研究基于气味检测技术的早期预测方法。

(9) 研究矿井隐伏导水构造长距离精细探查与空间定位技术与装备;研究探测老空区的空间展布、位置、深度、富水状态等关键信息的高精度物探技术。

(10) 研究应对煤矿突发瓦斯异常涌出的技术对策,提高处置因冲击地压、初次放顶等引发瓦斯涌出异常的能力。

3. 强化技术基础性工作,支撑煤矿安全监管监察

(1) 依法建立和实施矿用产品安全标志准入制度。

安标和矿用产品检测检验是技术性很强的工作,实施安标制度,不仅能够提升煤矿安全管理监察水平,同时能够提高安全装备的技术门槛,确保产品的安全性能。可见安标是贯彻执行法律法规、规范标准的基本手段。煤矿安全监察机构通过做好煤矿执行安标管理制度的监察,促进煤矿企业保证装备安全,创造本质安全化作业条件和作业环境。

(2) 加强标准的研究和制定(修订),为煤矿安全管理和监察提供基础。

初步统计,"十五"以来,标准委员会共研究和制定(修订)标准 1055 项,其中国家标准 163 项,行业标准 892 项。

针对煤矿安全生产和管理的实际需求,加快了标准的制定(修订)工作,建立了煤矿安全标准体系。AQ 标准体系实施后,进一步加强了对测试方法、规范等基础性标准的研究与制定。如《煤矿瓦斯抽采基本指标》《煤与瓦斯突出矿井鉴定规范》《煤矿瓦斯抽放规范》《煤矿井下粉尘综合防治技术规范》等。

第 2 章

矿山通风技术

依靠通风动力，将定量的新鲜空气，沿着既定的通风线路不断地输入井下，以满足回采工作面、掘进工作面、机电硐室、火药库以及其他用风地点的需要；同时将用过的污浊空气不断地排出地面，这种对矿井不断输入新鲜空气和排出污浊空气的作业过程叫做矿井通风。它的基本任务是：供给矿井新鲜风量，以冲淡并排出井下的毒性、窒息性和爆炸性气体和粉尘，保证井下风流的质量（成分、温度和速度）和数量符合国家安全卫生标准，造成良好的工作环境，防止各种伤害和爆炸事故，保障井下人员身体健康和生命安全，保护国家资源和财产。矿井通风是矿井各生产环节中最基本的一环，它在矿井建设和生产期间始终占有非常重要的地位。

第一节 矿 内 空 气

矿井通风的目的：一是在正常生产时期，保证向井下各工作地点输送足够数量的新鲜空气，用以稀释有毒有害气体，排除矿尘和保持良好的工作环境，确保矿井安全生产；二是在发生灾变时，能有效、及时地控制风向及风量，并与其他措施配合，防止灾害扩大。

一、矿内空气的主要成分

（一）地面空气的组成

地面空气是由多种气体组成的干空气和水蒸气组合而成的混合气体。通常状况下，干空气各组成的数量基本不变。一般将大气组分分为恒定组分、可变组分和不定组分。

恒定组分系指大气中含有氧气占大气总体积的百分比（下同）为 20.94%，氮气为 78.09%，氩气为 0.93%。仅此三种成分之和，占大气的 99.96%。除此之外，还含有微量的氖、氦、氪、氙、氡等稀有气体。上述组分的比例在地球上任何地方几乎可以看作是不变的。

可变组分系指大气中除含有上述恒定组分外，还含有二氧化碳和水蒸气，在通常情况下二氧化碳的含量为 0.02%~0.04%，水蒸气的含量为 4% 以下，这些组分在大气中的含量是随地区、季节、气象以及人们的生产和生活活动等因素的影响而有所变化。

不定组分来自自然和人为两个方面。自然界的火山爆发、森林火灾、海啸、地震等自然灾害形成的污染物，有尘埃、硫、硫氧化物、氮氧化物、盐类及恶臭气体，可造成局部和暂时的大气污染。工业化、城市化等人为活动排放的烟尘和其他有害气体，是大气不定组分的主要来源，是大气污染的主要原因。

(二) 矿内有毒有害气体来源、分类及危害

正常的地面空气进入矿井后，当其成分与地面空气成分相差不多时，称为矿内新鲜空气。由于井下生产过程中产生了各种有毒有害的物质，使矿内空气的成分发生了一系列的变化。这种充满在矿内巷道中的各种气体、矿尘和杂质的混合物，统称为矿内污浊空气。

矿内污浊空气对井下工人身体具有较大危害，并可能造成人员伤亡等重大事故。凡侵入人体后，能对人体产生伤害作用的气体，均称为有害气体。其分类有两种方法：一种是按气体对人体危害性质来分；另一种是按气体对人体的作用来分。前者又可分为两类，即有毒性气体和窒息性气体。所谓有毒气体，是指吸入人体后，对人体健康能产生伤害作用的气体，如 CO(一氧化碳) 和 $COCl_2$(光气) 等。所谓窒息性气体，是指吸入人体后，能引起呼吸困难的气体，如氮气和二氧化碳等。

矿内有毒有害气体主要来源于：爆破及内燃设备产生的有毒气体，含硫矿床产生的有毒气体，井下火灾产生的有毒有害气体，自然发火区特殊环境的有害气体，炮烟特殊环境下的有害气体等。

矿山常见的有毒有害气体有：一氧化碳、氮氧化物、二氧化硫、硫化氢、光气、氨气、氯气，以及有毒有害的气溶胶等。

二、矿内气候

井下职工在生产劳动中，因体内不断地进行着新陈代谢作用而产生大量的热。所产生的热除一部分供给肌肉做功，一部分消耗于人体内部外，其余大部分通过辐射、对流和蒸发等方式向空气散发。当人体产生和散发的热量保持平衡，即体温保持 36.5~37℃ 时，人体就感到舒适。

为了保证工人的身体健康和提高劳动生产率，就需要给工人创造热平衡的条件。为保持人体的热平衡条件，需要从人体的生热和散热两方面考虑。影响人体发热量的大小主要取决于劳动强度，而影响人体散热的条件是空气的温度、湿度、风速三者的综合状态。因此，矿井气候是指矿井空气的温度、湿度和风速这三个参数的综合作用状态。这三个参数的不同组合，便构成不同的矿井气候条件。

(一) 矿内空气的湿度

矿内空气与地面空气一样，都是由于空气和水蒸气混合而成的湿空气，衡量矿内空气所含水蒸气量的参数有湿度和含湿量。

1. 湿度的表示方法

空气的湿度表示空气中所含水蒸气量或潮湿程度，表示空气湿度的方法有绝对湿度、相对湿度和含湿量三种。

(1) 绝对湿度。绝对湿度是指每 $1m^3$ 或每 1kg 湿空气中所含水蒸气的质量(g 或 kg)，其单位与密度的单位相同，其数值等于水蒸气在其分压力与温度下的密度。绝对湿度只能说明空气中实际含有的水蒸气量(kg/m^3)，但并不说明其饱和程度。在通风和空调中常用相对湿度表示空气的干、湿程度(即饱和程度)。

(2) 相对湿度。相对湿度是指湿空气中实际含有水蒸气量(绝对湿度 ρ_v)与同温度下的饱和湿度 ρ_s 之比的百分数，用于 $\varphi(\%)$ 表示，即：

$$\varphi = \frac{\rho_v}{\rho_s} \tag{2-1}$$

式中　ρ_v——绝对湿度（g/m³ 或 g/kg）；
　　　ρ_s——绝对湿度（g/m³ 或 g/kg）。

相对湿度 φ 反映空气所含水蒸气量接近饱和的程度，也叫饱和度。φ 值小则空气干燥，吸收水分的能力强；$\varphi = 0$ 时为干空气。φ 值大则空气潮湿，吸收水分的能力弱；$\varphi = 1$（即 100%）时为饱和空气。这样，不论气温高低，由 φ 值的大小可直接看出其干湿程度。

（3）含湿量

因为湿空气中干空气的质量不随空气的状态变化而变化，故采用 1kg 质量的干空气作为计算基础。在含有 1kg 干空气的湿空气中，所挟带的水蒸气质量，称为湿空气的含湿量（d）。

2. 影响矿内空气湿度的主要因素

（1）地面湿度的季节变化。阴雨季节湿度较大，夏季相对湿度较低，但气温较高，绝对湿度较大；冬季相对湿度较大，但气温较低，绝对湿度并不太高。地面湿度除受季节影响外，还与地理位置有关，我国湿度分布，沿海地区较高（平均为 70%~80%），向内陆逐渐降低，西北地区达最低值（平均为 30%~40%）。

（2）当矿井涌水量较大或滴水较多时，由于水珠易于蒸发，则井下比较潮湿，一般金属矿山井下湿度在 80%~90%。在盐矿中由于涌水较小，且盐类吸湿性较强，则相对湿度一般为 15%~25%。

（3）矿内空气湿度的变化规律。如图 2-1 所示，一般情况下，冬天地面空气温度较低、相对湿度高，进入矿井后，温度不断升高、相对湿度不断下降，沿途不断吸收井壁水分，于是出现进风段空气干燥现象。夏天则相反，地面空气温度高，相对湿度低，进入矿井后，温度逐渐降低，相对湿度不断升高，可能出现过饱和状态，致使其中部分水蒸气凝结成水珠，进风段显得很潮湿。

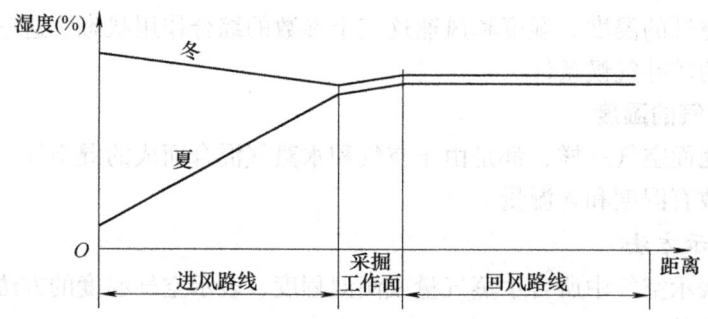

图 2-1　矿内空气湿度的变化规律示意图

（二）矿内空气的温度

矿内空气温度是构成矿内气候条件的重要因素，矿内空气温度过高或过低，对人体都有不良影响。矿内空气最适宜人们工作的温度是 15~20℃。空气在矿井中流动时，由于各种原因温度升高。温升可分为对流温升和换热温升。对流温升是指空气由于绝热压缩和水分蒸发时出现的温度变化；换热温升是指由于岩石和空气的热交换而出现的温度的变化。

影响矿内空气温度的主要因素有：地面空气温度，空气受压缩和膨胀，岩石温度，氧化生热，水分蒸发，通风强度，地下水的作用，其他要素等。

矿内空气温度的变化如图2-2所示。一般情况下，在进风路线上（指自矿井进风口到采掘工作面的一段路线）：冬季，冷空气进入井下，冷气温与地温进行热交换，风流吸热，地温散热，因地温随深度增加且风流下行受压缩，故沿线气温逐渐升高；夏季，与冬季相反，沿线气温逐渐降低。

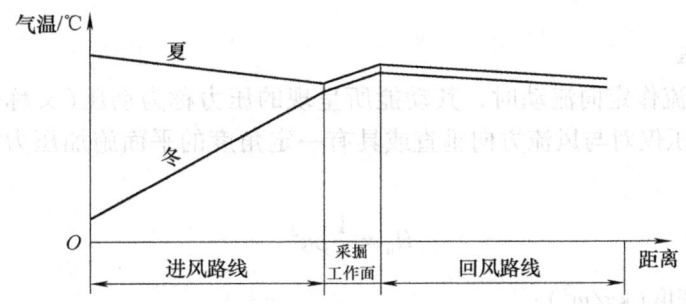

图2-2 矿内空气温度的变化规律示意图

对于平硐进风，井下风流路线不长的矿井，由于热交换不充分，致使整个风流路线上（包括采掘工作面）的气温都可能随四季地表气温而变。

（三）矿内空气的风速

在矿井通风中，空气流速简称为风速。井巷中风流质点的运动状态是极其复杂的，运动参数随时间而变化。井巷中某点在水平方向的瞬时速度随时间的变化在某一平均值的上下波动，这种现象称为脉动现象。因此，可以利用该平均值代替具有脉动现象的真实风速值，这个平均值称为时均风速，即通常所说的井巷断面上某点的风速。

采用时均风速后，井巷中空气的流动一般可视为定常流（稳定流）。由于受井巷断面形状和支护形式的影响，以及局部阻力物的存在，最大风速不一定在井巷的轴线上，风速分布也不一定具有对称性。

风速显著地影响着矿内对流散热。当风流温度低于矿内环境温度时，流速越大，散热量越多。当风流温度高于矿内环境温度时，矿井反而从风流中得到对流热，此时风速越大，矿内环境得到的对流热越多。

（四）矿内空气的密度、粘性

1. 密度

单位体积的空气所具有的质量称为空气的密度，用ρ表示，单位为kg/m^3。空气密度随着压力、温度和湿度而变化。大气压力越大，ρ越大；温度越高，ρ越小；相对湿度越大，ρ越小。

2. 粘性

空气在各层顺次流动时，层与层之间就会出现相对运动，从而产生内摩擦力，以抵抗空气的变形，这种性质称为空气的粘性。

（五）矿内空气的压力及其测定

由于空气分子不停地热运动和地球引力的作用，使空气具有对外作功的能力，或对物体表面及器壁呈现压力，即为空气压力，又称大气压力。

由于测算起点不同，压力可以表示为绝对压力和相对压力。以真空为零点起算的压力称为绝对压力，用 p 表示；以当地当时同标高的大气压力 p_a 为零点起算的压力称为相对压力，又称表压力，用 h 表示（$h = p - p_a$）。

1. 静压

空气分子对容器壁单位面积上施加的压力称为静压。在巷道或风筒内，同一断面上的静压一般认为大致是相等的，其作用是四面八方的。井巷中只要有空气存在，不论其流动与否，都会呈现静压。

2. 动压或速压

单位体积的风流作定向流动时，其动能所呈现的压力称为动压（又称速压），用 H_u（单位为 Pa）表示，速压仅对与风流方向垂直或具有一定角度的平面施加压力，速压永远为正，用公式表示为：

$$H_u = \frac{1}{2}\rho u^2 \tag{2-2}$$

式中　ρ——空气密度（kg/m^3）；
　　　u——速度（m/s）。

3. 位压

单位体积的风流受地球引力作用对某基准面产生的重力位能，称为位压，用 H_z 表示。位压是对某个基准面而言的，基准面不同，其值就不同，位压可正可负；上断面对下断面的位压不能在上断面显现出来，而要在下断面以静压形式显现，并包含在下断面的静压内。

不论空气流动与否，上断面对下断面的位压 H_z 总是存在的。H_z（单位为 Pa）用公式表示为：

$$H_z = Z\rho g \tag{2-3}$$

式中　Z——空气距基准面的垂直高度（m）；
　　　g——重力加速度（m/s^2），常取 $9.81m/s^2$。

4. 全压

井巷风流中任一断面的静压、动压、位压之和称为该断面的总压力，静压与动压之和称为全压，全压分绝对全压 H_t 与相对全压 p_t，绝对静压 H_s 与动压 H_u 之和为绝对全压 H_t，相对静压 p_s 与动压 H_u 的代数和为相对全压 p_t（以上单位均为 Pa）。即

$$H_t = H_s + H_u \tag{2-4}$$
$$p_t = p_s + H_u \tag{2-5}$$

5. 压力测量

风筒内某点的静压、动压和全压分别用 U 形管压差计和毕托管进行测量。井巷风流中两断面的总压差是造成空气流动的根本原因，井巷空气流动的方向是从总压力大处流向总压力小处。风流在流动过程中因阻力作用而引起通风压力的降落称为压降、压差或压力损失，压差可表现为总压差、静压差、动压差和位压差。

（1）绝对压力的测定。通常使用水银气压计和无液气压计测定矿内外空气绝对静压。

（2）相对静压的测定。通常用 U 形压差计、单管倾斜压差计或补偿微压计与毕托管配合，测量风流的静压、动压和全压。

（六）矿内气候条件的舒适性

1. 人体的热平衡

人体能量代谢过程是体内生物化学过程，而散热过程则是物理过程。在正常情况下，人体依靠自身的调节机能，使产热和散热保持动平衡状态。

实际上，人体热平衡并非是简单的物理过程，而是在神经系统调节下的非常复杂的过程。当产热和散热能保持平衡时，即体温能维持在 36.5～37℃时，人体感到舒适。否则，破坏了这种热平衡，就会引起身体的不适，人就会生病。

2. 人体散热方式及其影响因素

人体散热主要以对流、辐射及出汗蒸发的方式进行。此外，呼吸及排泄也能带走少部分热量。在温和气候中，从事轻体力劳动的人，每日产热量为12567kJ。就散热过程来看，几种人体散热方式及其所占比例见表2-1。

表 2-1 人体的散热方式及其所占比例

散热方式	热量/kJ	百分比(%)
辐射、传导、对流	8793	70.0
皮肤水分蒸发	1827	14.5
肺的水分蒸发	1005	8.0
呼气	440	8.5
加温吸入气	314	2.5
尿、粪	188	1.5
合计	12567	100

影响人体散热的因素主要是周围的气候条件，即空气的温度、湿度和风速三者的综合作用，并决定了矿井环境的质量；单独用某一因素评价矿井空气环境质量的好坏都是不够的，必须考虑评价矿井空气环境质量的综合指标。目前国内外常用的用以评价矿内热环境的舒适指标主要有：湿球温度、卡他度、实效温度、热强指数、空气冷却度，以及折算温度、当量温度、湿球温度等，其中卡他度是采用较多的一种。

3. 卡他度

卡他度是评价劳动条件舒适程度的综合指标之一。卡他度是用模拟的方法度量环境对人体散热速率影响的综合指标，反映了在对流、辐射、蒸发作用下皮肤的散热量。

所谓卡他度，是指卡他度计的液球表面被平均加热到36℃时，其单位面积上、单位时间内所散发出来的热量，单位为 $mcal/(cm^2 \cdot s)$。卡他度可分为湿卡他度和干卡他度两种。干卡他度的散热方式是对流、辐射作用，而湿卡他度的散热是以对流、辐射、蒸发三者的综合散热作用。对于高温矿井的热环境，湿卡他度表示比干卡他度更为适用。

一般情况下，卡他度越大，散热条件越好。不同劳动条件对卡他度的要求不相同(表2-2)。

表 2-2 卡他度的数值与劳动强度的关系

劳动状况	轻微劳动	一般劳动	繁重劳动
干卡他度	>6	>8	>10
湿卡他度	>18	>25	>30

第二节 矿井通风阻力

风流在矿井中流动必须具有一定的能量，用以克服井巷对风流所呈现的通风阻力。在矿井通风中，常把通风阻力分为摩擦阻力、局部阻力和正面阻力三种。一般情况下，在整个矿井的通风总阻力中摩擦阻力占主要组成部分。

一、摩擦阻力

摩擦阻力指发生在风流沿井巷流动的全部流程上的阻力。用于克服摩擦阻力而造成的风流能量损失称为摩擦损失。所谓均匀流动是指风流沿程的速度和方向都不变，而且各个断面积上速度分布相同。流态不同的风流，摩擦阻力产生的情况和大小不同。流体在运动中有两种不同的状态，即层流流动和紊流流动。

（一）层流摩擦阻力

层流，指流体各层的质点相互不混合，呈流束状，为有秩序地流动，各流束的质点没有能量交换。质点的流动轨迹为直线或有规则的平滑曲线，并与管道轴线基本平行。

层流状态下井巷摩擦阻力 $h_f(\text{Pa})$，计算式为：

$$h_f = 2\mu \frac{LU^2}{S^3} Q \tag{2-6}$$

式中 μ——空气的动力粘度（Pa·s）；

Q——井巷风量（m³/s）；

其他符号意义同前。

上式说明，层流状态下摩擦阻力与风流速度和风量的一次方成正比。由于井巷中的风流大多数都为紊流状态，所以层流摩擦阻力计算公式在实际工作中很少应用。

（二）紊流摩擦阻力

紊流和层流相反，流体质点在流动过程中有强烈混合和相互碰撞，质点之间有能量交换，质点的流动轨迹极不规则，除了有总流方向的流动外，还有垂直或斜交总流方向的流动，流体内部存在着时而产生、时而消失的涡流。

井下巷道的风流大多属于完全紊流状态，矿井通风工程上的紊流摩擦阻力 h_f（单位为Pa）计算公式为：

$$h_f = \alpha \frac{LU}{S^3} Q^2 \tag{2-7}$$

式中 α——井巷的摩擦阻力系数（kg/m³ 或 N·s²/m⁴）。

（三）摩擦阻力的计算方法

1. 摩擦阻力系数 α

不同的井巷，不同的支护形式，α 值不同。确定 α 值的方法有查表和实测两种方法。

（1）查表确定 α 值。查表确定 α 值法，就是根据所设计的井巷特征（指支护形式、净断面积、有无提升设备和其他设施等），通过表查出适合该井巷的 α 标准值。

（2）实测确定 α 值。在生产矿井中，通常需要掌握各个巷道的实际摩擦阻力系数 α 值，目的是为降低矿井通风阻力，合理调节矿井风量，提供原始的第一手资料。所以，实测摩擦

阻力系数 α 值有其一定的现实指导意义。

2. 摩擦风阻

对于已经确定的井巷，巷道的长度 L、周长 U、断面 S 以及巷道的支护形式（摩擦阻力系数 α）都是确定的，摩擦风阻 R_f（单位为 kg/m^7 或 N·s^2/m^8）的计算式如下

$$R_f = \frac{\alpha LU}{S^3} \tag{2-8}$$

$$h_f = R_f Q^2 \tag{2-9}$$

式（2-9）就是完全紊流时摩擦阻力定律，它说明了当摩擦风阻一定时，摩擦阻力 h_f（Pa）与风量 Q 的平方成正比。

二、局部阻力和正面阻力

（一）局部阻力

1. 局部阻力的概念

在风流运动过程中，由于井巷边壁条件的变化，风流在局部地区受到局部阻力物（如巷道断面突然变化、风流分叉与交汇、断面堵塞等）的影响和破坏，引起风流流速大小、方向和分布的突然变化，导致风流本身产生很强的冲击力，形成极为紊乱的涡流，造成风流能量损失，这种均匀稳定的风流经过某些局部地点所造成的附加的能量损失，就叫做局部阻力。

井下巷道千变万化，产生局部阻力的地点很多，有巷道断面的突然扩大与缩小（如采区车场、井口、调节风窗、风桥、风硐等），巷道的各种拐弯（如各类车场、大巷、采区巷道、工作面巷道等），各类巷道的交叉、交汇（如井底车场、中部车场）等。在分析产生局部阻力的原因时，常将局部阻力分为突变类型和渐变类型两种。图 2-3a、c、e、g 属于突变类型，b、d、f、h 属于渐变类型。

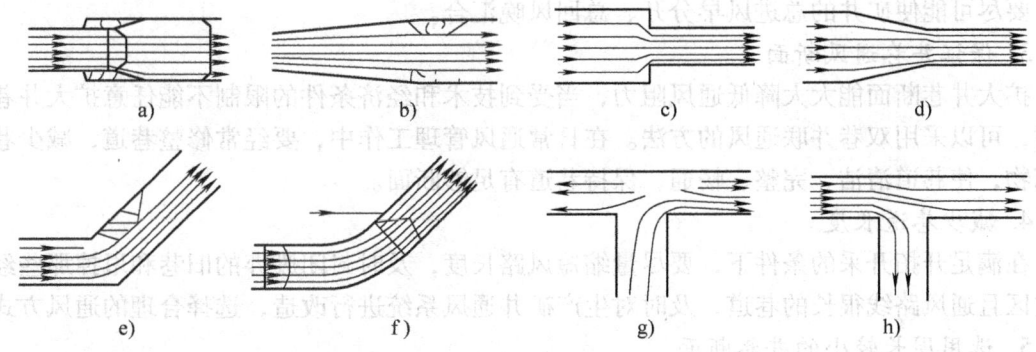

图 2-3 巷道的突变与渐变类型

2. 局部阻力的计算方法

试验证明，不论井巷局部地点的断面、形状和拐弯如何千变万化，也不管局部阻力是突变类型还是渐变类型，所产生的局部阻力的大小都和局部地点的前面或后面断面上的风流速压成正比。

在一般情况下，由于井巷内的风流速压较小，所产生的局部阻力也较小，井下所有的局部阻力之和只占矿井总阻力的 10%~20%。故在通风设计中，一般只对摩擦阻力进行计算，对局部阻力不作详细计算，而按经验估算。

(二) 正面阻力

1. 正面阻力的概念

井巷内存在某些物体（如罐道梁、电动机车、堆积物）时，风流只能从这些物体的周围绕过，使风流受到附加阻力作用。这种附加阻力，称为正面阻力。

矿内产生正面阻力的物体有处于通风井巷内的罐笼、罐道梁、矿车、电动机车、坑木堆以及其他器材设备和堆积物。这些对风流产生正面阻力的物体，称为正面阻力物。

2. 正面阻力的计算方法

正面阻力物的形式多种多样，但其产生正面阻力、引起正面损失的本质原因却是相同的。当风流从正面阻力物的周围绕过时，风流速度的方向、大小发生急剧的改变，导致空气微团相互间的激烈冲击和附加摩擦，形成紊乱的涡流现象，从而造成风流能量的损失。

三、降低井巷通风阻力的方法

降低矿井通风阻力的重点在于对最大阻力路线上的公共段通风阻力实施降阻措施。具体方法如下。

(一) 降低摩擦阻力的措施

摩擦阻力是矿井通风阻力的主要部分，因此，降低井巷摩擦阻力是通风技术管理的重要工作。降低摩擦阻力的措施有：

1. 减少摩擦阻力系数

矿井通风设计时尽量选用摩擦阻力系数小的支护方式，如锚喷、砌碹、锚杆、锚锁、钢带等，尤其是服务年限长的主要井巷，一定要选用摩擦阻力较小的支护方式。

2. 井巷风量要合理

各用风地点的风量在保证安全生产要求的条件下，应尽量减少。避免巷道内风量过于集中，要尽可能使矿井的总进风早分开、总回风晚汇合。

3. 保证井巷通风断面

扩大井巷断面能大大降低通风阻力，当受到技术和经济条件的限制不能任意扩大井巷断面时，可以采用双巷并联通风的方法。在日常通风管理工作中，要经常修整巷道，减少巷道堵塞物，使巷道清洁、完整、畅通，保持巷道有足够断面。

4. 减少巷道长度

在满足开拓开采的条件下，要尽量缩短风路长度，及时封闭废弃的旧巷和甩掉那些经过采空区且通风路线很长的巷道，及时对生产矿井通风系统进行改造，选择合理的通风方式。

5. 选用周长较小的井巷断面

在井巷断面相同的条件下，圆形断面的周长最小，拱形次之，矩形和梯形的周长较大。因此，在矿井通风设计时，一般要求立井井筒采用圆形断面，斜井、石门、大巷等主要井巷采用拱形断面，次要巷道及采区内服务年限不长的巷道可以考虑矩形和梯形断面。

(二) 降低局部阻力的措施

降低局部阻力就是改善局部阻力物断面的变化形态，减少风流流经局部阻力物时产生的剧烈冲击和巨大涡流，减少风流能量损失，主要措施如下：

（1）最大限度地减少局部阻力地点的数量。井下尽量少使用直径很小的铁风桥，减少调节风窗的数量；应尽量避免井巷断面的突然扩大或突然缩小，断面比值要小。

(2) 当连接不同断面的巷道时，要把连接的边缘做成斜线或圆弧型（见图 2-4）。

(3) 巷道拐弯时，转角越小越好（见图 2-5）。在拐弯的内侧做成斜线型和圆弧型。要尽量避免出现直角弯。巷道尽可能避免突然分叉和突然汇合，在分叉和汇合处的内侧也要做成斜线或圆弧型。

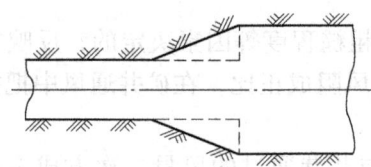

图 2-4　巷道连接处为斜线型　　　　　　　图 2-5　巷道拐弯处为圆弧型

(4) 减少局部阻力地点的风流速度及巷道的粗糙程度。

(5) 在风筒或通风机的入风口安装集风器，在出风口安装扩散器。

(6) 减少井巷正面阻力物，及时清理巷道中的堆积物，采掘工作面所用材料要按需使用，不能集中堆放在井下巷道中。巷道管理要做到无杂物、无淤泥、无片帮，保证有效通风断面。在可能的条件下尽量不使成串的矿车长时间地停留在主要通风巷道内，以免阻挡风流，使通风状况恶化。

四、井巷等积孔和井巷风阻特性曲线

（一）井巷等积孔

为了更形象、更具体、更直观地衡量矿井通风难易程度，矿井通风学上用一个假想的、并与矿井风阻值相当的孔的面积作为评价矿井通风难易程度的标准，这个假想孔的面积就叫做"矿井等积孔"。

假定在无限空间有一薄壁，在薄壁上开一面积为 $A(\mathrm{m}^2)$ 的孔口，如图 2-6 所示。当孔口通过的风量等于矿井总风量 Q，而且孔口两侧的风压差等于矿井通风总阻力（$p_1 - p_2 = h$）时，则孔口的面积 A 值就是该矿井的等积孔。

如果矿井的通风阻力 h 相同，等积孔 A 大的矿井，风量 Q 必大，表示通风容易；等积孔 A 小的矿井，风量 Q 必小，表示通风困难。所以，矿井等积孔能够反映不同矿井或同一矿井不同时期通风技术管理水平。同时，也可以评判矿井通风设计是否经济。根据矿井总风阻和矿井等积孔，通常把矿井通风难易程度分为三级，见表 2-3。

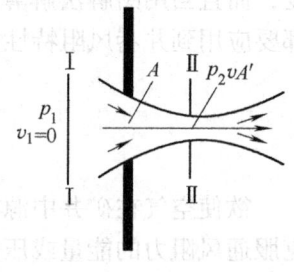

图 2-6　等积孔

表 2-3　矿井通风难易程度的分级标准

通风阻力等级	通风难易程度	风阻 $R/(\mathrm{N}\cdot\mathrm{s}^2/\mathrm{m}^8)$	等积孔 A/m^2
大阻力矿	困难	>1.42	<1
中阻力矿	中等	1.42～0.35	1～2
小阻力矿	容易	<0.35	>2

(二) 井巷风阻特性曲线

井下风流在流经一条巷道时产生的总阻力等于各段摩擦阻力和所有的局部阻力之和。当巷道风流为紊流状态时，井巷通风阻力 h（单位为 Pa），计算式为：

$$h = RQ^2 \tag{2-10}$$

式中　　R——井巷风阻（kg/m^7 或 $N \cdot s^2/m^8$）。

R 是由井巷中通风阻力物的种类、几何尺寸和壁面粗糙程度等因素决定的，反映井巷的固有特性。当通过井巷的风量一定时，井巷通风阻力与风阻成正比，在矿井通风中把井巷风阻值的大小作为判别矿井通风难易程度的一个重要指标。

式(2-10)反映了风阻 R 一定时，井巷通风总阻力与井巷通过的风量二次方成正比，适用于井下任何巷道。需要说明的是，由于层流状态下的摩擦阻力、局部阻力与风流速度和风量的一次方成正比，同样可以得到层流状态下的通风阻力定律：

$$h = RQ \tag{2-11}$$

式中　　h——通风阻力（Pa）。

由于井下只有个别风速很小的地点才有可能用到层流或中间过渡状态下的通风阻力定律，所以紊流通风阻力定律 $h_{阻} = RQ^2$ 是通风学中应用最广泛、最重要的通风定律。即：当风阻 R 值一定时，用横坐标表示井巷通过的风量 Q_i，用纵坐标表示通风阻力 h_i，将风量与对应的阻力（Q_i, h_i）绘制于平面坐标系中得到一条二次抛物线（图 2-7），这条曲线就叫做该井巷阻力特性曲线。曲线越陡、曲率越大，井巷风阻越大，通风越困难；反之，曲线越缓，通风越容易。

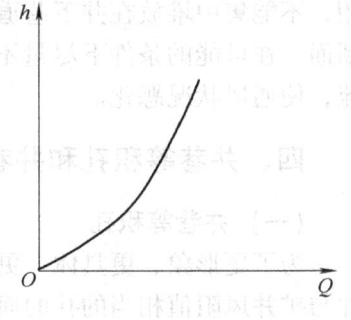

图 2-7　井巷阻力特性曲线

井巷阻力特性曲线不但能直观地看出井巷的通风难易程度，而且当用图解法解算简单通风网路和分析通风机工况时，都要应用到井巷风阻特性曲线。故应了解曲线的意义，掌握其绘制方法。

第三节　矿井通风动力

欲使空气在矿井中源源不断地流动，就必须克服空气沿井巷流动时所受到的阻力。这种克服通风阻力的能量或压力叫通风动力。若这种能量是由通风机提供的，则称为机械通风；若是由矿井自然条件产生的，则称为自然风压。本节将就对这两种压力对矿井通风的作用及其影响因素和特性进行分析研究。

一、自然风压

(一) 自然风压及其形成和计算

1. 自然风压与自然通风

图 2-8 为一个简化的矿井通风系统，2—3 为水平巷道，0—5 为通过系统最高点的水平线。如果把地表大气视为断面无限大、风阻为零的假想风路，则通风系统可视为一个闭合的回路。在冬季，由于空气柱 0—1—2 比 5—4—3 的平均温度低、平均空气密度大，导致两空气柱作用在 2—3 水平面上的重力不等。其重力之差就是该系统的自然风压。它使空气源源

不断地从井口 1 流入，从井口 5 流出。在夏季时，若空气柱 5—4—3 比 0—1—2 温度低，平均密度大，则系统产生的自然风压方向与冬季相反。地面空气从井口 5 流入，从井口 1 流出。这种由自然因素作用而形成的通风叫自然通风。

2. 自然风压的计算

如图 2-8 所示，在一个有高差的闭合回路中，只要两侧有高差巷道中空气的温度或密度不等，则该回路就会产生自然风压。为了简化计算，一般采用测算出的 0—1—2 和 5—4—3 井巷中空气密度的平均值 ρ_{m1} 和 ρ_{m2}，则自然风压 H_n（单位为 Pa）为：

$$H_n = Zg(\rho_{m1} - \rho_{m2}) \qquad (2-12)$$

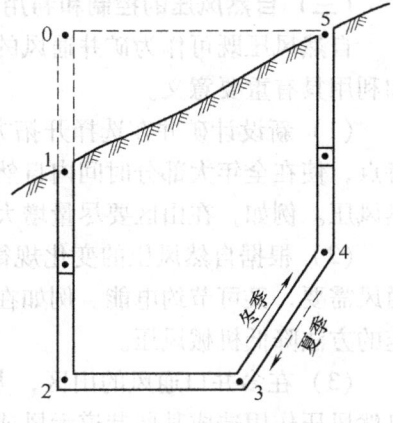

图 2-8 简化矿井通风系统图

ρ_{m1}，ρ_{m2}——图 2-8 中 0—1—2 和 5—4—3 井巷中空气密度的平均值(kg/m^3)；

Z——高差(m)；

g——重力加速度(m/s^2)。

(二) 自然风压的影响因素

由式(2-12)可见，影响自然风压的决定性因素是两侧空气柱的密度差，而空气密度又受温度、大气压力、气体常数和相对湿度等因素影响。

(1) 矿井某一回路中两侧空气柱的温差是影响 H_n 的主要因素。影响气温差的主要因素是地面入风气温和风流与围岩的热交换。其影响程度随矿井的开拓方式、采深、地形和地理位置的不同而有所不同。大陆性气候的山区浅井，自然风压大小和方向受地面气温影响较为明显，一年四季，甚至昼夜之间都有明显变化。由于风流与围岩的热交换作用，使机械通风的回风井中一年四季中气温变化不大，而地面进风井中气温则随季节变化，两者综合作用的结果，导致一年中自然风压发生周期性的变化。图 2-9 曲线 1 所示为某机械通风浅井自然风压变化规律。对于深井，其自然风压受围岩热交换影响比浅井显著，一年四季的变化较小，有的可能不会出现负的自然风压，如图 2-9 曲线 2 所示。

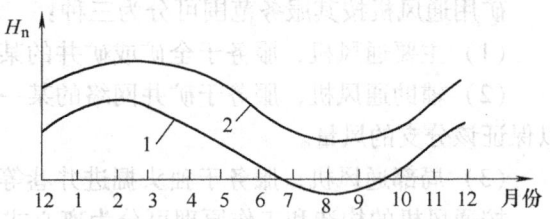

图 2-9 自然风压变化示意图

(2) 空气成分和湿度影响空气的密度，因而对自然风压也有一定影响，但影响较小。

(3) 井深。当两侧空气柱温差一定时，自然风压与矿井或回路最高点与最低点(水平)间的高差 Z 成正比。

(4) 主要通风机工作对自然风压的大小和方向也有一定影响。因为矿井主要通风机工作决定了主风流的方向，加之风流与围岩的热交换，使冬季回风井气温高于进风井，在进风井周围形成了冷却带以后，即使风机停转或通风系统改变，这两个井筒之间在一定时期内仍有一定的气温差，从而仍有一定的自然风压起作用。有时甚至会干扰通风系统改变后的正常通风工作，这在建井时期表现得尤其明显。

（三）自然风压的控制和利用

自然风压既可作为矿井通风的动力，也可能是事故的肇因。因此，研究自然风压的控制和利用具有重要意义。

（1）新设计矿井在选择开拓方案、拟订通风系统时，应充分考虑利用地形和当地气候特点，使在全年大部分时间内自然风压作用的方向与机械通风风压的方向一致，以便利用自然风压。例如，在山区要尽量增大进、回风井井口的高差，进风井井口布置在背阳处等。

（2）根据自然风压的变化规律，应适时调整主要通风机的工况点，使其既能满足矿井通风需要，又可节约电能。例如在冬季自然风压帮助机械通风时，可采用减小叶片角度或转速的方法降低机械风压。

（3）在多井口通风的山区，尤其在高瓦斯矿井，要掌握自然风压的变化规律，防止因自然风压作用造成某些巷道无风或风向反向而发生事故。

（4）在建井时期，要注意因地制宜和因时制宜利用自然风压通风，如在表土施工阶段可利用自然通风；在主副井与风井贯通之后，有时也可利用自然通风；有条件时还可利用钻孔构成回路，形成自然风压，解决局部地区的通风问题。

（5）利用自然风压做好非常时期通风。一旦主要通风机因故遭受破坏时，便可利用自然风压进行通风。这在矿井制定事故预防和处理计划时应予以考虑。

二、矿用通风机的类型及构造

矿井通风的主要动力是通风机。通风机是矿井的"肺脏"，其日夜不停地运转，加之其功率大，因此其能耗很大，所以合理地选择和使用通风机，不仅关系到矿井的安全生产和职工的身体健康，而且对矿井的主要技术经济指标也有一定影响。

矿用通风机按其服务范围可分为三种：

（1）主要通风机，服务于全矿或矿井的某一翼(部分)。

（2）辅助通风机，服务于矿井网络的某一分支(采区或工作面)，帮助主要通风机通风，以保证该分支的风量。

（3）局部通风机，服务于独头掘进井巷等局部地区。

按通风机的构造和工作原理可分为离心式通风机和轴流式通风机两种。

（一）离心式通风机的构造和工作原理

离心式通风机的主要结构部件为叶轮、机壳、进气口、出气口(见图2-10)。叶轮安装在蜗壳4内，当叶轮旋转时，气体经过进气口2轴向吸入，然后气体约转90°流经叶轮叶片构成的流道间(简称叶道)，而蜗壳将叶轮甩出的气体集中、导流，从通风机出气口6或出口扩散筒7排出。

离心通风机的工作原理：气体在离心通风机中的流动先为轴向，后转变为垂直于通风机轴的径向运动，当气体通过旋转叶轮的叶道间，由于叶片的作用，气体获得能量，即气体压力提高和动能增加。当气体获得的能量足以克服其阻力时，则可将气体输送到高处或远处。

离心式通风机按其叶片出口角（叶片出口速度方向与叶轮圆周速度反方向之夹角）的不同，分为前向式（$\beta_2 > 90°$）、径向式（$\beta_2 = 90°$）、后向式（$\beta_2 < 90°$）三种，如图2-11所示。

几种不同叶片型式的叶轮性能比较：

（1）从气体获得压力看，前向式叶轮最大，径向式叶轮稍次，后向式叶轮最小。

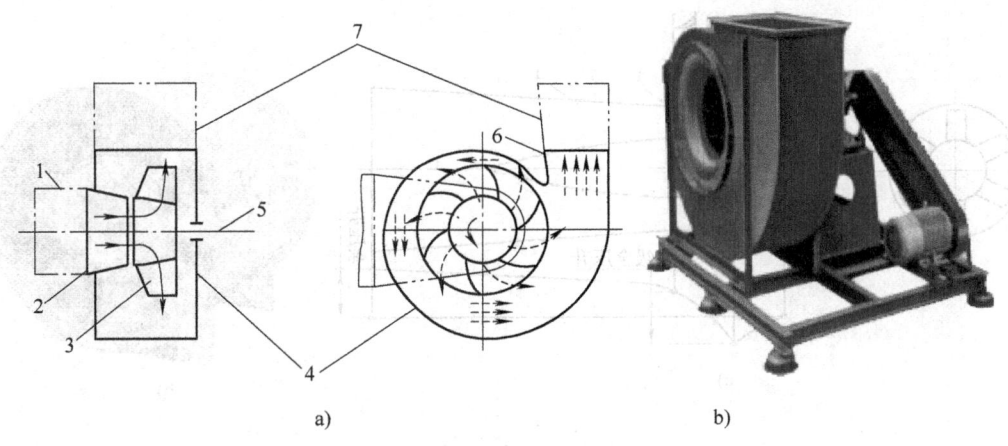

图 2-10 离心式通风机
a) 结构图 b) 实物图
1—进气室 2—进气口 3—叶轮 4—蜗壳 5—主轴 6—出气口 7—出口扩散筒

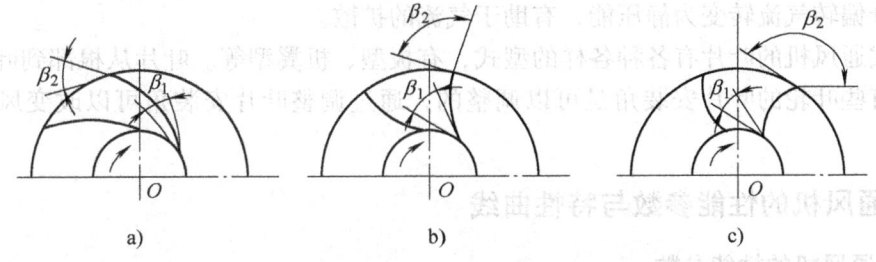

图 2-11 叶轮型式与出口安装角
a) 后向式叶轮 b) 径向式叶轮 c) 前向式叶轮

(2) 从效率观点看，后向式叶轮效率最大，径向式叶轮居中，前向式叶轮效率最低。

(3) 从结构尺寸看，当风量和转速一定时，在达到相同的风压前提下，前向式叶轮直径最小，径向式叶轮直径次之，后向式叶轮直径最大。

(4) 从风机噪声看，前向式叶轮噪声最大，径向式叶轮适中，后向式叶轮的噪声较小。

因此，在目前风机生产中，大型的离心式通风机，为了提高效率和降低噪声，几乎都采用后向式叶轮。而一些中小型风机，特别对风压要求较高时，则采用前向式叶轮。从防磨损和减少积尘的角度看，选用径向式叶轮较为有利。

（二）轴流式通风机的构造和工作原理

空气沿轴向流动的通风机称为轴流式通风机。一般通风机的结构如图 2-12 所示，主要由集风器、叶轮、导叶和扩散筒等组成。叶轮安装在圆筒形机壳中，电动机与叶轮直接连接。

轴流式通风机的工作原理：由于风机叶轮的叶片具有一定的斜面形状，当叶轮在机壳中高速转动时，使叶轮周围气体一面随叶轮旋转；一面沿轴向推进，气体在通过叶轮时获得能量，压力升高，进入扩散筒后一部分轴向气流的动能转变为静压能，最后以一定的压力从扩散筒流出。

轴流式通风机一般采用电动机直接传动的传动方式。有些大型的轴流式通风机也可将电

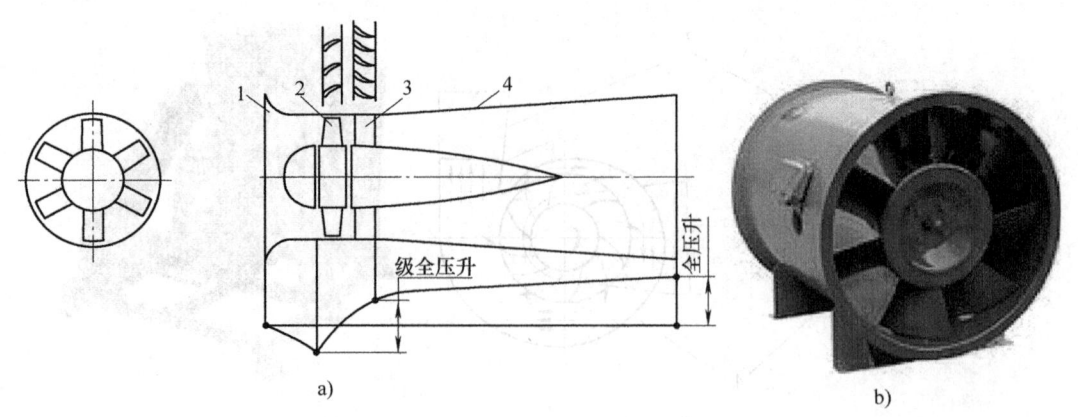

图 2-12 轴流通风机
a) 结构图　b) 实物图
1—集风器　2—叶轮　3—导叶　4—扩散筒

动机安装在机壳的外面,采取带轮或联轴器传动的方式,且其叶轮的排风侧设有固定导叶,可将一部分偏转气流转变为静压能,有助于气流的扩散。

轴流式通风机的叶片有各种各样的型式,有板型、机翼型等。叶片从根部到叶梢常采用扭曲形。有些叶轮的叶片安装角是可以调整的,通过调整叶片安装角可以改变风机的性能参数。

三、通风机的性能参数与特性曲线

(一) 通风机的性能参数

表示通风机性能的主要参数是风压 P、风量 Q、风机轴功率 N、效率 η 和转速 n 等。这里简单地说明它们的概念。

1. 风量

通风机在单位时间内所输送的气体体积称为风量,又称流量。通常指的是工作状态下的气体量(m^3/h 或 m^3/s)。

2. 风压

通风机出口气体全压与进口气体全压之差(或进、出口全压绝对值之和)称为风机的风压,也就是气体进入风机后所升高的压力,其单位为 Pa。

3. 功率

通风机在单位时间内传递给气体的能量称为风机的有效功率 N_e(单位为 kW),可用下式表示:

$$N_e = \frac{Qp}{1000} \tag{2-13}$$

式中　Q——通风机的风量(m^3/s);

　　　p——通风机的风压(Pa)。

实际上,由于通风机运转时轴承内部有摩擦损失,以及气体在风机内流动时产生的涡流撞击和流动损失,使通风机消耗在风机轴上的功率(轴功率) N 要大于有效功率 N_e。风机轴功率 N(单位为 kW),可用下式表示:

$$N = \frac{Qp}{1000\eta} \tag{2-14}$$

式中 η——通风机效率。

4. 效率

通风机的效率 η 就是风机的有效功率与消耗在风机轴上的功率之比(以%表示),即

$$\eta = \frac{N_e}{N} \times 100\% \tag{2-15}$$

式中 N_e——风机有效功率(kW);
　　　N——风机轴功率(kW)。

通风机效率的高低反映了风机工作的经济性。

5. 转速

转速指通风机叶轮每分钟旋转的次数,其值通常由转数表直接测得。转速的快慢将直接影响通风机的风量、压力、效率。

(二) 通风机的特性曲线

将通风机的主要性能参数,如风压 p、功率 N 和效率 η 与其风量 Q 的相互关系绘制成曲线,称为通风机的特性曲线(或称性能曲线、个体特性曲线等)。风机特性曲线是较直观反应风机各参数之间关系的一种表达方法,此方法在工程上应用极其广泛。

通风机的特性曲线一般有三条,即风压与风量($p—Q$)特性曲线、功率与风量($N—Q$)特性曲线以及效率与风量($\eta—Q$)特性曲线。从理论上分析,风机特性曲线是利用风机的基本方程式计算而得到的,但由于计算方法比较复杂和风流在每台通风机内部的能量损失无法计算,故不易得到切合实际的特性曲线,因此,在实际应用中,都采取试验方法测得数据,经整理后绘制特性曲线。

通风机的功率和效率特性曲线也要通过试验求得。即在测量风压和风量同时,用有关公式测算出轴功率和效率而描绘的曲线。图 2-13 和图 2-14 分别表示离心式通风机特性曲线和轴流式通风机特性曲线。

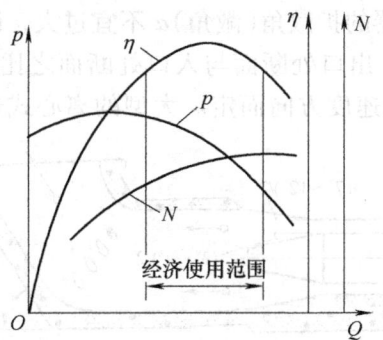
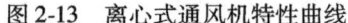
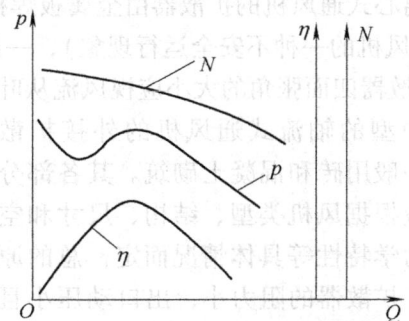

图 2-13　离心式通风机特性曲线　　　　图 2-14　轴流式通风机特性曲线

从图 2-13 所示的离心式通风机的风压特性曲线 $p—Q$ 可以看出,风压随着风量的增加而下降较慢,功率特性曲线 $N—Q$ 随风量的增加而增加,即离心式通风机的功率特性曲线是逐渐上升的,因此在起动离心式通风机时,为避免电流过大而烧毁电机,应关闭阀门,在风量最小时起动。从图 2-14 所示的轴流式通风机的风压特性曲线 $p—Q$(驼峰点后)可以看出,风

压随着风量的增加而较快下降,功率特性曲线 $N—Q$ 随风量的增加而减少,即轴流式通风机的功率特性曲线是逐渐下降的,因此在起动轴流式通风机时,为避免电流过大而烧毁电机,应打开阀门,在风量最大时起动。

(三) 通风机特性曲线的合理工况范围

为使通风机运转稳定,实际应用的风压不能超过最大风压的 0.9 倍;对轴流式通风机不允许工况点落在马鞍形区域内,为了运转经济,通风机的静压效率不应低于 0.6。由于受到动轮和叶片等部件的结构强度所限,通风机动轮的转数不能超过它的额定转数。轴流式通风机除转数有限制外,最大的叶片安装角 θ 为 45°。超过最大的 θ ° 角,运转就不稳定。为了保证通风机工作的经济性,一级动轮的轴流式通风机,安装角 θ 不小于 10°;二级动轮的轴流式通风机,θ 值不小于 15°。

四、矿井主要通风机的附属装置

矿山使用的通风机,除了主通风机之外尚有一些附属装置。主通风机和附属装置总称为通风机装置。附属装置的设计和施工质量,对通风机工作风阻、外部漏风以及工作效率均有一定影响。因此,附属装置的设计和施工质量应予以充分重视。主要通风机的附属装置包括风硐、扩散器(扩散塔)、防爆门(防爆井盖)以及反风装置等。

(一) 风硐

风硐是连接风机和井筒的一段巷道。由于其通过风量大、内外压差较大,应尽量降低其风阻,并减少漏风。在风硐的设计和施工中应注意下列问题:断面适当增大,使其风速不大于 10m/s,最大不超过 15m/s;转弯平缓,应成圆弧形;风井与风硐的连接处应精心设计,风硐的长度应尽量缩短,并减少局部阻力;风硐直线部分要有一定的坡度,以利流水;风硐应安装测定风流压力的测压管。施工时应使风硐壁面光滑,各类风门要严密,使漏风量小。

(二) 扩散器(扩散塔)

采用抽出式通风时,无论是离心式通风机还是轴流式通风机,在风机的出口都外接一定长度、断面逐渐扩大的构筑物——扩散器。其作用是降低出口速压,以提高主通风机静压。小型离心式通风机的扩散器由金属板焊接而成,扩散器的扩散角(敞角)a 不宜过大,以阻止脱流(风机的一种不安全运行现象),一般为 8°~10°;出口处断面与入口处断面之比为 3~4,扩散器四面张角的大小应视风流从叶片出口的绝对速度方向而定。大型的离心式通风机和大中型的轴流式通风机的外接扩散器,一般用砖和混凝土砌筑。其各部分尺寸应根据风机类型、结构、尺寸和空气动力学特性等具体情况而定,总的原则是,扩散器的阻力小,出口动压小且无回流。轴流式通风机扩散器如图 2-15 所示,离心式通风机扩散器如图 2-16 所示。

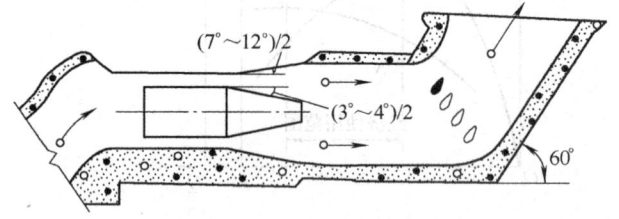

图 2-15 轴流式通风机扩散器

(三) 防爆门(防爆井盖)

装有主要通风机的出风井的上口必须安装防爆设施,在斜井井口安设防爆门,在立井井口安设防爆井盖。其作用是,井下一旦发生瓦斯或煤尘爆炸时,受高压气浪的冲击作用,自动打开,以保护主要通风机免受毁坏;在正常情况下它是气密的,以防止风流短路。图2-17所示为不提升的通风立井井口的钟形防爆井盖。井盖1用钢板焊接而成,其下端放入凹槽2中,槽中盛油密封(不结冰地区用水封),槽深与负压相适应;在其四周用四条钢丝绳绕过滑轮3用重锤4配重;井口壁四周还应装设一定数量的压脚5,在反风时用以压住井盖,防止其被掀起造成风流短路。装有提升设备的井筒设井盖门,一般为铁木结构。与门框结合处要加严密的胶皮垫层。防爆门(井盖)应设计合理、结构严密、维护良好、动作可靠。

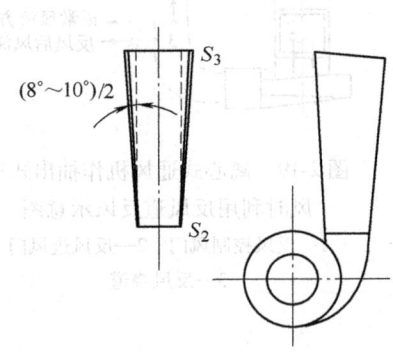

图2-16 离心式通风机扩散器

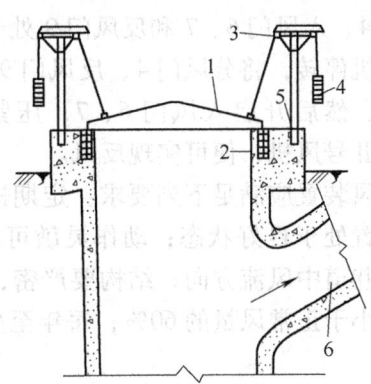

图2-17 立井井口防爆盖示意图
1—防爆井盖 2—密封液槽 3—滑轮
4—平衡重锤 5—压脚 6—风硐

(四) 反风装置和功能

反风装置是用来使井下风流反向的一种设施,以防止进风系统发生火灾时产生的有害气体进入作业区;有时为了适应救护工作,也需要进行反风。

反风方法因风机的类型和结构不同而异。目前的反风方法主要有:设专用反风道反风;利用备用风机做反风道反风;风机反转反风和调节动叶安装角反风。

1. 设专用反风道反风

图2-18为轴流式通风机作抽出式通风时利用反风道反风的示意图。反风时,风门1、5、7打开,新鲜风流由风门1经反风门5进入反风绕道6,再返回风硐送入井下。正常通风时,风门1、5、7均处于水平位置,井下的污浊风流经风硐直接进入通风机,然后经扩散器排到大气中。

图2-19为离心式通风机作抽出式通风时利用反风道反风的示意图。通风机正常工作时反风门1和2在实线位置。反风时,风门1提起,风门2放下,风流自反风门2进入通风机,再从反风门1进入反风绕道3,经风井流入井下。

2. 轴流式通风机反转反风

调换电动机电源的任意两相接线,使电动

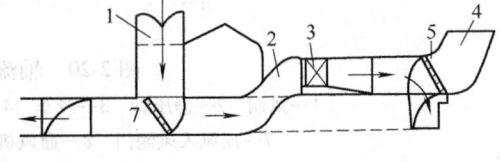

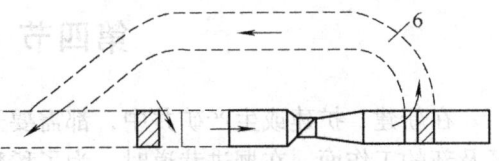

图2-18 轴流式通风机作抽出式通风时利用专用反风道反风示意图
1—反风进风门 2—风硐 3—风机
4—扩散器 5、7—反风导向门 6—反风绕道

机改变转向，从而改变通风机叶（动）轮的旋转方向，使井下风流反向。此种方法基建费较小，反风方便。但反风量较小。

3. 利用备用风机的风道反风（无地道反风）

如图2-20所示，当两台轴流式通风机并排布置时，工作风机（正转）可利用另一台备用风机的风道作为"反风道"进行反风。图中Ⅱ号风机正常通风时，分风门4、入风门6、7和反风门9处于实线位置。反风时风机停转，将分风门4、反风门9Ⅰ、9Ⅱ拉到虚线位置，然后开启入风门6、7，压紧入风门6、7，再起动Ⅱ号风机，便可实现反风。

反风装置应满足下列要求：定期进行检修，确保反风装置处于良好状态；动作灵敏可靠，能在10min内改变巷道中风流方向；结构要严密，漏风少；反风量不应小于正常风量的60%；每年至少进行一次反风演习。

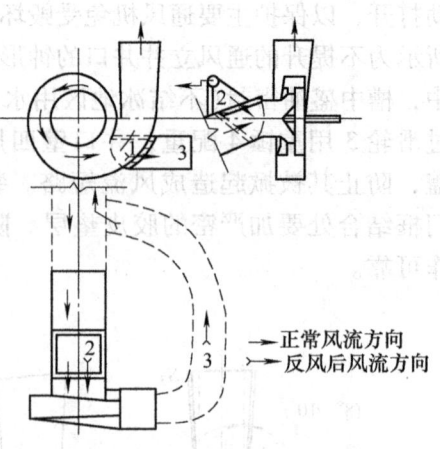

图2-19 离心式通风机作抽出式通风时利用反风道反风示意图
1—反风控制风门 2—反风进风门
3—反风绕道

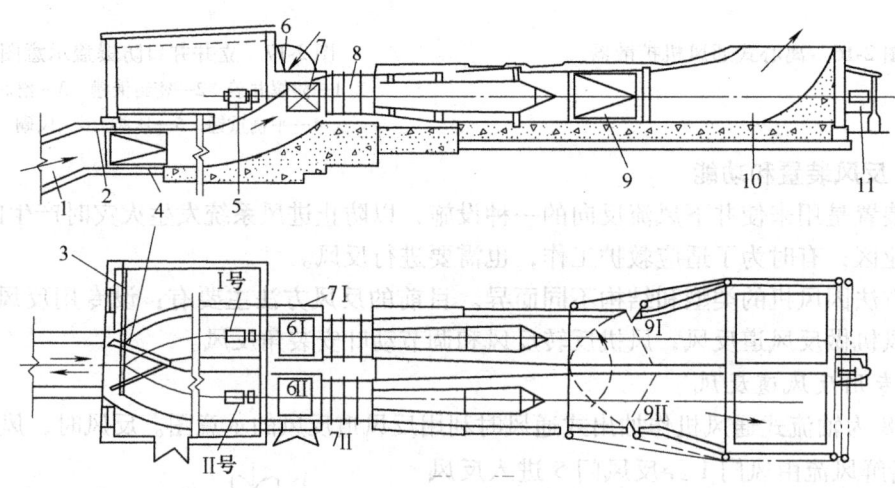

图2-20 轴流式风机无地道反风图
1—风硐 2—静压管 3—绞车 4—分风门 5—电动机 6—反风入风顶盖门
7—反风入风侧门 8—通风机 9—反风门 10—扩散器 11—绞车

第四节 局部通风

在新建、扩建或生产矿井中，都需要开掘大量的井巷工程，以便准备开拓系统、新的采区及新的工作面。在掘进巷道时，为了稀释并排出掘进工作面涌出的有害气体及爆破后产生的炮烟和矿尘，创造良好的作业条件，保证人员的健康和安全，必须不断地对掘进工作面进行通风，这种通风称为掘进通风或局部通风。

一、局部通风方法

局部通风是向井下局部地点进行通风的方法。按通风动力形式不同,可分为局部通风机通风、矿井全风压通风和引射器通风三种。其中最常用的是局部通风机通风。

(一) 局部通风机通风

局部通风机是井下局部地点通风所用的通风设备。局部通风机通风是利用局部通风机作为动力,用风筒导风把新鲜风流送入掘进工作面。局部通风机通风按其工作方式不同分为压入式、抽出式和混合式通风三种。

1. 压入式通风

压入式通风如图 2-21 所示,局部通风机和起动装置安设在离掘进巷道口 10m 以外的进风侧巷道中,局部通风机把新鲜风流经风筒送入掘进工作面,污风沿掘进巷道排出。为了有效地排出炮烟,风筒出口与工作面的距离应小于有效射程 L_s。压入式风筒出口到工作面的距离 $L_压$(单位为 m)约为:

$$L_压 \leq L_s = (4 \sim 5)\sqrt{S} \tag{2-16}$$

式中 S——掘进巷道净断面积(m^2)。

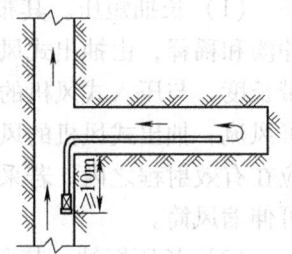

图 2-21 压入式通风布置

压入式通风的优点是,局部通风机和起动装置都位于新鲜风流中,不易引起瓦斯和煤尘爆炸,安全性好;风筒出口风流的有效射程长,排烟能力强,工作面通风时间短;对风筒适应性强,既可用硬质风筒,又可用柔性风筒。其缺点是,污风沿巷道排出,污染范围大,炮烟从掘进巷道排出的速度慢,需要的通风时间长。单一的压入式通风方式将会使大量的粉尘吹出工作面,造成有人工作的巷道及回风系统被严重污染,直接影响着工人的身体健康。压入式局部通风适用于以排出瓦斯为主的煤巷、半煤岩巷掘进通风。

2. 抽出式通风

抽出式通风如图 2-22 所示。局部通风机安装在离掘进巷道口 10m 以外的回风侧巷道中,新鲜风流沿掘进巷道流入工作面,污风经风筒由局部通风机抽出。这种通风方式在风筒吸口附近形成一股流入风筒的风流,离风筒越远风速越小,只能在一定距离以内有吸入炮烟的作用,这段距离称为有效吸程 L_e,在有效吸程以外的炮烟处于停滞状态。因此,抽出式风筒口离工作面的距离 $L_抽$ 的单位为 m,应为:

$$L_抽 \leq L_e = 1.5\sqrt{S} \tag{2-17}$$

式中 S——掘进巷道净断面积(m^2)。

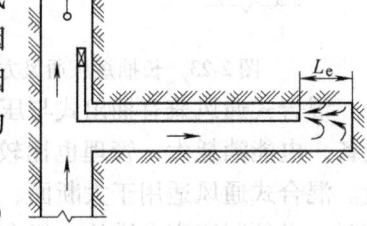

图 2-22 抽出式通风布置

压入式通风与抽出式通风优缺点比较:

(1) 抽出式通风时,污浊风流必须通过局部通风机,极不安全;压入式通风时,局部通风机安设在新鲜风流中,通过局部通风机的是新鲜风流,故安全性高,在瓦斯矿井一般不使用抽出式通风。

(2) 抽出式通风有效吸程小,排出工作面炮烟的能力较差;压入式通风风筒出口射流的有效射程大，排出工作面炮烟和瓦斯的能力强。

（3）抽出式通风由于炮烟从风筒中排出，不污染巷道中的空气，故劳动卫生条件好；压入式通风时炮烟沿巷道流动，劳动卫生条件较差，而且排出炮烟的时间较长。

（4）抽出式通风只能使用刚性风筒或带刚性圈的柔性风筒；压入式通风可以使用柔性风筒。

3. 混合式通风

混合式通风，是压入式和抽出式同时联合工作。其中压入式向工作面供新风，抽出式从工作面排出污风。按局部通风机和风筒的布设位置不同，分为长抽短压、长压短抽和长压长抽等通风方式。

（1）长抽短压。其布置方式如图 2-23 所示。工作面污风由压入式风筒压入的新风予以冲淡和稀释，由抽出式风筒排出。抽出式风筒吸风口与工作面的距离应小于污染物分布集中带长度，与压入式风机的吸风口距离应大于 10m 以上。为了保证风筒重叠段巷道内进入新鲜风流，抽出式风机的风量应大于压入式风机的风量。压入式风筒的出口与工作面间的距离应在有效射程之内。若采用长抽短压通风时，其中抽出式风筒须用刚性风筒或带刚性骨架的可伸缩风筒。

（2）长压短抽。其布置方式如图 2-24 所示。新鲜风流经压入式风筒送入工作面，工作面污风经抽出式通风除尘系统净化，被净化的风流沿巷道排出。抽出式风筒吸风口与工作面距离应小于有效吸程，对于综合机械化掘进，应尽可能靠近最大产尘点。压入式风筒出风口应超前抽出式风筒出风口 10m 以上，它与工作面的距离应不超过有效射程。压入式通风机的风量应大于抽出式通风机的风量。

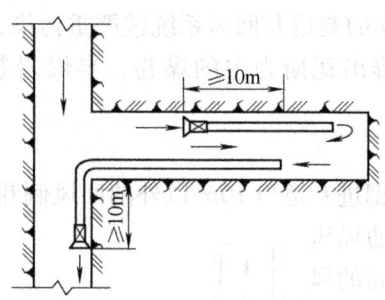
图 2-23 长抽短压通风方式

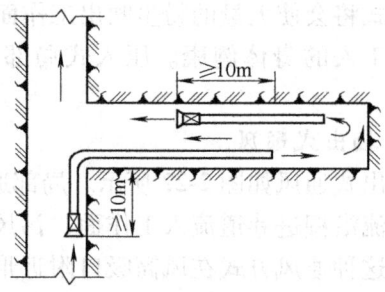
图 2-24 长压短抽通风方式

混合式通风兼有抽出式与压入式通风的优点，通风效果好。主要缺点是增加了一套通风设备，电能消耗大，管理也比较复杂，降低了压入式与抽出式两列风筒重叠段巷道内的风量。混合式通风适用于大断面、长距离掘进巷道中。煤巷、半煤岩巷的掘进如采用混合式通风时，必须制定安全措施。但在瓦斯喷出区域或煤（岩）与瓦斯突出煤层、岩层中，掘进通风方式不得采用混合式。

（二）矿井全风压通风

矿井全风压通风是直接利用矿井主通风机所造成的风压对掘进工作面进行的通风。借助风障和风筒等导风设施将新风引入工作面，并将污风排出掘进巷道。矿井全风压通风的形式有以下方式。

1. 利用纵向风障导风

如图 2-25 所示,在掘进巷道中安设纵向风障,将巷道分隔成两部分,一侧进风,一侧回风。选择风障材料的原则应是漏风小、经久耐用、便于取材。短巷道掘进时可用木板、帆布等材料,长巷道掘进时用砖、石和混凝土等材料。纵向风障在矿山压力作用下将变形破坏,容易产生漏风。在矿井主要通风机正常运转,并有足够的全风压克服导风设施的阻力的情况下,全风压能连续供给掘进工作面风量,无须附加局部通风机,管理方便,但其工程量大,有碍运输。所以,只适用于地质构造稳定、矿山压力较小、长度较短、瓦斯涌出量大、使用通风设备不安全或技术上不可行的局部地点大断面巷道掘进中。

2. 利用风筒导风

如图 2-26 所示,利用风筒将新鲜风流导入工作面,工作面污风由掘进巷道排出。为了使新鲜风流进入导风筒,应在风筒入口处的贯穿风流巷道中设置风墙和调节风门。利用风筒导风法辅助工程量小,风筒安装、拆卸比较方便,通常适用于需风量不大的短巷掘进通风中。

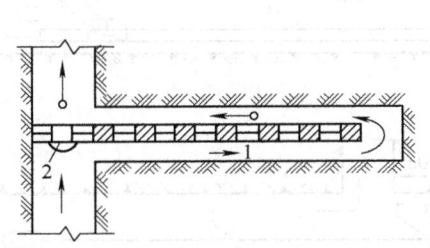

图 2-25　风障导风
1—风障　2—调节风门

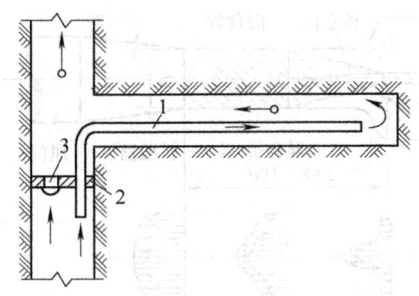

图 2-26　风筒导风
1—风筒　2—风墙　3—调节风门

3. 利用平行巷道通风

如图 2-27 所示,当掘进巷道较长,利用纵向风障和风筒导风有困难时,可采用两条平行巷道通风。采用双巷掘进,在掘进主巷的同时,距主巷 10～20m 平行掘进一条副巷(或配风巷),主副巷之间每隔一定距离开掘一个联络眼,前一个联络眼贯通后,后一个联络眼便封闭。利用主巷进风,副巷回风,两条巷道的独头部分可利用风筒或风障导风。

利用平行巷道通风,可以缩短独头巷道的长度,不用局部通风机就可以保证较长巷道的风量,连续可靠,安全性好。因此,平行巷道

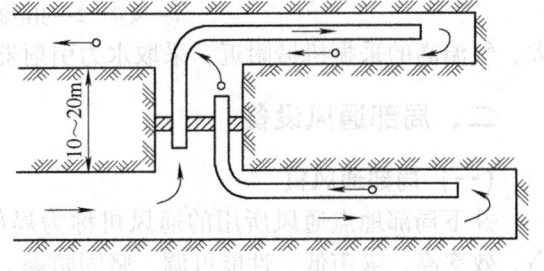

图 2-27　平行巷道导风

通风适用于有瓦斯、冒顶和透水危险的长巷掘进,特别适用于在开拓布置上为满足运输、通风和行人需要而必须进行的两条并列的斜巷、平巷或上下山的掘进中。

4. 钻孔导风

如图 2-28 所示,离地表或邻近水平较近处掘进长巷反眼或上山时,可用钻孔提前沟通掘进巷道,以便形成贯穿风流。为克服钻孔阻力,增大风量,可利用大直径钻孔或在钻孔口安装风机。

（三）引射器通风

利用引射器产生的通风负压，通过风筒导风的通风方法称为引射器通风。引射器的通风原理是利用压力水或压缩空气经喷嘴高速射出产生射流。周围的空气被卷吸到射流中，为了减少射流与卷吸空气间冲击损失，空气和射流在混合管内掺混，整流后共同向前运动，使风筒内有风流不断流过。如图2-29a所示。

引射器通风一般采用压入式，其布置方式如图2-29b所示。利用引射器通风的主要优点是无电气设备、无噪声。水力引射器通风还能起降温、降尘作用。在煤与瓦斯突出严重的煤层掘进时，用它代替局部通风机通风，设备简单，比较安全。其缺点是供风量小，需要水源或压气。适用于需风量不大的短巷道掘进通风；在含尘量

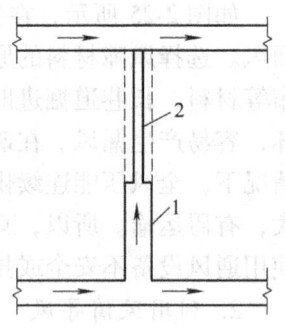

图 2-28　钻孔导风
1—上山　2—钻孔

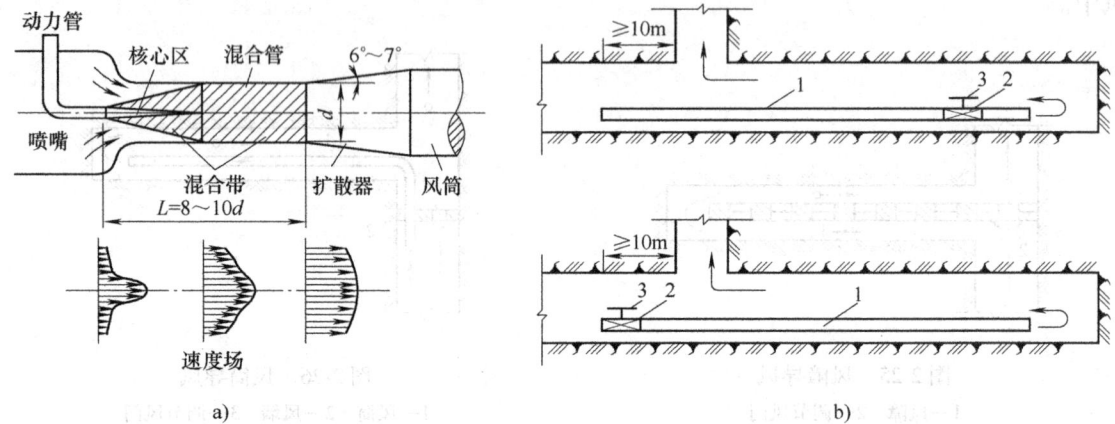

图 2-29　引射器通风
a）工作原理图　b）现场应用图
1—风筒　2—引射器　3—水管（或风管）

大、气温高的采掘机械附近，采取水力引射器与其他通风方法联合使用，形成混合式通风。

二、局部通风设备

（一）局部通风机

井下局部地点通风所用的通风机称为局部通风机，掘进工作要求通风机体积小、风压高、效率高、噪声低、性能可调、坚固防爆。

1. 局部通风机的串联

当通风距离长、风筒阻力大，1台局部通风机的风压不能保证掘进需风量时，可采用2台或多台局部通风机串联工作。串联方式有集中串联和间隔串联2种。若2台局部通风机之间仅用较短（1～2m）的钢质风筒连接，称为集中串联；若局部通风机分别布置在风筒的端部和中部，则称为间隔串联。

2. 局部通风机并联

当风筒风阻不大，用1台局部通风机供风不足时（说明局部通风机本身供风量不足，而非风压过小，是局部通风机直径偏小所致），可采用2台或多台局部通风机集中并联工作，

即2台或多台风机共用同一列风筒。当一列风筒的风阻过大，集中并联供风仍然不足时，也可以每台风机各自用独立的风筒向工作面供风。

局部通风机联合工作时，无论串联或并联，均应选用同型号风机，以防出现异常工况。

（二）风筒的种类及参数

风筒是最常见的导风装置。对风筒的基本要求是漏风小、风阻小、质量轻、拆装方便。

1. 风筒的类型

掘进通风使用的风筒分硬质风筒和柔性风筒两类。

（1）硬质风筒。一般由厚2~3mm的镀锌钢板卷制而成，这种风筒的优点是坚固耐用，使用时间长，各种通风方式均可使用。其缺点是成本高，易腐蚀，笨重，拆、装、运不方便，在弯曲巷道中使用困难。硬质(钢制)风筒在煤矿中使用日渐减少。目前广泛使用一种玻璃钢风筒，其优点是比钢制风筒轻便(质量仅为钢材的1/4)，抗酸碱腐蚀性强，摩擦阻力系数小，但成本高于钢制风筒。

（2）柔性风筒。主要有帆布风筒、胶布风筒和人造革风筒等。柔性风筒的优点是轻便，拆装搬运容易，接头少。缺点是强度低，易损坏，使用时间短，且只能用于压入式通风。目前煤矿中采用压入式通风时均采用柔性风筒。

为了充分利用柔性风筒的优点，扩大使用范围，可以使用带刚性骨架的可伸缩风筒，即在柔性风筒内每隔一定距离加一个钢丝圈或螺旋形钢丝圈。此种风筒能承受一定的负压，可用于抽出式通风，而且具有可伸缩的特点，比硬质风筒使用方便。风筒直径有300mm、400mm、500mm、600mm和800mm等规格。

2. 风筒的阻力

风筒风阻包括风筒的摩擦风阻和局部风阻，包括接头风阻、弯头风阻和风筒的出口风阻（压入式）或入口风阻（抽出式）。

在实际应用中，一般将实测百米风筒平均风阻（包括局部风阻）作为衡量风筒管理质量和设计的数据。

根据风筒的百米风阻值 R_{100} 可以直接计算长度为 L 的风筒实际风阻 R_p（单位为 $N \cdot s^2/m^8$）：

$$R_p = \frac{L}{100} \times R_{100} \tag{2-18}$$

式中 L——风筒长度(m)。

风筒直径的选择主要取决于送风量、送风距离以及巷道断面的大小等因素。生产中，一般是根据经验选取标准直径。

同直径的风筒的摩擦阻力系数 α 值可视为常数，金属风筒的 α 值可按表2-4选取，玻璃钢风筒的 α 值可按表2-5选取。

表 2-4 金属风筒摩擦阻力系数

风筒直径/mm	200	300	400	500	600	800
$\alpha \times 10^4/(N \cdot s^2/m^4)$	49	44.1	39.2	34.3	29.4	24.5

表 2-5 JZK 系列玻璃钢风筒摩擦阻力系数

风筒型号	JZK—800—42	JZK—800—50	JZK—700—36
$\alpha \times 10^4/(N \cdot s^2/m^4)$	19.6~21.6	19.6~21.6	19.6~21.6

柔性风筒和带钢骨架的柔性风筒的摩擦阻力系数与其壁面承受的风压有关。在实际应用中，整列风筒风阻除与长度和接头等有关外，还与风筒的吊挂维护等管理质量密切相关，一般以实测风筒百米风阻作为衡量风筒管理质量和设计的数据。当缺少实测资料时，胶布风筒的摩擦阻力系数值与百米风阻 R_{100} 可参见表2-6中数据。

表2-6 胶布风筒的摩擦阻力系数与百米风阻值

风筒直径/mm	300	400	500	600	700	800	900	1000
$\alpha \times 10^4/(N \cdot s^2/m^4)$	53	49	45	41	38	32	30	29
$R_{100}/(N \cdot s^2/m^8)$	412	314	94	34	14.7	6.5	3.3	2.0

3. 风筒的漏风

正常情况下，金属和玻璃钢风筒的漏风主要发生在接头处；胶布风筒的漏风不仅在接头，而且全长的壁面和缝合针眼都有漏风，所以风筒漏风属于连续的漏风。漏风使局部通风机风量与风筒出口风量不等。因此，应采用始末端风量的几何平均值作为风筒的风量 Q。

漏风量 Q 与风筒种类、接头的数目、方法和质量以及风筒直径、风压等有关，但更主要的是与风筒的维护和管理密切相关。反映风筒漏风程度的指标参数主要有：漏风量备用系数、漏风率、有效风量率、漏风系数等。

三、局部通风系统的设计

根据开拓、开采巷道的布置情况、掘进区域煤岩层的自然条件及掘进工艺，确定合理的局部通风方法及其布置方式，选择风筒类型和直径，计算风筒出入口风量及风筒通风阻力，选择局部通风机等工作，称为局部通风系统设计。

（一）风量计算

1. 煤矿掘进工作面通风量计算

掘进工作面实际需要风量 Q（单位为 m^3/min）。应根据瓦斯、二氧化碳涌出量以及炸药用量、同时工作的最多人数、局部通风机的实际吸风量等因素分别计算，并选取其中最大值。

（1）按瓦斯（或二氧化碳）涌出量计算。

$$Q = 100qk \tag{2-19}$$

式中 100——单位瓦斯涌出量配风量，以回风流瓦斯含量不超过1%或二氧化碳含量不超过1.5%的换算值；

q——掘进工作面回风流中平均绝对瓦斯涌出量（m^3/min）；

k——掘进工作面因瓦斯涌出不均匀的备用风量系数（无量纲），应根据实际观测的结果确定（掘进面最大绝对瓦斯涌出量与平均绝对瓦斯涌出量之比），通常，机掘工作面取 $k=1.5 \sim 2$，炮掘工作面取 $k=1.8 \sim 2.0$。

低瓦斯高二氧化碳的矿井还必须按二氧化碳涌出量计算，可参照按瓦斯涌出量计算的方法。

（2）按炸药使用量计算。

$$Q = 25A \tag{2-20}$$

式中 25——以炸药量为计算单位的供风标准，$m^3/(min·kg)$，即每千克炸药爆破后需要供给的风量；

A——一次爆破所用的最大炸药用量(kg)。

(3) 按工作人员数量计算。

$$Q = 4n \tag{2-21}$$

式中 4——每人每分钟应供给的最低风量(m^3/min)；

n——掘进工作面同时工作的最多人数。

(4) 按局部通风机的实际吸风量计算。

岩巷掘进：
$$Q = Q_f I + 9S \tag{2-22}$$

煤巷掘进：
$$Q = Q_f I + 15S \tag{2-23}$$

式中 Q_f——掘进工作面局部通风机的实际吸风量(m^3/min)；安设局部通风机的巷道中的风量，除了满足局部通风机的吸风量外，还应保证局部通风机吸入口至掘进工作面风流之间的风速，岩巷不小于0.15m/s，煤巷和半煤巷不小于0.25m/s，以防止局部通风机吸入循环风和这段距离内风流停滞，造成瓦斯积聚；

I——掘进工作面同时运转的局部通风机台数(台)；

S——掘进巷道的断面积(m^2)。

(5) 按风速进行验算。掘进工作面的最低风量Q为：

$$Q = 60u_{min}S \tag{2-24}$$

式中 u_{min}——掘进工作面的最低风速，岩巷0.15m/s，煤巷和半煤巷取0.25m/s。

Q大于或等于掘进工作面实际需要风量与风筒实际漏风量之和，需实测而定。

2. 金属矿山掘进工作面通风量计算

金属矿山独头工作面污浊空气的主要成分是爆破后的炮烟及各种作业工序所产生的矿尘，故局部通风所需风量也就以排出炮烟和矿尘作为计算依据。

(1) 按排出炮烟计算风量。

1) 压入式通风的风量可按下式计算：

$$Q_p = \frac{19}{t}\sqrt{Al_r S} \tag{2-25}$$

式中 Q_p——压入式通风工作面所需风量(m^3/s)；

t——通风时间(s)，一般取1800s；

A——一次爆破的炸药消耗量(kg)；

l_r——巷道长度(m)；

S——巷道断面积(m^2)。

2) 抽出式通风的风量计算可按下式计算：

$$Q_e = \frac{18}{t}\sqrt{Al_0 S} \tag{2-26}$$

式中 Q_e——抽出式通风所需风量(m^3/s)；

l_0——炮烟抛掷带长度(m)。决定于爆破方式及炸药消耗量，其数值可按下面的方法估算：

电雷管起爆时：
$$l_0 = 15 + \frac{A}{5} \tag{2-27}$$

火雷管起爆时:
$$l_0 = 15 + A \tag{2-28}$$

必须指出,式(2-27)和式(2-28)只适用于爆破后立即开始通风的情况。否则,由于炮烟不断往外蔓延,增大了炮烟的容积,上述方法计算的风量偏小,势必延长通风时间。

3) 混合式通风的风量计算,由于使用两台不同工作方式的局部通风机,它们的风量要分别计算:

$$Q_{mp} = \frac{19}{t}\sqrt{Al_w S} \tag{2-29}$$

$$Q_{me} = (1.2 \sim 1.25) Q_{mp} \tag{2-30}$$

式中 Q_{mp}——压入式工作的局扇风量(m^3/s);

Q_{me}——抽出式工作的局扇风量(m^3/s);

l_w——抽出式的吸风口到工作面的距离(m)。

(2) 按排出矿尘计算风量。

1) 按排尘风速确定风量可按下式计算:

$$Q = uS \tag{2-31}$$

式中 Q——需要的通风风量(m^3/s);

u——排尘风速(m/s),掘进巷道一般不小于0.25m/s;

S——巷道断面积(m^2)。

2) 按排尘风量确定风量。排尘风量定额是根据设计的产尘强度(mg/s),在稳定的通风过程中保持工作面粉尘浓度不超过许可范围时的平均统计风量值。其计算方法是

$$Q = \frac{G}{C - C_0} \tag{2-32}$$

式中 G——设备的产尘强度(mg/s);

C——允许的粉尘浓度(mg/m^3);

C_0——进风的粉尘浓度(mg/m^3)。

(二) 风筒的选择

风筒选择的原则如下:

(1) 风筒直径能保证最大通风长度时,局部通风机供风量能满足掘进工作面通风的要求。

(2) 在巷道断面允许的条件下,尽可能选择直径较大的风筒,以减小风阻,减少漏风,降低通风电耗。

一般立井凿井时,选用直径600~1000mm的钢制风筒或玻璃钢风筒;通风长度在200m以内,宜选用直径为400mm的风筒;通风长度200~500m时,宜选用直径500mm的风筒;通风长度500~1000m,宜选用直径800~1000mm的风筒。

(3) 尽量选用阻燃、抗静电性能好的风筒。

(三) 局部通风机的选型

已知井巷掘进所需风量和所选用的风筒,则可以计算风筒的通风阻力。根据风量和风筒的通风阻力,在可选择的各种通风设备全压范围内选用合适的局部通风机。

1. 选型原则

(1) 尽量选用高效率、低噪声的局部通风机。

(2) 尽量采用系列化产品，以便于管理、维护、维修与联合运行。

2. 确定局部通风机的工作参数

(1) 需风量。根据掘进工作面所需风量 Q_0 和风筒的漏风情况，用下式计算风机的工作风量 Q_f（单位为 m^3/s），即：

$$Q_f = \phi Q_0 \tag{2-33}$$

(2) 风压。局部通风机要克服风筒的通风阻力及风流出口的阻力，设风筒出风口动压损失为 h_{v0}，得局部通风机的全压 H_t（单位为 Pa）。

$$H_t = R_f Q_f Q_0 + h_{v0} = R_f Q_f Q_0 + 0.811\rho \frac{Q_0}{d^4} \tag{2-34}$$

式中　R_f——压入式风筒的总风阻（$N \cdot s^2/m^8$）。

3. 选择局部通风机

根据需要的 Q_f 和 H_t 值，在各类局部通风机特性曲线上确定局部通风机的合理工作范围，选择长期运行效率较高的局部通风机。局部通风机可分轴流式和离心式两种。矿用局部通风机多为轴流式。这种局部通风机体积小，效率较高，但噪声较大。

我国目前生产的轴流式通风机有防爆型系列和非防爆型系列。金属矿山由于没有瓦斯和煤尘爆炸危险，因此多选用结构简单、使用轻便的非防爆型局部通风机。

第五节　采区通风

通常每个矿井都有几个采区同时生产。每个采区内有回采工作面、备用工作面、掘进工作面和硐室等用风地点，是矿井通风的主要对象。搞好采区通风是保证矿井安全生产的基础。为此，本节将对采区通风系统、采区供风量和通风设施等基本内容的设计进行阐述。

采区通风系统是矿井通风系统的主要组成单元，是采区生产系统的重要组成部分，它包括采区进风、回风和工作面进、回风道的布置方式，采区通风线路的连接形式，以及采区内的通风设备和设施等基本内容。

一、煤矿采区通风

（一）采区进风上山与回风上山的布置

通常一个采区布置两条上山，一条是运煤上山，另一条是轨道上山。当采区生产能力大，产量集中，瓦斯涌出量大时，可增设专用的通风上山。布设两条上山时，可采用轨道上山进风，输送机上山回风；也可采用输送机上山进风，轨道上山回风，这些做法各有利弊，现分析如下。

1. 输送机上山进风、轨道上山回风

输送机上山进风、轨道上山回风的通风系统如图 2-30 所示，风流与运煤方向相反，容易引起煤尘飞扬，使进风流中的煤尘含量增大；煤炭在运输过程中所涌出的瓦斯，可使进风流中的瓦斯含量增高，影响工作面的安全卫生条件；输送机所散发的热量，使进风流温度升高。此外，需在轨道上山的下部车场安设风门，此处运输矿车来往频繁，需加强管理，防止风流短路。

2. 轨道上山进风、输送机上山回风

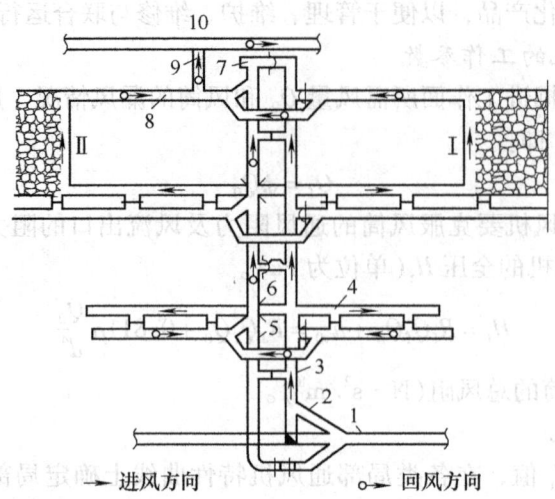

图 2-30 输送机上山进风的采区通风系统
1—进风大巷 2—进风联络巷 3—输送机上山 4—输送机平巷 5—轨道上山
6—采区变电所 7—绞车房 8—回风巷 9—回风石门 10—总回风巷

采用轨道上山进风、输送机上山回风的通风系统如图 2-31 所示，虽能避免上述缺点，

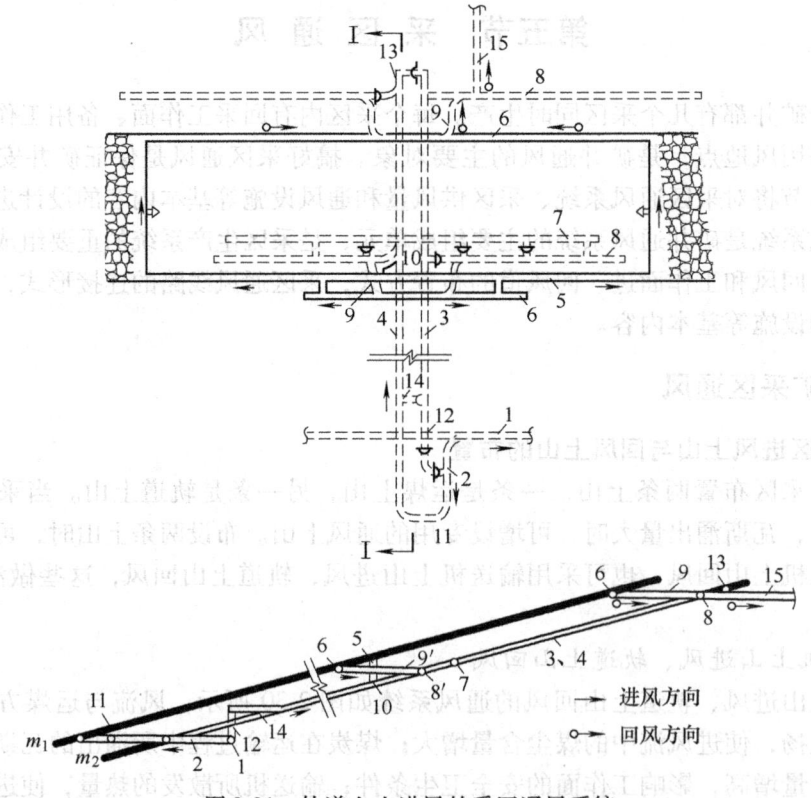

图 2-31 轨道上山进风的采区通风系统
1—运输大巷 2—采区进风石门 3—输送机上山 4—轨道上山 5、7—输送、进风巷道
6—回风巷 8—轨道巷 9—联络巷 10—区段溜煤眼 11—采区下部车场 12—采区煤仓
13—绞车房 14—采区变电所 15—回风石门

但由于输送机处于回风流中,轨道上山的上部和中部甩车场都要安装风门,风门数目较多。

以上选择应根据煤层赋存条件、开采方法以及瓦斯、煤尘及温度等具体条件而定,一般认为,在瓦斯煤尘危害较大的采区,采用轨道上山进风、输送机上山回风的通风系统较为合理。

(二)采煤工作面上行通风与下行通风分析

上行通风与下行通风是就进风流方向与煤层倾斜的关系而言的,通向、逆向就风流方向与煤炭运输方向而言。

如图 2-32 所示,当采煤工作面进风巷道水平低于回风巷时,采煤工作面的风流沿倾斜向上流动,称上行通风(见图 2-32a、c);当采煤工作面进风巷道水平高于回风巷时,采煤工作面的风流沿倾斜向下流动,称下行通风(见图 2-32b、d)。风流方向与煤炭运输方向一致时,称为同向通风(见图 2-32b、c);否则,称为逆向通风。

实际上,在倾斜煤层中,上行同向(见图 2-32c)和下行逆向(见图 2-32d)通风都是不存在的,只有上行逆向(见图 2-32c)和下行同向(见图 2-32b)通风,简称上行风和下行风。这两种方式各有优缺点,现分析如下。

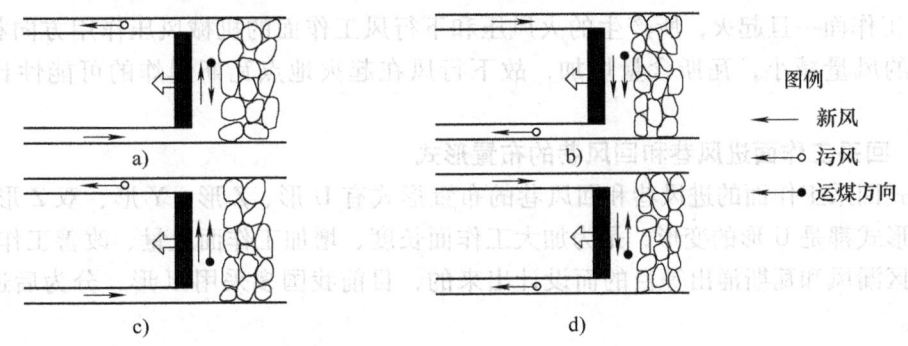

图 2-32 采煤工作面上行风与下行风

(1)采煤工作面涌出的瓦斯比空气轻,其自然流动的方向和上行风的方向一致;在正常风速(大于 0.8m/s)下,瓦斯分层流动和局部积存的可能性较小,下行风的方向与瓦斯自然流向相反,两者易于混合且不易出现瓦斯分层流动和局部积存的现象。

(2)煤炭在运输巷运输过程中所涌出的瓦斯,被上行风流带入工作面,而下行风流则把这部分瓦斯带入采区的回风道中,故上行风比下行风工作面风流中的瓦斯含量大。

(3)上行风的方向与煤炭运输方向相反,所产生的粉尘受到逆向的冲击,容易飞扬,而且运煤巷中飞扬的煤尘都被上行风带入工作面,故上行风比下行风工作面风流中的粉尘浓度大。

(4)采用上行风时,须先把采区的进风流导至采区进风道标高,然后进入工作面,流经的路线较长,风流会由于压缩和地温加热而升温;又因巷道中机电设备散发的热量也加入风流中,故上行风的温度比下行风工作面的气温要高。

(5)对于条件相同的回采工作面(见图 2-33),无论是上行风(见图 2-33a),还是下行风(见图 2-33b),在工作面进风流和回风流的能量差的作用下,顶板裂缝中的瓦斯大部分流向回风巷,故回风巷比进风巷的顶板瓦斯涌出量要大。采用下行风时,运输设备在回风巷运转,安全性较差。

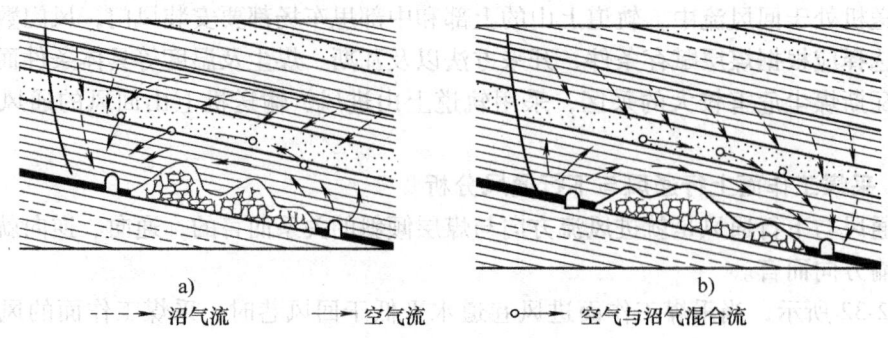

------> 沼气流   ———> 空气流   ○——> 空气与沼气混合流

图 2-33 采煤工作面上行和下行通风巷道断面图
a) 上行通风 b) 下行通风

（6）除浅矿井在夏季以外，采用上行风时，采区进风流和回风流之间产生的自然风压和机械风压的作用方向相同；而采用下行风时，其作用方向相反，故下行风比上行风所需要的机械风压要大；而且，主要通风机一旦因故停转，工作面的下行风流就有停风或反向的可能。

（7）工作面一旦起火，所产生的火风压和下行风工作面的机械风压作用方向相反，会使工作面的风量减小，瓦斯含量增加，故下行风在起火地点瓦斯爆炸的可能性比上行风要大。

（三）回采工作面进风巷和回风巷的布置形式

长壁式回采工作面的进风巷和回风巷的布置形式有 U 形、Z 形、Y 形、双 Z 形和 W 形等，这些形式都是 U 形的变形，是为加大工作面长度、增加工作面风量、改善工作面条件、预防采空区漏风和瓦斯涌出等目的而设计出来的，目前我国多采用 U 形，分为后退式和前进式两种。

1. U 形与 Z 形通风系统

该类型的通风系统如图 2-34 所示。工作面通风系统只有一条进风巷道和一条回风巷道。

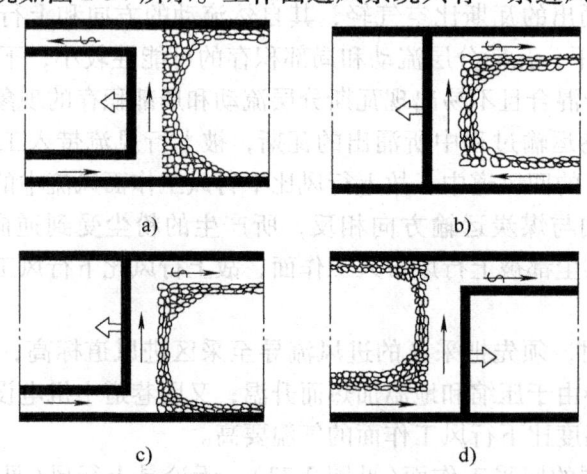

图 2-34 U 形及 Z 形通风系统
a) U 形后退式通风系统 b) U 形前进式通风系统
c) Z 形后退式通风系统 d) Z 形前进式通风系统

U形后退式通风系统在我国使用比较普遍。其优点是结构简单，巷道施工维修量小，工作面漏风少，风流稳定，易于管理等；其缺点是，上隅角瓦斯易超限，工作面进、回风巷要提前掘进，维护工作量大。

前进式通风系统的维护工作量小，不存在采掘工作面串联通风问题，在巷旁支护好、漏风不大时，有一定优越性。采用前进式U形通风系统的工作面的采空区瓦斯不涌向工作面，而是涌向回风平巷。

采用Z形后退式通风系统的工作面的采空区瓦斯不会涌入工作面，而是涌向回风巷，工作面采空区回风侧能用钻孔抽放瓦斯，但进风则不能抽放瓦斯。采用Z形前进式通风系统的工作面的进风侧，沿采空区可以抽放瓦斯，采空区的瓦斯易涌向工作面，特别是上隅角，回风侧不能抽放瓦斯。Z形通风系统的采空区漏风，介于采用U形后退式和U形前进式通风系统之间；该通风系统需沿空支护巷道控制经过采空区的漏风，其难度较大。

2. Y形、W形及双Z形通风系统

这三种采煤工作面通风系统均为"两进一回"或"一进两回"的采煤工作面通风系统。

据进风巷与回风巷的数量和位置的不同，Y形通风系统可以有多种不同的方式。生产实际中应用较多的是，在回风侧加入附加的新鲜风流，与工作面回风汇合后从采空区侧面流出的通风系统（图2-35a）。工作面采用Y形通风系统，会使回风道风量加大，但上隅角及回风道的瓦斯不易超限，并可在上部进风道内抽放瓦斯。

后退式W形通风系统（图2-35b），用于高瓦斯的长工作面或双工作面。该系统的进、回风平巷都布置在煤体中。当由中间及下部平巷进风、上部平巷回风时，上、下段工作面均为上行式通风，但上段工作面的风速高，对防尘不利，上隅角瓦斯可能会超限，所以在瓦斯涌出量很大时，常采用上、下平巷进风，中间平巷回风的W形通风系统；或者反之，采用由中间巷进风和上、下平巷回风的通风系统，以增加风量、提高产量。在中间巷内布置抽瓦斯钻孔时，抽放孔由于处于抽放区域的中心，因而抽放率比采用U形通风系统的工作面提高50%。

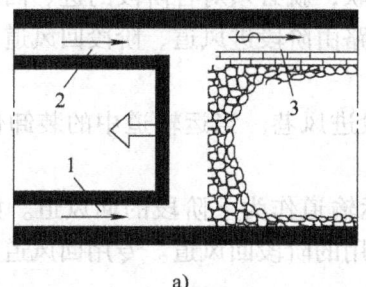 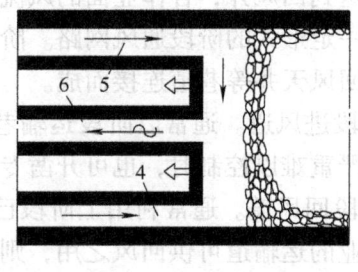

a)   b)

图2-35 Y形及W形通风系统
1—主进风道 2—副进风道 3—沿空巷 4—下部平巷 5—上部平巷 6—中间平巷

W形前进式通风系统的巷道维护在采空区内，巷道维护困难，漏风大，采空区涌出的瓦斯量也大。

双Z形通风系统（见图2-36），其中间巷与上、下平巷分别在工作面的两侧。双Z形前进式通风系统的上、下进风平巷维护在采空区时（见图2-36a），漏风携出的瓦斯可能会使工作面超限；双Z形后退式通风系统的上、下入风平巷布置在煤体中（见图2-36b），漏风携出的瓦斯不进入工作面，工作面比较安全。双 Z 形通风系统的工作面有一段是下行通风，并且需设边界上山，维护在采空区的巷道，在支护上还要防止漏风，这些特点在采用时应予以注意。

3. H 形通风系统

在 H 形通风系统中，"两进两回"的通风系统如图 2-37a 所示，"三进一回"系统如图 2-37b 所示。其特点是：工作面风量大，采空区瓦斯不涌向工作面，气象条件好，增加了工作面的安全出口，工作面机电设备都在新鲜风流巷道中，通风阻力小，在采空区的回风巷道中可抽放瓦斯，易于控制上隅角的瓦斯。但沿空护巷困难；由于有附加巷道，可能影响通风的稳定性，管理复杂。

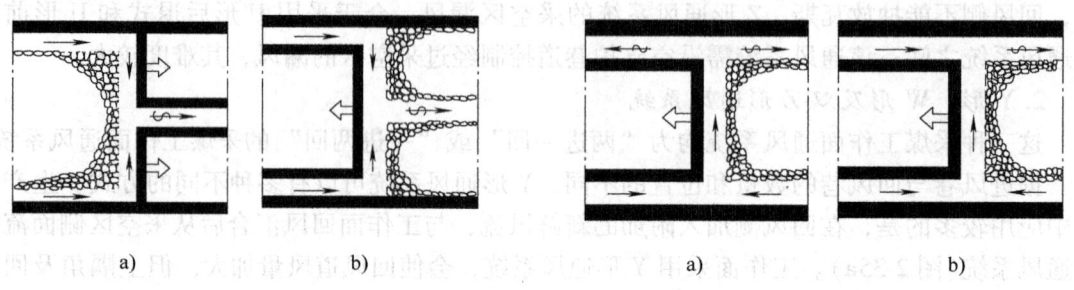

图 2-36 双 Z 形通风系统 　　　　　　图 2-37 H 形通风系统

在工作面和采空区的瓦斯涌出量都较大，在入风侧和回风侧都需增加风量以稀释整个工作面的瓦斯时，可考虑采用 H 形通风系统。

二、金属矿山采场通风

（一）金属矿山阶段通风网路结构

金属矿山通常多阶段同时作业。为使各阶段作业面都能从进风井得到新鲜风流，并将所产生的污风送到回风井，各作业面的风流应互不串联，就必须对各阶段的进、回风巷道统一安排，构成一定形式的阶段通风网路。阶段通风网路由阶段进风道、阶段回风道、矿井总回风道和集中回风天井等巷道连接而成。

（1）阶段进风道。通常以阶段运输巷兼做阶段进风巷。当运输道中的装卸作业的产尘量大或漏风严重难以控制时，也可开凿专门进风道。

（2）阶段回风道。通常利用上阶段已结束的运输道作为下阶段的回风道。如果没有一个已结束作业的运输道可供回风之用，则应设立专用的阶段回风道。专用回风道可一个阶段设立一条，或两个阶段共用一条。

（3）总回风道与集中回风天井。在各开采阶段的最上部，维护或开凿一条专用回风道，用以汇集下部各阶段作业所排出的污风，并将其送到回风井，此回风道称为总回风道。建立总回风道可省掉各阶段的回风道，但需建立集中回风天井。集中回风天井是沿走向布置的贯通各阶段的回风小井，它可以将各阶段作业面排出的污风送至上部总回风通道。

金属矿山推广使用以下几种阶段通风网路：

1. 阶梯式

当矿体由边界回风井向中央进风井方向后退回采时，可利用上阶段已结束作业的运输道作为下阶段的回风道，使各阶段的风流呈阶梯式互相错开，新风与污风互不串联(见图2-38)。这种通风网路结构简单，工程量最少，风流稳定，适用于能严格遵守回采顺序、矿体规整的脉状矿床。其缺点是，对开采顺序限制较大，常因不能维持所要求的开采顺序而造成风流污染。

2. 平行双巷式

每个阶段开凿两条相互平行的巷道，其中一条进风、一条回风，构成平行双巷通风网。各阶段采场均由本阶段进风道得到新鲜风流，其污风可经上阶段或本阶段回风道排走，如图2-39所示。平行双巷通风网络结构简单，能有效地解决风流串联污染问题。但是，开凿工程量较大，适于在矿体较厚、开采强度较大的矿山使用。有些矿山结合探矿工程，只需开凿少量专用通风巷道即可形成平行双巷，也可使用此种通风网路。

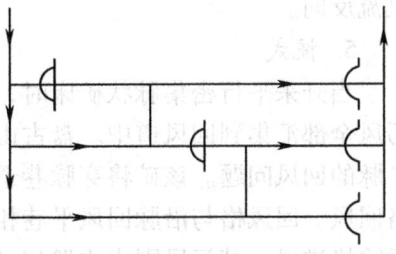

图2-38　阶梯式通风网路

3. 棋盘式

它是由各阶段进风道、集中回风天井和总回风道所构成。通常，在上部已采阶段维护或开凿一条总回风道，然后沿矿体走向每隔一定距离(60~120m)，保留一条贯通上下各阶段的回风天井。各天井与阶段运输道交叉处用风桥或绕道跨过。另有一分支巷道与采场回风道相沟通。各回风天井均与上部总回风道相连。新鲜风流由各阶段运输平巷进入采场，污浊风流通过采场回风道和分支联络巷道引进回风天井，直接进入上部总回风道，其网路结构如图2-40所示。棋盘式通风网能有效地消除多阶段作业时回采作业面间风流串联，但需开凿一定数量的专用回风天井，通风构筑物也较多，通风成本较高。

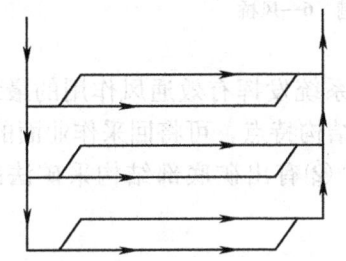

图2-39　平行双巷式通风网路

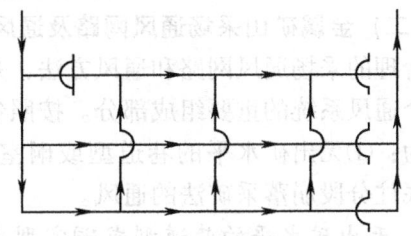

图2-40　棋盘式通风网路

4. 上、下行间隔式

上、下行间隔式指每隔一个阶段建立一条脉外集中回风平巷，用来汇集上、下两个阶段的污风，然后排到回风井。在回风阶段上部的作业面，由上阶段运输道进风，风流下行，污风由下部集中于回风平巷排走；在回风阶段下部的作业面，由下阶段运输道进风，风流上行，污风也汇集于回风平巷排走，其网路结构如图2-41所示。上、下行间隔式通风网路能有效地解决多阶段作业时作业面风流串联问题。开凿工程量比平行双巷网路少，适于在开采强度较大的矿山使用。但回风平巷必须专用，并加强主扇对回风系统的控制和风量调节，防止出现

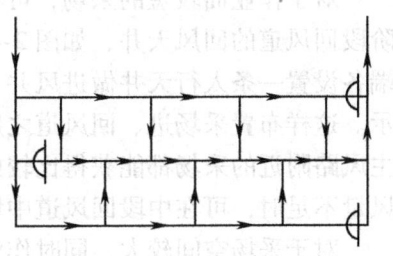

图2-41　下行间隔式通风网路

风流反向。

5. 梳式

当开采平行密集脉状矿床时，每一阶段建立一条脉外集中回风道，还不能将各层矿脉的污风全部汇集到回风道中。盘古山钨矿建立了一种叫做梳式的通风网路，较好地解决了各层矿脉的回风问题。该矿将穿脉巷道断面扩大，然后用风障隔成两格，一格运输兼进风，另一格回风。回风格与沿脉回风平巷相连，构成形如梳状的回风系统。各采场均由本阶段的穿脉运输格进风，其污风则由本阶段或上阶段穿脉巷道的回风格排到沿脉集中回风平巷，如图2-42所示。此通风网络能有效地解决作业面间风流串联问题。但扩大穿脉巷道断面和修建风障的工程较大；进、回风格相距很近，容易漏风。这种通风网适用于开采多层密集脉状矿体的矿井。

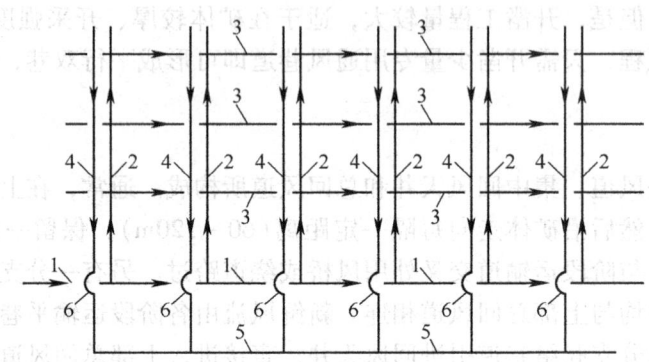

图 2-42 梳式通风网路
1—阶段运输平巷　2—穿脉巷运输格　3—沿脉运输平巷
4—穿脉巷回风格　5—阶段脉外回风巷　6—风桥

（二）金属矿山采场通风网路及通风方法

合理的采场通风网路和通风方法，是保证整个通风系统发挥有效通风作用的最终环节，是整个通风系统的重要组成部分。按照各种采矿方法的结构特点，可将回采作业面的通风可归纳为：①无出矿水平的巷道型或硐室型采场的通风；②有出矿底部结构采矿法的通风；③无底柱分段崩落采矿法的通风。

1. 无出矿水平的巷道型或硐室型采场的通风

浅孔留矿法、充填法、房柱法和壁式崩落法的采场，均属于无出矿水平的巷道型或硐室型采场。这类采场的特点是凿岩、充填和出矿作业都在采场内进行，风路简单，通风较容易，通常采用主通风机的总风压形成贯穿风流通风。

对于作业面较短的采场，可在一端用一条人行天井兼做进风井，另一端设置一条贯通上阶段回风道的回风天井，如图2-43a所示。对于作业面较长或开采强度较大的采场，可在两端各设置一条人行天井做进风井，在中央开凿贯通上阶段回风井的通风天井，如图2-43b所示。这样布置采场进、回风道之后，即可利用主通风机的总风压来通风。一般情况下，位于主风路附近的采场都能获得比较好的通风效果。在远离主风路的边远地区，在总风压微弱而风量不足时，可在中段回风道中增设局部通风机加强通风。

对于采场空间较大，同时作业机台数较多的硐室型采场，除合理布置进风井与回风井位置，使采场内风流畅通，不产生风流停滞区以外，还应采取喷雾洒水及其他除尘净化措施。

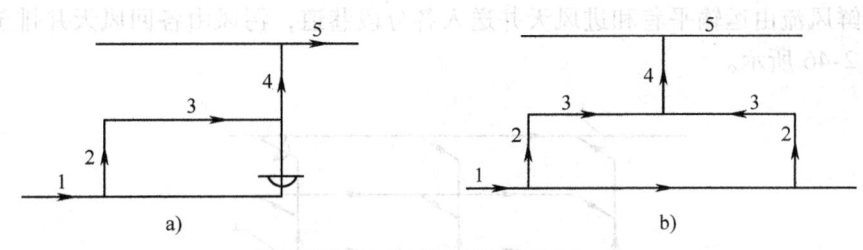

图 2-43 巷道型或硐室型采场的通风路线
1—进风平巷 2—进风天井 3—作业面 4—回风天井 5—回风道

2. 有出矿底部结构采矿法的通风

在崩落法、分段法、阶段矿房法及留矿法等采矿方法中，广泛使用出矿底部结构。这类结构的出矿能力大，效率高，生产安全。有出矿底部结构时，采场工作面分为两部分：一部分是出矿工作面，另一部分是凿岩工作面。这两部分各有独立的通风路线，风流互不串联，均应利用贯通风流通风。出矿巷道中工作人员应处于上风侧。各出矿巷道之间构成并联风路，保持风流方向稳定，风量分配均匀。图 2-44 所示为有出矿底部结构采矿方法的通风路线图。新鲜风流由进风平巷经人行天井到出矿水平和上部凿岩工作面。清洗作业面后的污浊风流，由回风天井排到上阶段回风道。凿岩作业面与出矿水平之间风流互不串联，通风效果好。

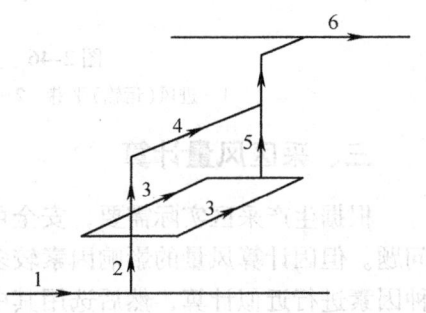

图 2-44 有出矿底部结构采矿法的通风路线图
1—进风平巷 2—人行天井 3—出矿巷道 4—凿岩作业面 5—回风天井 6—回风平巷

3. 无底柱分段崩落采矿法的通风

无底柱分段崩落采矿法的采准和回采工作多在独头巷道内进行，通风比较困难，通常采用局部通风的方式来解决，如图 2-45 所示。由于作业区内爆破冲击波较强，应特别注意通风机和风筒的布置与维护。此时，不仅要合理选择局部通风机和风筒，还要有一个合理的采区通风路线，以保证在分段巷道中有较强的贯通风流。一般情况下，分段巷道可布置在下部阶段穿脉外，沿走向每隔一定距离设一回风井，通过分支联络巷与分段巷道和上阶段回风平

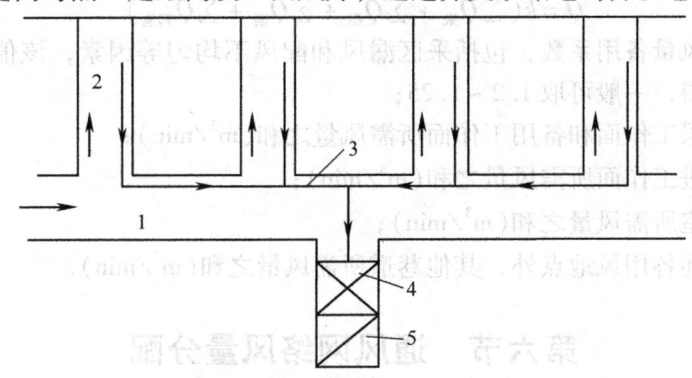

图 2-45 无底柱分段崩落采矿法的进路通风
1—分段巷道 2—回采进路 3—吸风管 4—风机 5—回风天井

巷相连。新鲜风流由运输平巷和进风天井送入各分段巷道，污风由各回风天井排至上阶段回风道，如图 2-46 所示。

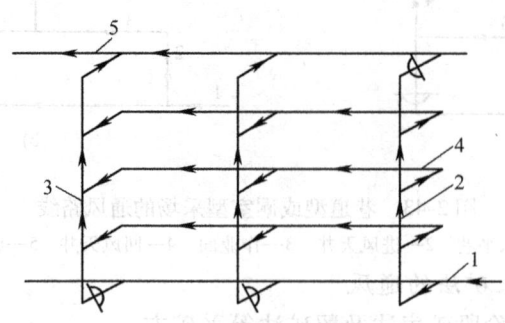

图 2-46　无底柱分段崩落法采区通风网络图
1—进风(运输)平巷　2—进风天井　3—回风天井　4—分段巷道　5—回风巷

三、采区风量计算

根据生产采区实际需要，安全可靠和经济合理的保质保量供风，是搞好采区通风的核心问题。但因计算风量的影响因素较多，各个采区的情况又不尽一致，至今仍不得不分别用各种因素进行近似计算，然后选用其中最大值。对于新设计的采区，要参照条件相同的生产采区进行计算，投产后进行修正；对于生产采区，也要根据情况的不断变化随时进行调整。

采区需风量，按下列原则分别计算，并采用其中最大值。

(1) 按井下同时工作的最多人数计算：

$$Q_{总进} = 4NK \tag{2-35}$$

式中　N——井下同时工作的最多人数(人)；

　　　4——每人每分钟供风标准 $m^3/(min·人)$；

　　　K——风量备用系数，包括备用工作面风量系数、沿程漏风系数及瓦斯涌出不平衡系数。一般取 $K = 1.20 \sim 1.25$。

(2) 按实际需要，分别计算出采区内各用风地点所需风量(m^3/min)之和，并乘以适当的系数，计算风量的公式如下：

$$Q = k(\sum Q_{采} + \sum Q_{掘} + \sum Q_{硐} + \sum Q_{其他}) \tag{2-36}$$

式中　k——采区风量备用系数，包括采区漏风和配风不均匀等因素，该值应从实测和统计中求得，一般可取 $1.2 \sim 1.25$；

　　　$Q_{采}$——各回采工作面和备用工作面所需风量之和(m^3/min)；

　　　$Q_{掘}$——各掘进工作面所需风量之和(m^3/min)；

　　　$Q_{硐}$——各硐室所需风量之和(m^3/min)；

　　　$Q_{其他}$——除上述各用风地点外，其他巷道所需风量之和(m^3/min)。

第六节　通风网络风量分配

本节介绍通风网络的联结形式，网络系统的总风阻，网络中风流流动的基本定律、风量分配与调节，复杂网络解算的方法，并将详细介绍矿井风量的调节。

一、风量分配的基本定律

(一) 通风网络的基本术语

任何一个通风网络都是由一些基本单元组成的,矿井风流流经各个巷道和工作面,构成复杂的通风网络系统。首先必须了解这些基本单元的含义。

1. 节点

节点是指三条或三条以上风道的交点;断面或支护方式不同的两条风道,其分界点有时也可称为节点。如图 2-47 所示中的 b、c 等。

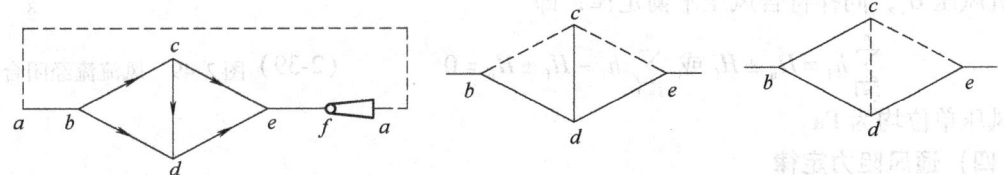

图 2-47　通风网络节点示意图

2. 分支

分支是两节点间的连线,也叫风道,在风网图上,用单线表示分支。其方向即为风流的方向,箭头由始节点指向末节点。如图 2-47 中 $a—b$,$b—c$ 等。

3. 路

路是由若干方向相同的分支首尾相接而成的线路,即某一分支的末节点是下一分支的始节点。

4. 回路和网孔

回路和网孔是由若干方向并不都相同的分支所构成的闭合线路,其中有分支者叫回路,无分支者叫网孔。如图 2-47 中的 $b—c—e—d—b$ 是一个回路;$b—c—d—b$ 是一个网孔。

5. 假分支

假分支是风阻为零的虚拟分支。一般是指通风机出口到进风井口虚拟的一段分支。如图 2-47 所示中 $a—a$ 分支。

风流在网络中流动时遵循风量平衡定律、风压平衡定律和通风阻力定律。

(二) 风量平衡定律

网络中流进某一节点(或闭合回路)的风量之和等于流出该节点(或闭合回路)的风量之和,称为风量平衡定律。如图 2-48 所示,图中点 4 称为节点,根据质量守恒定律,在单位时间内流入一个节点的空气质量,等于单位时间内流出该节点的空气质量。当空气密度不变时,可以用空气的体积流量(即风量)来代替空气的质量流量,则各风量之间的关系式为:

$$\sum_{i=1}^{n} Q_i = 0 \qquad (2-37)$$

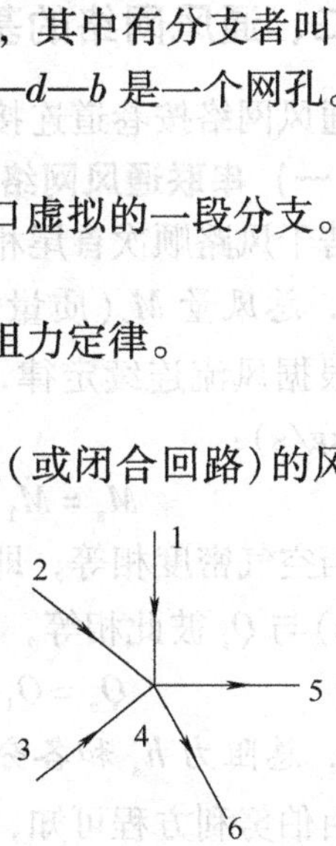

图 2-48　风流流经节点图

上式表示流入及流出某节点(或闭合回路)的各分支风量的代数和等于零。如果对流入的风量取"+"号,则流出的风量取"-"号。

（三）风压平衡定律

在任一闭合回路中，无自然风压及风机工作时，根据伯努利方程，各分支阻力的代数和等于零（沿着回路，设分支流向为顺时针时，其阻力取正值，则流向为逆时针者取负值），或者说顺时针流向分支的压降（阻力）之和等于逆时针流向分支的压降之和，称为风压平衡定律。对于图 2-49 所示闭合回路 2—4—5—7—2，有：

$$h_{2-4} + h_{4-5} + h_{5-7} = h_{2-7} \quad (2\text{-}38)$$

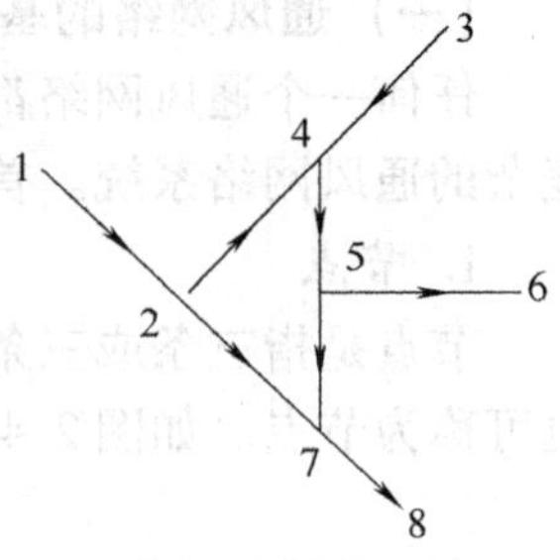

上述闭合风路中有自然风压及扇风机工作时，有自然风压 H_n 及风机风压 H_f，同样符合风压平衡定律，即

$$\sum_{i=1}^{n} h_i = H_n \pm H_f \text{ 或 } \sum_{i=1}^{n} h_i - H_f \pm H_n = 0 \quad (2\text{-}39)$$

图 2-49　风流流经闭合回路

式中风压单位均为 Pa。

（四）通风阻力定律

通风阻力定律，就是风流在巷道中流动时所损失的风压 h 与风量 Q、风阻 R 之间的关系，在通常条件下，矿井通风网络中的风流都属于紊流状态，因此，通风阻力定律表达式为：

$$h_i = R_i Q_i^2, \quad h_s = R_s Q_s^2 \quad (2\text{-}40)$$

式中　h_i——风网中某条分支的风压或阻力（Pa）；

　　　R_i——各分支的风阻（N·s²/m⁸ 或 kg/m⁷）；

　　　Q_i——各分支的风量（m³/s）；

h_s、R_s、Q_s——网络系统的总阻力、总风阻、总风量。

二、通风网络的基本形式和特性

通风网络按巷道连接方式，可分为串联、并联、角联及复杂联接的通风网络。

（一）串联通风网络

若干风路顺次首尾相接，称为串联风路，如图 2-50 所示，其特点如下。

1. 总风量 M_s（质量流量）（kg/s）和分支风量 M_i 关系

根据风流连续定律，总风量 M_s 等于各分支风量 M_i（单位为 kg/s）：

$$M_s = M_1 = M_2 = M_3 = \cdots = M_n \quad (2\text{-}41)$$

当空气密度相等，即 $\rho_1 = \rho_2 = \cdots = \rho_n$ 时，则体积流量 Q_s（m³/s）与 Q_i 彼此相等，即：

$$Q_s = Q_1 = Q_2 = Q_3 = \cdots = Q_n \quad (2\text{-}42)$$

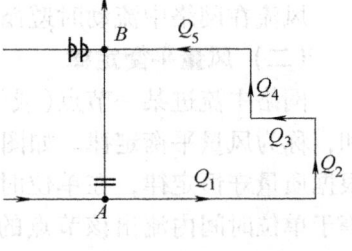

图 2-50　串联风路图

2. 总阻力 h_s 和各分支阻力 h_i 的关系

由伯努利方程可知，系统总阻力即系统始、末两断面的总机械能之差，等于各串联分支始、末断面总机械能差的迭加，所以串联时的总阻力 h_s 等于各分支阻力 h_i（单位为 Pa）之和，即：

$$h_s = h_1 + h_2 + \cdots + h_n = \sum_{i=1}^{n} h_i \qquad (2\text{-}43)$$

3. 串联时的总风阻 R_s 与各分支风阻 R_i 的关系

因为网络系统的总风阻 R_s 等于其总阻力 h_s 除以总风量 Q_s(单位为 $N \cdot s^2/m^8$)的平方，即：

$$R_s = h_s / Q_s^2 \qquad (2\text{-}44)$$

将式(2-42)、式(2-43)代入上式，整理得串联时的总风阻 R_s 等于各分支风阻 R_i(单位为 $N \cdot s^2/m^8$)之和，即：

$$R_s = R_1 + R_2 + R_3 + \cdots + R_n \qquad (2\text{-}45)$$

4. 总等积孔 A_s 与各分支等积孔 A_i 的关系

等积孔 A 与风阻 R 的关系可用下式表示：

$$R = \frac{1.42}{A^2}$$

将此式代入式(2-45)并简化得：

$$A_s = \frac{1}{\sqrt{\dfrac{1}{A_1^2} + \dfrac{1}{A_2^2} + \dfrac{1}{A_3^2} + \cdots + \dfrac{1}{A_n^2}}} \qquad (2\text{-}46)$$

式中 A_1、A_2、$A_3 \cdots A_n$——各分支的等积孔(m^2)。

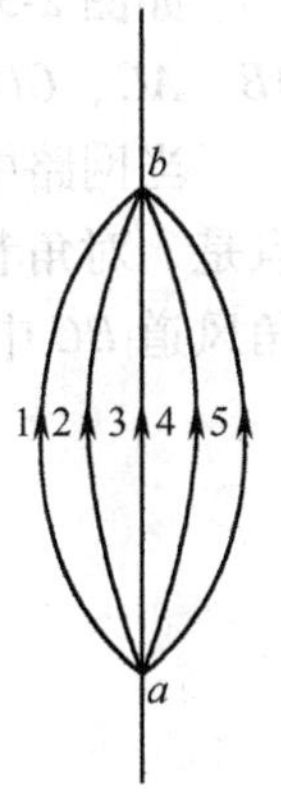

(二) 并联通风网络

组成风网的各分支从同一点分开，又在另一点同时汇合的风网称为并联风网，如图 2-51 所示，风流从 a 处分流，到 b 处又汇合。并联风网的性质如下：

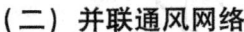

图 2-51 并联风路图

1. 总风量 M_s(质量流量)(kg/s)和分支风量 M_i 的关系

并联风网的总风量 M_s(单位为 kg/s)等于各分支之和，即：

$$M_s = M_1 + M_2 + M_3 + \cdots + M_n \qquad (2\text{-}47)$$

当空气密度相等，即 $\rho_1 = \rho_2 = \cdots = \rho_n$ 时，则总的体积流量 Q_s(单位为 m^3/s)，等于各分支体积流量 Q_i 之和，即：

$$Q_s = Q_1 + Q_2 + Q_3 + \cdots + Q_n \qquad (2\text{-}48)$$

2. 总阻力 h_s 与各分支阻力 h_i 的关系

并联风路系统总阻力 h_s 等于各分支阻力 h_i(单位为 Pa)，即：

$$h_s = h_1 = h_2 = \cdots = h_n \qquad (2\text{-}49)$$

3. 并联总风阻 R_s 与各分支风阻 R_i 之间的关系

并联风路总风阻 R_s 的倒数的平方根等于各分支风阻 R_i 的倒数的平方根之和。即：

$$\frac{1}{\sqrt{R_s}} = \frac{1}{\sqrt{R_1}} + \frac{1}{\sqrt{R_2}} + \frac{1}{\sqrt{R_3}} + \cdots + \frac{1}{\sqrt{R_n}} \qquad (2\text{-}50)$$

4. 并联风网等积孔 A_s 等于各分支等积孔之和，单位为 m^2，即：

$$A_s = A_1 + A_2 + \cdots + A_n \qquad (2\text{-}51)$$

(三) 串联风路与并联风路的比较

井下各工作地点应尽量构成并联网络，避免串联，并联网络较之串联系统有下列优点：

(1) 总风阻及总阻力较小，并联网络的总风阻比其中任一分支的风阻都小。

(2) 各并联分支的风量可用改变分支风阻等方法按需要进行调节。

(3) 各并联分支都有独立的新鲜风流；串联时则不然，后一风路的入风是前一风路排出的污风，互相影响大，尤其是在发生事故时，串联的危害更为显著。

（四）角联通风网络

在并联井巷间有一条或数条井巷，构成角联通风网路。其中两条并联井巷称为边缘井巷，其间的连接井巷称做对角井巷。角联通风网路的主要特点是，对角井巷的风流方向和大小均不稳定。

如图 2-52 所示，并联巷道 ACD 和 ABD 之间有 BC 巷道相连通，巷道 BC 叫对角巷道，AB、AC、CD、DB 巷道叫边缘巷道。仅有一条对角巷道的网络叫简单角联网路。

当网路中有两条或两条以上的对角巷道时叫复杂角联网路（见图 2-53）。角联网路的特点是，对角巷道的风流方向可能改变，即风流方向不稳定。图 2-52 所示的简单角联，其对角风道 BC 中的风流可能有三种情况：

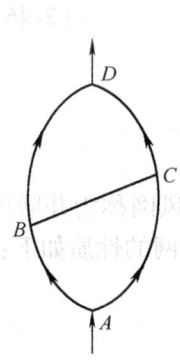

图 2-52 简单角联

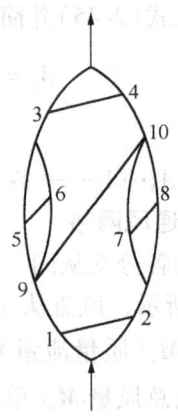

图 2-53 复杂角联

(1) 对角巷道 BC 中没有风流，即 $Q_{BC}=0$，这时 B、C 两点压力相等。

(2) 对角巷道中风流由 B 流向 C，这时 B 点压力大于 C 点，分支 AC 的阻力 h_{AC} 必大于 AB 的阻力 h_{AB}。

(3) 对角巷道中风流由 C 流向 B。

由上可见，对于简单角联的某一侧边缘巷道，当其对角巷道的巷道风阻之比大于另一侧边缘巷道相应的风阻比，即 $M>1$ 时，则对角巷道的风流必流向该侧；反之，$M<1$，则流向另一侧。如果某一简单角联网路，其风阻比相等，即 $M=1$，则对角巷道中无风流流动。当分支 AC、BC、BD 中都有工作面时（见图 2-52），为了保证三个工作面互不串联，均有新鲜风流供给，必须使风流由 B 流向 C；否则，如果风流由 C 流向 B，则三个工作面将依次大串联。在这种情况下，应特别注意保持对角巷道的风流稳定，使风流不致逆转。

处于回风道与回风道之间、进风道与进风道之间的对角巷道，其风流是否反向不影响安全者称为无害角联，有时它还有助于降低系统总风阻。

三、复杂通风网络的解算原理及方法

复杂通风网络是由众多分支组成的包含串、并、角联子网络的结构复杂的风网。由于复

杂风网中各分支风量与风阻存在复杂的非线性关系，因此，其风量分配及调节方案不能用解析法直接求解。

通风的基本任务是，根据各用风地点的需要供给新鲜风流。新风在被送到各用风地点的前后，都要经过许多风路，这些进、回风风路与用风巷道有时形成复杂的网络。复杂网络解算的目的就是要求算其总风阻，以及它与某一风机（其特性曲线是一定的）配合时得到的总风量和各分支的风向、风量，以便验算各地的风速和风量是否符合规程，是否要采取某些调整措施。

在矿井设计中，特别是改建和扩建矿井通风设计时，往往要解算复杂网络。解算复杂网路的原理是依据风量平衡定律、风压平衡定律、通风阻力定律及已知的参数列出方程组（独立方程的个数要和独立未知数的个数相等），然后求解。由于未知数的个数众多，通风阻力定律又是二次方程，用代数法解算甚为困难。解算复杂通风网络的迭代试算法可分为两大类：一类是回路法，即由假定回路内分支风向和风量开始，逐步修正，使之满足风压平衡定律；一类是节点法，由假定风流节点的压力值开始，逐步修正压力分布值，使之满足风量平衡定律。

目前广泛应用的是回路法，特别是斯考德-恒斯雷法，这种方法的实质是以图论为基础，以风流运动的基本定律为依据，利用迭代法逐次求得回路修正风量，直到其值达到一个事先给定的精度值为止，以获得接近方程组真实解的渐进风量。

第七节　矿井通风系统设计

风流由入风口进入矿井后，经过井下各用风场所，然后流入回风井，由回风井排出矿井。风流所流经的整个线路称为矿井通风系统。矿井通风系统是矿井生产系统的主要组成部分，包含矿井通风方式、通风方法和通风网络。矿井通风方式是指进风井（风硐）和回风井（风硐）的布置方式；矿井通风方法是指产生通风动力的方法；矿井通风网络是指井下各风路按各种形式连接而成的网络。

一、矿井通风系统拟定

（一）通风方式
按进风井与回风井之间的相互关系，将矿井通风系统分为如下四种类型。

1. 中央式通风系统

中央式通风系统按照井筒沿井田倾斜的位置可以分为中央并列式和中央边界式两种类型。

（1）中央并列式。进风井与回风井走向及倾斜均大致并列于井田的中央，两井底可以开掘到第一水平（见图2-54a），也可以只开掘到回风水平，后者一般适用于较小型矿井（见图2-54b）。

（2）中央边界式。进风井大致位于井田走向的中央，回风井大致位于井田浅部边界沿走向的中央，在倾斜方向上两井相隔一段距离，回风井的井底高于进风井的井底，如图2-55所示。

中央式布置具有基建费用少、投产快、地面建筑集中、便于管理、井筒延深工作方便、

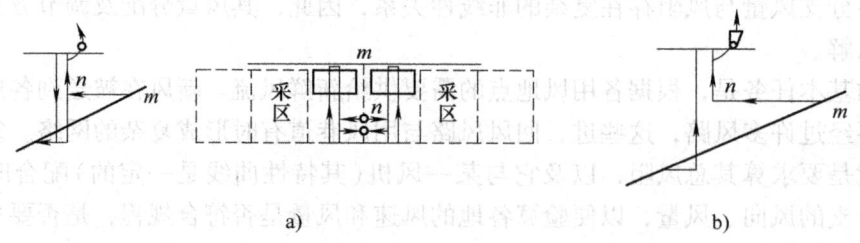

图 2-54 中央并列式通风系统

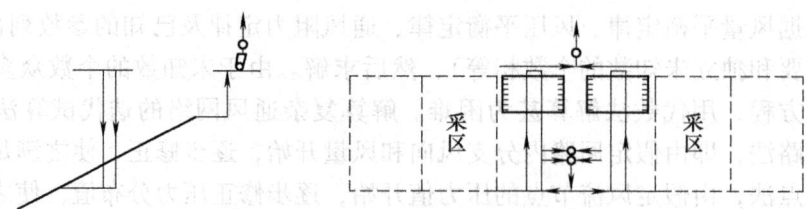

图 2-55 中央边界式通风系统

容易实现反风等优点。中央式多用于开采层状矿体。金属矿山，当矿脉走向不太长，要求早期投产，或受地形、地质条件限制在两翼不宜开掘风井时，可采用中央式。

2. 对角式通风系统

按进、回风井走向和位置可将对角式通风系统分为两翼对角式和分区对角式两种类型。

（1）两翼对角式。进风井大致位于井田走向的中央，回风井位于沿浅部走向的两翼附近，如图 2-56 所示。

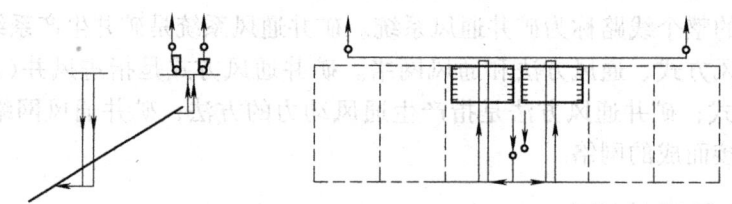

图 2-56 两翼对角式通风系统

（2）分区对角式。进风井大致位于井田走向的中央，每个采区各有一个回风井，无总回风巷，如图 2-57 所示。

对角式布置具有风流路线短、风压损失小、漏风少、整个矿井生产期间风压比较稳定、风量分配比较均匀、排出的污风距工业场地较远等优点。金属矿山多采用对角式布置方式。根据矿体埋藏条件和开拓方式的不同，对角式布置有多种不同的形式。如果矿体走向特别

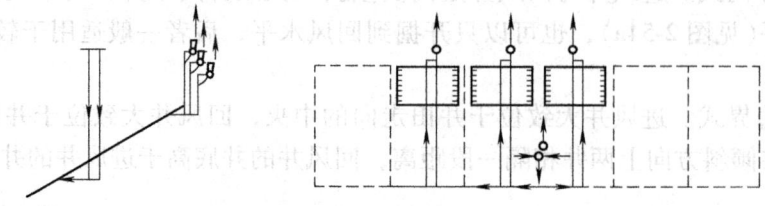

图 2-57 分区对角式通风系统

长、规模大、产量高、由一个井筒集中进风风速过高，可将进风井与回风井沿走向间隔布置，构成间隔对角式布置方式，如图 2-58 所示。

3. 区域式通风

在井田的每一个生产区域开凿进、回风井，分别构成独立的通风系统，即区域式通风系统，如图 2-59 所示。

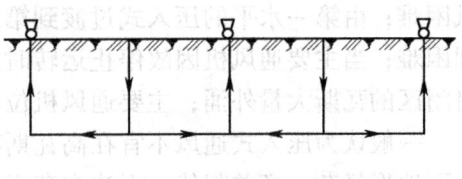

图 2-58 间隔对角式通风

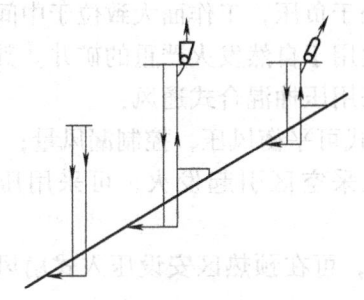
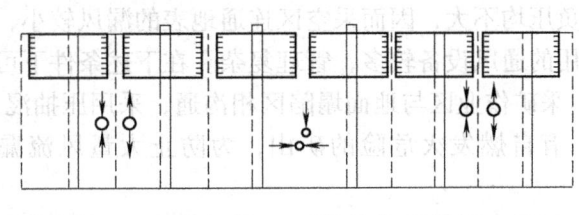

图 2-59 区域式通风系统

4. 混合式通风系统

混合式通风系统的进风井与回风井有 3 个以上井筒，有中央式和对角式混合、中央式和中央边界式混合等。

（二）通风动力及通风方法

按通风方法获得的动力来源可将矿井通风系统分为自然通风和机械通风两种。

1. 自然通风

利用自然因素产生的通风动力使空气在井下巷道流动的通风方法叫自然通风。

2. 机械通风

利用通风机运转产生的通风动力使空气在井下巷道流动的通风方法叫机械通风。煤矿与金属、非金属矿山，按通风机的工作方式将矿井通风系统分为抽出式、压入式和压抽混合式三种。对于金属、非金属矿山，多级站通风方式也较为常用。

（1）抽出式。此种方式主要通风机安装在回风井口，在抽出式主要通风机的作用下，整个矿井通风系统处在低于当地大气压力的负压状态。

抽出式通风的优点是：当主要通风机因故停止运转时，井下风流的压力提高，可使空区瓦斯涌出量减少，有利于瓦斯管理，比较安全；外部漏风量少，通风管理比较简单；与压入式通风相比，不存在向下水平过渡时期改变通风方法的困难。缺点是：当地面存在小窑塌陷区并和开采裂隙沟通时，抽出式通风会把小窑中积存的有害气体抽到井下，并使工作面有效风量减少。

（2）压入式。此种方式主要通风机安设在进风井口，在压入式主要通风机作用下，整个通风系统处于高于当地大气压的正压状态。

压入式通风的优点是：节省风井场地，施工方便，主要通风机台数少，管理方便；开采浅部煤层时采区准备较容易，工程量少，工期短，出煤快；能用一部分回风把小窑塌陷区的有害气体压到地面。缺点是：井口房、井底煤仓及装载硐室漏风大，管理困难；风阻大，通风困难;由第一水平的压入式过渡到第二水平的抽出式,改造工程量大,过渡期长,通风管理困难;当主要通风机因故停止运转时,井下风流压力降低,可能在短时间内引起采空区或封闭区的瓦斯大量外涌;主要通风机位于工业场地内,有噪声影响。

一般认为压入式通风不宜在高瓦斯矿井采用。低瓦斯矿井的第一水平有地表漏风,矿井地面地形复杂、高差起伏,无法在高山上安装主要通风机,总回风巷维护困难时可以考虑采用压入式通风。

(3) 压抽混合式。此种方式是在入风口设一风机做压入式工作,回风井口设一风机做抽出式工作。通风系统的进风部分处于正压,回风部分处于负压,工作面大致位于中间,其正压或负压均不大,因而采空区连通地表的漏风较小,适用于自然发火严重的矿井。其缺点是:使用的通风设备较多,管理复杂。在下述条件下可采用压抽混合式通风:

1) 采矿作业区与地面塌陷区相沟通,采用压抽混合式可平衡风压,控制漏风量;

2) 有自燃发火危险的矿山,为防止大量风流漏入采空区引起发火,可采用压抽混合式。

3) 利用地层的调温作用解决提升井防冻问题的矿井,可在预热区安设压入式扇风机送风,与抽出式主扇相配合,形成压抽混合式。

(4) 多级站通风方式。这是一种由几级进风机站以接力方式将新鲜空气经进风井巷送到作业区,再由几级回风机站将作业时形成的污浊空气经回风井巷排出矿井的通风系统(见图2-60)。由于此系统在进风段、需风段和回风段均设有扇风机,对全系统施行均压通风,能有效地控制漏风,降低通风能耗,风量调节也比较灵活。但这种方式所需通风设备较多,管理较复杂,其适用条件与压抽混合式相同。

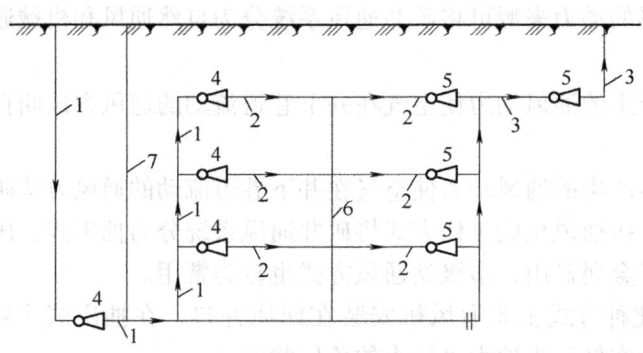

图 2-60 多级机站通风系统
1—进风井巷(进风段) 2—需风巷(需风段) 3—回风井巷(回风段)
4—两级压入机站 5—两级抽出机站 6—溜矿井 7—提升井

3. 通风网络

一般把矿井或采区通风系统中的风流分流、汇合的线路的结构形式称为通风网络。由于矿井开拓方式和采区巷道布置不同,通风网络连接方式也就不一致,大体可分为串联、并联、角联和复杂联结四种类型。

二、矿井需风量的计算及分配

矿井总风量即井下各个工作地点的有效风量与各条风路上漏风量的总和。设计矿井的风量需依照矿井整个服务年限内各个时期的通风要求分水平进行计算,以保证合理通风。

(一) 生产矿井总风量计算

生产矿井的总进风量 Q(单位为 m^3/min)按下列要求分别计算,并取其中最大值。

1. 按井下同时工作的最多人数计算

$$Q \geqslant 4NK \tag{2-52}$$

式中 4——每人每分钟应供给的最低风量(m^3/min);
　　N——井下同时工作的最多人数(人);
　　K——矿井通风系数,包括矿井内部漏风和配风不均匀等因素,一般可取 $1.2 \sim 1.25$。

2. 按照采矿、掘进、硐室和其他用风地点的需风量(m^3/s)总和计算

$$Q \geqslant K(\sum Q_{采} + \sum Q_{掘} + \sum Q_{硐} + \sum Q_{备} + \sum Q_{其他}) \tag{2-53}$$

式中 K——矿井通风系数,该值应根据实测和统计求得,抽出式矿井取 $1.15 \sim 1.20$;压入式矿井取 $1.25 \sim 1.30$;如果地表没有崩落区,取 $1.25 \sim 1.40$;一般矿井取 $1.30 \sim 1.45$;地表有崩落区,取 $1.35 \sim 1.50$;
　　$\sum Q_{采}$——各回采工作面所需风量之和(m^3/s);
　　$\sum Q_{掘}$——各掘进工作面所需风量之和(m^3/s);
　　$\sum Q_{硐}$——各硐室所需风量之和(m^3/s);
　　$\sum Q_{备}$——各备用工作面所需风量之和(m^3/s);其风量可取作业工作面风量的一半;
　　$\sum Q_{其他}$——除上述各用风地点外,其他巷道所需风量之和(m^3/s)。

(二) 生产矿井风量分配

根据实际需要由里向外进行配风,先定井下采掘工作面、火药库、充电硐室等各用风地点所需的有效风量,再加上逆风流方向和各风路上允许的漏风量,得到矿井总风量;再加上因体积膨胀的风量(总进风量的 5%),得出矿井的总回风量;最后加上抽出式主要通风机井口和附属装置的允许外部漏风量,得出通过主要通风机的总风量。对于压入式通风的矿井,通过压入式主要通风机总风量即矿井总风量与外部进风量之和。

(三) 新建矿井和延伸矿井风量计算

对于新建矿井和延深矿井所需风量,有条件时,可参照邻近生产矿井的通风资料,按生产矿井的风量计算方法细致地进行计算;否则,只好采用"由外往里"的计算方法,即先计算矿井的总风量,然后大致分配到各个用风地点。

风量分配完成后,还要根据各用风地点的风量确定通风系统中各通风巷道中所流过的风量,然后验算各通风巷道的风速是否符合规定,不符合的话,需要调整风量或扩大巷道断面。

第八节　矿井通风新技术

一、可控循环通风技术

可控循环风技术是矿井通风技术中的一种新方法、新工艺,是常规通风技术的补充,在

条件适合的矿井能够较容易地增加采区风量，投资少，工期短，见效快，而且还可以相应增加邻近采区的供风量。

在低瓦斯矿中，当采掘工作面位于矿井的边远地区，原有通风系统不能保证按需供风，而该地区回风的风质又比较好时，可以在局部通风系统的进、回风之间安置通风设备、设施和监控设备，对回风进行合理循环控制加以再利用，以增加用风地点的实际风量。此种通风方法称为可控循环通风。

二、脉动通风技术

"脉动通风"技术是利用风流的紊流扩散系数与风流脉动特性直接相关的理论作为依据，在局部积聚瓦斯位置处安设脉冲通风机，在正常通风风流中产生脉动风流，从而大大增加瓦斯积聚区风流的紊流系数，提高风流驱散局部瓦斯积聚的能力，从根本上解决煤层巷道中和回采工作面上隅角瓦斯积聚问题，目前这套技术的应用效果良好。

脉动通风方法是在局部通风机的风筒口安装风流断续器，使其向工作面送入连续的脉冲式风流，风流速度随时间发生周期性的变化。当风流断续器工作时，空气被周期性地"封闭"并储存在风筒中，然后在过剩的压力下抛向工作面空间。

正常通风条件下，风量波动范围小，因而脉动速度也低。在脉动通风情况下，风量波动范围大，因而脉动速度高。由于脉动速度显著增加，不仅法向紊流脉动力增加，而且切向紊流脉动力也增加了，这就大大地增强了瓦斯与风流的混合能力。巷道风流中含有 CO_2 或 CH_4 气体时，由于与空气介质之间存在密度差，它们的惯性不同。因此，当风流加速时，瓦斯微团与空气介质不能同步。瓦斯密度小于空气密度，当风流加速时，瓦斯微团将超前风流介质微团；风流减速时，瓦斯微团将滞后于空气介质微团。对于比空气重的气体，情况正好相反。因此，在瓦斯微团与空气介质微团之间形成负压区或增压区，导致瓦斯介质微团由高压区向低压区运动，这种运动具有脉动的特点。这样，脉动通风能增加风流中的紊流强度，促进风流中的瓦斯含量趋于均匀，因而减小了瓦斯积聚的可能性。

脉动通风方法还可用于排尘。在水平巷道中，粉尘的重力与风流对粉尘的作用力的作用方向互相垂直。在这种情况下，使矿尘在风流中处于悬浮状态的主要动力就是横向紊流脉动力。由于粉尘的密度较风流介质密度大，在风流中要发生沉降。根据沃洛宁的研究，使粉尘处于悬浮状态的条件是：紊流风流横向脉动速度的均方大于或等于粉尘的沉降速度。

脉动通风不仅使纵向脉动速度增加，横向脉动速度也增加了，这就有利于阻止粉尘的下降。当风流发生脉动时，在紊流脉动的作用下，粉尘能与风流很好的混合。

三、稳态通风模拟技术

矿井通风是一个动态的变化过程。由于矿井生产的进行和矿山压力及各种地质条件的影响，使得井下的通风系统处于不断变化之中，因此，要求不断调整通风设施，以改变井下风量的分布，从而满足生产的需要。

矿井通风的这一动态特性要求通风工程师做到两点：一是及时掌握井下的通风状况；二是根据需要及时调整风量分布。通过定期的风量测定，可以获得大量的井下通风状况数据，分析和利用这些数据，上述第二项工作是矿井通风管理的难点。应用成熟的通风计算理论和计算机技术，进行矿井通风的模拟与控制计算，具有重要的实际意义。

矿井稳态通风解算的条件是，在一定时期内，矿井没有影响风网结构的巷道构成，局部区域的工作面推进、风阻增大对通风状况的影响可以忽略或不作为重点考虑。此时，井下巷道风阻保持不变，通风设施的变更都是人为进行的，影响通风状况的风流温度保持稳定，因而，可以应用稳态通风的理论进行通风解算。

四、均压通风技术

（一）均压通风

均压通风是指降低采空区或已采区漏风通道两侧的风压差，减少漏风，以预防和消灭火灾的措施，可用于矿井一翼等大区域，也可用于局部地段；可以对封闭的已采区实施均压，也可对正在回采的工作面采空区实施均压。

按照均压对象不同，分为区域均压和局部均压两种。区域均压是指对全矿井或矿井的某一翼、某一阶段水平实施的均压措施。局部均压是指对特定的地点、地段实施的均压措施。

（二）均压手段

用于调整和改变风流压力分布的设施和设备。包括调压风墙、调压风门、调压风窗、调压风筒、调压风路、调压风机和调压气室。

（1）调压风墙。设在巷道中拟调压点处，以调整风压的挡风墙。目的是隔断风流，同时改变和调整风压的分布状态。只用于需调整风压分布状态而对风量无要求的场合。风墙调压幅度只能以增加或减少其气密性（厚度、材料特性和施工质量）来调整。风墙调压的灵活性较差，但它在区域均压还是局部均压中均可应用。

（2）调压风门、调压风窗。设在巷道内某一拟调压点处用以调节风压的风门、风窗。目的是在改变和调整设定地区风压分布状态的同时，仍然保持一定的风量，并不妨碍行人和运输。它改变和调整风压分布的特性类似于调压风墙，但调压幅度较缓；通过调节风门的密实性、风窗的窗口大小来调整调节的幅度。适用于需要调整风压又要维持相当风量的场合。在区域和局部均压中皆可应用。

（3）调压风筒。用于调整和改变风压分布状态的风筒。根据调压需要，可选用金属、胶质或木质风筒。调压风筒的调压特性符合并联风路的降压规律，适用于远距离调压，可使调压点之间的距离拉大，并能收到降压的效果。

（4）调压风路。设置在调压区段中用于调整或改变该区段的风压分布状态的风路分支。可用于增阻或减阻调压的场合。其特点是在保持风流继续流动的同时，进行调压。增阻调压常通过缩小通风断面或增设风阻物来实现；减阻调压是通过扩大巷道断面或开辟并联风路来实现的。调压幅度要求较大时，需要完成一定的工程量。与其他调压手段组合使用，可在很大程度上增强调压能力。经常使用的与其配套的调压手段是，在风路内增设调压风墙、调压风门、调节风窗或调节风机等。

（5）调压风机。用于调整或改变矿井或一翼、某一阶段水平、某一既定区域的风压分布状态的矿用各种类型的风机。

（6）调压气室。在调压区段相应的地点，在原有的防火墙（经过加强或改造）或新建防火墙墙体外侧一定的距离增建一道新的防火墙后所构成的气室。气室墙体（内、外墙）上配备有调压、测温、采集气样等设施。通过向两墙体间压入或从中排出相应量的气体来调节其间的气体压力与火区防火墙内侧的气体压力，使其达到平衡状态。

(三) 均压方式

根据所采用的调压手段不同，分为单一调压和综合调压两种方式。单一调压方式是指应用一种调压手段对调压对象实施调压的方式，常用于局部均压场合。

综合调压方式是指使用多种调压手段对一个或几个施治区的风压分布状态实施调整的方法，可以用于局部均压和区域均压。综合均压使用的手段有多种互配方式，常用的是调压风机与调压风墙、调压风门及调压风窗的互配。调压风机与调压风墙、调压风门、调压风窗互配时，风机设在入风侧时，可起到升压作用；风机设在回风侧室，可起到降压作用。

(四) 均压方法

均压方法是指一种调压手段或多种调压手段组合实施的具体做法。

区域均压中可用调整矿井主要通风机的工况，改造矿井通风系统，调整调压风墙、调压风门、调压风窗的具体位置，建立调压气室等手段，实现单一或综合调压。调整矿井主要通风机工况进行区域均压时，可采取改变风机转速、调整风机叶片角度、调整前导器叶片角度、风机联合运转以及改造风机辅助设施等方法实现。

局部均压最常用的方法有：并联风路法，调压风墙、调压风门、调压风窗法，以及调压气室法。

第九节 通风检测检验技术

一、测定项目和方法

(一) 风量测定

风量测定主要包括整个通风系统内各中断、各作业点风量的测定，以及总进风量、总排风量、主要漏风量等的测定。由于风量等于风速乘以断面，所以风量的测定实际上就是过风断面面积及平均风速的测定(见下式)。

$$Q = vS \tag{2-54}$$

式中 Q——流过某断面的风量(m^3/s)；

v——风流的平均速度(m/s)；

S——过风断面面积(m^2)。

1. 持表方式

常用的风速测定仪表主要包括热球风表、叶式风表和杯式风表，测定时常见的持表方式有以下三种：

(1) 迎面法。持表者将手臂向自己正前方伸直持表，面对风流，使风表轴线、手臂、风流方向三者平行。这样的持表方法，由于人体的正面阻力的影响，风表所指示的风速 $v_{测}$ 将小于实际风速。此时，应将指示风速乘以校正系数 $K_{校}$，即：

$$v_{实} = v_{测} K_{校} \tag{2-55}$$

式中 $v_{实}$——测点的实际风速(m/s)；

$v_{测}$——测定的指示风速(m/s)；

$K_{校}$——校正系数，一般取 $K_{校} = 1.14$。

（2）侧身法。持表者侧身对风流，手臂伸向自己的前方持表，使风表与人体在同一断面内。由于人体侧身占去了一部分断面积，测定的指示风速将大于实际风速，因此，应按下式计算实际风速：

$$v_\text{实} = \frac{S-0.4}{S} v_\text{测} \tag{2-56}$$

式中 $v_\text{实}$——测点的实际风速(m/s)；

S——测点所在的断面面积(m^2)；

0.4——统计的人体侧身所占去的断面积(m^2)；

$v_\text{测}$——测定的指示风速(m/s)。

按下式计算风量：

$$Q = v_\text{测均}(S-0.4) \tag{2-57}$$

式中 Q——被测断面的过风量(m^3/s)；

$v_\text{测均}$——被测断面的平均风速(m/s)。

（3）侧身超前法。持表者侧身对风流，手臂与人体正面成135°角伸向上风方向持表，这时风表既不在正面的正前方，也不与人体在同一断面内，而风表轴线、人体正面、风流方向三者相互平行。试验证明，此时人体对测点风速无影响，风表指示风速即为实际测定风速。

一般来说，上述第三种持表法最优，计算工作量少且准确，第二种方法因持表操作方便被经常采用，第一种方法较少采用。

2. 平均风速的测量和计算

由于空气本身具有粘性，因此，在管道(巷道)中流动时，同一断面各点的速度是不同的，其分布规律示如图2-61所示，可见其近似于抛物线形，且越接近管道中央流速越大。而由式(2-54)计算风量必须采用过风断面内的平均风速。

对于叶式风表或杯式风表，可以采用"走线法"测得过风断面内一定时间内的平均风速。常采用的线路有三种，如图2-62所示。采用走线法的目的是为了让风表在被测断面内均匀移动，以感受断面内各处的风速。测定时，只要将风表按操作要领沿预定线路匀速移动即可(对于自计时式风表，需要了解计时的时间)。为了使测定值更符合实际情况，每个断面应测3遍，之间的误差不得超过5%，误差按下式计算：

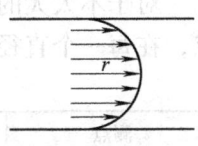

图2-61 井巷断面上的风速分布

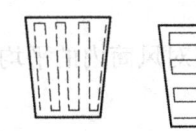

图2-62 测风线路

$$\left.\begin{aligned}\Delta 1.2 &= \frac{2|v_1-v_2|}{v_1+v_2} \leq 5\% \\ \Delta 1.3 &= \frac{2|v_1-v_3|}{v_1+v_3} \leq 5\% \\ \Delta 2.3 &= \frac{2|v_2-v_3|}{v_2+v_3} \leq 5\% \end{aligned}\right\} \tag{2-58}$$

式中 $\Delta 1.2$、$\Delta 1.3$、$\Delta 2.3$——每遍间的误差(%)；

v_1、v_2、v_3——3遍所测得的风流速度(m/s)。

则平均风速为 $v_{均}$（单位为 m/s），计算式如下：

$$v_{均} = \frac{v_1 + v_2 + v_3}{3}$$

若其中有一个不符合误差要求需重测，或舍去该值计算平均值。例：

$$\frac{2|v_1 - v_2|}{v_1 + v_2} < 5\%, \quad \frac{2|v_1 - v_3|}{v_1 + v_3} > 5\%, \quad \frac{2|v_2 - v_3|}{v_2 + v_3} > 5\%$$

则舍去 v_3，平均风速为 $v_{均} = \frac{v_1 + v_2}{2}$。

对于热球风速仪，可以使用"点测法"来测量断面内平均风速，即在被测断面按"等面积原理"均匀布上 n 个测点，用风表在这些测点上测得 n 个点风速，再求这 n 个点风速的平均值就是过风断面的平均风速。

布点法：对于非圆形断面（梯形、矩形、拱形等），如图 2-63 所示，将过风断面分成若干面积相等的小面积，以每个小面积的中点为一个测风速点（即用这一点的风速来代替这一小块面积内的平均风速）。一般过风断面积 $S \leq 4\text{m}^2$ 时，布 9~12 个点；4~8m² 时，布 12~20 个点；大于 8m² 时，布 20~25 个点。测得各点风速后，按下式计算平均风速（m/s）：

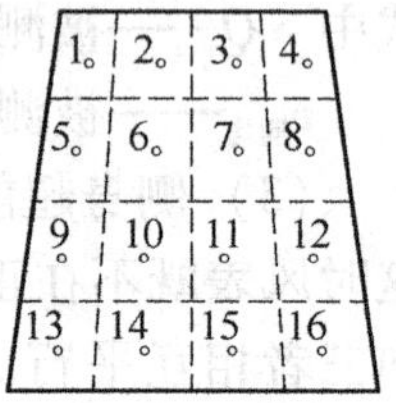

$$v_{均} = \frac{v_1 + v_2 + \cdots + v_n}{n} \tag{2-59}$$

图 2-63 断面平均风速的点测法

求得 $v_{均}$ 后，再经风表进行曲线校正，然后得到过风断面内的平均实际风速。

对于不太大的圆形断面井巷，可以采用等积圆环布点。一般在两个相互垂直的直径上布点，在每一个直径上按表 2-7 规律布置测点。

表 2-7　圆形断面井巷测点布置

测点	至井巷壁的距离（d 为井巷直径）	测点	至井巷壁的距离（d 为井巷直径）
1	$0.067d$	3	$0.75d$
2	$0.25d$	4	$0.933d$

但对风筒内的平均风速，可采用下式简便地近似计算：

$$\bar{v} = \frac{v_1 + v_2 + v_3 + v_4}{4} \tag{2-60}$$

式中　　$\bar{v}$——同一断面上的平均风速（m/s）；

v_1、v_2、v_3、v_4——距风筒圆心 $0.7R$ 处均布四个测点所测得的风速（m/s），R 为风筒半径（m）。

对于点测法，每个断面要测两遍，两次的误差要小于 5%，否则重测。

3. 确定测风方式

一般矿井中的风速可分为三级：大于 10m/s 为高风速，0.5~10m/s 为中风速，小于 0.5m/s 为低风速，由于风速仪结构的限制，不同级的风速常常采用不同的风速仪来测定。

(1) 高风速测定。

1) 用微压计测动压 $h_{动}$（Pa）换算成风速。

根据 $h_{动} = \dfrac{v^2}{2}\gamma$，则 $v = \sqrt{\dfrac{2h_{动}}{\gamma}}$。

可以看出，上式中 g、γ 都是已知数，只要知道了 $h_{动}$ 就能够计算出风流的平均速度。$h_{动}$ 可以用微压计和毕托管进行测量。需要指出，在 $h_{动} = \dfrac{v^2}{2}\gamma$ 式中，一般的范围内即使 v 值成倍的增加，也只能引起 $h_{动}$ 很微小的变化。反过来说，稍许地改变 $h_{动}$，将造成 v 大幅度地波动。所以，为获得比较准确的平均风速，必须尽可能精确地测出相应的动压，而一般的U形管和倾斜压差计都难以测出较小的动压，要用精密的微压计（如补尝式微压计）。正因为如此，这种方法通常只用于高风速地点的风速测定，如总进、回风道、风硐、风筒等地点。

2）用杯式风表。用杯式风表测高风速时，既可用点测法也可用走线法。采用点测法费时较多，采用走线法则要注意控制走线速度，尤其是采用自计时式风表，一定要在 1min 内匀速走完预定线迹。另外，用杯式风表不宜测定过风断面积太小的测风点（比如在局扇风筒内），因为仪器和手占去的面积相当大，即使采取校正措施，也容易产生较大的误差。

3）用热球风速仪。有的热球风速仪高速档可测 30m/s 以内的风速。用这种仪表测高风速是比较方便的。使用时，将仪表档位拨至"高速"，然后按"点测法"要领进行测定。

（2）中风速测定。对于中风速可采用叶式风表按走线法测定。当风速高于 5m/s 时，也可采用杯式风表按点测法或走线法测定。但目前对于 $0.5 \leqslant v < 10$m/s 的中风速多采用热球风速仪测定。

（3）低风速测定。对于低风速，可用叶式微风表按走线法测定，也可采用热球风速仪测定。对于极低的风速，可采用"烟雾法"测定，具体方法如图 2-64 所示。在待测巷道选一段适当的距离（长度为 10～20m，断面变化不大），在上风处 A 点放烟雾，在 B 点接收，测出烟雾从 A 到 B 所用的时间 t。最后，按下式计算风速 v（单位为 m/s）：

$$v = \dfrac{L_{AB}}{t} \tag{2-61}$$

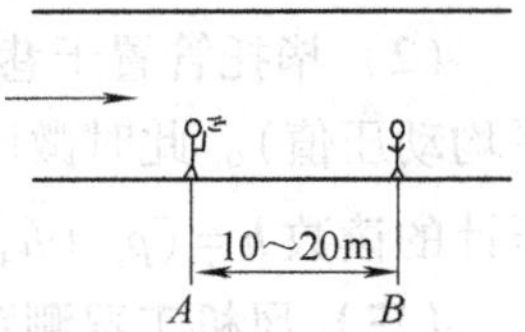

式中　L_{AB}——点 A 与点 B 间的距离（m）。

图 2-64　烟雾法测定风速示意图

（二）通风巷道风压损失测定

为了测定巷道内点 A 与点 B 间的风压损失，可采用毕托管接受压力、胶皮管转递压力、倾斜微压计测量压力的方法测定。先按倾斜微压计操作要求放置、调整好仪器，然后采用以下两种方法之一进行测定。

1. 静压法

此种方法是，测得 AB 间的静压差 h_{AB}，分别算出 A、B 点断面内的平均动压 $h_{A动}$ 和 $h_{B动}$，然后按下式计算 AB 间的全压差 $h_{AB损}$，单位为 Pa，即风流从点 A 流到点 B 的全能量损失（或全压损失）：

$$h_{AB损} = h_{AB} + (h_{A动} - h_{B动}) \tag{2-62}$$

测定要点：

（1）传压管接毕托管静压输出孔。

（2）毕托管应置于巷道中心附近。

（3）应同时测得 A、B 两点的大气压（绝对静压）p_A、p_B，温度 t_A、t_B，以及平均风速 $\bar{v}_A$、

$\overline{v}_B$,再按下式计算 $h_{动}$(单位为 Pa):

$$h_{动} = \frac{\overline{V}^2}{2}r \tag{2-63}$$

此种方法测定起来比较麻烦,但精确度较高,尤其在风速不太稳定的地方更是如此。

矿井空气(风流)重度 γ(单位为 N/m^3)用以下式计算:

近似计算式:

$$\gamma = 0.455p/T$$

精确计算式:

$$\gamma = 0.455(1-0.378\Phi p_w/p)p/T$$

式中 p——空气绝对压力(大气压力)(毫米水银柱);

T——空气热力学温度(K),$T=273+t$,t 为摄氏温度度数;

Φ——空气相对湿度(%);

p_w——饱和水蒸气分压力(毫米水银柱)。

通常使用近似计算式就能满足矿井通风测定的要求。

2. 全压法

此法是直接将点 A 的全压 $p_A+h_{A动}$,点 B 的全压 $p_B+h_{B动}$ 分别送到微压计的两个输入端而测得 $h_{AB损}$。

测定要点:

(1) 传压管接毕托管的全压输出孔。

(2) 毕托管置于巷道中间高、宽约 1/3 的位置(因为在这个位置的动压值很接近断面的平均动压值)。此时微压计"+"号端接收的是 $p_A+\overline{h}_{A动}$,"-"号端接收的是 $p_B+\overline{h}_{B动}$。微压计的读数 $h=(p_A+\overline{h}_{A动})-(p_B+\overline{h}_{B动})=(p_A-p_B)+(\overline{h}_{A动}-\overline{h}_{B动})=h_{AB损}$。

(三) 风机工况测定

风机工况,即风机正常工作时产生的风量、风压和风机的轴功率等。它是表征风机工作状况的主要参数,由这些参数可以知道风机工作合理与否(风机是否在稳定区工作,风机效率高不高,风机性能是否适应通风网路的需要等)。因此,风机工况测定是通风系统测定的重要项目之一。对于在网路上的风机工况测定,实际上是风机装置的工况测定,因为风机安装在通风系统中,由于测定仪器及条件限制,测点只能布置在风机前后一定距离的地方,因而风机实际上就带上了两测点间的一段负荷,这段负荷上的风压损失及漏风测定十分困难,以至在现场的条件下成为不可能。这样,我们只能测得风机前后两测点间的风压以及这两点上的风量,并以这个风压和风量作为风机装置的风压和风量,因此,称这两测点间的巷道及风机为"风机装置"。为简便起见,下文中风机装置统称为"风机"。

风机工况测定的主要内容有:风机风量、风机风压、风机轴功率、电机转速等。下面叙述测定方法。

1. 风机排风量的测定

该测定方法可参照风量测定方法进行,须测量装置两端的风速和横断面积。因为在风机前后风速相当紊乱,因此,存在一些特殊问题,须加以注意。

当测风点设在风机入风侧时,测点与风机间的距离应不小于 $2D$;当测风点设在风机排风侧时，测点与风机间的距离应不小于 4.5D，$D=\dfrac{a+b}{2}$，a、b 分别为巷道的高和中线宽。

当风机前后巷道长度不能满足上述要求时，测定结果可能会出现较大的误差，但这不是绝对的。一定的条件（比如人可以接近风机吸风口，并可操作测定仪器），在风机吸风器口按等积圆环布点，采用点测法（或在排风口采用点测法）。只要测点布置得当，仪器操作正确，测出的结果也是可信的。

若风机安装漏风较大时，则应以风机排风侧的风量作为风机风量。

2. 风机风压测定

风机装置风压一般采用倾斜微压计测定（若风机风压超过倾斜微压计最大量程，则采用 U 形压差计。即在一根 U 形玻璃管内注入蒸馏水，当风机两端的压力分别引到 U 形管两端时，将引起 U 形管内液面差）。根据压差计所测结果及有关数据，列风机两端的伯努里方程，就可以得到风机全压、静压和动压。仪器的具体设置及测定方法随风机安装情况而略有差别，现举例叙述如下。

（1）风机两端具有足够的平直巷道，毕托管置于风流稳定区域（入风侧大于 $2D$，排风侧大于 $4.5D$）时，可按图 2-65 放置毕托管及倾斜微压计。测定压差时，可采用静压法，也可采用全压法。根据伯努里方程可得：

用全压法测 h_{AB}：

$$h_{扇全} = h_{AB}$$
$$h_{扇静} = h_{AB} - h_{B动}$$

用静压法测 h'_{AB}：

$$h_{扇全} = h'_{AB} - h_{A动} + h_{B动}$$
$$h_{扇静} = h'_{AB} - h_{A动}$$

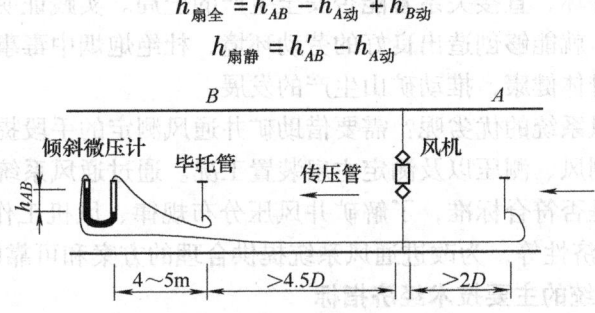

图 2-65 风机风压测定布置

（2）风机安设如图 2-66 所示，风机为抽风式工作，排风端巷道极短，无法找到风流稳定区安设毕托管。此时，可按图 2-66 安设仪器，即将一毕托管置于风机入风侧点 A 处，并使 $L_{AB} > 2D$，用传压管将 A 点处静压引至安设在地表的倾斜微压计上标有"－"的压力输入端（坑内 A 点处压力低于坑外压力），再取一静压接收管接传压皮管，悬入风机排风天井内 F 点处，并使 $EF > 4.5D$，同时，将该传压管另一端接到倾斜微压计上标有"＋"号的压力输入端。根据所测压差值，列伯努里方程可得：

$$h_{扇全} = h'_{AF} - h_{A动} + h_{F动}, \quad h_{扇静} = h'_{AF} - h_{A动}$$

（3）如图 2-67 所示，风机为抽风式工作，排风侧巷道及天井都很短，此时可按图 2-67 安设仪器。即在风机入风侧点 A 处安设毕托管，并使 $L_{AB} > 2D$，用传压管将 A 处压力（可接全压，也可接静压）引至安置在地表的倾斜微压计上标有"－"的压力输入端。微压计上标有"+"的压力输入端则敞开,让其直接感受大气压 p_0。按操作要领读得坑内压力与地表压力之差 h_{A0}。根据此压差列伯努里方程可得:

用全压法测 h_{A0}:

$$h_{扇全} = h_{A0} + h_{C动}$$
$$h_{扇静} = h_{A0}$$

用静压法测 h'_{A0}:

$$h_{扇全} = h'_{A0} - h_{A动} + h_{C动}$$
$$h_{扇静} = h'_{A0} - h_{A动}$$

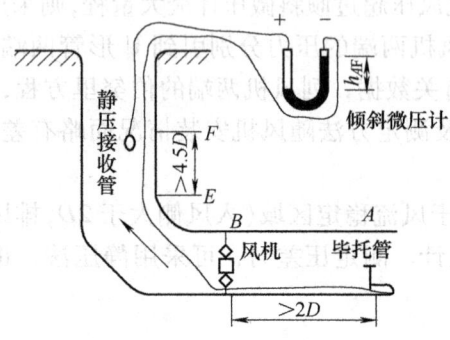

图 2-66 风机安设图(一)

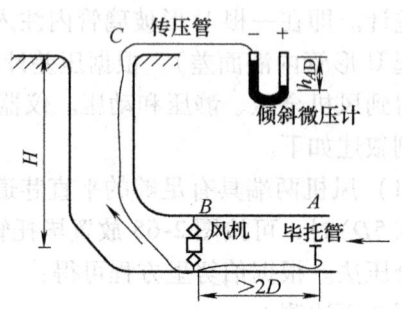

图 2-67 风机安设图(二)

二、矿井通风系统测定

矿井通风系统的好坏,直接关系着能否安全生产的全局。实践证明:通风系统完善,通风防尘搞得好的矿山,就能够创造出良好的劳动环境,杜绝炮烟中毒事故和防止矽肺病的发生,从而保障矿工的身体健康,推动矿山生产的发展。

如何评价矿井通风系统的优劣呢?需要借助矿井通风测定的手段提供评价的依据。矿井通风系统测定,包括测风、测压以及测定主扇装置工况。通过通风系统测定资料分析风量漏失情况,工作面通风是否符合标准,了解矿井风压分布规律、风机工作状况(与网络的适应性等)及通风系统的经济性等,为改进通风系统提供合理的方案和可靠的技术资料。

(一) 矿井通风系统的主要技术经济指标

1. 主扇(装置)总排风量 $Q_{扇}$

把各台主扇排风量相加得出 $Q_{扇}$。

2. 主扇(装置)风压 $h_{扇}$

包括主扇全压 $h_{扇全}$、主扇静压 $h_{扇静}$ 以及主扇动压 $h_{扇动}$。

3. 有效风量率 $\eta_{有}$ 及漏风率 p

矿井有效风量率是进入各工作面的有效风量(工作面得到的新鲜风量)总和与主扇风机排除风量的百分比。

各工作面的有效风量总和以 $Q_{有}$ 表示。

矿井的有效风量率 $\eta_{有}$ 可用下式表达和计算:

$$\eta_{有} = \frac{Q_{有}}{Q_{扇}} \times 100\% \tag{2-64}$$

上式中进入各工作面（包括需风硐室）的风量总和 $Q_有 = Q_1 + Q_2 + \cdots + Q_n$，$Q_1$、$Q_2$、$\cdots$ Q_n 可以根据进、出工作面的巷道或工作面的风速 $v(\text{m/s})$ 及断面积 $S(\text{m}^2)$ 测量和计算出。

注意：当两个以上工作面风流串联时，只取第一个工作面的风量算作有效风量，其他的工作面属污风，不能算有效风量。

若有多台主扇工作时，$Q_扇$ 应为各台主扇排风量的总和。

《金属非金属地下矿山安全规程》要求，有效风量率不得低于60%。

主扇供给矿井的风流，只有一部分送到工作面，而另一部分则由其他地方流失，或者主扇所抽吸的风量不完全是来自工作面的污风，有一部分由新风短路而来，这些皆广称为漏风。

为了评价矿井漏风的大小，常用漏风率表示。如矿井总漏风率、矿井内部漏风率、矿井外部漏风率等。

矿井总漏风率是指矿井总漏风量与主扇排风量的百分比。

若矿井总漏风量以 $Q_漏$ 表示，主扇排风量以 $Q_扇$ 表示，则矿井总漏风率 P 用下式表达：

$$P = \frac{Q_漏}{Q_扇} \times 100\% \tag{2-65}$$

因为 $Q_扇 = Q_有 + Q_漏$，则 $Q_漏 = Q_扇 - Q_有$

所以总漏风率 P 可以用下式计算：

$$P = \frac{Q_扇 - Q_有}{Q_扇} \times 100\% \tag{2-66}$$

矿井总漏风率 P 与有效风量率 $\eta_有$ 存在如下关系：

$$P = 1 - \eta_有 \tag{2-67}$$

根据漏风通道是否与地表联系，矿井漏风分为地表外部漏风和井下内部漏风两部分。地表外部漏风是指井口通风构筑物的漏风，在抽出式通风系统中它等于扇风机排风量与矿井排风量（总出风井巷的风量）之差。在压入式通风系统中，它等于扇风机排风量与矿井入风量（总入风井巷的风量）之差。井下内部漏风包括采空区、井下各种通道、通风构筑物的漏风。在抽出式通风系统中，它等于矿井排风量与矿井有效风量之差；在压入式通风系统中，它等于矿井入风量与矿井有效风量之差。

通常外部漏风率 $P_外$ 与内部漏风率 $P_内$ 的计算式为：

$$P_外 = \frac{Q_扇 - Q_矿}{Q_扇} \times 100\% \tag{2-68}$$

$$P_内 = \frac{Q_矿 - Q_有}{Q_扇} \times 100\% \tag{2-69}$$

式中 $Q_矿$——矿井进风量（压入式通风系统的入风井巷总风量）或矿井排风量（抽出式通风系统的出风井巷的总风量）。

4. 工作面风速合格率 $\eta_速$

该项指标用以评价符合通风要求的工作面比例数，即符合通风要求的工作面个数与同时需要供风的工作面总数的百分比。

若符合要求的工作面个数以 n 表示，同时需要供风的工作面总数以 N 表示，则工作面风速合格率为：

$$\eta_{速} = \frac{n}{N} \times 100\% \tag{2-70}$$

对以排尘为主计算风量的金属矿山，所谓风速符合要求，就是指工作面的风速要达到《金属非金属地下矿山安全规程》的标准，即硐室型采场最低风速应不小于 0.15m/s，巷道型采场和掘进巷道应不小于 0.25m/s，电耙道和二次破碎巷道应不小于 0.5m/s 等。

5. 主扇(装置)效率 $\eta_{扇}$

在通风系统中，主扇在电动机带动下运转，电动机把电能转换为机械能。作用在主扇主轴上的机械能又通过扇风机转换为空气压能造成一定的风量，从而使空气克服阻力在矿井中流动。所谓主扇效率，是指主扇输出功率与输入功率(轴功率)$N_{轴}$的百分比。矿井通风中，一般要求主扇效率高于60%。

若主扇(装置)排风量为 $Q_{扇}$，全压和静压分别为 $h_{扇全}$ 和 $h_{扇静}$，输入的轴功率为 $N_{轴}$，则主扇全压效率 $\eta_{全}$ 和静压效率 $\eta_{静}$ 分别为：

$$\eta_{全} = \frac{h_{扇全} Q_{扇}}{102 N_{轴}} \times 100\% \tag{2-71}$$

$$\eta_{静} = \frac{h_{扇静} Q_{扇}}{102 N_{轴}} \times 100\% \tag{2-72}$$

式中　102——单位换算系数，$1kW = 102kg \cdot m/s$。

$N_{轴}$——输入主扇的功率：

$$N_{轴} = \sqrt{3} UI\cos\phi \eta_{电} \eta_{传} \tag{2-73}$$

U——线电压(kV)；

I——线电流(A)；

$\cos\phi$——电动机功率因数；

$\eta_{电}$——电动机效率，一般为 0.9~0.95；

$\eta_{传}$——电动机与风机之间的传动效率，直接联结时为1，带式传动时为 0.9~0.95。

6. 每吨矿石的通风电耗 $l_{电}$

通风系统内所有风机每天消耗的电能(包括主扇、辅扇和局扇用电)与每天出坑矿量之比，叫做每吨矿石的通风电耗。若所有的风机每天电能消耗为 $\sum W_{电}(kW \cdot h)$，平均每天出坑矿量为 $A(t)$，则每吨矿石的通风电耗 $l_{电}$ 的单位 $kW \cdot h/t$，计算式如下：

$$l_{电} = \frac{\sum W_{电}}{A} \tag{2-74}$$

除上述指标外，根据需要和各单位的习惯还可能提出多项指标。这些指标都可以在一定程度上反映通风系统的状况，而且系统测定之后，都提供了计算这些指标的数据。如万吨矿石供风量、工作面的获风率等。

(二) 测定前的准备

通风系统测定牵涉面广，时间性强，使用的仪器较多，需要密切地配合才能顺利完成。为此，必须在测定前作好充分的准备工作。

1. 图样、资料的准备

在测定某一通风系统时，一定要先准备各中段平面图和通风系统立体图，每种图3份。此外尚需准备其他有关材料，如通风建筑物的设计图、各种主要通风井巷的断面情况、主要通风井筒的标高等。

2. 通风系统调查

测定前必须对通风系统进行全面调查,以便进行测点布置及测定方法选择。调查的主要内容有:

(1) 风机情况。具体如下:

1) 主扇:主扇型号、铭牌、工作段数、叶片安装角、牵引电机功率、电压、电流、转速、功率因数、主扇工作方式、传动方式、工作制度(工作时间)、进风侧巷道长、风机安装位置的标高、出风口标高、扩散器尺寸等。

2) 辅扇:井下辅扇安装位置、工作方式(带不带密封)、每天工作时间、牵引电机功率等。

3) 局扇:局扇安装位置、容量、工作方式(抽、压、混合式)、每天工作时间以及数量等。

(2) 通风构筑物。井下所有通风构筑物的位置、种类、结构(砖石、水泥结构还是木结构)、质量(漏风程度)等有关情况。

(3) 风流情况。所有进风口、出风口的位置和标高,井下所有巷道的风向及漏风情况。

(4) 采场通风采用何种通风网路。

3. 测点布置

(1) 风量测点的布置要求。一般要求测风点应布置于风流稳定、断面规整、光线好的地方(尽量在灯光附近)。同时还要满足以下要求:

1) 必须控制所有的进风处所进入的风量。
2) 必须控制所有出风处的排风量。
3) 必须控制各中段所得风量。
4) 必须控制中段内部主要分风点的风量分配情况。
5) 必须控制各工作面所得到的新鲜风量。
6) 必须控制主要漏风及循环风情况。

(2) 测压点的布置要求。测压点也应选择在风流稳定的位置。当需要测全矿井压力连续分布时,应根据风流情况和巷道分支、复合情况,找出一条风速较大、风路较长、含有贯穿风流的采场的测压路线,在该路线上连续布置测压点。布点时最好在测得连续压力损失的同时能兼顾测得一些有意义地段的风压损失值。

4. 断面参数测量

断面参数宜先于测风测压前进行,最好在井下标点同时测量,同时把结果记入断面记录计算表。

测压的巷道长度也可提前测量,或者最后再测量。

5. 各种测压仪表和工具的校正与检查

各种测压仪和工具的校正与检查,主要包括:叶式风表校正,热球式风速仪数台对比校正,倾斜压差计加液及调试,毕托管校正,空盒气压计校正,传压胶管的通气及不漏气检查试验等。

6. 测定前需准备好的记录计算表格

(1) 断面测量记录计算表。

(2) 热球式风速仪记录计算表。
(3) 叶式风表记录计算表。
(4) 杯式风表记录计算表。
(5) 压差计测风压记录计算表。
(6) 风机工况记录计算表。
(7) 风量计算表。

(三) 测定组织及要求

1. 组织形式

为了顺利进行测定，必须有合理的组织形式，否则容易出差错。

总指挥：一人。负责测定工作的全面指挥，处理测定过程中出现的意外情况及各种较大事故，指挥主扇、辅扇、局扇的启闭等。

联络员：数人(应根据矿井的中段数确定，每中段至少1人)。负责通信、联络，主要是传达总指挥的各种命令，向总指挥报告本中段(本组)测定中碰到的、需要总指挥解决的问题等。

风量测定组：每组3人。组数视矿井中段数而定，一般每中段1组(若中段范围大，测点多，1组完成有困难，可设多组)。其中1人负责风表操作，1人记录时间，1人计算并负责气象条件测定。3人中应指定一名技术全面者为组长。

风压测定组：(进行连续压力测定时才设此组)每组4人，1人操作倾斜微压计，1人记录并兼气象条件测定，2人背放传压管及安设毕托管。

主扇工况测定组：由4人组成，2人负责风量测定及风洞内气象条件测定，1人负责风机功率及转速测定，1人负责风压测定及风洞外气象测定。此组一定要设组长一名，在电工的配合下检查电气仪表接线正确与否以及负责其他仪器的调试和安装。当人员比较紧张时，此组可由测风组合并而成，在风量测定前或风量测定后进行主扇工况测定。

另外，还需要数人进行局扇、辅扇、主扇启停和风门操作。

2. 每组仪器配备

(1) 风量测定组。
1) 根据所测范围的风速大小配备1台或数台适合的风速仪。
2) 秒表1只。
3) 空盒气压计1台(带温度计)。
(2) 风压测定组。
1) 毕托管2只。
2) 毕托管架2个。
3) 倾斜微压计1台。
4) 胶管若干米。
5) 空盒气压计1台(带温度计)。
6) 联系信号工具。

上述为全压法测量必须之工具，若用静压法测量而且各测压点又未被测风量点所全部包含，则需再配备一套测风量的仪表或由测风组提供有关风量数据。

(3) 工况测定组。

1) 功率表或接好的电流表、电压表及功率因数表。
2) 转速表 1 只。
3) 静压管或毕托管 1~2 只及管架 1~2 个。
4) U 形水柱计 1 只,装于主扇房内。
5) 胶管数十米,连接静压管与 U 计用。
6) 空盒气压计 1 台。
7) 湿度计 1 只。

3. 测定要求

(1) 最好是在停产且通风系统正常工作的条件下测定(至少应无放炮、电机车运输作业),以免给测定带来干扰。

(2) 整个测定过程最好是在地表温度变化不显著的一段时间内完成(一般在晚上 10 点以后到第二天早晨 6 点以前为好)。

(3) 从测定开始到结束,系统中该开的各类风机都应该打开,决不能在测定途中有风机开停,否则将导致整个测定失败,风量难以平衡,风压难以闭合。

(4) 风机起动后待电机运转稳定及风流稳定时(一般为 20~30min)方可开始各项测定。

(5) 观察和记录各测点的风流方向、气压和温度。

(6) 一定要等待全矿各项测定完成之后,才由总指挥下令结束测定或停止风机。

测风量还有以下要求:

(1) 在测点标记的垂直风流断面内测量,不得偏离和任意改变位置。

(2) 严格遵守风速仪的操作规程并与秒表紧密配合使用。

(3) 测风过程中除了同断面的风速相对误差不得大于 5% 以外,对于主要分风点的风量相对误差也应小于 5%。图 2-68 所示为一主要分风点,Q_1、Q_2、Q_3 之间无漏风,此时应该有 $Q_1 = Q_2 + Q_3$。但由于有测定误差等原因,实测值 Q_1 与 $Q_2 + Q_3$ 将不相等,此时要求

$$\frac{2|Q_1 - (Q_2 + Q_3)|}{Q_1 + Q_2 + Q_3} \leq 5\% \quad (2-75)$$

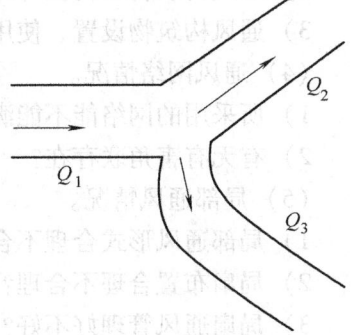

图 2-68 分风点风量测定

此闭合误差应就地现场计算。若结果大于 5% 时,则应分析原因重测,直至满足要求为止。

测压还有以下要求:

(1) 要在选定的路线,从进风口至风硐口依次逐段测定,亦可反向测。

(2) 采用测全压差法测定时,为了增加测定的精度,两断面处的毕托管应放在断面中的适当位置,一般宜放在各自断面高、宽线 1/3 高度的位置。

(3) 注意毕托管的全压管口应正对风流,胶管应接在毕托管承受全压的一端。

(4) 压差计应整平调零,高低压端不能接错。

(5) 绝对避免压差计中的液体流入胶管,否则,将造成测定误差乃至于无法继续测定。

(6) 移动压差计时一定要把胶管拔下,不能连在一起移动压差计和收放胶管。若测完

A、B 间的风压差准备测 B、C 间的风压差时，应首先取下连在压差计上的胶管，把压差计置于点 C 的下风侧几米，并将 A 点的毕托管移至点 C，相应地布置胶管即可。

(7) 遵守仪器操作规则，认真仔细读数。

对工况测定来说还要求：

(1) 测定前接好测功率的电器仪表，绝对禁止风机起动后测定途中停止主扇接线。

(2) 测定前架设好测风机风压的仪器，绝对禁止测定中途停止主扇进行仪器架设。

4. 测定结果的分析和评述

(1) 风机工作情况。

1) 风机是否工作在工业运转区(特性曲线中的稳定工作点区段)？

2) 风机效率是否达到60%的要求？若没有达到原因何在？

(2) 风量情况。

1) 风机风量是否合适(和全矿需风量比较是不足还是太多)？

2) 各中段及工作面风量分配合理与否？

3) 有效风量率高不高？若有效风量率过低，原因何在？

4) 漏风是否严重？

5) 有没有污风循环？

(3) 通风构筑物情况。

1) 现有通风构筑物质量如何？

2) 通风构筑物结构设计好不好？

3) 通风构筑物设置、使用合理不合理？

(4) 通风网络情况。

1) 所采用的网络能不能满足生产的要求？

2) 有无有害角联存在？

(5) 局部通风情况。

1) 局部通风形式合理不合理？

2) 局扇布置合理不合理？

3) 局扇通风管理好不好？

(6) 全矿压力分布情况。

1) 有无压力损失过大的区段？

2) 有无局部阻力损失太大的地方？

总之，评价一个系统的好坏，主要考虑两个方面，第一是通风效果，第二是通风成本。一定要反对那种不顾实际情况、盲目加大风机容量、滥设局扇提高通风效果的做法，应提倡在保证主扇风量足够的前提下，努力改进通风系统及管理工作，提高通风效果，这样才能满足今后生产发展的需求。因此，在评述通风系统时，对其存在的问题必须提出有效的改进的措施。

本 章 习 题

1. 何谓静压、动压、全压，它们各有什么特点？
2. 非压缩流体能量方程式为什么可以应用于矿内风流？应用时需考虑哪些问题？

3. 主通风机工作方式(压入、抽出)不同，计算矿井通风阻力的公式有何区别？
4. 计算井巷通风阻力的目的是什么？
5. 通风阻力有几种形式？产生阻力的物理因素是什么？
6. 矿井自然风压是怎样产生的？进、排风井井口标高相同的井巷系统内是否会产生自然风压？
7. 影响自然风压大小和方向的主要因素是什么？能否用人为的方法产生或增加自然风压？
8. 矿井主通风机工作时对自然风压有什么影响？
9. 如何考虑利用与控制矿井自然风压？
10. 按通风机构造分类，矿井通风机有哪几类？各有哪些特点？
11. 掘进独头巷道时，采用压入式、抽出式、混合式通风方式，各应注意哪些事项？
12. 试述局部通风机压入式、抽出式通风的优缺点及其适用条件。
13. 掘进工作面的风量如何进行配置？
14. 风筒的选择与使用应注意哪些问题？
15. 试述风筒有效风量率、漏风率、漏风系数的含义及其相互关系。
16. 局部通风机的安装需准备哪些设备？
17. 安装局部通风机应注意哪些问题？
18. 如何进行延接风筒，并注意哪些问题？
19. 采区通风系统包括哪些部分？
20. 何谓下行风、上行风？试从防止瓦斯积聚、防尘及降温的角度分析下行风、上行风的优缺点。
21. 为什么要对矿井通风网路进行调节？有哪几种风量调节法？
22. 某巷道长度及支架形式保持不变时，欲使其风阻值降低 1/2，巷道断面需扩大多少倍？
23. 统一通风与分区通风有何区别？在什么条件下采用分区通风较为有利？
24. 中央式、对角式和中央对角混合式三种不同井筒布置方式，在通风上有何差别？选择井筒布置方式时应注意哪些影响因素？
25. 矿井漏风有哪些危害？哪些地方容易漏风？
26. 矿井通风设计包括哪些内容？
27. 如何计算全矿井总风量？
28. 如何计算矿井通风阻力？
29. 为了保证循环风系统的安全，可控循环通风应满足哪些要求？
30. 含铀金属矿山的特殊有害因素是氡及其子体，主要防治措施有哪些？
31. 某设计巷道的净断面 $S=4m$，周长 $U=8m$，长度 $L=300m$，通风风量为 $Q=1440m^3/min$，摩擦阻力系数 $\alpha=0.015N\cdot s^2/m^4$，计算该巷道的摩擦风阻、摩擦阻力。已知设计时，空气密度按照 $1.2kg/m^3$ 计算，如果这条设计巷道用于某高原，井下空气平均密度为 $0.9kg/m^3$，则摩擦风阻是多少，摩擦阻力是多少？
32. 某进风井内风速 $v=8m/s$，井口空气密度为 $1.2kg/m^3$，井口净断面 $S=12.6m^2$，井口风流突然收缩的局部阻力系数为 0.6，则该井口的局部阻力和局部风阻是多少？

矿山粉尘防治技术

矿尘，一般是指矿物开采或加工过程中产生的微细固体集合体。矿尘是煤矿生产的五大自然灾害之一。它不仅影响矿工的身体健康，而且绝大部分矿区的煤尘还具有爆炸性，严重威胁着煤矿的安全生产。所以，了解矿尘的特性及其防治技术，有效地控制矿尘的产生及其传播，对改善劳动条件、提高生产效率及保证矿井的安全生产具有重要的意义。

第一节 矿山防尘的理论基础

《煤矿安全规程》第一百五十二条规定："矿井必须建立完善的防尘供水系统。没有防尘供水管路的采掘工作面不得生产。"长期以来，广大科研人员和现场工程技术人员研究和探索出了煤层注水、高压喷雾、通风除尘、除尘器除尘等多种防尘措施，积累了丰富的防尘经验。这些除尘方式总体上可分为湿式除尘和干式除尘两种。

一、预湿煤体防尘理论

（一）预湿煤体减尘机理

关于预湿煤体减尘的机理，一般认为有如下几点。

1. 通过物理化学作用润湿煤层

煤层的湿润过程实质上是水在煤层裂隙和孔隙中的运动过程，是一个复杂的水动力学和物理化学过程的综合。水在煤层中的运动可以分为压差所造成的运动和它的自运动。压差所造成的运动是水在煤层中沿裂隙和大的孔隙按渗透规律流动。自运动与注水压力无关，它取决于水的重力和水与煤炭的化学、物理化学的作用。自重使水在裂隙与孔隙内向下运动；化学作用是水作用于煤层内的无机的和有机的组分，使之氧化或溶解；物理化学作用包括毛细管凝聚、表面吸着和湿润等。压差和重力造成的水渗透流动，时间不长，范围不大，湿润效果不高，一般只能达到10%~40%。物理化学作用是煤层湿润的主导作用，可以持续很长时间，并能使煤体均匀、充分地湿润，将湿润效果提高到70%~80%。

2. 注入水可有效地包裹煤体内的每一细小部分

水进入煤体各种裂隙和层理后，在极其微小的孔隙内部，都有水的注入，这就使整个煤体有效地被水包裹起来。当煤体由于开采而受到破碎时，因绝大多数的破碎面中充满着水，可以达到减少煤尘飞扬的目的。

3. 克服各项阻力及煤层瓦斯压力

水在煤层中的运动，主要是注水压力、毛细管力和重力三种力综合作用克服煤层裂隙面的阻力、孔隙通路的阻力和煤层的瓦斯压力。

4. 通过改变煤体的物理力学性质减尘

通过钻孔注入压力水，使其渗入煤体内部，增加煤的水分和尘粒间的粘着力，并降低煤的强度和脆性，增加塑性，减少采煤时煤尘的生成量；同时将煤体中原生细尘粘结为较大的尘粒，使之失去飞扬能力。

实践证明，煤炭浸润的水分增值达 1% 以上时，可使开采时的降尘率达到 50% 以上。国内外的研究与实践证明，煤层注水除了具有降低采煤工作面粉尘浓度的作用外，对于提高瓦斯抽放效率、预防顶板冲击地压、预报煤与瓦斯突出以及预防煤的自然发火（添加阻化剂）等均有明显效果。

（二）预湿煤体防尘效果影响因素

影响预湿煤体防尘效果的因素主要有煤的裂隙和孔隙特征、上覆岩层压力及支承压力、煤的坚固性、注水参数的设置等。

1. 煤的裂隙和孔隙特征

由于注入煤层的水主要是通过孔隙和裂隙进入煤体、润湿原生煤尘的，因此，煤体的多孔性和裂隙性是煤层注水的先决条件，直接影响到注水效果。

（1）煤体孔、裂隙特征。煤体是一种孔隙和裂隙都很发育的介质，孔隙和裂隙共同构成了煤层注水渗透通道。在煤层注水渗透的过程中，煤层孔隙发育程度对注水时煤体均匀润湿、物理力学性质改变的影响举足轻重。煤中的孔隙包括相互连通的渗透-扩散孔隙、"死端"孔隙和孤立孔隙三类。渗透-扩散孔隙及与其连通的"死端"孔隙属于有效孔隙，注水时液体可沿这些孔隙进行渗流，而孤立孔隙对渗流来说则是无效孔隙。

（2）煤层孔隙、裂隙发育程度。对于不同成因及煤岩种类的煤层来说，其裂隙和孔隙的发育程度不同，注水效果也存在较大差异。影响煤层孔隙、裂隙发育的因素很多且复杂，煤的岩相成分及煤的变质程度是其中的两个重要内在因素，而采动影响是其主要的外在因素。

2. 煤体孔隙率大小

一般裂隙比孔隙的透水性强得多，因而影响煤层透水性及煤体受水能力的主导因素是煤的孔隙率。

（1）孔隙率。衡量煤的多孔程度，一般采用孔隙率 K_x 来表示。煤的孔隙率测定有真假密度法和压汞法两种。由于真假密度法测得的孔隙率包括了全部孔隙，而压汞法测得的孔隙率只涉及孔径大于 $0.0078\mu m$ 且相互沟通的孔隙，为了便于区分和理解，这里引用下述总孔隙率 K_{zx} 和部分孔隙率 K_{bx} 两个概念。

1）总孔隙率的测定与计算。煤的总孔隙率为孔隙的总体积与煤的总体积的比率，按下式计算：

$$K_{zx}\left(1 - \frac{A_{RD}}{T_{RD}}\right) \times 100\% \tag{3-1}$$

式中 T_{RD}——煤的真相对密度（mg/mL）；

A_{RD}——煤的视相对密度（mg/mL）。

2）部分孔隙率的测定。部分孔隙率是指单位质量煤中某一孔径及其以上的孔隙体积与单位质量煤总体积之比。目前，煤的部分孔隙率主要采用压汞仪测定。

(2) 煤体孔隙率大小对注水的影响。在我国煤矿，孔隙率 $K_{zx}=1\%\sim4\%$ 时，煤层通常不能注水；$K_{zx}=5\%\sim15\%$ 时，煤层能注水，且有较好的润湿效果；$K_{zx}>15\%$ 时能取得很好的注水效果。

3. 上覆岩层压力及支承压力

地压的集中程度与煤层的埋藏深度有关，煤层埋藏越深则地层压力越大，而裂隙和孔隙变得更小，导致透水性能降低。因而随着矿井开采深度的增加，要取得良好的煤体湿润效果，需要提高注水压力。

在长壁工作面的超前集中应力带以及其他大面积采空区附近的集中应力带，因承受的压力增高，其煤体的孔隙率与受采动影响的煤体相比要小 60%~70%，由此减弱了煤层的透水性。

4. 注水参数

煤层注水参数是指注水压力、注水速度、注水量和注水时间。注水量或煤的水分增量既是煤层注水效果的标志，也是决定煤层注水除尘率高低的重要因素。通常，注水量或煤的水分增量变化在 50%~80% 之间。注水量和煤的水分增量都和煤层的渗透性、注水压力、注水速度和注水时间有关。

5. 液体性质

煤是极性小的物质，水是极性大的物质，两者之间极性差越小越易湿润。为了降低水的表面张力，减小水的极性，提高对煤的湿润效果，可以在水中添加表面活性剂。例如阳泉一矿在注水时加入 0.5% 浓度的洗衣粉后，注水速度比原来提高 24%。

6. 煤层内瓦斯压力

煤层内的瓦斯压力是注水的附加阻力。水压克服瓦斯压力后才是注水的有效压力，所以在瓦斯压力大的煤层中注水时，往往要提高注水压力，以保证注水的湿润效果。同时，煤层注水也是防止煤与瓦斯突出的一个很好的措施。

综上所述，预湿煤体防尘效果的影响因素很多，为了具体地表示煤层的渗透性和湿润性，根据压力梯度和钻孔单位面积的吸水量，提出了衡量注水难易程度的综合指标 φ_0，即：

$$\varphi_0 = \frac{Q}{p_0 t_0 S_0} \tag{3-2}$$

式中　φ_0——衡量煤层注水难易程度的综合指标($\mathrm{cm/(MPa \cdot s)}$)；

p_0——初始(最大)注水压力(MPa)；

t_0——在压力为 p_0 时连续注水时间(s)；

S_0——钻孔吸水的表面积(cm^2)；

Q——一个钻孔的吸水量(cm^3)。

二、湿式除尘基础理论

湿式除尘机理主要有：尘粒碰撞液滴和接触液膜、气泡粘附其上；由于尘粒的扩散作用，并与液面接触；由气体增湿，而尘粒相互凝集；因蒸汽以尘粒为核心的冷却凝结，增强了尘粒的凝聚性；由于热效应使尘粒在低温液面上沉积。

对于湿式除尘器，上述机理并非在同一时间内有效，而是按除尘器的类型的不同，各种机理所起的作用也不同。在一定条件下，气流中的尘粒粒度和密度、液滴尺寸和性质、气流速度和流场形式、气体性质以及有无电场等因素，决定各种机理对尘粒的除尘效率所起的作用。在湿式除尘器中液滴捕集尘粒的机理主要是依靠惯性碰撞、截留、布朗扩散和重力四种效应，如图 3-1 所示。

(一) 单一液滴的捕集机理和捕集效率

1. 捕集机理

如图 3-1 所示，当含尘空气流过液滴时，液滴掠过尘粒，大部分尘粒与空气一道流经液滴，但一些尘粒接触液滴表面而附于其上，因此，液滴在其运动路径上捕集一些尘粒，而不是捕集全部尘粒。孤立液滴的捕集效率 η_E 定义为捕集的颗粒数与掠过液滴周围的气体体积中最初所含的颗粒数之比：

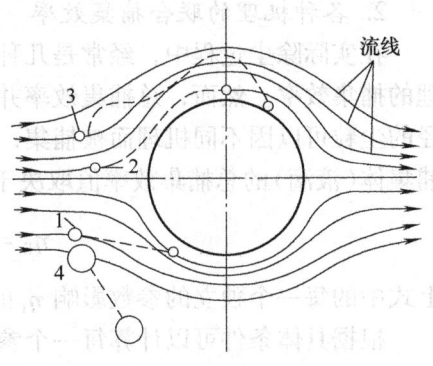

图 3-1　典型的除尘机理
1—惯性碰撞　2—截留
3—布朗扩散　4—重力

$$\eta_E = \frac{4\sigma_E y_d^2}{D_c^2} \tag{3-3}$$

式中　y_d——液滴上游尘粒最初位于液滴运动轴 x 的距离(m)；

　　　D_c——液滴的直径(m)；

　　　σ_E——附着系数(因为碰撞到液滴上的尘粒不可能全部被液滴所捕集,有的尘粒可能返跳到气流中被另外的液滴捕集)；

　　　η_E——不包括扩散机理的孤立液滴的捕集效率。

长期以来，人们对各种机理的孤立液滴捕集效率进行了深入广泛的研究。现将这些研究结果简述如下：

(1) 惯性碰撞。当含较大尘粒的气流在运动过程中遇到液滴时，其自身的惯性作用，使得它们不能沿流线绕过液滴，仍保持其原来方向运动而碰撞到液滴，从而被液滴捕集，如图 3-1 所示尘粒 1。

惯性碰撞的捕集效率取决于三个因素：一是气体速度在液滴周围的分布，它随气体相对液滴流动的雷诺数 Re 而变化；二是尘粒运动轨迹，它取决于尘粒的质量、尘粒所受的气流阻力、液滴的尺寸和形状及气流速度；三是尘粒对液滴的附着，通常假定与液滴碰撞的尘粒能 100% 附着。

(2) 截留。当尘粒沿气体流线随着气流直接向液滴运动时，由于气流流线离液滴表面的距离在 $d_p/2$ 粒径范围以内，则该尘粒与液滴接触并被捕集，如图 3-1 所示尘粒 2。对截留捕尘起作用的是尘粒大小，而不是尘粒的惯性，并且与气流速度无关。

(3) 布朗扩散。当微细尘粒受气流的夹带作用围绕液滴运动时，由于布朗扩散作用，尘粒的运动轨迹与气流流线不一致而沉积在液滴上。如图 3-1 中尘粒 3，尘粒越小，布朗扩散越强烈，在分析 $d_p < 2\mu m$ 的尘粒沉积时，通常要考虑这种机理。

(4) 重力效应。当尘粒具有一定的大小和密度时，尘粒会因重力作用而沉降到液滴上，被液滴捕集。如图 3-1 中尘粒 4。在重力作用下粉尘的沉降取决于尘粒的大小、密度和流速，显然，只有当尘粒比较大、密度大，同时气流小时，重力沉降的捕集效率才明显。在捕集细小粉尘时，重力沉降的作用不大。当重力与气流方向不相同时，沉降效率还取决于重力与气流方向的夹角。

2. 各种机理的联合捕集效率

在实际除尘过程中，经常是几种机理的联合作用，这时的捕集效率要高于某一种单独机理的捕集效率。然而，总捕集效率并不简单地等于各种机理的捕集效率的叠加，因为一种粒径的尘粒可以因不同机理而被捕集，但只能计算一次。对各种机理分析一下，便可知道单一捕集体（液滴）的总捕集效率值取决于这些参数，即：

$$\eta_E = f\left(Re, K_p, K_R, \frac{1}{Pe}, K_G \cdots\right) \tag{3-4}$$

上式中的每一个独立的参数影响 η_E 的情况都是相同的，即参数越大，η_E 越大。

根据具体条件可以计算每一个参数，并判断它们的相对重要性。实际上很少有全部机理起作用的情况，通常只有二三种机理是重要的。兰斯等人提议，只要代表一种捕集机理特性的一个参数比所有其他参数大得多，就可以认为捕集机理完全是由这个参数所表明的机理取得的；当表明某种机理特性的参数小于 10^{-2} 时，则该种机理的捕集效率就可以忽略。

（二）液滴群的分级效率

依靠液滴来捕集气流中的粉尘，实际上是用无数个液滴构成的液滴群来捕集。由于邻近液滴以及尘粒在表面的沉积、反弹、返流等因素的影响，实际捕集过程要复杂得多，总捕集效率的计算更复杂。

1. 湿式除尘器的总效率计算步骤

从理论上计算湿式除尘器的总除尘效率，一般采用以下五个步骤：

（1）计算在相同捕集速度下孤立液滴的捕集效率。

（2）计算有邻近液滴影响时的液滴群中的液滴捕集效率。

（3）由液滴群中的捕集效率计算整个液滴群（即除尘器）的分级效率。

（4）由液滴群的分级效率计算液滴群的总除尘效率。

（5）对各种影响因素进行修正。

2. 模拟除尘器除尘效率的基本模型

该基本模型有三种理想情况用来描述气流中粉尘的实际捕集过程：

（1）活塞流，未捕集的尘粒既无径向混合也无轴向混合（无混合模型）。

（2）未捕集的尘粒完全径向（或横向）混合（横向混合模型）。

（3）完全后向混合，即既有径向混合又有轴向混合（后向混合模型）。

根据本书介绍的湿式除尘器的特点，选用横向混合模型推导分级效率，然后用试验来验证该种模型的正确性。

如果液滴之间的距离相距很远，互相之间没有影响，在这种情况下，总分级效率为各次效率的重复，即：

$$\eta(d_p) = 1 - (1 - \eta_E)^n \tag{3-5}$$

式中 n——尘粒所遇到的液滴数目；

η_E——孤立液滴的捕集效率。

（三）喷雾形成和降尘机理

1. 喷雾形成机理

具有一定压力的水，经过喷嘴在喷嘴内部喷芯作用下使水流运动方向发生改变，喷芯搅动水流，使之呈发散状态，经过喷嘴出水孔，水流保持发散状态，在流出喷口后发散的水流与空气相互作用,由于其具有比较大的相对速度,使水流的液滴不断破裂,形成微细的水滴,水滴在一定的空间内分布。水滴细微,粒数很多,液滴密集分布,形成水雾。

从能量角度来看,具有较大的压力能的水,经过管路和喷嘴,在喷嘴(有喷芯或无喷芯)的作用下,水流形成发散的雾流喷射而出,雾流具有较大的速度,即水流的压力能转化为水雾的动能。

在水雾流从喷嘴喷出后分为两个区:第一个区为有效作用区。在该区,雾粒以很大的速度喷出。重力对它没产生影响;第二个区为衰减区,在衰减区,雾粒的运动速度开始减慢并开始沉降。

低压喷雾时,最初的雾流是紧密的,后来由于空气的阻力就分散成雾粒。这些雾粒沿着平行于射流轴的方向运动。当雾粒离开喷嘴一定距离而处于衰减区时,运动速度减慢,并开始慢慢降落,如图3-2所示。而较高压力的喷雾则不同,从喷嘴中喷出的高速水流,在很短的距离上就分散成雾粒,在雾粒之后形成一股气流,射流中雾粒的继续运动,不仅是由于水压的作用,而且也是由于气流的作用。试验表明,压力达6MPa,就有较强的含尘气流被卷入雾区,压力超过10MPa,由于水流速度的进一步增加,周围空气被大量带走,随着水雾与边界层负压值的提高,使附近空气加剧补充形成强烈的卷吸作用,甚至发出"吱吱"的尖叫声,雾流在射流全长上的运动速度均超过沉降速度,不出现低压时明显的衰减沉降区(见图3-3)。

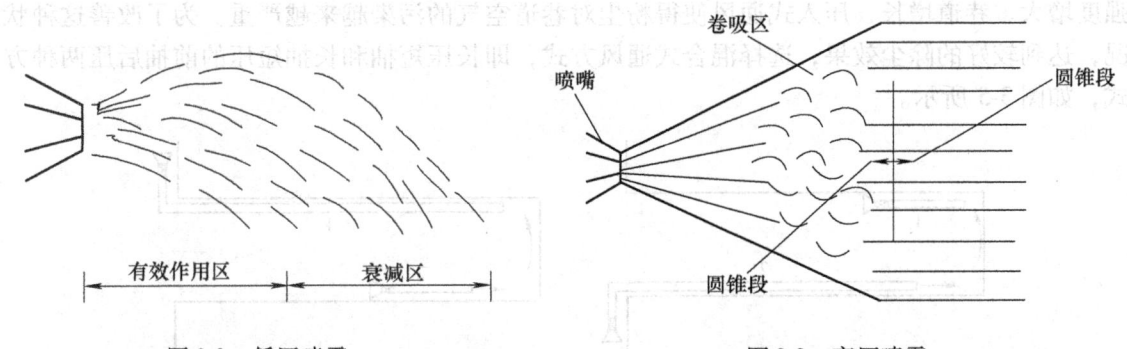

图3-2 低压喷雾　　　　　　　　　　图3-3 高压喷雾

水流变成雾粒的长度由水的压力决定,压力低时,初射出的水流是密集的,当达到一定的距离时由于水压不足,速度衰减或逐渐降落,可称为还没有达到有效射程的射流衰减区。衰减区的水雾捕尘效率最低,此时雾粒处于自重下沉状态,已没有足够的能量与粉尘碰撞凝结。压力越大,密集水流段的长度越小,涡流段的长度越长,全部射流长度上发生沉降水的地点也会延长。

2. 喷雾降尘机理

常规喷雾降尘的机理为:惯性碰撞、重力沉降、拦截捕尘与扩散捕集。喷雾喷出的液体雾粒与固态尘粒的惰性凝结过程使尘粒湿润,自重增加且沉降,这叫做重力沉降。其次,由于流线不能突然折转,当风流携带尘粒向水雾粒运动并离开雾粒不远时就要开始绕流水雾运动。风流中质量较大、颗粒较粗的尘粒因惯性的作用会脱离流线而保持向雾滴方向运动。如不考虑尘粒的质量,则尘粒将和风流同步,因尘粒有体积,粉尘粒质心所在流线与水雾粒的距离小于尘粒半径时,尘粒便会与水雾滴接触被拦截下来,使尘粒附着于水雾上,这就是拦截捕尘作用。对细微粉尘,特别是直径小于0.5μm的粉尘,由于布朗扩散作用,可能被水雾粒捕集，这叫扩散捕集。上述综合作用，就是喷雾降尘机理，如图3-4所示。

综上，由降尘机理可知雾粒直径是影响降尘效果的主要因素，水滴小在空气中分布的密度就大，与矿尘的接触机会就多，捕尘效果越好。但如果水滴直径太小，与尘粒接触，尘粒的重量增加不大，难以在空气中沉降下来，同时水分也被风流带走和蒸发，不利捕尘。

三、干法除尘基础理论

干法除尘主要包括通风除尘、布袋除尘、除尘器除尘、高压风屏蔽、矿用空气幕等。

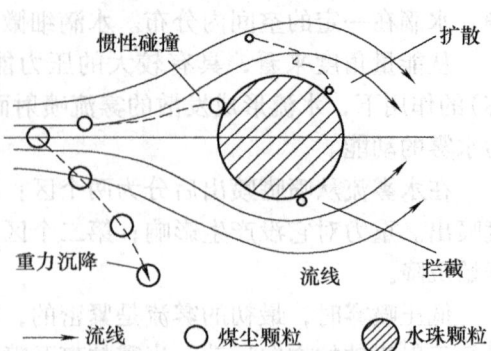

图 3-4　喷雾降尘机理说明图

（一）通风除尘

通风除尘的最终目的，是在保证安全生产的前提下，有足够的风量使采取其他降尘措施后剩余的粉尘释放和排出，同时又不至于因风速过大而使落尘转化为浮尘，使粉尘浓度再次增加。

煤矿巷道掘进大都采用局扇通风的方法，通风方式有压入式、抽出式和混合式三种。我国机掘工作面多采用局部扇风机压入式通风。由于掘进工作面"堵头"的特点，随着掘进强度增大、巷道增长，压入式通风使得粉尘对巷道空气的污染越来越严重。为了改善这种状况，达到较好的除尘效果，选择混合式通风方式，即长压短抽和长抽短压的前抽后压两种方式，如图3-5所示。

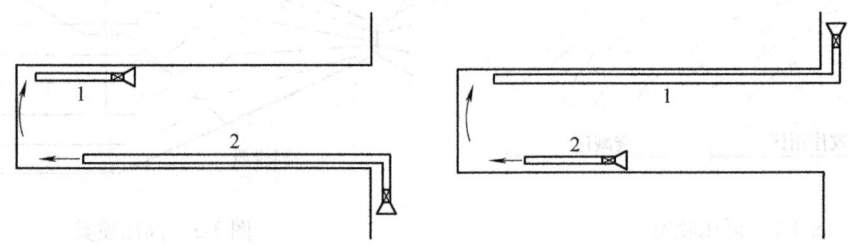

图 3-5　混合式通风方式
1—抽出式风筒　2—压入式风筒

长压短抽方式以压入式通风为主，靠近工作面一段采用辅助抽出式通风。它的优点是大部分使用柔性风筒，成本低，安全性好，可将风机和除尘装置安装在掘进机上，随机移动，就地除尘，缺点是相对于以抽为主的方式来讲巷道还存在一定程度的污染。长抽短压方式采用辅助压入式通风，以提高工作面的风速。它的优点是大面积解决了粉尘问题，缺点是需要抽出式（刚性）风筒量大，成本高。无论是采用什么样的防尘技术，从排放掘进工作面瓦斯的要求来说，通风除尘是必不可少的。

（二）抽尘净化

抽尘净化是利用除尘器运行中产生的负压，通过吸尘风筒与靠近尘源的吸尘罩，在尘源处造成一个负压区，使含尘空气由吸尘罩经吸尘风筒进入除尘器中进行净化处理。除尘器包括湿式除尘器和干式除尘器两种，湿式除尘器有湿式旋流除尘器、湿式风流除尘器、文丘里除尘器和湿式纤维除尘器等；干式除尘器主要是布袋除尘器。根据我国机掘工作面目前的生产技术条件及对除尘器既要能耗低又要除尘效率高（特别对于呼尘）的要求，通过理论分析和实践证明，干式布袋除尘器由于具有惯性、截留、扩散、静电等捕尘机理和粉尘层捕集机理的综合作用，它不仅对总粉尘具有很高的捕尘效率，对呼尘仍具有很高的捕集效率。因此，在机掘工作面大都选用了干式布袋除尘器。抽尘净化除尘效率比较高，但设备成本也高，因此制约了它的推广应用。

（三）高压风屏蔽

高压风屏蔽是将一个开窄缝的金属筒（长约3m）横置于掘进机驾驶员前2m处，内有高压风由窄缝喷出，向上形成一道风墙，阻止粉尘的扩散，使空气保持清新，防尘效果好。但只是将粉尘隔离在前面，必须配套采取其他除尘措施来实现高效除尘。

此外，还包括隔尘风帘防尘等，将在本章第三节做详细介绍。

第二节 采掘工作面防尘技术

采掘工作面是煤矿井下主要生产地点，工作人员集中，设备多且复杂，因此，该区域的粉尘控制问题一直为煤矿管理者和现场工程技术人员所关注。

一、采煤工作面尘源的形成与分布

采煤工作面粉尘是随着采掘机械化程度的提高和矿井开采强度的增大而急剧上升的。在地质条件和通风状况基本相同的情况下，若不采取防尘措施，一般炮采工作面的粉尘浓度为 $300 \sim 600 mg/m^3$；机采工作面作业地点的粉尘浓度达到 $1000 \sim 3000 mg/m^3$；而综采割煤时粉尘浓度则高达 $4000 \sim 8000 mg/m^3$，有的甚至更高。在采取了喷雾洒水和煤层注水措施后，炮采面的粉尘浓度可为 $30 \sim 80 mg/m^3$；机采面的粉尘浓度可达 $40 \sim 100 mg/m^3$；而综采面的粉尘浓度仍高达 $40 \sim 1000 mg/m^3$。

（一）炮采工作面

城子煤矿对炮采工作面各工序作业时的煤尘浓度进行了测定，见表3-1。

表3-1 炮采工作面各工序的煤尘浓度

工序及措施	煤尘浓度（mg/m³）			备注
	最低	最高	平均	
干打眼	58.3	150.0	104.2	一台煤电钻打上眼
湿式打眼	3.3	8.3	5.8	一台煤电钻打上眼
爆破未使用水炮泥			28.3	爆破后15min
爆破使用水炮泥			21.0	每个炮眼1个水炮泥
出煤不洒水	48.0	66.6	57.3	1个人出煤时
出煤洒水	11.6	18.3	15.0	1个人出煤时
出煤不冲洗帮顶			13.3	
出煤冲洗帮顶			6.6	爆破后和交接班后各冲洗一次
转载不喷雾	36.6	73.3	55.0	V型输送机

(续)

工序及措施	煤尘浓度(mg/m³)			备 注
	最低	最高	平均	
转载喷雾	10.0	18.3	14.2	V型输送机
装车台不喷雾	23.3	36.6	30.3	煤潮湿
装车台喷雾	6.6	11.6	9.1	煤潮湿
采区入风未净化			5.0	
采区入风净化			1.0	一道水幕

由表3-1不难看出,不采取防尘措施时,干打眼的煤尘浓度最高,平均超过100mg/m³。出煤和转载次之;如果采取防尘措施,则爆破时的煤尘浓度转为最高,出煤和转载次之,湿式打眼最低,可降低到卫生标准以下。由于出煤作业人员多,接触粉尘时间长,所以出煤作业是炮采工作面的重要尘源。

(二) 机采工作面

七星煤矿对机采工作面各工序的测尘结果列于表3-2中。

表3-2 机采工作面各工序的粉尘浓度

工 序	防尘措施情况	粉尘浓度(mg/m³)	备 注
壁龛打眼	干打眼	24.0	湿式煤电钻打眼
	湿式打眼	7.8	
壁龛爆破	无水炮泥	58.0	
	有水炮泥	13.5	
采煤机割煤	干割煤	156.0	煤层注水
	外喷雾	16.0	
采煤机推煤	未注水	24.0	
	注水	10.0	
刮板输送机运煤	未喷雾	14.0	运输巷回风
	喷雾	3.0	

由表3-2可见,粉尘浓度最高的工序是采煤机割煤,其次是壁龛爆破。由于割煤作业时间长,所以其产尘量也最大,占工作面总产尘量的60%以上,有的工作面可达70%~85%。

(三) 综采工作面

综采工作面的产尘环节主要有滚筒采煤机割煤、移动支架放顶等工序。由于各种综合采煤机型号及其防尘措施状况的影响,各矿之间的差异很大。滚筒采煤机割煤时,粉尘的形成是由各种因素造成的。现将粉尘形成的因素分析如下。

1. 压固核的形成及其对产尘的影响

采煤机滚筒在旋转过程中,截齿以一定的速度截煤,由于截齿向前运动而产生挤压作用,使煤产生拉力和应变,截齿前的煤被挤压成一个强度与密度与正常煤不同的煤块,这个煤块称为压固核。

压固核使截齿的截割阻力显著增加，而且随着截齿的前进，其阻力继续上升直至压固核与煤体分开为止，整个过程如图 3-6 所示。由于积压产生的弹性变形而储存的弹性能，在压固核与煤体分开时产生弹性恢复，煤在弹性能的作用下，以较高的速度从齿前飞出。而压固核内的煤体经此强压和释放的过程大部分变成粉尘。一般地说，压固核越大，形成的粉尘也越多。

图 3-6　压固核的形成及其产尘过程

2. 摩擦与碾压

滚筒采煤机运行一段时间后，若不及时更换被磨钝的截齿，则在截煤时截齿与煤体的接触由切割变成研磨，就将导致细微粉尘的大量增加。

3. 冲击与振动

截齿对煤的冲击必将产生煤尘，而且冲击力越大所产生的煤粉越多。此外，煤体或煤块受到强烈振动，可使原来的裂隙增加和变大，有的变为更小的煤块，有的成为煤尘。

二、掘进工作面粉尘的产生与分布

掘进工作面的粉尘，是指弥漫在掘进工作面范围内，能够较长时间呈悬浮状态的微小粉尘颗粒。煤矿井下掘进工作面作为综采工作的前期开拓工作面，它的产尘量在井下总产尘量中所占的比例仅次于综采工作面，而且井巷的开拓掘进又以其工序多、尘源分散、粉尘分散度高的特点成为防尘的重点。

（一）炮掘工作面

根据试验和观测研究得知，井下掘进工作面从入风源到回风侧风流中的粉尘浓度呈一个山峰形曲线（见图 3-7），曲线的升降急缓程度与生产工序及生产强度有关。由图可见，在掘进工作面中，打眼作业和爆破作业是两个最主要的产尘工序。

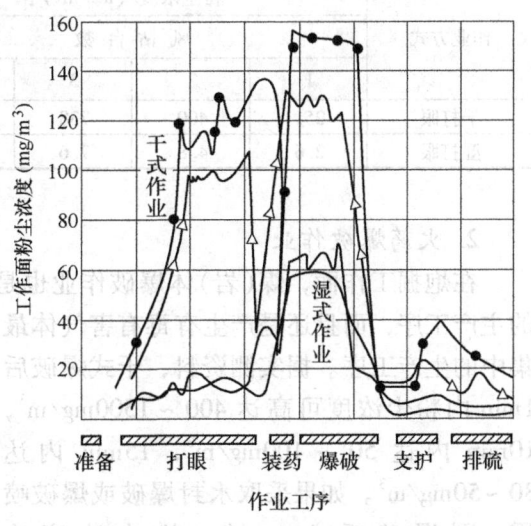

图 3-7　煤巷掘进粉尘分布曲线

而根据各矿井的情况，掘进工作面的粉尘浓度各有很大差异，表 3-3 所列的是潞安矿区 2005 年各矿井掘进工作面的粉尘浓度。

表 3-3　潞安矿区 2005 年各矿井掘进工作面的粉尘浓度

矿井名称	工　序	粉尘浓度（mg/m³）	
		最大值	平均值
石圪节矿	驾驶	90	44.2

(续)

矿井名称	工序	粉尘浓度(mg/m³)	
		最大值	平均值
五阳矿	割煤	10	6.5
漳村矿	割煤	88.7	20.7
王庄矿	驾驶	108	24.8
常村矿	割煤	135	30.8
司马矿	割煤	72	29.1
全公司总计		115	26.0

按掘进工序划分，粉尘来源于以下几个方面。

1. 机械打眼

凿岩机或煤电钻打炮眼是掘进工作面最主要的产尘源之一。打眼时粉尘浓度的高低主要与生产强度以及煤(岩)理化性质有关。一般，干式打眼产尘量占掘进总产尘量的80%~90%；湿式打眼产尘量占40%~60%，见表3-4，干打眼时，粉尘浓度高达每立方米几百至数千毫克；湿式打眼时粉尘浓度也有每立方米十几毫克。实测结果和统计数字表明，无论过去还是现在，炮采、炮掘工作面的打眼工序是高尘工序，在整个作业循环过程中，打眼工序时间最长，粉尘浓度最高。

表3-4 机械打眼时产尘情况

作业方式	粉尘浓度/(mg/m³)				环境条件		
	风钻台数				湿度(%)	温度/℃	风速/(m/s)
	1	2	3	4			
干打眼	251	400	738	1058	89	15.2	0.62
湿打眼	2.6	4.8	7.6	10.4	93	13.6	0.68

2. 火药爆破作业

在炮掘工作面，煤(岩)体爆破作业也是一个主要的产尘源。爆破作业不但是产尘集中的主产工序，而且还是产生有毒有害气体最集中的生产工序。据实测资料，干式爆破后1min内粉尘浓度可高达400~1500mg/m³，10min内达50~100mg/m³，15min内达30~50mg/m³。如果采取水封爆破或爆破喷雾，则爆破后1min内，粉尘浓度为50~200mg/m³，10min后基本降至国家卫生标准以下。根据计算，干式作业爆破工序产尘量可占掘进总产尘量的15%~25%，湿式作业爆破工序产尘量可占掘进总产尘的20%~25%，这说明，爆破作业湿式除尘效果不及其他工序显著。炮采工作面爆破作业产尘情况如图3-8所示。

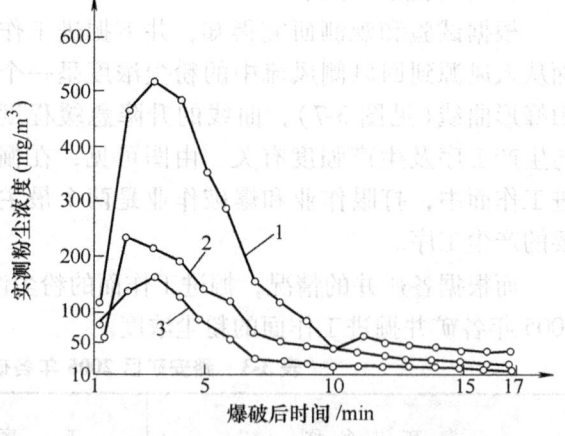

图3-8 炮采工作面爆破后产尘情况
1—干式爆破 2—水封爆破 3—水封爆破加水幕

3. 装车与运输产尘

机械装矸和矿车运输也是掘进工作面产尘的主要原因之一。这部分粉尘虽然大多不是直接来源于煤岩体破碎,但它可以使风流中的粉尘浓度相对增加,改变堆积粉尘与浮尘的比例关系,使静态的沉积粉尘转化为浮游粉尘。岩巷干式装矸一般可使风流中的粉尘浓度增加的 $10 \sim 15 mg/m^3$。干燥的煤巷用人工攉煤、铁铲装车,煤尘常达几十甚至几百毫克每立方米。另外,矿车和其他运输机械摩擦振动也可使风流中的粉尘浓度增加 $5 \sim 10 mg/m^3$。这部分二次飞扬粉尘,在干式作业条件下可占掘进工作面总浮尘量的 5%~10%。

(二) 综掘工作面

掘进机在切割、装载、转运过程中不但产生大量的煤尘,而且会产生大量的岩尘、土尘。进入 20 世纪 90 年代以后,随着综掘技术的迅猛发展,尤其是高产高效工作面的广泛推广应用,加上掘进工作面自身的环境特点:掘进机前方为一"堵头",风流遇煤壁后折回,携带大量粉尘吹向驾驶室,致使综掘工作面的粉尘浓度(这里指粒径在 1mm 以下的全尘浓度)在未采取防尘措施时已达到 $500 mg/m^3$(有的机械化煤巷在未采取任何防尘措施时,掘进粉尘浓度甚至可高达 $1000 \sim 3000 mg/m^3$)。

综掘工作面的产尘源主要有掘进机割煤、风钻打眼、工作面运输转载、卸载等工序、环节。掘进机掘进巷道的作业过程就是一个产尘过程。机掘工作面粉尘由以下几部分组成:

(1) 掘进机掘进过程中煤岩破碎产生的粉尘,即原生粉尘,它包括煤岩受到截齿的压碎和摩擦作用产生的粉尘,占机掘工作面粉尘的 80% 以上。

(2) 煤块塌落后与机器和地面碰撞,挡煤板、运输溜子转载造成的摩擦破碎形成的粉尘。

(3) 由于地质作用,煤层发生错位、断裂,在裂缝中留存的粉煤,在掘进过程中暴露出来,形成粉尘。

(4) 随着进风流带入机掘工作面的尘粒。

(5) 工作面上沉积的粉尘在开采作业过程中或通风过程中又被扬起,即次生粉尘。

掘进机割煤是综掘工作面最大产尘点,切割部来回移动,是动态产尘源;风钻打眼有时难以用水,产尘量较大,控制困难;运输过程中粉尘极易向工作面人行道扩散,污染工作环境;掘进机溜子转载点产尘主要是转载落煤造成的二次扬尘,产尘量集中;传送带转载、卸载点转载落差大,极易造成二次扬尘,而且巷道风速较大,粉尘易飞扬、扩散,污染环境。由此可见,综掘工作面产尘点多、分布分散、产尘量大,难于控制。

三、采煤工作面防尘技术

(一) 采煤机内外喷雾除尘

综采工作面产尘占整个采煤工作面产尘的 45%~80%,而以采煤机割煤时的产尘为最高。目前,采煤机的降尘措施普遍采用的是喷雾降尘,即采煤机的机身上布置一些外喷雾喷嘴,同时在滚筒布置一些内喷雾喷嘴,实现内外喷雾联合作业降尘。内喷雾是喷嘴装在滚筒的齿根部,液体从滚筒齿根喷向截齿,如图 3-9 所示。

采煤机截割滚筒内喷雾系统的工作介质就是水。在系统运行过程中,液态水从常压状态,经加压管路或喷雾泵增加到一定的压力,再经雾化喷嘴,将压力液态水雾化,然后水雾以一定的速度、一定的运动规律与煤尘发生碰撞、拦截、扩散和沉降等作用，最后达到降尘的目的。由此可见，水质对喷雾系统有着十分重大的影响。所以，一般采取在综采工作面顺槽口附近实施低压多级过滤，适当提高喷雾系统的压力等方法，保证喷雾泵和雾化喷嘴的流道畅通。国家规定采煤机必须安装内、外喷雾装置。截煤时必须喷雾降尘，内喷雾压力不得小于2MPa，外喷雾压力不得小于1.5MPa，喷雾流量应与机型相匹配。如果内喷雾装置不能正常喷雾，外喷雾压力不得小于4MPa。

图3-9　采煤机内喷雾效果图

（二）煤层注水减尘

煤层注水的实质是，采用通过煤壁向煤体深部打钻孔的办法，用压力水湿润尚未开采的煤体，在开采过程中大大减少或基本抑制浮游粉尘的产生。动压水被压入煤体后，沿着煤层中裂隙或层、节理通道缓慢渗透流动，水均匀分布于煤层无数细微的裂隙和孔隙之中，使煤体采前充分预湿。这种方法既能抑制回采过程中伴生的大量煤尘，又能使煤层的构造裂隙中原生煤尘丧失飞扬能力，是一种最为积极而有效的防尘技术，是一种治本的防治方法。

1. 钻孔布置

长钻孔注水主要用于长壁式采煤法，钻孔沿煤层的走向布置倾向打钻孔。单向钻孔能湿润工作面全长的煤体时，直接从回风巷或运输平巷平行于工作面打下向或上向钻孔，如图3-10所示，当单向钻孔不能湿润工作面全长的煤体时，则采用双向钻孔注水，如图3-11所示。

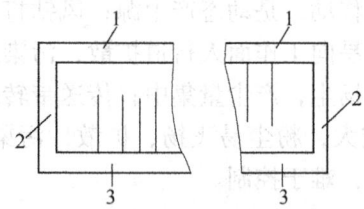

图3-10　单向长钻孔注水方式示意图
1—上平巷　2—开切眼　3—下平巷

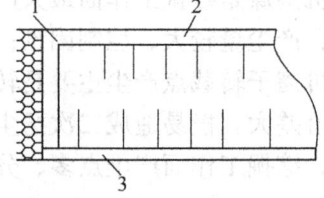

图3-11　双向长钻孔注水方式示意图
1—回风巷　2—开切眼　3—运输巷

2. 注水方法

因煤层透水性较差，如果水压较低，很难取得良好的防尘效果。因此，必须采取动压注水方法（见图3-12），采用5D-2/150型煤层注水泵进行注水，动压注水系统如图3-13所示。

3. 注水设备和器材

煤层注水所使用的设备和器材主要包括钻机、水泵、封孔器、分流器及注水水表等。

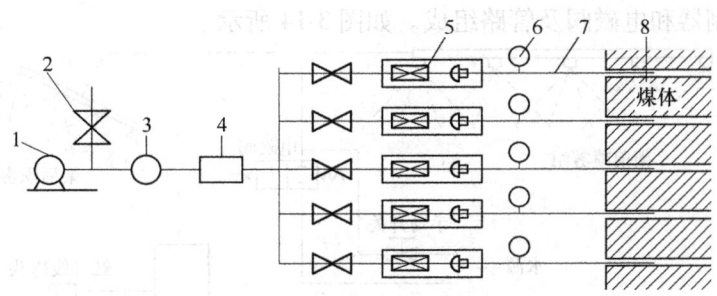

图3-12 动压多孔注水方法示意图
1—水泵 2—截止阀 3—中高压水表 4—单向阀 5—流量调节阀
6—水表 7—注水钢管 8—封孔器

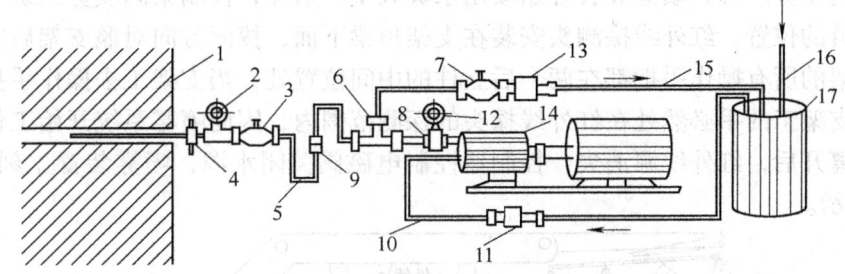

图3-13 长钻孔动压注水系统示意图
1—煤帮 2—压力表 3、7—截止阀 4—封孔器 5—高压胶管 6—三通
8—安全阀 9—快速接头 10—胶管 11、13—水表 12—压力表 14—水泵
15—胶管 16—水管 17—水桶

（三）液压支架喷雾系统

综采放顶煤工作面生产过程中，煤尘主要来自采煤机割煤、装煤，移架及放顶煤，产尘点集中、量大，而液压支架的支护和放煤作业又是工作面产尘源之一，所以有效控制液压支架产生的煤尘显得尤为必要。

以往都是采用手动控制，人工操作架间喷雾的开启和停止，工人用手扳动供水截止阀门，移架时先开启架间喷雾，然后进行移架操作，完成后再关闭喷雾阀门。放煤时喷雾组也是用人工来按顺序操作。采用手动控制架间喷雾装置的开启方法原始，给工作人员带来许多麻烦和不便，支架工往往因嫌麻烦，操作随意，造成喷雾装置使用不正常，甚至干脆不使用，从而起不到架间喷雾灭尘的目的。

之后，工程技术人员研制出液压控制自动喷雾装置，将架间喷雾系统的控制与支架的移动联动实现了自动控制，省去了人工操作并节约水资源。然而自动喷雾系统中起关键作用的液控阀中的密封装置使用寿命短，导致液控阀内部串液，失去有效的控制作用，从而维护量很大，大部分使用一个月左右就出故障，最长也仅维持两个月，往往在井下看到的景象是到处在漏水，控制失灵，给工作人员带来很大的麻烦。而且该装置增加了许多控制管路，使得液压支架本来就很复杂的液控管路更加复杂，给实际应用和维护都带来许多麻烦和困难。

架间喷雾系统一要可靠性高，二要系统简单，三要有好的效果。根据以上原则，结合煤矿安全规程的要求，在综放工作面，液压支架移动和放煤时，必须同时开启喷雾系统进行降尘，因此，采用红外线监控全自动喷雾除尘装置。架间红外监控喷雾系统主要由雾化喷嘴、红外线探头、控制器和电磁阀及管路组成。如图 3-14 所示。

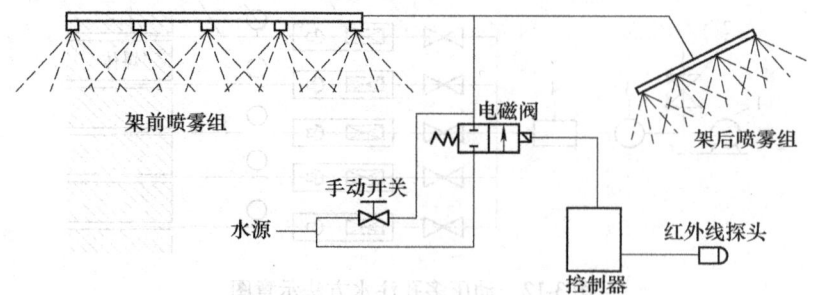

图 3-14 红外监控喷雾系统示意图

当热释电红外线传感器探测到人体释放的红外线信号，传递给控制器，控制器驱动电磁阀打开，接通喷雾水源，喷雾装置开始喷出水雾灭尘。这样，控制架间喷雾系统工作的开关就是操作人员的位置。红外线探测头安装在支架顶梁下面，探测方向对照支架后立柱中间位置，因为支架的所有操作手把都在两个后立柱的中间位置处，当支架工去操作手把移动支架或放煤时，支架工的手必然处在红外线探头的探测范围内，因而喷雾系统开始工作。当移架工操作完毕离开后，红外线源消失，控制器控制电磁阀关闭水源，喷雾装置立刻停止工作。如图 3-15 所示。

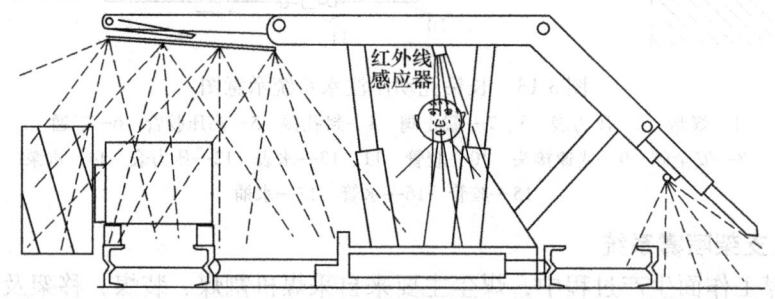

图 3-15 架间红外监控喷雾系统

架前喷雾组和架后喷雾组都受同一个电磁阀控制，设置旁路手动开关，当控制器出现故障时，可以手动控制架间喷雾装置继续工作。连接喷雾组和水源的管路可以采用煤矿井下生产常用的胶管，通用性好，坏了或丢失随时可以更换和补充，给管理和维护带来极大的方便。由于管路系统得到了极大的简化，使得系统可靠性大大提高。

（四）液压支架架间封闭尘源技术

该装置主要是在煤矿井下液压支架落架及移架过程时，从产尘的源头切断粉尘传播途径，在两个支架顶梁之间安装一道架间封闭尘源装置，防止煤层顶板落下的粉尘从两支架之间的缝隙进入行人区域及支架工操作区域，有效地隔离移架时下落的大量煤尘，把粉尘限制在扩散之前，提高了降尘效率，保证一线工人生产操作的舒适度，如图 3-16 所示。

（五）综放支架放煤口负压捕尘装置

负压捕尘装置主要由负压产生器、射流定位器、负压感应器、流场

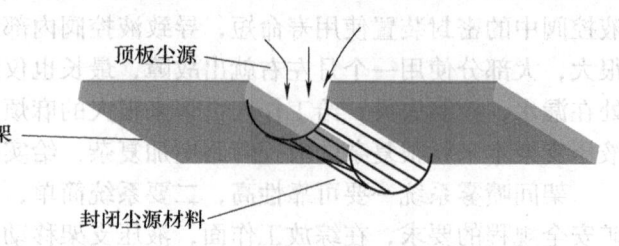

图 3-16 封闭尘源装置捕尘机理图

加速器、混合效应管、混合发散器、煤尘收集器接口、煤尘收集器组成，如图 3-17 所示。

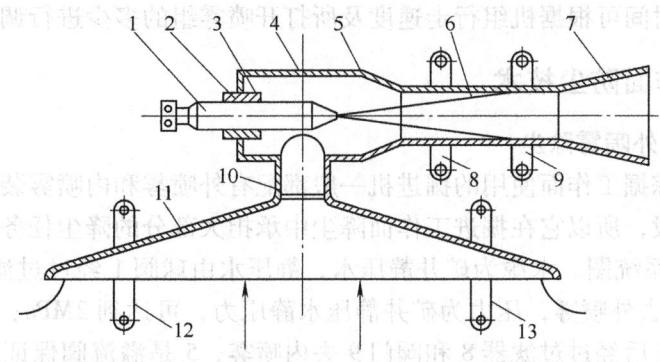

图 3-17　放煤口防尘、捕尘装置
1—负压产生器　2—定位保护螺钉　3—射流定位器　4—负压感应器　5—流场加速器
6—混合效应管　7—混合发散器　8、9—定位连接板　10—煤尘收集器接口
11—煤尘收集器　12、13—定位连接板

其工作过程：利用压力水为动力，通过负压产生器射流水质点的横向紊动作用将负压感应器 4 内的空气带走，形成负压区，在装置内外压差作用下，含尘空气不断从煤尘收集器 11 流入负压感应器 4，并随负压产生器喷出的水流在混合效应管 6 混合，此时两股流体速度逐渐趋向一致，在混合发散器 7 中，煤尘被水雾充分包围湿润，最后被排出。这种装置结构简单、除尘效率高、加工容易、安装方便。

通过实施综放支架放煤口负压捕尘系统，实现了放煤口负压捕尘装置的自动工作。负压喷雾的液气比控制在 10%~12% 以下，喷嘴出口雾流速度为 30~40m/s，水压在 12MPa 以上时，雾流速度可达 40m/s 以上，放煤口的粉尘浓度可降低 80%~85%；在不高的水压（不大于 8MPa）下，降尘率可达 70% 以上，若条件许可，再提高水压，降尘率可达到不小于 80%。

（六）净化雾幕降尘技术

采煤工作面净化雾幕采用近红外线光控装置。在采煤机组上设置一个近红外线光源，液压支架的前探梁下面安装近红外线传感器，如图 3-18 所示。

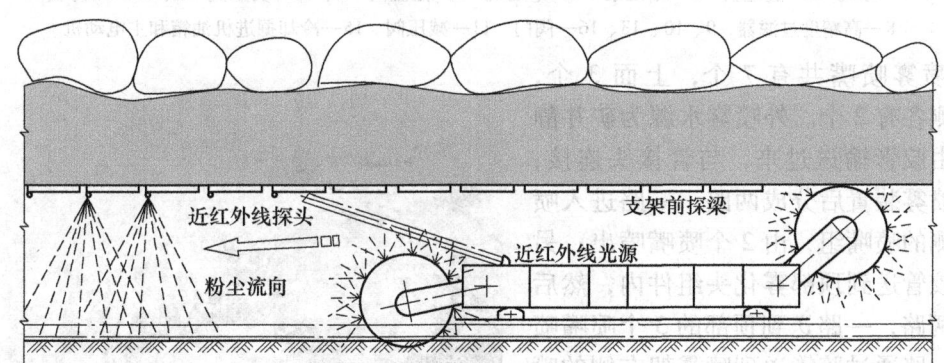

图 3-18　工作面光控雾幕

采煤机逆风割煤时，红外线传感器和工作的喷雾组在采煤机的后面；采煤机顺风割煤时，红外线传感器和工作的喷雾组处在采煤机的前面。总之，工作面净化雾幕始终在采煤机的下风侧。当采煤机上的光源装置所发射的近红外光信号被传感器接受（传感器安装固定在

支架前探梁上），变成电信号传递给控制器，控制器驱动电磁阀打开，执行自动喷雾，并延时一段时间，延时时间可根据机组行走速度及所打开喷雾组的多少进行调整。

四、掘进工作面防尘技术

（一）掘进机内外喷雾除尘

目前国内煤矿综掘工作面使用的掘进机一般都配有外喷雾和内喷雾装置，掘进机机头喷雾属于一次降尘手段，所以它在掘进工作面降尘中承担大部分的降尘任务。

图3-19为喷雾系统图。水源为矿井静压水，静压水由球阀1经过过滤器2后分成三路，一路直接经阀门10去外喷雾，压力为矿井静压水静压力，可达到2MPa；第二路经电动机4带动的增压泵3增压后经过过滤器8和阀门9去内喷雾，5是溢流阀保证内喷雾系统需求压力，6是安全阀保护系统压力不超过调定安全压力，7是压力表指示系统工作压力，8是高精度过滤器，尽可能将水中的杂质滤除掉保证水质；第三路经减压阀11去冷却系统，冷却掘进机油箱和主电机15，12是压力表，阀门13是当供水压力低于1MPa时打开不经过减压直接提供冷却水，14是安全阀，防止减压阀失灵较高压力的冷却水损坏电机，阀门16用来调整冷却水的流量。

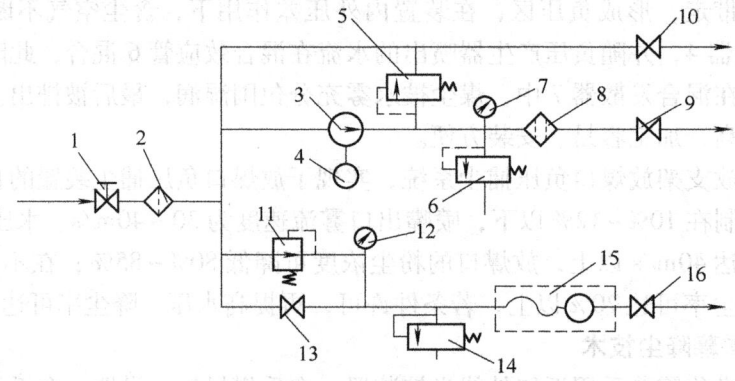

图3-19 喷雾系统图

1—球阀 2—过滤器 3—增压泵 4—电动机 5—溢流阀 6、14—安全阀 7、12—压力表 8—高精度过滤器 9、10、13、16—阀门 11—减压阀 15—冷却掘进机油箱和主电动机

外喷雾喷嘴共有7个，上面3个，左、右侧各有2个。外喷雾水源为矿井静压水，由胶管输送过来，与管接头连接，进入外喷雾装置后分成两路，一路进入喷雾架左侧的喷嘴组，由2个喷嘴喷出；另一路经胶管送到顶部雾化头组件内，然后又分成两路，一路送到顶部的3个喷嘴喷出，另一路通过胶管送到喷雾架右侧的喷嘴组，由2个喷嘴喷出。因此，外喷雾装置同时有7个喷嘴喷出，如图3-20所示。

上部的3个喷嘴喷出的雾化水将左、右切割头上部全部笼罩住，两边的各2个

图3-20 外喷雾装置

喷嘴分别将两侧笼罩住，使内喷雾没有完全沉降的粉尘沉降下来而不致于扩散。

（二）风幕湿式离心除尘系统

综掘面风幕湿式离心除尘系统，采用空气幕引射风流通风和湿式离心除尘系统的组合，收到高效除尘的效果。要降低煤矿井下机掘工作面的粉尘浓度，一方面要降低粉尘产生量，利用内喷雾将大部分粉尘消灭在产尘的初期，外喷雾防止粉尘扩散，并将大颗粒的粉尘沉降下来。但是，喷雾降尘无法将粉尘全部消除，尤其是微细粉尘，因此，另一方面需要调节好通风，将含尘风流阻隔在驾驶员位置前，并引导其被吸入除尘器，经除尘器净化处理后再排向巷道空间。

1. 除尘原理

抽尘净化系统如图 3-21 所示，在长压供风系统的末端部位设置一个周向出风的射流空气幕发生器装置，将传统的压入式风筒轴向直吹机掘工作面端头的送风方式改为沿巷道壁的径向风流，以一定的推进速度吹向巷道的周壁及整个巷道断面，并且不断地向机掘工作面的端头推进，这样在除尘风机吸入口负压吸入含尘空气产生的轴向速度的共同作用下，便可形成一股具有较高动能的气流，从而在掘进机驾驶员工作区域的前方建立起可阻挡粉尘向外扩散的空气幕，以封闭住掘进机工作时产生的粉尘，并使之经过吸尘风筒吸入除尘器中，得以净化而不外流，这样便可极大地提高机掘工作面的收尘效率。

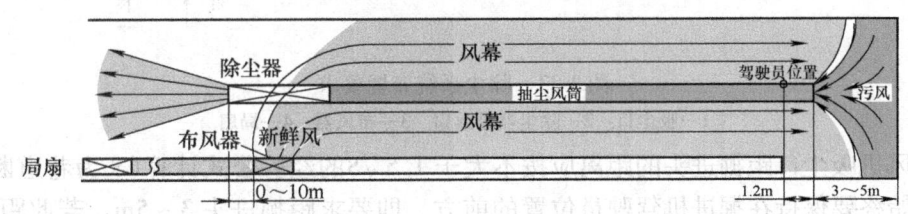

图 3-21 布风器在掘进巷道内布置情况

2. 除尘系统布置方式

在综掘工作面，供风系统的风筒采用吊挂的方式布置在巷道上方的一侧，与输送机平行布置，旋转风流发生器因重量较大落地放置在小车上，放在掘进工作面巷道的非行人侧，由液压牵引车牵引移动，它不与掘进机、输送机发生直接联系。旋转风流发生器放置在巷道非行人一侧的落地小车上，随带式机的机尾前进而前进，既减轻了工人的劳动强度，又保证了安全。

图 3-22 为除尘净化系统布置示意图，除尘净化系统随同掘进机同步移动。通过研究与分析得知，在长压短抽混合式通风系统中，为保证系统工作的可靠性，不仅需要正确地确定压入风量与抽出风量的匹配，还需要合理确定压入式风筒口与抽尘风筒口之间的距离、抽尘入口到掘进头的距离、除尘器气体排放口与压入式风筒重合段的距离，这样才可以获得好的收尘效果。具体布置距离如图 3-23 所示。

根据国内外的研究和生产实践，压入风量必须大于抽出风量的 20%~30%。若压入风量过大，除尘器抽出风量过小，会有相当部分含尘污风被风流带出工作面，不能吸入除尘器中得到净化处理，收尘效率显著降低；若压入风量小于吸入风量，工作面将会出现循环风，除尘器排出的部分空气（含有瓦斯的气体）会回流再次进入工作面端头，不利于安全生产。其压入风量的大小，对于无瓦斯矿井，根据煤矿安全规程规定的巷道最小风速和巷道断面积进行计算；对于瓦斯矿井，则根据稀释工作面瓦斯含量达到规定值的要求进行计算。

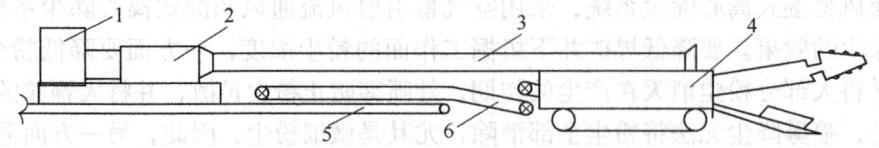

图 3-22　风幕湿式离心除尘系统布置图
1—湿式离心除尘器　2—离心式风机　3—抽尘风筒　4—掘进机
5—伸缩式胶带机　6—桥式转载机

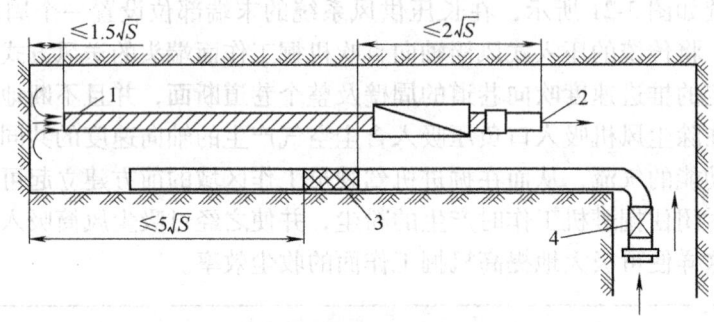

图 3-23　除尘系统布置要求
1—吸尘口　2—除尘器排放口　3—布风器　4—局扇

抽尘风机吸尘口距掘进头的距离应按不大于 $1.5\sqrt{S}$ 的经验公式计算（S 为巷道断面积），而吸尘口始终要保持在掘进机驾驶员位置的前方，即要求距掘进头 3~5m。若此距离太小，当掘进机截割时，由于机械力的作用，端头气流不稳定，会有相当部分的粉尘还来不及被吸入吸尘口就被风流带出工作面；若距掘进头太远，工作面的粉尘经掘进驾驶室后才被吸入除尘器，显然，驾驶室的粉尘浓度得不到降低。

布风器到掘进头的距离应不大于 $5\sqrt{S}$，若距离太远，引射风流的引射范围难以维持，空气幕的动力会减弱消失，气幕不能封闭巷道，将使污风产生泄漏；若距掘进头太近，空气幕不能有效建立起来，与吸尘系统不能高效地配合起来吸风，从而影响污风的有效抽吸。

为了避免工作面出现循环风，除压入风量应大于抽出风量外，除尘器排放口与压入风筒重合段距离应不大于 $2\sqrt{S}$。

除尘净化系统在巷道中的现场安装布置如图 3-24 所示。其中，图 a 为从掘进头向除尘器方向看的照片，图 b 为从除尘器出口向掘进头方向看的现场照片。

（三）高效水炮泥降尘技术

1. 高效水炮泥降尘机理

水炮泥降尘的实质是用盛水的塑料袋代替或部分代替炮泥充填于炮眼内，爆破时水袋破裂，在高温高压爆炸波的作用下，大部分水被汽化，然后重新凝结成极细的雾滴并和同时产生的矿尘相接触，形成雾滴的凝结核或被雾滴所湿润而起到降尘作用。这种方法既能降低爆破后产生的大量煤尘，又能有效地降低有毒有害气体的含量，是一种积极而有效的防尘技术。

a)　　　　　　　　　　　　　　　　　b)

图 3-24　现场安装图
a) 从掘进头向除尘器方向看　b) 从除尘器出口向掘进头方向看

2. 制作和使用工艺

常见的水炮泥袋如图 3-25 所示。

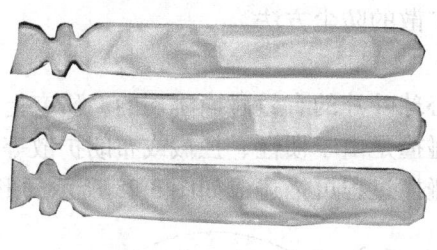 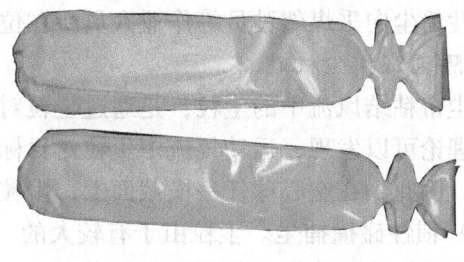

a)　　　　　　　　　　　　　　　　　b)

图 3-25　水炮泥袋
a) 小炮眼规格（内径 28mm）　b) 大炮眼规格（内径 32mm）

使用时，先将吸管插入水炮泥袋中，然后将浓粘尘剂溶液用针管吸入后，将针管插入吸管注入到水炮泥袋中。然后将注入粘尘剂的水炮泥袋拿到井下灌装后爆破，如图 3-26 所示。添加高效水炮泥的方法和添加普通水炮泥的方法一致，如图 3-27 所示。

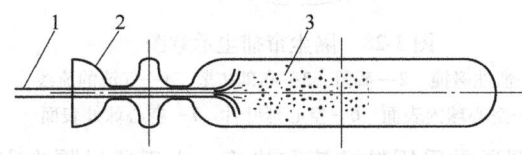 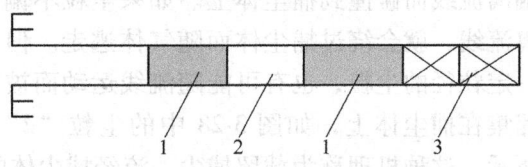

图 3-26　水炮泥成品图　　　　　图 3-27　高效水炮泥装填示意图
1—吸管　2—水炮泥袋　3—水炮泥材料　　　1—黄泥　2—高效水炮泥　3—炸药

经现场测尘发现，使用高效水炮泥比普通水炮泥降尘效果明显提高，添加高效水炮泥比普通水炮泥的呼吸性粉尘浓度降低 40%~83.3%，全尘浓度降低 41.9%~80.1%。

第三节　物理化学降尘技术

多年来，我国在煤矿粉尘防治技术方面开展了多层次、多方位的攻关研究。20 世纪 80 年代以前研究的重点是如何把作业场所高浓度粉尘降下来，解决隔绝煤尘瓦斯爆炸技术和设备等问题，取得了很大成绩。在国家"八五"规划和"九五"规划期间，针对采掘机械化程度不断提高、开采强度加大、产尘强度也随之增大的特点，以降低呼吸性粉尘为中心开展了一系列防尘技术的研究工作，取得了一批技术含量高、降尘效果显著的技术和装备，尤其是物理化学降尘技术得到了迅猛发展。我国是从20世纪80年代开始试验并推广应用降尘剂等物理化学降尘技术的。这些成果的推广应用，必将把我国煤矿防尘技术提升到一个新的水平。

一、隔离尘源防尘

随着机械化采煤工作面粉尘浓度越来越大，采用传统工艺已很难达到国家安全卫生标准。近年来，各煤矿开始重视采用隔尘风帘的方法，隔绝与封闭采煤工作面的尘源，避免采区作业人员与煤尘的接触。

（一）隔尘风帘防尘

这是根据气幕洁净棚隔尘的原理，在采煤工作面产尘源与作业人员之间安设空气幕，阻止呼吸性粉尘向采煤驾驶员等作业人员所在位置扩散的防尘方法。

1. 隔尘帘捕尘机理

隔尘帘粘结风流中的尘粒，是通过尘粒对空心球叶片的有效碰撞实现的。研究上述气固两相流理论可以发现，运动气流中尘粒对目标的碰撞是由于惯性、拦截或布朗扩散等作用而发生的。因此，在空心球任一横截面上，尘粒的碰撞过程可描述成如图3-28所示的形式。

（1）惯性碰撞捕尘。尘粒由于有较大的质量因而具有比气体更大的惯性，即使是细小的尘粒也能从气体流线上偏离而打在目标上。当尘粒因其惯性而碰撞到捕集面上时，这种捕集就称为惯性碰撞捕尘，如图3-28中的尘粒"1"所示。

（2）截留捕尘。惯性捕尘的实质是尘粒偏离流线而碰撞到捕尘体上。如果尘粒不偏离流线，就会绕过捕尘体而随气体逃走。但一定粒径的尘粒，也有可能随流线运动而被捕集在捕尘体上，如图3-28中的尘粒"2"

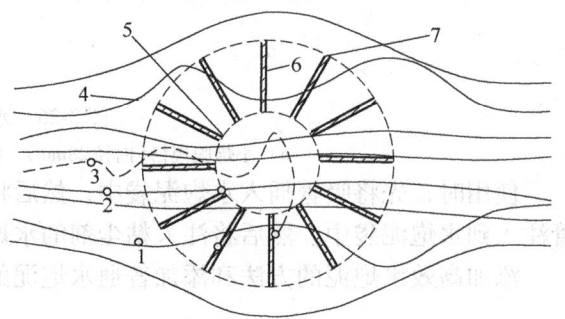

图3-28 隔尘帘捕尘示意图
1—惯性碰撞 2—截留 3—布朗扩散 4—气流的流线
5—空心球内表面 6—空心球叶片 7—空心球外表面

所示。这种机理称为截留捕尘。流经捕尘体的流型通常采用粘性流和势流，由于通过隔尘帘的气固两相流的雷诺数 $R_{ep} < 1$，因此粘性流为适合的模型。定义截留系数 k_j 为 d_p 与 D_c 之比值，则由于 $d_p \ll D_c$，$k_j \to 0$，故可按 Langmair 公式计算截留捕尘效率 η_2：

$$\eta_2 = (1+k_j)^2 - \frac{3}{2}(1+k_j) + \frac{1}{2(1+k_j)} \approx \frac{3}{2}k_j \tag{3-6}$$

（3）布朗扩散捕尘。尘粒不受外力影响而呈杂乱的方式扩散称为布朗扩散，由于布朗扩散作用，尘粒的运动轨迹与气流的流线不一致，而沉积在捕尘体上，如图3-28之尘粒"3"。

2. 隔尘帘捕尘效率的计算

直接采用单靶效率公式乘以实验常数 C_0 的方法计算隔尘帘捕尘效率。单靶效率的定义是：

如果通过捕尘体风流横断面的所有尘粒都能和捕尘体(靶)相碰撞并粘附其上,则其效率为通过风流横断面积 A_f 与捕尘体迎风截尘面积 A_e 之比值。因此,隔尘帘捕尘效率 η 定义为:

$$\eta = C_0 \frac{A_f}{A_e} \tag{3-7}$$

此效率包括了尘粒的惯性碰撞、拦截、布朗扩散、静电吸引、扩散泳及热泳等全部捕尘机理。

3. 隔尘帘分效率

实践证明,捕尘装置的除尘效率与粉尘的分散度密切相关。因此,在计算捕尘装置除尘效率时,常采用分效率来说明它所捕集的粉尘颗粒大小。分效率与全效率的关系式如下:

$$\eta = \sum P_{m \sim i} \Delta \eta_{d \sim i} = P_{0 \sim 5} \Delta \eta_{0 \sim 5} + P_{5 \sim 10} \Delta \eta_{5 \sim 10} + \cdots + P_{>60} \Delta \eta_{>60} \tag{3-8}$$

式中 $P_{0 \sim 5}$、$P_{5 \sim 10} \cdots P_{>60}$——分别表示空气中粒径为 $0 \sim 5$、$5 \sim 10 \cdots >60 \mu m$ 的粒尘分散度;

$\Delta \eta_{0 \sim 5}$、$\Delta \eta_{5 \sim 10} \cdots \Delta \eta_{>60}$——表示粒径为 $0 \sim 5$、$5 \sim 10 \cdots >60 \mu m$ 被捕捉的效率(分效率)。

(二)粘尘帘防尘

粘尘帘防尘方法是指在井下尘源附近,张挂由多面空心球组成的、球上粘有粘尘剂的帘状隔尘装置,粘结风流中粉尘的方法。多面空心球是由 6 个直径为 37.24mm 的叶片组成的空心球体,其净表面积达 $0.05m^2$,比表面积为 $4.6 \times 10^4 m^2/m^3$。所以具有比表面积大、通风阻力小等优点。缺点是球体叶片垂直,无载液能力,致使 NCZ—1 剂流失较快,缩短了粘尘帘有效粘尘周期。

二、化学降尘剂防尘

水中添加降尘剂是在水力除尘的基础上发展起来的一种降尘技术。通常情况下,水的表面张力较高,微细粉尘不易被水迅速、有效地湿润,致使降尘效果不佳。但是,不可否认的是,水力除尘方法是迄今为止最为简便、有效、易于推广的除尘方法之一。

为了提高水力除尘方法的效率,人们早就开始了有关的研究。目前国际上广泛使用的矿用降尘剂有:俄罗斯的ОЛ-7 型、ОЛ-10 型及环亚胺型等降尘剂;德国的非离子矿用降尘剂;波兰的卡波剂;日本的[Q]剂、[P]剂;英美等国的 Dustallay 剂、M-R 型降尘剂等。目前我国申请专利的矿用降尘剂已达 20 余种,部分已推广应用的降尘剂列于表 3-5。

表 3-5 我国矿山应用的降尘剂

降尘剂名称	主要化学成分	添加含量(%)
渗透剂 JFC	脂肪醇聚氯乙烯醚古氟表面活性剂	0.1
除尘剂 HY	聚氯乙烯非离子表面活性剂与阳离子表面活性剂复配物	0.05
除尘剂 CHJ-1	高分子聚醚表面活性剂	0.005
除尘剂 DLA	仿美 Dustallay	0.1
高效化学除尘剂 J-85	仿美 Dustallay	0.1
化学降尘剂 T-85	—	
湿润剂 SR-1	脂肪醇聚氯乙烯非离子表面活性剂复配物	0.1~0.2
降尘剂 SR-2	脂肪醇聚氯乙烯非离子表面活性剂复配物	0.1
降尘助剂 R1-89	—	0.1

（一）降尘剂润湿机理

据试验，几乎所有的煤尘都具有一定的疏水性，加之水的表面张力又较大，对粒径在 2μm 以下的粉尘，捕获率只有 1%~28%。添加降尘剂后，则可大大增加水溶液对粉尘的浸润性，即：粉尘粒子原有的固—气界面被固-液界面所代替，使液体对粉尘的浸润程度大大提高，从而提高降尘效率。

降尘剂主要由表面活性物质组成。如表 3-5 所列，矿用降尘剂大部分为非离子型表面活性剂，也有一些阴离子型表面活性剂，但很少采用阳离子型。表面活性剂是由亲水基和亲油基（疏水基）两种不同性质基团组成的化合物。降尘剂溶于水中时，其表面活性剂分子完全被水分子包围，亲水基一端被水分子吸引，疏水基一端被水分子排斥；亲水基被水分子引入水中，疏水基则被排斥伸向空气中，如图 3-29 所示。

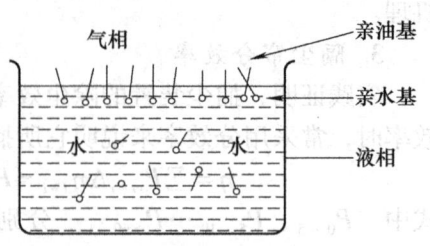

图 3-29 在水中的降尘剂分子示意图

于是表面活性剂分子会在水溶液表面形成紧密的定向排列层，即界面吸附层。由于存在界面吸附层，使水的表层分子与空气接触状态变化，接触面积大大缩小，导致水的表面张力降低，同时朝向空气的疏水基与粉尘之间有吸附作用，而把尘粒带入水中，得到充分湿润。

（二）降尘剂的添加方法

无论降尘剂是应用在湿式除尘器中，还是在喷雾降尘系统中，不仅要通过试验选择最佳含量，还要解决添加的方法。目前我国矿山主要采用如下五种添加方法。

1. 定量泵添加法

通过定量泵把液态降尘剂压入供水管路，通过调节泵的流量与供水管流量的配合达到所需含量。

2. 添加调配器

如图 3-30 所示，其原理是在湿润剂溶液箱的上部通入有压气体（气压大于水压），承压润湿剂溶液从箱内供液管 8 的底部入口进入，经三通 10 添加于供水管路。调节阀 7 用来调节添加湿润剂溶液的流量，使之与供水流量相配合，从而达到所需的添加含量。

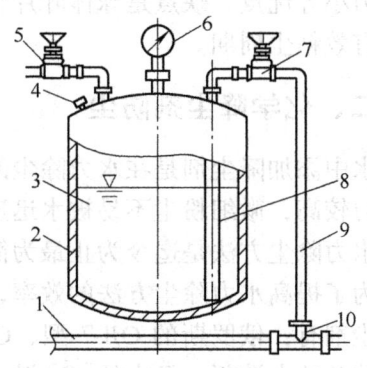

图 3-30 压气添加调配器
1—供水管 2—溶液管 3—溶液 4—加液口
5—供气阀 6—压力表 7—调节阀 8—箱内
供液管 9—加液管 10—三通

3. 负压引射器添加法

降尘剂溶液被文丘里引射器所造成的负压吸入，并与水流混合，添加于供水管路中。添加含量由吸液管上的调节阀控制。由于这种方法成本低、定量准确，被各矿井采用较多。

4. 喷射泵添加器

与前面的添加器相比，主要区别在于喷射泵有混合室。因此，用喷射泵调配降尘剂，可使其与水混合较好、定量更准确，供水管路压损小，工作状态稳定。

5. 孔板减压调节器

降尘剂溶液在孔板前的高压水作用下，被压入孔板后的低压水流中，通过调节阀门获得所需溶液的流量。

三、泡沫除尘

泡沫除尘就是由水和发泡剂按一定比例混合,通过泡沫发生器产生大量泡沫,喷洒到尘源上或含尘空气中,当泡沫喷洒到产尘点(煤岩或料堆)上时,就会使无空隙的泡沫体覆盖和遮断尘源,使粉尘得以湿润和抑制。20世纪70年代中期,英国最先开展了这方面的研究,此后,美国、前苏联、联邦德国、日本等国相继试验与研究,取得了一定的成果。近年来,我国已在潞安、汾西、铁法等矿区进行了研究与试验,取得了良好效果。

(一)泡沫除尘机理

当泡沫喷洒到含尘空气中时,则形成大量的泡沫群,其总体积和总表面积都很大,从而大大增加与尘粒的接触面和粘附性,提高了除尘效率。泡沫之所以能捕集到粉尘,主要是截留、惯性碰撞、扩散、粘附、重力沉降等多种机理综合作用的结果。对于大颗粒粉尘,在低速条件下,截留和重力起主要作用,而对于微细粉尘,扩散、静电力等因素起主要作用。

(二)泡沫剂与泡沫剂溶液

泡沫除尘主要是利用泡沫的高度湿润性和隔绝性能。表征泡沫特性的指标是泡沫的倍数和强度,其中发泡倍数可分为:低倍数(5~50)、中倍数(50~200)及高倍数(>200);泡沫的强度是指泡沫的稳定程度,它是以泡沫从产生的瞬间起到破裂的时间或者半数泡沫破裂的时间来表示的,也可以液面形成单个泡沫的持续时间来确定。

能够产生泡沫的液体叫泡沫剂。纯净的液体是不能形成泡沫的,只有溶液内含有粗粒分散胶体、胶质体系或者细粒胶体等可溶性物质时才能形成泡沫。在俄罗斯矿山曾进行了17种不同表面活性剂的发泡剂除尘试验,取得的最佳参数是:倍数为100~200倍、泡沫尺寸小于6mm。

(三)泡沫剂主要性能

1. 析液时间

泡沫生成起即开始发生析液。由于重力的作用,泡膜的部分液体不断流到气泡的下方,到一定重量时,液体便脱开气泡析出。气泡在不断合并,泡膜的厚度也在不断变化。稳定性好的泡沫,这一过程进行得较慢。

析液时间是衡量泡沫稳定性和持久性的一个重要指标。25%和50%析液时间是指泡沫从产生至析出重量为25%和50%总重的液体时所经过的时间。

2. 发泡倍数

泡沫发泡倍数是指一定数量的泡沫自由体积,与该体积的泡沫全部破灭后析出的溶液体积之比。试验时采用容积$V_{容}$的容器装满泡沫,称得泡沫的净重,再计算泡沫液的体积$V_{液}$,则得发泡倍数n为:

$$n = \frac{V_{容}}{V_{液}} \tag{3-9}$$

一般认为1~20倍为低倍数泡沫,20~200倍为中倍数泡沫,200~1000倍为高倍数泡沫,而除尘中应用的泡沫一般为100~400倍。

除此之外,还有pH值、接触角、泡沫稳定性、渗透性能等性能评价指标。

四、粘结式防尘

矿井中的沉积粉尘在较大风速下会飞扬起来,形成二次尘源,并有引起煤尘瓦斯爆炸的风险。为此，各矿井普遍采用定期洒水、冲洗以及在巷道中撒布岩粉等措施，抑制粉尘的二次飞扬。

定期班后冲洗是目前最常用的方法，但这种方法的缺点也很明显：由于矿井粉尘大多具有较强的疏水性，水的表面张力又很大，加之水分容易蒸发，洒水冲洗后，粉尘将迅速被风干，重新具备飞扬的能力，致使矿井巷道周壁、棚梁、柱后及破碎岩石缝隙中存在着大量粉尘，造成了一大安全隐患。撒布岩粉法由于劳动强度大、撒布技术要求高等原因而趋于淘汰。因此，越来越多的国家正在倾向于应用粘尘剂抑制粉尘技术。

目前，世界各国每年都有新的矿用粘尘剂配方专利在发表，其中较著名的有：美国的 DCL-1803 型粘尘剂，Conhex 型粘尘剂，日本的 SS-01 剂和 SS-02 剂、TH-C 剂，南非的 AN-TI 型疏水防尘剂，以及德国的 MONTAN 型粘尘剂等。进入 20 世纪 90 年代，我国在此方面的研究与试验也取得了良好的效果，现已开发出 NCZ-1 型粘尘阻燃剂、丙烯酸酯型粘尘剂、己内酰胺型粘尘剂以及 CM 保湿型粘尘剂等。

（一）粘尘剂作用原理

粘尘剂通过无机盐（如氯化钙或氯化镁等）不断地吸收空气中的水分，使得沉积于粘尘剂的粉尘始终处于湿润状态，同时由于在粘尘剂添加有表面活性物质，所以它比普通的水更容易湿润矿井粉尘。

只有在空气相对湿度小于 40% 时，粘尘剂才会发生结晶现象。由于矿井空气湿度一般均在 80% 以上，因此，粘尘剂是不会发生结晶的。粘尘剂溶液的浓度随着所处环境空气温度和湿度的变化而变化，主要体现为从空气中吸收或者排出水分。

粘尘剂可以持续粘结由井下空气带来的、不断沉积于巷帮与底板的粉尘，随着粘结粉尘量的增加，粘尘剂需要不断吸收空气中的水分，达到新的吸湿平衡浓度，当粉尘沉积量超过平衡浓度时，粘尘剂将固化，需要重新喷洒。

（二）粘尘剂的种类及其应用

目前，用于煤矿的粘尘剂主要有膏状粘尘剂、粉状粘尘剂及片状粘尘剂等。

1. 膏状粘尘剂

该种粘尘剂是一种含有吸湿式无机盐、表面活性物质等材料的膏状液体。它可用于：

（1）井下空气相对湿度大于 35% 的巷道两帮和顶、底板，也可用于正常生产的采掘工作面。

（2）添加于隔爆水槽中，起到更好的隔爆作用。

（3）添加于煤层注水中，提高注水湿润半径。

（4）以一定比例喷洒在有自燃危险的采空区，或注入自燃的煤柱中，起到阻化剂的作用。

如图 3-31 所示，膏状粘尘剂可通过罐车、软膏泵、喷嘴等实现喷洒。喷洒的膏状粘尘剂要求雾粒较大，以便不产生气溶胶。喷嘴适宜采用扇形或实心圆锥体形射流的，喷射角度在 60°～90° 之间，水压应大于 0.5MPa。此外，国外矿山也采用

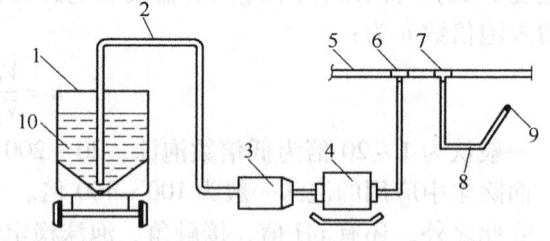

图 3-31 膏状粘尘剂喷洒系统
1—罐车 2—输液臂 3—莫诺泵 4—软膏泵 5—井下管线
6、7—三通 8—连接软管 9—喷射喷头 10—粘尘剂

供水管路或专为膏状粘尘剂铺设的管路系统输送膏状粘尘剂溶液。

2. 粉状粘尘剂

粉状粘尘剂是膏状粘尘剂的固体含量部分,也就是说,粉状粘尘剂用一定量的水稀释后即可变成膏状粘尘剂。粉状粘尘剂可应用于相对湿度为35%以上的矿井巷道或采掘面。

粉状粘尘剂一般装在塑料袋中运送至井下作业地点。采用人工直接撒布或装入压气装置中机械撒布。

由于粉状粘尘剂粉末颗粒微细(<0.1~0.2mm),所以它具有与煤尘相同的飞扬性与悬浮性。这一特性使粉状粘尘剂能够进入微小的孔隙或裂缝中粘结粉尘,因此,具有比其他类型的粘尘剂更好的粘尘效果。

3. 片状粘尘剂

片状粘尘剂是含有表面活性剂的吸湿性无机盐结晶体材料。这种粘尘剂制作工艺简单、成本相对较低。撒布于作业地点后,通过吸收矿井空气中的水分,可由结晶状态转化为膏状或液体状态。它的运输与粉状粘尘剂一样,可装在袋中输送。但由于片状颗粒较大(粒径约的4mm),不利于机械撒布。

五、磁化水除尘

改善喷雾降尘法来降低呼吸性粉尘的另一条技术途径是,用物理方法改变水的性质,使水的雾化能力增大。磁化法是一种简单有效的方法。在磁水中添加湿润剂,还可提高降尘率38%左右。我国是从20世纪80年代末开始,在井下进行有关试验研究,现已在一些矿井陆续推广应用。

磁性存在于一切物质中,并与物质的化学成分及分子结构密切相关,因此,派生出磁化学。实践过程中又将其分为静磁学和共振磁学两种。目前国内外降尘用磁水器都是在静磁学和共振磁学理论基础上发展起来的。

六、其他物理化学防尘技术

为更好地降低粉尘浓度,世界各国科学家探索出了一系列有效的防降尘技术。近年来,随着科技的发展,超声波除尘、微生物法除尘等新兴除尘方式取得了较大进展,为高效除尘开创了新途径。

1. 声波雾化降尘技术

该项技术是利用声波凝聚、空气雾化的原理,从提高尘粒与尘粒、雾粒与尘粒的凝聚效率以及雾化程度来提高呼吸性粉尘的降尘效率。该项技术所研制的声波雾化喷嘴具有普通压气雾化喷嘴的特点,雾化效果好,耗水量低,雾粒密度大。同时,产生的高频高能声波可以使已经雾化的雾粒二次雾化,减小雾粒直径,提高雾粒与尘粒的凝聚效果。

2. 预荷电高效喷雾降尘技术

对现场粉尘状况调查发现,悬游粉尘大多带有电荷,于是提出了如何利用这一现象来降低呼吸性粉尘的思路,如果让水雾带有极性相反的电荷,就可以使雾粒和尘粒之间产生较强的静电引力,从而提高水雾对粉尘的捕获效果。

3. 电离水除尘

电离水除尘,是通过电离水使弥散于空气中的粉尘粒子及降尘雾滴带电,利用带电极性相反时相互吸引的原理，实现粉尘的凝聚沉降。

4. 超声波除尘

超声波具有良好的方向性、反射性和穿透能力，能在气体、液体及固体媒介中传播，产生各种超声波效应，如机械效应、热效应、化学效应等。在超声波的作用下，空气将产生激烈振荡，悬浮的尘粒间剧烈碰撞，导致尘粒凝结沉降。

5. 生物试剂除尘

通过钻孔向煤体内注入生物试剂，与煤发生一系列反应，改变煤的某些结构和性质，从而减少采煤机采煤时煤尘的产生，关键是生物试剂的研制。

第四节 个体防护技术

国内外大量实践证明，在煤矿井下许多作业场所，虽然采取了湿式作业、通风除尘等多种行之有效的综合防尘措施，但仍难以使各作业点粉尘浓度达到卫生标准，有些作业环节的粉尘浓度甚至严重超标。从最近几年我国煤矿防尘工作开展得较好的一些矿井来看，一般普遍认为，综采、机掘工作面的粉尘浓度尚难达到卫生标准。在这种条件下，作业人员必须佩戴个体防护用具，才能保证其自身的健康。所以，个体防护是综合防尘工作中不容忽视的一个重要方面。

目前，我国可供煤矿选用的个体防护的防尘用具主要包括：防尘面罩、防尘帽、防尘呼吸器、防尘口罩和防尘服等。根据其阻止粉尘进入呼吸道的作用原理，可分为过滤式和隔离式两种。目前，我国煤矿最常用的过滤式个体防护用品是防尘口罩，分自吸过滤式和送风过滤式两种，其作用是将空气中的浮游粉尘通过滤料滤掉，使人吸入清洁空气。隔离式防护用具主要有压气呼吸器、粉尘防护服、移动式隔离操作室等，其原理是使接尘人员与含尘空气隔绝，由送气管输送净化后的空气。由于隔离式防护用具受条件限制，使用不广泛。两者相比，各有优缺点：前者结构简单、使用方便、费用少、性能好、容易推广；后者需要独立的压气供给系统和专用设备，造价高，不宜普及，但其性能更安全可靠，特别是在有火灾危险的矿井使用，在灾变情况下可以发挥自救器的作用，增强工人的自救和抗灾能力。

一、自吸过滤式防尘口罩

自吸过滤式防尘口罩(以下简称防尘口罩)，是指靠佩戴者呼吸克服部件阻力，用于防尘的过滤式呼吸护具。它可分为复式防尘口罩和简易防尘口罩。复式防尘口罩，是指配有滤尘盒和呼吸阀，吸气和呼气分离的自吸过滤式防尘口罩；简易防尘口罩，是指吸气和呼气都通过滤料的自吸过滤式防尘口罩。

过滤式防尘的材料和滤料应无毒、无害、无不良气味，对皮肤无刺激。口罩中的金属部件要耐腐蚀。口罩中橡胶材料的撕断力应大于15MPa，伸长率大于400%，老化系数大于0.80。

决定阻尘效果大小的主要是滤料。我国用于防尘口罩的滤料主要有纱布、泡沫塑料、羊毛毡、石棉滤料、超细纤维桑皮棉纸、聚氯乙烯布、玻璃纤维滤纸、DV滤料、过氯乙烯滤布及尼龙毡等。这些材料中以后两者性能为最好。

我国目前能用于矿井作个体防护的自吸过滤式防尘口罩，主要有不带换气阀的简易型口罩和带有换气阀的专用防尘口罩两种。

1. 简易型口罩

简易型口罩一般无呼气阀，吸入及呼出的空气都经过同一通道。图 3-32 所示的是 N95 型口罩。由于呼气时的水分沉积在过滤层上，增加了口罩的呼吸阻力，致使工人在粉尘浓度较高的作业环境中进行劳动强度较大的工作时，会有呼吸困难的感觉。这是简易型口罩的主要缺点。其优点是结构简单、轻便、容易清洗、成本低廉。

2. 换气阀型口罩

带有换气阀的口罩，装有吸气阀和呼气活瓣，滤料装在专门的滤料盒内，污染后可以更换。与简易口罩相比，换气阀型口罩具有阻尘率高、呼吸阻力低等优点；但其缺点是质量大、对视线有一定的妨碍及价格相对较高等。

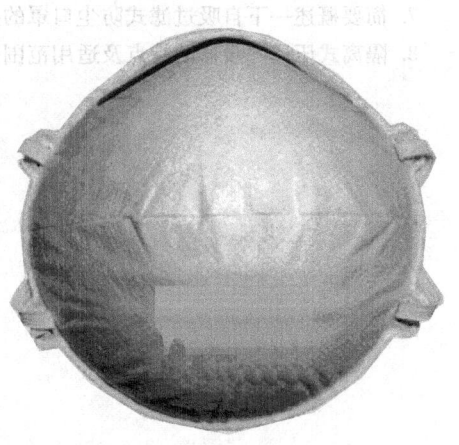

图 3-32　N95 简易型防尘口罩

二、动力送风式个体防尘用具

为克服自吸过滤式口罩呼吸阻力偏高的缺点，解决其阻尘率与呼吸阻力之间的矛盾，近年来研制出了多种类型的电动送风个体防护用具。如电动过滤式送风口罩、头盔式电动送风防尘安全矿帽、隔离式压风呼吸器等。

1. 动力过滤式送风口罩

由煤炭科学研究总院重庆分院研制的 AFK-1 型过滤式送风口罩，是借助小型通风机的动力，将含尘空气通过滤料净化，然后把净化后的清洁空气经过蛇形螺旋管送到橡胶口罩内，供佩戴者呼吸用。动力过滤式送风口罩克服了自吸过滤式防尘口罩阻尘率和呼吸阻力之间存在矛盾的缺点，具有阻尘率高、低泄露、呼吸阻力小、不憋气、质量轻、携带方便、活动灵活、成本和维护费用较低等优点，适用于煤矿光爆锚喷及采掘工作面等高尘作业环境。

2. 隔绝式压风呼吸器

隔绝式压风呼吸器是隔离式新型个体防护装备，具有防尘、防毒的双重功能。

隔绝式压风呼吸器主要由主机、配气管路和弹性正压口罩三大部分组成。

它的原理是，将压风减压、过滤净化，并通过多级限压、安全卸压装置，使高压气流可靠地还原为新鲜空气，经导管送入呼吸口罩内，供佩戴者呼吸用，隔绝尘、毒的效率达 100%。

本 章 习 题

1. 预湿煤体减尘的机理是什么？
2. 湿式除尘器的除尘总效率有哪些计算步骤？
3. 综采工作面的粉尘是如何产生的？

4. 掘进工作面的粉尘形成原因有哪些？
5. 采煤工作面有哪些防尘技术？各自的除尘原理如何？
6. 化学降尘剂有哪些添加方法？
7. 简要概述一下自吸过滤式防尘口罩的技术要求有哪些。
8. 隔离式压风呼吸器的特点及适用范围是什么？

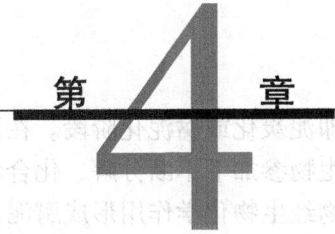

第4章 矿山瓦斯防治技术

在煤矿生产过程中，伴随着生产的进行，瓦斯涌出到生产空间，对井下生产构成威胁。瓦斯，不论其涌出量的多少，一直是矿井生产最主要的一个危险源。瓦斯灾害则是煤矿中最严重的灾害之一。瓦斯突出不仅能摧毁井巷设施，破坏矿井通风系统，造成人员窒息、煤流埋人，甚至可能引起瓦斯爆炸与火灾事故，瓦斯爆炸不仅造成大量人员伤亡，而且会严重摧毁井巷设施、中断生产，有时还会引起煤尘爆炸、矿井火灾、井巷垮塌等二次灾害。井下煤矿一次死亡人数多的重大事故主要是瓦斯爆炸事故和瓦斯突出事故。因此，瓦斯灾害治理就成为矿井最根本、最重要的任务。本章分为三节来介绍煤矿井下瓦斯灾害治理的内容，包括矿井瓦斯概述、瓦斯致灾类型及瓦斯治理技术。

第一节 煤矿瓦斯概述

一、煤矿瓦斯的性质

瓦斯(通常指甲烷 CH_4)是一种无色、无味、无嗅的气体。在标准状态(温度为0℃、大气压为101325Pa)下，瓦斯密度为 $0.7168kg/m^3$，相对密度为0.554。由于瓦斯较轻，故常积聚在巷道的顶部、上山掘进面及顶板冒落空洞中。

瓦斯微溶于水，在20℃、101.3kPa 条件下，溶解度为3.5L/100L 水。瓦斯的扩散性很强，扩散速度是空气的1.34倍，会很快地在空气中扩散。

瓦斯本身无毒，但不能供人呼吸，当空气中的 CH_4 含量大于50%，能使人缺氧而窒息死亡。瓦斯不助燃，但与空气混合达到一定含量后，遇到高温火焰时能够燃烧或爆炸。

矿井瓦斯是各种气体的混合物，其成分是很复杂的，它含有甲烷、二氧化碳、氮和数量不等的重烃以及微量的稀有气体等，但主要成分是甲烷。因此，习惯上所说的矿井瓦斯就是指甲烷。

二、煤矿瓦斯的生成

煤是一种腐植型有机质高度富集的可燃有机岩，是植物遗体经过复杂的生物、地球化学、物理化学作用转化而成的。从植物死亡、堆积到转变为煤要经过一系列演变过程，这个过程称为成煤作用。在整个成煤过程中都伴随有烃类、二氧化碳、氢和稀有气体的产生。结合成煤过程，大致可划分为两个造气时期，即生物化学造气时期和煤化变质作用造气时期。

(一) 生物化学造气时期

这是成煤作用的第一阶段,即泥炭化或腐泥化阶段。在该阶段,植物在泥炭沼泽、湖泊或浅海中不断繁殖,其遗体在微生物参加下不断分解、化合和聚积。在这个阶段中,起主导作用的是生物化学作用,低等植物经生物化学作用形成腐泥,高等植物形成泥炭。

(二) 煤化变质作用造气时期

这是成煤作用的第二阶段,即泥炭、腐泥在以温度和压力为主的作用下变化为煤的过程。在该阶段中,由于埋藏较深且覆盖层已固化,故在压力和温度影响下,泥炭进一步变为褐煤,褐煤再变为烟煤和无烟煤。

三、瓦斯的赋存

(一) 瓦斯的存在状态

煤体之所以能够保存一定数量的瓦斯,主要与煤的结构状态有密切关系。煤是一种复杂的孔隙性介质,有着十分发达的、大小不同的孔隙和裂隙,具有巨大的自由空间和孔隙内表面积(煤体孔隙的内表面积,每克煤可达 $150 \sim 200 m^2$)。因此,成煤过程中生成的瓦斯就能以不同状态存在于这些裂隙和孔隙内。

瓦斯通常是以如下两种状态存在于煤体之中。

1. 游离状态(也称自由状态)

这种瓦斯以完全自由的气体状态存在于煤体或围岩的较大裂缝、孔隙或空洞之中(如图 4-1 中 1 所示)。游离瓦斯可以自由运动或从煤(岩)层的裂隙中散放出来,因此表现出一定压力。煤体内游离瓦斯的多少取决于储存空间的容积、瓦斯压力及围岩温度等因素。

2. 吸附状态(也称结合状态)

按其结合形式的不同,又分为吸着和吸收两种状态。吸着状态是瓦斯气体分子在其与煤粒固体分子间的引力作用下而被吸着在煤体孔隙的内表面上所呈现的状态,其形成一层很薄的吸附层(如图 4-1 中 2 所示);吸收状态是瓦斯

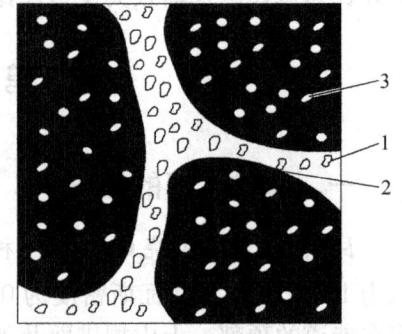

图 4-1 瓦斯在煤体中的存在状态
1—游离瓦斯 2—吸着瓦斯 3—吸收瓦斯

分子进入煤体胶粒结构内部与煤分子结合而呈现的一种状态,其类似气体溶解于液体的现象(如图 4-1 中 3 所示)。吸附状态存在的瓦斯量的多少,取决于煤的结构特点、炭化程度等。

游离状态与吸附状态的瓦斯并不是固定不变的,而是处于不断交换的动平衡状态。当条件发生变化,这一平衡就会遭到破坏。在压力降低、温度升高或煤体结构受到破坏时,部分吸附状态的瓦斯就转化为游离状态,这种现象叫做解吸;反之,当压力增大或温度降低时,部分游离的瓦斯也会转化为吸附状态,这种现象叫做吸附。

(二) 影响煤层瓦斯赋存及含量的主要因素

煤体在从植物遗体到无烟煤的变质过程中,每吨煤至少可以生成 $100 m^3$ 以上的瓦斯。但是,在目前的天然煤层中,最大的瓦斯含量不超过 $50 m^3/t$。究其原因,一方面是由于煤层本身含瓦斯的能力所限;另一方面是因为瓦斯是以压力气体存在于煤层中,经过漫长的地质年代,放走了大部分,目前储藏在煤体中的瓦斯仅是剩余的瓦斯量。因此,可以说煤层瓦斯含量的多少主要取决于保存瓦斯的条件,而不是生成瓦斯量的多少;也就是说不仅取决于煤

质牌号，而更主要的是取决于储存瓦斯的地质条件。根据目前的研究成果认为，影响煤层瓦斯含量的因素主要有以下几方面。

1. 煤层的埋藏深度

煤层埋藏深度的增加不仅会因地应力增高而使煤层和围岩的透气性降低，而且瓦斯向地表运移的距离也增大，这两者的变化均朝着有利于封存瓦斯而不利于瓦斯扩散的方向发展。研究表明：当深度不大时，煤层瓦斯含量随埋深的增大基本上呈线性规律增加；当埋深达到一定值后，煤层瓦斯含量将趋于常量。

2. 煤层和围岩的透气性

煤系地层岩性组合及其透气性对煤层瓦斯含量有重大影响。煤层及其围岩的透气性越大，瓦斯越易流失，煤层瓦斯含量就越小；反之，瓦斯易于保存，煤层的瓦斯含量就高。煤层与岩层的透气性可在非常宽的范围内变化，表 4-1 列出了甲烷对煤层及岩石的透气性系数。

表 4-1　甲烷对煤层及岩石的透气性系数表

矿　井	煤　层	透气性系数 /(m^2/MPa^2·d)	岩石种类	透气性系数 /(m^2/MPa^2·d)
抚顺龙凤	本层	150	砂岩	20～9200
焦作朱村	大煤	0.4～3.6	泥岩	4～3600
红卫坦家冲	6	0.24～0.72	砾岩	1206.8
涟邵蛇形山	4	0.2～1.08	砂岩	4～320
六枝地宗	7	0.5	砂页岩	0
中梁山	K_1	0.32～1.16	页岩	0
天府磨心坡	9	0.004～0.04		
淮南谢一	B_{11b}	0.228		

从表 4-1 中可以看出：孔隙与裂缝发育的砂岩、砾岩和灰岩的透气性系数非常大，它比致密而裂隙不发育的岩石（如砂页岩、页岩、泥质页岩等）的透气性系数高成千上万倍，故而在漫长的地质年代中，会排放大量的瓦斯。现场实践表明：煤层顶底板透气性低的岩层（如泥岩、胶结致密的细碎屑岩、裂隙不发育的灰岩等）越厚，它们在煤系地层中所占的比例越大，则往往煤层的瓦斯含量越高。

3. 煤层倾角

在同一埋深及条件相同的情况下，煤层倾角越小，煤层的瓦斯含量就越高。这种现象的主要原因在于煤层透气性一般大于围岩；煤层倾角越小，在顶板岩性密封好的条件下，瓦斯不易通过煤层排出，煤体中的瓦斯容易得到储存，故而煤层的瓦斯含量高。

4. 煤层露头

煤层露头是瓦斯向地面排放的出口。因此，露头存在的时间越长，瓦斯排放就越多。

5. 煤化作用程度

煤是天然的吸附体，煤的煤化作用程度越高，其储存瓦斯的能力就越强。一般情况下，在瓦斯带内，倘若其他因素相同、煤化作用程度不同的煤，其瓦斯含量不仅有所不同，而且随深度增加，其瓦斯含量增加的量也有所不同。表4-2是某两个矿区甲烷带内煤层瓦斯含量与煤化作用程度及深度的关系实测值。从中可以看出：随着煤化作用程度的提高，在相同深度下，不仅瓦斯含量高，而且对于相同深度的瓦斯含量梯度也大。但是，根据我们的研究认为，对于高煤化作用的无烟煤，其瓦斯含量不符合上述规律。这是因为，这种煤的结构发生了质的变化，孔隙率和表面积大大减少，其瓦斯含量低（一般小于$2m^3/t$），而且与埋藏深度无关。例如，我国湖南梅田矿区的文化村矿，煤化作用已接近石墨状态（挥发分仅为3.14%左右），它的大窝井煤已煤化作用成石墨，它们的瓦斯含量都很低。

表4-2　某两个矿区甲烷带内煤层瓦斯含量与煤化作用程度及深度的关系实测值

煤田及矿井	煤化程度（煤牌号）	煤层瓦斯含量(m^3/t)可燃物 从甲烷带上边界算起的深度/m					
		100	200	300	400	600	800
谢金斯克煤田	气煤	6~7	8~9	9~10			
沃尔库斯克煤田西翼	肥煤	9~12	17~20	20~24	23~27	27~32	23~35
沃尔库斯克煤田东翼	肥煤	8~10	13~15	16~19	18~22	21~26	24~29
米尔列罗夫斯基区	长焰煤	2~3	3~4		4~5	5~6	6~7
西顿巴斯矿	气煤	4~5	6~7	8~9	9~10	~	10~12
北伊兹瓦林斯克一矿	肥煤、焦煤	5~6	7~9	10~11	12~13	14~15	16~18
贝斯特梁斯克向斜	瘦煤	11~13	15~17	18~20	19~21	20~22	22~24
南卡明斯克一矿	贫煤-半无烟煤	9~11	13~15	16~18	19~21	22~24	25~28
红色顿巴斯向斜	半无烟煤-低煤化作用无烟煤	20~24	26~29	28~31	29~33	30~34	33~37

6. 煤系地层的地质史

　　成煤有机物沉积以后，直到现今煤化阶段，经历了漫长的地质年代。其地层多次下降或上升、覆盖层加厚或遭受剥蚀、陆相与海相交替变化、遭受地质构造运动破坏等，所有这些地质过程及其延续时间的长短，都对煤层瓦斯含量的大小产生影响。从沉积环境上看，海陆交替相含煤岩系、聚煤古地理环境属于滨海平原，往往岩性与岩相在横向上比较稳定，沉积物粒度细，这时形成的煤系地层的透气性往往较差；如果其上又遭受长期海侵并被泥岩、灰岩等致密地层覆盖，这种煤层的瓦斯含量有可能很高。反之，对于陆相沉积、内陆环境而言，横向岩性岩相变化大且覆盖层多为粗粒碎屑岩，这类煤系地层往往不利于瓦斯的储存，煤层的瓦斯含量一般都较低。从湘中、湘西煤系地层与瓦斯关系中可以看出：其含煤建造有三期。下石炭系统测水煤系属滨海环境，以页岩、砂质页岩为主，含无烟煤2~7层，其上下都为海相泥灰岩、灰岩建造，至二叠系的斗岭煤系为止，平均沉积为1400m的海相致密岩层，致使测水煤系煤层的瓦斯含量很高，现已开采的矿井大多是高瓦斯矿井或是煤与瓦斯突出矿井。斗岭煤系属滨海含煤建造，以细粒碎屑岩为主，含煤4~8层（焦煤-无烟煤），其上遭受长期海侵，大面积沉积了平均厚 700m 的灰岩、泥岩等海相地层，封存瓦斯条件好，所以煤层瓦斯含量高，有的煤层有瓦斯突出危险。

四、矿井瓦斯涌出

(一) 矿井瓦斯涌出形式

当煤层被开采时，煤体受到破坏，储存在煤体内的部分瓦斯就会离开煤体而涌入采掘空间，这种现象叫做瓦斯涌出。矿井瓦斯涌出的形式一般分为普通涌出和特殊涌出两种。

1. 普通涌出

即瓦斯从采落的煤炭及煤层、岩层的暴露面上，通过细小的孔隙缓慢而长时间地放出。首先是游离瓦斯，而后是部分解吸的吸附瓦斯。普通涌出是矿井瓦斯涌出的主要形式，不仅范围广，而且数量大。

2. 特殊涌出

如果煤层或岩层中含有大量瓦斯，采掘时，这些瓦斯有时会在极短的时间内突然地大量涌出，可能还伴有煤粉、煤块或岩石，瓦斯的这种涌出形式称为特殊涌出。瓦斯特殊涌出是一种动力现象，分为瓦斯喷出和煤与瓦斯突出、倾出、压出等几种形式。瓦斯特殊涌出的范围是局部的、短暂的、突发性的，但其危害极大。

(二) 矿井瓦斯涌出量表示方法和计算

矿井瓦斯涌出量是指矿井生产过程中涌入巷道的瓦斯量，可用绝对瓦斯涌出量和相对瓦斯涌出量两个参数来表示。矿井绝对瓦斯涌出量是指矿井在单位时间内涌出瓦斯的体积，通常所用的单位为 m^3/min 或 m^3/d。矿井相对瓦斯涌出量是指矿井在正常生产条件下月平均日采 1t 煤所涌出的瓦斯体积，单位是 m^3/t。

1. 绝对瓦斯涌出量

单位时间内涌进采掘空间的瓦斯数量，叫做绝对瓦斯涌出量。用单位 m^3/min 或 m^3/d 表示。可用下式计算：

$$Q_{CH_4} = QC \tag{4-1}$$

或

$$Q'_{CH_4} = 1440QC \tag{4-2}$$

式中　Q_{CH_4}、Q'_{CH_4}——矿井（或采区）绝对瓦斯涌出量（m^3/min 或 m^3/d）；
　　　　Q——矿井（或采区）总回风量（m^3/min）；
　　　　C——矿井（或采区）总回风流中瓦斯的(%)含量；
　　　　1440——1 昼夜的分钟数(min/d)。

2. 相对瓦斯涌出量

在矿井正常生产条件下，月平均日产 1t 煤所涌出的瓦斯数量，叫做相对瓦斯涌出量。用 m^3/t 表示。可用下式计算：

$$q_{CH_4} = \frac{1440 Q_{CH_4} N}{A} \tag{4-3}$$

式中　q_{CH_4}——矿井（或采区）相对瓦斯涌出量（m^3/t）；
　　　　Q_{CH_4}——矿井（或采区）绝对瓦斯涌出量（m^3/min）；
　　　　A——矿井（或采区）月产煤量(t)；

N——矿井(或采区)的月工作天数(d)。

(三) 影响矿井瓦斯涌出量的主要因素

矿井瓦斯涌出量对于整个矿井来说，称为矿井瓦斯涌出量；对个别煤层、水平、采区或工作面而言，则分别称为煤层、水平、采区或工作面的瓦斯涌出量。瓦斯涌出量的大小主要取决于下列自然因素和开采技术因素。

1. 煤层和围岩的瓦斯含量

煤层(包括可采层和非可采层)和围岩的瓦斯含量是瓦斯涌出量大小的决定因素，瓦斯含量越高，瓦斯涌出量越大。当前矿井的瓦斯涌出量预测把煤层瓦斯含量作为主要依据。

2. 开采规模

开采规模是指矿井的开采深度，开拓、开采范围，以及矿井的产量而言。随着开采深度的增大，煤层的瓦斯含量将增大，因而瓦斯涌出量也相应地增大。对某一矿井来说，开采规模越大，矿井的绝对瓦斯涌出量也就越大，但就矿井的相对瓦斯涌出量来说，情况比较复杂。如果矿井是靠改进采煤工艺、提高工作面单产来增大产量的，则相对瓦斯涌出量明显地减少，其原因：一是与采面无关的瓦斯源的瓦斯涌出量在产量提高时无明显增大；二是随着开采速度加快，邻近层及采落煤的残存瓦斯量将增大。如果矿井仅是靠扩大开采规模来增大产量的，则矿井相对瓦斯涌出量或保持不变或增大。

3. 开采顺序与开采方法

在开采煤层群中的首采煤层时，由于其涌出的瓦斯不仅来源于本煤层本身，而且还来源于上、下邻近层。因此，开采首采煤层时的瓦斯涌出量往往比开采其他各层时大好几倍。为了使矿井瓦斯涌出量不发生大波动，在开采煤层群时，应搭配好首采煤层和其他各层的比例。

采煤方法的回采率越低，瓦斯涌出量就越大，因为丢煤中所含瓦斯的绝大部分仍要涌入巷道。在开采煤层群时，由于采用陷落法管理顶板比采用充填法管理顶板时能造成顶板更大范围的破坏与松动，因而采用陷落法管理顶板的工作面的瓦斯涌出量比采用充填法管理顶板的工作面的瓦斯涌出量大。

4. 地面大气压力的变化

地面大气压力变化，必然引起井下空气压力的变化。根据测定，地面大气压力在1年内的变化量可达 $(5\sim8)\times10^{-3}$ MPa，1d内的最大变化量可达 $(2\sim4)\times10^{-3}$ MPa，但与煤层瓦斯压力相比，地面大气压的变化量是很微小的。

地面大气压的变化对煤层暴露面的瓦斯涌出量没有太大影响，但对采空区瓦斯涌出有较大的影响。在生产规模较大、采空区瓦斯涌出量占很大比重的矿井，当气压突然下降时，采空区积存的瓦斯会更多地涌入风流中，使矿井瓦斯涌出量增大；当气压变大时，矿井瓦斯涌出量会明显减小。

(四) 瓦斯涌出量预测方法

瓦斯涌出量的预测由于影响因素较多，要准确预测几乎是不可能的。目前采用的瓦斯涌出量的预测方法主要有以下几种。

1. 统计法

统计法即根据生产矿井不同深度已采水平的相对瓦斯涌出量的大量实测资料，通过统计分析，找出相对瓦斯涌出量随深度增长的规律，预测延深水平或相邻矿井的瓦斯涌出量。

在瓦斯风化带以下的甲烷带内，当煤层瓦斯地质条件和开采技术条件变化不大时，相对瓦斯涌出量随采深呈近似线性关系。矿井相对瓦斯涌出量每增加 $1m^3/t$，矿井开采深度的增加量称为瓦斯涌出量增深率，其单位为 t/m^2。

由已采水平不同深度的瓦斯涌出量观测数据可按下式计算瓦斯涌出量增深率：

$$a = \frac{H_2 - H_1}{q_2 - q_1} \quad (4-4)$$

式中　a——瓦斯涌出量增深率(t/m^2)；

H_1、H_2——瓦斯风化带以下两个已知瓦斯涌出量的深度(m)；

q_1、q_2——对于 H_1、H_2 深度处的相对瓦斯涌出量(m^3/t)。

已知瓦斯涌出量增深率和瓦斯风化带下界限时，就可用下式预测相对瓦斯涌出量：

$$q = \frac{H - H_0}{a} + q_0 \quad (4-5)$$

式中　q——欲求深度的相对瓦斯涌出量(m^3/t)；

H——对应于 q 的深度(m)；

H_0——瓦斯风化带的深度(m)；

q_0——H_0 处的相对瓦斯涌出量(m^3/t)。

在煤层瓦斯地质条件和开采技术条件有明显变化时，即使在同一井田内的同一煤层同一水平，瓦斯涌出量增深率也会有较大差异，这种情况下应采用分区段求出瓦斯涌出量增深率，进行分区段预测。某些矿井瓦斯涌出量增深率随深度渐变，即矿井的相对瓦斯涌出量与深度之间为非线性关系，其回归方程可采用下列形式：

$$q = b(H - H_0)^n + q_0 \quad (4-6)$$

式中　b、n——回归常数。

2. 煤层瓦斯含量法

煤层瓦斯含量法即按照煤层瓦斯含量与采后煤炭的残余瓦斯含量计算相对瓦斯涌出量。

单一煤层开采时相对瓦斯涌出量：

$$q_e = (1+n)(X - X_1) + Z(X - X_2) + \left(K + \frac{m_1\gamma_1}{m\gamma}\right)(X - X_3) \quad (4-7)$$

式中　q_e——回采相对瓦斯涌出量(m^3/t)；

n——围岩涌出瓦斯量与回采煤层瓦斯涌出量的比例系数，无实测数据时，对于全部垮落法管理顶板可取 0.2，局部充填法可取 0.15，全部充填法可取 0.1；

m_1、m——残余分层和回采分层的厚度(m)；

γ_1、γ——残余分层和回采分层煤的堆密度(t/m^3)；

Z——煤柱煤量占回采煤量的比例系数；

K——采空区残留浮煤占回采煤量的比例系数；

X——本煤层原始瓦斯含量(m^3/t)；

X_1——运出采区的煤中残留瓦斯含量(m^3/t)；

X_2——煤柱残留瓦斯含量(m^3/t)；

X_3——采空区残留浮煤的残余瓦斯含量(m^3/t)。

开采有邻近层的煤层时相对瓦斯涌出量：

$$q_e = (1+n')(X-X_1) + Z(X-X_2) + \left(K + \frac{m_1\gamma_1}{m\gamma}\right)(X-X_3)\sum_{i=1}^{n}q_{ei} \tag{4-8}$$

式中　n'——向本煤层采空区涌出瓦斯的邻近层数目；

　　　q_{ei}——第 i 邻近层向本煤层采空区涌出的相对瓦斯量(m^3/t)；当邻近层瓦斯含量与本煤层相同时，q_{ei}由下式计算：

$$q_{ei} = \frac{m_i}{m}(X-X_1) - \frac{h_i}{h_j} \tag{4-9}$$

式中　m_i——第 i 邻近层的厚度(m)；

　　　h_i——第 i 邻近层距本煤层的法向距离(m)；

　　　h_j——邻近层向本煤层采空区涌出瓦斯的极限距离，与层间岩石性质、顶板管理方法、煤层厚度、倾角等有关(m)。

(五) 瓦斯涌出不均衡系数、压力和梯度

1. 瓦斯涌出不均衡系数

在开采过程中，由于煤层赋存条件、地质构造、大气压力及生产工艺的不同和影响，每时每刻涌出的瓦斯量都不一样，有时大，有时小，并不均匀。为了便于通风和瓦斯管理引入瓦斯涌出不均衡系数，其值就是最大绝对瓦斯涌出量与平均绝对瓦斯涌出量的比值。"《煤矿安全规程》(以下简称《规程》)执行说明"规定，对于一个采区或采面，在正常生产情况下，至少要连续进行 5 昼夜测算，所得的比值中的最大值即为该区(面)的瓦斯涌出不均衡系数。显然，瓦斯涌出不均衡系数总是大于 1 的。其用途是，在进行风量计算时要乘上瓦斯涌出不均衡系数，这样算出的风量才能满足安全生产的要求。

2. 瓦斯压力

瓦斯压力是指瓦斯在煤层中所呈现的压力。它是由煤层孔隙和裂隙中的游离瓦斯的自由热运动对孔隙和裂隙的空间壁面所产生的作用力体现出来的。瓦斯压力是衡量煤层瓦斯含量大小的一个重要指标，也是抽放瓦斯和防止煤与瓦斯突出的重要依据之一。

3. 瓦斯梯度

对于某一矿井或煤层来说，在一定范围内，其相对瓦斯涌出量是随开采深度的增加而增加的，而且，相对瓦斯涌出量的增加量与所增加的开采深度之间的比值是一个常数，这个常数习惯上就称为瓦斯梯度。其含义是，在瓦斯风化带以下，深度每增加一单位时，相对瓦斯涌出量增加的数量。瓦斯梯度的用途是，可以用来推算和预测深部尚待开采水平或采区的相对瓦斯涌出量；其对于预抽瓦斯和新采区通风设计也是一个非常重要的参数。

第二节　瓦斯致灾类型

瓦斯有四大危害：瓦斯喷出、瓦斯燃烧爆炸、瓦斯突出和瓦斯窒息。这四大危害并不只会单一出现，有时一种灾害会成为另一种的诱因，如矿井由于通风不好瓦斯含量达到一定程度时，会发生瓦斯爆炸，继而有可能会带来矿井火灾，由于爆炸和燃烧的产物中含有大量的有害气体，同时矿井中的氧含量降低，容易出现瓦斯窒息事故。它们之间互为因果，密切联系，相互影响。因此，瓦斯是煤矿安全生产的大敌，为了对其进行防治，必须了解一些关于瓦斯的基本知识，了解瓦斯致灾的类型和致灾理论，以便更好地采取有效的针对性综合措

施，防治和控制瓦斯灾害的发生，确保矿井生产安全。

一、瓦斯喷出

在矿井开采过程中，煤层及其围岩中的瓦斯大部分是以比较稳定和平缓的流动形式，从煤层和围岩的暴露面上和各种裂隙中涌出；也从煤体上采落下来的和在回采过程中被破碎的煤中涌出。这种涌出，由于其流速稳定，并且分散在采掘空间中，所以容易监测和采取防治措施，一般危险性不大。但是，在瓦斯矿井中还存在着煤层瓦斯异常涌出的现象，这种煤层瓦斯涌出的特点是：时间短，且多数情况下强度大，难于监测和防治，所以危险性大。这类煤层瓦斯涌出，主要是指瓦斯喷出和突出。因此，研究喷出和突出时的瓦斯流动，将有助于防止此类事故的发生，对矿井安全生产具有重要作用。

（一）瓦斯喷出特点与危害

目前认为，大量的承压状态的瓦斯从肉眼可见的煤、岩裂缝中快速喷出的现象，称为瓦斯喷出。因此，瓦斯喷出主要取决于两个因素，即瓦斯压力的大小和周围煤、岩裂隙状态。但是，由于矿井中煤、岩裂隙分布状态复杂多变，同时承压状态的瓦斯也时常发生变化，所以导致了喷出时的瓦斯流动状态变化不定，增加了研究、测试工作的难度。因此，时至今日，人们的研究工作还仅仅是初步的。由于瓦斯喷出在时间上往往表现为突然性，而在空间上又表现为集中性，所以对矿井安全生产的威胁是很大的。从目前来看，瓦斯喷出的发生往往可能造成局部地区，甚至采区或矿井的一翼充满高含量的瓦斯，导致人员窒息，遇有火源时还可能引起瓦斯爆炸或火灾事故。因此，瓦斯喷出是矿井瓦斯事故防治工作的重点之一。

（二）瓦斯喷出分类

根据瓦斯喷出的定义可知，瓦斯喷出的发生必须具备两个条件：其一是存在承压状态的瓦斯。只有存在承压状态的瓦斯，才能为瓦斯喷出提供源泉。其二是存在瓦斯喷出的通道，即周围煤岩裂隙的存在。由于煤岩裂隙的产生不仅与地质构造有关，而且还与矿井中的采掘地压有关，因此，目前瓦斯喷出的形式及分类主要根据煤岩裂隙的显现原因来确定。根据喷瓦斯裂隙显现的原因不同，基本上可以分为沿原地质构造裂隙的喷出和沿采掘地压生成裂隙的喷出。

1. 瓦斯沿原地质构造裂隙的喷出

这类喷出大多数发生在地质破坏带，石灰岩溶洞裂缝区，背斜或向斜轴部储瓦斯区以及其他一些储瓦斯构造与原始裂缝相通的区域。这类瓦斯喷出的特点是：在一般情况下喷出的瓦斯流量较大，持续的时间较长，无明显的地压显现预兆；而且掘进巷道的瓦斯喷出一般位于工作面迎头周围。这类瓦斯喷出时的流动多数为紊流运动；当然，这主要取决于喷出时的瓦斯流动速度。

2. 瓦斯沿采掘地压生成的裂缝的喷出

这类瓦斯喷出不仅与地质构造有关，而且还与采掘地压有关。这是因为，在各种地质构造破坏区内，原来处于封闭状态的构造裂隙在采掘地压和瓦斯压力的联合作用下往往会突然张开，成为瓦斯喷出的通道。此外，在采掘地压的作用下，也往往会产生新的裂隙，构成瓦斯喷出的通道。这类瓦斯喷出的特点是：喷出濒临发生时，往往伴随着地压显现效应，出现多种显著预兆。这类瓦斯喷出时的流动状态则取决于喷出源的瓦斯压力、裂隙分布状态及其流动阻力。

(三) 瓦斯喷出原因

(1) 内因：煤层或岩层的构造裂缝中储存有大量高瓦斯。

(2) 外因：在采掘过程中，由于爆破穿透、机械振动或地压活动，使煤炭造成卸压缝隙，构成瓦斯喷出的通道是其外在因素。

(四) 瓦斯喷出的规律

(1) 瓦斯喷出往往发生在地址变化带，瓦斯喷出前往往有先兆。

(2) 易发生在煤层顶、底板岩层中有溶洞、裂隙发育的石灰岩。

(3) 具有明显的喷出口或裂隙。

(4) 瓦斯喷出量有大有小，喷出的持续时间从几分钟到几年，甚至十几年。

二、瓦斯燃烧爆炸

瓦斯是一种可燃性气体，当其在空气中的含量达到某一范围时，遇适当的点火源就会发生爆炸，具有燃烧爆炸性。按瓦斯在空气中发生燃烧的性状不同，可以将它分为三个区间：一是助燃区间，瓦斯含量大于0%至小于爆炸下限(5%)。该区间内，瓦斯在点燃源附近发生氧化燃烧反应，但不能形成持续的火焰，只能起到助燃的作用；二是爆炸区间，瓦斯含量在爆炸界限内(5%~16%)。该区间内的瓦斯遇到一定能量的点火源会形成可自动加速的燃烧锋面，该锋面在瓦斯—空气混合气体内加速传播，从而形成强烈的爆炸；三是扩散燃烧区间，瓦斯含量大于爆炸上限(16%)。该区域内瓦斯空气的混合气体无法直接被点燃，但是，当其与新鲜空气混合时，可以在混合界面上被点燃并形成稳定的火焰，称为扩散燃烧。

对煤矿井下安全威胁最大的是爆炸区间，局部区域的瞬间爆炸可以对井下的人员和设施造成很大的伤害和破坏，由此引发的煤尘爆炸、火灾及通风系统紊乱等又会使事故进一步扩大，造成更大的损失。瓦斯的扩散燃烧是煤矿最危险的事故，因为存在高含量的瓦斯源和火源，这时如果处理不当(如随意停风、减少风量等)，火源的燃烧虽然熄灭，但高含量的瓦斯与空气混合很容易使混合气体达到爆炸界限，一旦遇残余的火星就会引起爆炸。因此，对煤矿井下瓦斯燃烧爆炸事故在处理时应格外小心。

(一) 瓦斯爆炸的条件

瓦斯爆炸的发生必须具备三个基本条件，一是瓦斯含量在爆炸界限内，一般为5%~16%；二是混合气体中氧的含量不低于12%；三是有足够能量的点火源。

1. 与空气混合气体中瓦斯的含量

瓦斯发生爆炸的界限指的是瓦斯与空气的混合气体中瓦斯的体积比含量，当瓦斯含量达到9.5%时，理论上瓦斯可以同空气中的氧气完全反应，从而放出最多的热量，因此，爆炸的强度最大。在实际测量中，最大瓦斯爆炸强度往往比该含量高一点，达到10%左右。当与瓦斯混合的空气成分发生变化时，例如其中混入了其他可燃气体或认为加入了过量的惰性气体，则上述瓦斯爆炸的界限就要发生变化，这种变化通常是不能忽略的。

2. 氧气的含量

瓦斯空气混合气体中氧气的含量必须大于12%，否则爆炸反应不能持续。矿井下的封闭区域、采空区内及其他裂隙等处，由于氧气消耗或没有供氧条件，可能会出现氧气含量低于12%的情况，其他巷道、工作场所等一般不存在氧气含量低于12%的条件，因为，在此条件下人员在短时间内就会窒息死亡。

3. 足够能量的点火源

点火源能够引起瓦斯爆炸的三个条件是温度不低于650℃、能量大于0.28MJ和持续时间大于爆炸感应期。这三个条件通常很容易满足。在煤矿开采过程中，对一些不可避免的火源有时需要采取特殊的技术，使其不能满足点燃瓦斯的点火条件。例如，井下爆破时产生的火焰，温度高达2000℃，但持续的时间很短，小于爆炸感应期，因此，不会引起瓦斯爆炸。

(二) 瓦斯爆炸的过程和危害

1. 瓦斯爆炸的原理和过程

瓦斯爆炸是一种热链式反应（也叫做链锁反应）。当爆炸混合物吸收一定能量（通常是点火源给予的热能）后，反应分子的链即行断裂，离解成两个或两个以上的游离基（也叫做自由基）。这类游离基具有很大的化学活性，成为反应连续进行的活化中心。在适合的条件下，每一个游离基又可以进一步分解，再产生两个或两上以上的游离基。这样循环不已，游离基越来越多，化学反应速度也越来越快，最后就可以发展为燃烧或爆炸式的氧化反应。所以，瓦斯爆炸就其本质来说，是一定含量的甲烷和空气中的氧气在一定温度作用下产生的激烈氧化反应。其方程式为：$CH_4 + 2O_2 \longrightarrow CO_2 + 2H_2O + 831.2kJ/g$。

煤矿井下的瓦斯爆炸可以认为是这样发生的：处于爆炸极限内的瓦斯空气混合气体首先在点火源处被引燃，形成厚度仅有0.01~0.1mm的火焰层面。该火焰锋面向未燃的混合气体中传播，传播的速度称为燃烧速度。瓦斯燃烧产生的热使燃烧锋面前方的气体受到压缩，产生一个超前于燃烧锋面的压缩波，压缩波作用于未燃烧气体使其温度升高，从而使火焰的传播速度进一步增大，这样就产生压力更高的压缩波，从而获得更高的火焰传播速度。层层产生的压缩波互相叠加，形成具有强烈破坏作用的冲击波，这就是爆炸。沿巷道传播的冲击波和跟随其后的燃烧波受到巷道壁面的阻力和散热作用的影响，冲击波强度和火焰温度都会衰减，而供给爆炸能量的瓦斯一般不可能大范围积聚。因此，当波面传播出瓦斯积聚区域后，爆炸强度就逐渐减弱，直至恢复正常。若存在大范围的瓦斯积聚和良好的爆炸波传播条件，则燃烧锋面的不断加速将使得前驱冲击波的压力越来越高，最终形成依靠本身高压产生的压缩温度就能点燃瓦斯的冲击波，这种情况就是爆轰。煤矿井下的爆炸一般不能发展为爆轰，这主要是井下环境条件的影响所致。

爆炸发生时，爆炸源附近的气体向外冲出，而燃烧反应生成的水蒸气凝结成水，使该区域空气的体积缩小形成一个负压区。这样，爆炸冲击波在向前传导的同时，又生成反向冲击冲回爆炸源，特别是当冲击波遇到巷道转弯时，反射回来的冲击波具有更高的能量。这种回冲的冲击波作用于已遭到破坏的巷道，往往造成更严重的后果。反向冲击时，如果原巷道中仍存在可爆气体或煤尘，则可能造成二次爆炸。

2. 瓦斯爆炸的主要危害

瓦斯爆炸产生的有害因素主要有火焰锋面、冲击波和巷道中大气成分的变化。这三个方面都会对人员和井下巷道、仪器设备等造成损害。

(1) 爆炸冲击波。在爆炸发生时，首先到达的是爆炸冲击波。爆炸冲击波的传播速度总大于声速，最高声速可达1000m/s以上。冲击波正向传播的峰值压力一般为5~8个大气压，最高可达20个大气压。冲击波造成的危害主要是人员的创伤、巷道支架的毁坏、冒顶、井下设备的翻倒和破坏、摧毁矿井通风设施等。冲击波会扬起沉积在巷道中的煤尘或破坏矿井通风系统，形成新的瓦斯、煤尘爆炸源；当遇到火焰峰面经过或再生火源时就引发二次爆炸。

（2）火焰锋面。紧跟在冲击波之后的是发生剧烈化学反应的火焰锋面。火焰锋面在形成爆炸的初期，传播速度较低，从每秒几十厘米发展到几十米。当燃烧波传播至巷道宽度的5~10倍距离时，其传播速度迅速增加，可从100m/s迅速增长到声速以上，独头巷道、巷道中放置的机械设备及巷道断面的缩小等因素都会加速这一过程。火焰锋面的温度可达2150~2650℃。锋面经过时会造成人体大面积皮肤烧伤或呼吸器官及食道、胃等粘膜烧伤，可烧坏井下电器设备、电缆，并可能引燃井巷中的可燃物，产生新的火源。

（3）大气成分的变化。瓦斯爆炸过后，矿井中氧的含量下降，燃烧生成大量的CO_2和H_2O。不完全反应产生的CO含量一般可达到0.4%以上，成为井下人员伤亡的主要因素之一。

（三）瓦斯爆炸的原因分析

据有关资料统计表明：矿井瓦斯爆炸大部分发生在煤层的采掘工作面附近，其中，又以掘进工作面居多。掘进工作面易发生瓦斯爆炸事故，究其原因，一是，掘进工作面大多采用局部通风机通风（也有少数掘进工作面采用扩散通风或风障通风），系统不健全，供风量有限，通风能力不足；二是，风筒没有及时跟到工作面，风筒末端距工作面较远，送到工作面的风量不足以扰动分流、排除瓦斯和粉尘；三是，风筒质量低劣，吊挂高低不平，接头不平不严，阻力损失大，漏风严重，工作面有效风量不足；四是，局部通风机没有专用电源（没实行"三专"（专用开关，专用变压器，专用线路）），停电、停风的现象经常发生，局部通风很不稳定；五是，掘进工作面作业场所狭窄，条件差，是瓦斯、煤尘的发生地，也是瓦斯、煤尘的积聚地；六是，掘进工作面除使用煤电钻打眼等电气设备外，同时，还采用放炮作业，爆破落煤生产工艺。

（四）影响瓦斯爆炸发生的因素

井下负载的环境条件对瓦斯爆炸有重要影响，主要表现在不同环境条件和各种点燃源对爆炸性混合气体爆炸极限的影响。通常所说的瓦斯爆炸下限5%，上限16%，是指瓦斯空气混合气体爆炸的大致范围，随着其他可燃气体的混入，瓦斯爆炸范围会发生变化，而环境温度、压力及点燃源的能量等都对瓦斯爆炸限有影响。因此，瓦斯爆炸的界限并不是一个固定不变的常数。

1. 其他可燃气体的影响

当空气中混入多种可燃气体，且各组分之间不发生化学反应时，爆炸性混合物的爆炸界限可以根据里查特（Le Chatelier）法则计算，即：

$$\frac{P_T}{L_T} = \frac{P_1}{L_1} + \frac{P_2}{L_2} + \cdots + \frac{P_n}{L_n}$$

$$P_T = P_1 + P_2 + \cdots + P_n \tag{4-10}$$

式中　L_T、P_T——混合气体的爆炸极限和可燃气体的总含量(%)；

　　L_1、$L_2 \cdots L_n$——各可燃气体组分的爆炸极限(%)；

　　P_1、$P_2 \cdots P_n$——各可燃气体的体积分数(%)。

如果多种可燃气体的含量之和在计算的混合气体爆炸界限范围内，则该混合气体具有爆炸性。煤矿中常见可燃气体的爆炸极限见表4-3。在煤矿井下，火灾、爆炸事故后，高温热解往往能产生多种可燃气体，如一氧化碳、乙烷、少量的氢气、烯烃类气体等。在封闭灾区或恢复通风时，判断灾区气体的爆炸性就十分重要。总体来说，可燃气体的混入往往使瓦斯的爆炸下限降低，从而增加其爆炸危险性。飘浮在空气中的煤尘也会降低瓦斯的爆炸下限，这主要是因为煤尘遇热时会分解出可燃气体。

表 4-3 煤矿中常见可燃气体的爆炸极限

气 体 名 称	化学分子式	爆炸下限(%)	爆炸上限(%)
甲烷	CH_4	5.00	16.00
乙烷	C_2H_6	3.22	12.45
丙烷	C_3H_8	2.40	9.50
丁烷	C_4H_{10}	1.90	8.50
戊烷	C_5H_{12}	1.40	7.80
乙烯	C_2H_4	2.75	28.60
一氧化碳	CO	12.75	75.00
氢气	H_2	4.00	74.20
硫化氢	H_2S	4.32	45.50

下面以一个具体的计算例子说明式(4-10)的计算方法。

举例：假设某矿井封闭区域内可燃气体的组成及其含量为 CH_4：4.5%，CO：1.5%，C_2H_4：0.1%，H_2：0.05%。试计算该混合气体的爆炸界限，并判断其爆炸性。

解 可燃气体的含量为：

$$P_T = P_{CH_4} + P_{CO} + P_{C_2H_2} + P_{H_2} = 4.5\% + 1.5\% + 0.1\% + 0.05\% = 6.15\%$$

混合气体的爆炸界限为：

$$\frac{6.15}{L_{TL}} = \frac{4.5}{5.0} + \frac{1.5}{12.5} + \frac{0.1}{2.75} + \frac{0.05}{4.0} \quad L_{TL} = 5.75\%$$

$$\frac{6.15}{L_{TU}} = \frac{4.5}{16.0} + \frac{1.5}{75.0} + \frac{0.1}{28.6} + \frac{0.05}{74.2} \quad L_{TU} = 20.14\%$$

混合可燃气体的含量为 6.15%，介于爆炸下限 5.75% 和爆炸上限 20.14% 之间，因此，该混合气体具有爆炸性。使用这种方法的一个缺点是，必须预先知道混合气体中各可燃气体的组分。

2. 氧含量和过量惰性气体的影响

可燃性气体涌入矿井风流中，必然使混合气体中的氧含量下降，这一过程往往是非常缓慢的。但是，对于封闭区域，煤、木材、细菌及金属表面的氧化都会消耗大量的氧气，而没有新鲜空气的供给，因此，氧含量的降低十分迅速。对于爆炸后的区域，因爆炸反应中大量消耗氧气，其空气成分中氧的含量会发生很大的变化。

惰性气体的加入可以升高瓦斯爆炸的下限，降低其上限，从而减小爆炸区间的范围。在矿井灭火或灾区防爆时，常常使用向风流中加入惰性气体的方法使其燃烧减弱或者使混合气体失去爆炸性，使用的惰性气体主要是 N_2 和 CO_2。惰性气体具有捕捉燃烧反应活化基的作用，从而抑制爆炸链式反应的进行。表 4-4 中第三列给出了使用 N_2 和 CO_2 惰化不同的可燃气体的体积比例。

表 4-4 可燃气体 H_2、CH_4、CO 失爆所需的惰性气体量

可燃气体	加入的惰气	惰性气体/可燃气体（体积比率）	失爆点处的气体含量(体积分数,%)	
			可燃气体	氧气
H_2	N_2	16.55	4.3	5.1
	CO_2	10.20	5.3	8.4
CH_4	N_2	3.00	6.1	12.1
	CO_2	3.20	7.3	14.6
CO	N_2	4.12	13.9	6.0
	CO_2	2.16	18.6	8.6

3. 温度的影响

化学反应与温度有很大的关系，环境温度的增加往往能促进化学反应的进行。表 4-5 给出了甲烷爆炸界限随着环境温度不同的变化。由表 4-5 可见，随着环境温度的升高，爆炸下限下降，爆炸上限升高，可爆范围增大。

表 4-5 甲烷爆炸界限随环境温度的变化

环境温度/℃	甲烷的爆炸界限(%)		环境温度/℃	甲烷的爆炸界限(%)	
	下限	上限		下限	上限
20	6.00	13.40	400	4.00	14.70
100	5.45	13.50	500	3.65	15.35
200	5.05	13.80	600	3.35	16.40
300	4.40	14.25			

4. 气压的影响

井下环境中，空气压力发生显著变化的情况很少。但在爆炸冲击波或其他原因引起的冲击波波峰作用范围内，气压会显著地增高。气压的增高，使点燃源向邻近气体层传输的能力增大，燃烧反应可自发进行的含量范围增宽；对瓦斯爆炸界限的影响是：爆炸下限变化很小，而爆炸上限则大幅度增高。

5. 点燃源能量的影响

瓦斯爆炸的最小点燃能量是 0.28MJ，是常温常压环境下使用电容放电的方法测试得到的。矿井下各种点燃源的能量往往大大超过这一数值。从煤矿瓦斯爆炸事故的统计数据来看，电火花约占 50%，而放炮点燃占 30%。根据在球形容器中进行的试验，随着点燃能量的增加，瓦斯空气混合物的爆炸界限有明显的变化(见表 4-6)，最佳爆炸极限的点燃能量约为 10000J。

表 4-6 点火能量对甲烷空气混合物爆炸极限的影响

点燃能量/J	爆炸下限(%)	爆炸上限(%)	爆炸范围(%)
1	4.9	13.8	8.9
10	4.6	14.2	9.6

(续)

点燃能量/J	爆炸下限(%)	爆炸上限(%)	爆炸范围(%)
100	4.25	15.1	10.8
10000	3.6	17.5	13.9

（五）燃烧和爆炸的区别

瓦斯燃烧是一种复杂的物理化学反应过程。游离基的键式反应说明瓦斯燃烧反应的化学性质，光和热说明瓦斯燃烧过程中发生的物理现象。瓦斯燃烧或爆炸的本质是可燃气体（甲烷）燃烧的不同表现形式。

瓦斯燃烧表现在有明火作用下持续稳定的燃烧。可燃物甲烷与助燃物氧气在燃烧过程中混合，是高含量瓦斯在与空气的接触面上扩散混合成爆炸性混合气体时首先燃烧，随后依靠周围介质扩散来的氧气维持燃烧反应。可燃物质的燃烧速度取决于燃烧表面积的比例，如果燃烧表面积对体积比例越大，那么它的燃烧速度就越大。

瓦斯化学爆炸表现在火源作用下发生瞬间有冲击波的燃烧。可燃气体甲烷与助燃物氧气在一定含量范围内预先混合，然后在点火源的作用下发生火焰传播现象。在预先混合气体中，甲烷与氧气的接触面非常大，氧化反应非常迅速而形成爆炸。实际上由于燃烧生成的高温气体膨胀，使未燃烧的混合气体受压缩而流动，所以宏观的火焰传播速度是燃烧速度与混合气体流动速度之和。

煤矿井下发生的瓦斯燃烧状态非常不稳定，任何原因的扰动都可以改变燃烧状态向爆燃（爆炸）转变。即使在瓦斯体积燃尽的后段，也存在爆燃这一现象。

三、瓦斯突出

煤与瓦斯突出是煤矿安全生产中一种极其复杂的动力现象，它能在极短的时间内由媒体向巷道或采场突然喷出大量的煤炭并涌出大量的瓦斯，造成一定的、有时是十分巨大的动力效应，是严重威胁煤矿安全生产的主要灾害之一。煤与瓦斯突出，是一个经过长期研究至今未能可靠解决，威胁煤矿安全生产的世界性难题。

（一）煤与瓦斯突出机理

在煤矿井下生产过程中，突然从煤（岩）壁内部向外部采掘空间喷出煤（岩）和瓦斯（二氧化碳）的现象，称为煤（岩）与瓦斯突出，简称瓦斯突出。瓦斯突出是一种破坏性极强的动力现象。它常伴有猛烈的声响和强大的动能，能摧毁井巷设备，破坏通风系统，造成人员窒息，甚至引起火灾和瓦斯爆炸等二次事故，更严重时会导致整个矿井正常生产系统的瘫痪。因此，它是煤矿井下最严重的自然灾害之一。

迄今为止，人们对于突出过程中煤岩体破坏与发展机制的认识还停留在定性与假说性阶段，对于突出过程中哪些因素起主要作用以及与其他因素间的作用机理还把握不准，故只能对某些突出现象给予解释，还不能形成统一完整的理论体系。目前，关于煤与瓦斯突出机理的假说，归纳起来主要有如下几类：

1. 国外对煤和瓦斯突出机理的认识

国外关于煤和瓦斯突出机理的研究很广泛，由于突出的区域性及复杂性，对突出机理形成众多假说，概括起来主要有四种类型：

(1) 以瓦斯为主导作用的假说。这类假说强调瓦斯是突出的主要能源，高压瓦斯突破煤壁，携带碎煤猛烈喷出，形成突出。

(2) 以地应力为主导作用的假说。这类假说认为突出的主要因素和能源是地应力，而瓦斯是次要因素。突出的发生是由于积聚在煤层周围岩石的弹性变形潜能所引起的。

(3) 化学本质假说。认为突出是由于煤在很大的深度内变质时发生的化学反应而引起的。

(4) 综合假说。该假说是当前较普遍认同的一种假说，认为地应力、瓦斯和煤的结构是导致煤和瓦斯突出的三个主要因素。其主要论点是：

1) 煤与瓦斯突出是地应力、高压瓦斯、煤的结构性能等三个因素综合作用的结果，除了地压和瓦斯压力外，在煤层中不存在任何其他导致突出的能源。

2) 地压破碎煤体是造成突出的首要因素，而瓦斯则起着抛出煤体和搬运煤体的作用，从突出的总能量来说，瓦斯是完成突出的主要能源。

3) 煤的强度是形成突出的一个主要因素，只有当煤强度很低、煤与围岩的摩擦力不大时，地压造成的变形潜能才能使煤体破碎。

2. 国内对煤与瓦斯突出机理的认识

我国从 20 世纪 60 年代就对突出煤层的应力状态、瓦斯赋存状态、煤的物理力学性能等展开了研究，特别是近几年随着研究的深入及新的手段的应用，产生了许多新认识，目前已能对突出发生的原因、条件、能量来源做出定性的解释和近似的定量计算，为防治措施选择及效果检验提供理论依据。概括起来主要有以下几方面：

(1) 中心扩张学说——认为煤和瓦斯突出是从离工作面某一距离处的中心开始，尔后向周围扩展，由发动中心周围的煤—岩石—瓦斯体系提供能量并参与活动。在煤和瓦斯突出地点，地应力、瓦斯压力、煤体结构和煤质是不均匀的，突出发动中心就处在应力集中点，煤体的低透性有助于建立大的瓦斯压力梯度。

(2) 流变说——认为煤和瓦斯突出是含瓦斯煤体在采动影响后，地应力与瓦斯气体耦合的一种流变过程。在突出的准备阶段，含瓦斯煤体发生蠕变破坏形成破隙网，之后瓦斯能量冲垮破坏的煤体发生突出。该观点对延期突出的解释很有用。

(3) 二相流体说——认为突出的本质是突出中形成了煤粒和瓦斯的二相流体。二相流体受压积聚能量，卸压膨胀放出能量，冲破阻碍区形成突出，强调突出的动力源是压缩积蓄、卸压膨胀能量，不是煤岩弹性能。

(4) 固流耦合失稳理论——认为突出是含瓦斯煤体在采掘活动影响下，局部发生迅速、突然破坏而生成的现象。采深和瓦斯压力的增加都将使突出发生的危险性增加。

(5) 球壳失稳观点——认为突出实质是地压力破坏煤体、煤体释放瓦斯、瓦斯使煤体裂隙扩张并使形成的煤壳失稳破坏的过程。煤体的破坏以球壳状煤壳的形成、扩展及失稳抛出为主要特点。这种观点对于解释突出孔洞的形状及形成过程很有帮助。

（二）突出发生的条件

煤和瓦斯突出是地应力、煤中的瓦斯及煤的结构和力学性质综合作用的动力现象。突出过程中，地应力、瓦斯压力是发动与发展煤和瓦斯突出的动力，煤的结构、力学性质则是突出发生的阻碍因素。它们存在于一个共同体中，有其内在联系，但不同因素对突出的作用不同，不同的突出起主要作用的因素也不一样。

（三）突出发展过程

突出的发展过程一般可划分为四个阶段。

1. 准备阶段

该阶段的特点是：在工作面附近的煤壁内形成高的地应力与瓦斯压力梯度。即在有利的约束条件（石门岩柱，煤巷的硬煤包裹体）下，煤内地应力梯度急剧增高，能够叠加各种地应力，形成很高的应力集中，积聚着很大的变形能；同时由于孔隙裂隙的压缩，使瓦斯压力增高，瓦斯内能也增大。在这个阶段，会显现多种有声的与无声的突出预兆。准备阶段的时间可在很大范围内变化，也可在几秒钟内完成（如在振动放炮或顶板动能冲击条件下）。

2. 激发阶段

该阶段的特点是地应力状态突然改变，即极限应力状态的部分煤体突然破坏，卸载（卸压）并发生巨响和冲击；向巷道方向作用的瓦斯压力的推力由于煤体的破裂，顿时增加几倍到十几倍，伴随着裂隙的生成与扩张，膨胀瓦斯流开始形成，大量吸附瓦斯进入解吸过程而参与突出。

3. 发展阶段

该阶段具有两个互相关联的特点，一是突出从激发点起向内部连续剥离并破碎煤体，二是破碎的煤在不断膨胀的承压瓦斯风暴中边运送边粉碎。前者是在地应力与瓦斯压力共同作用下完成的，后者主要是瓦斯内能做功的过程。煤的粉化程度、游离瓦斯含量、瓦斯放散初速度、解吸的瓦斯量以及突出孔周围的卸压瓦斯流，对瓦斯风暴的形成与发展起着决定作用。

4. 终止阶段

突出的终止有以下两种情况：一是在剥离和破碎煤体的扩展中遇到了较硬的煤体或地应力与瓦斯压力降低不足以破坏煤体；二是突出孔道被堵塞，其孔壁由突出物支撑建立起新的拱平衡，或孔洞瓦斯压力因其被堵塞而升高，地应力与瓦斯压力梯度不足以剥离和破碎煤体。但是，这时突出虽然停止了，而突出孔周围的卸压区与突出的煤涌出瓦斯的过程并没有停止，异常的瓦斯涌出还要持续相当长时间。

（四）瓦斯突出的分类及危险等级划分

我国是世界上煤与瓦斯突出最严重的国家之一，对于突出矿井的管理有着严格的要求。我国有250多对突出矿井，危险程度差别较大，若采用统一的管理方法，防突工作势必带有一定的盲目性。因此，有必要对突出矿井按照危险程度进行分级，以便实行分级管理。

1. 煤与瓦斯突出分类

（1）按动力现象的力学特征分类。煤与瓦斯突出这种动力现象按其动力来源分为三类。第一类为突出，发生突出的力量是地应力和瓦斯压力的合力，其基本能源是煤中所积聚的瓦斯能；第二类为压出，实现压出的主要力量是地应力，其基本能源是煤中所积聚的弹性能；第三类为倾出，造成倾出的主要力量是地应力，其基本能源是煤的重力位能。尽管这三类动力现象统称为煤与瓦斯突出，但因发生的基本能源不同，其危害程度也不同。与倾出、压出相比，突出的危害性最大，突出的煤体因高压气体的破坏作用，有时会出现大量的极细的微尘，突出物被瓦斯流搬运至远处，有时像几吨重的石块也会搬移数百米，颗粒带有一定的分选性，堆积角远小于自然安息角，突出时伴随大量瓦斯喷出，与突出物重量相比，由于突出产生的异常瓦斯涌出量每吨煤可达几十甚至数百立方米。涌出的大量瓦斯会造成几米至数千米甚至全矿井瓦斯逆流,能严重破坏矿井通风系统和设施。

(2) 按动力现象的强度分类。强度是指每次动力现象抛出的煤(岩)的数量(以 t 或 m^3 为单位)和瓦斯量(以 m^3 为单位)。由于在动力现象发生过程中,瓦斯量的计量工作尚存在一些技术问题(如自动记录仪表,统一计算标准等),现在分类主要依据抛出的煤(岩)重量,据此可分为:

小型突出:强度小于 50t/次(突出后,经过几十分钟瓦斯含量可恢复正常)。

中型突出:强度 50~99t/次(突出后,经过一个工作班以上瓦斯含量可逐步恢复正常)。

次大型突出:强度 100~499t/次(突出后,经过一天以上瓦斯含量可逐步恢复正常)。

大型突出:强度 500~999t/次(突出后,经过几天回风系统瓦斯含量可逐步恢复正常)。

特大型突出:强度大于 1000t/次(突出后,经过长时间排放瓦斯,回风系统瓦斯含量才恢复正常)。

2. 矿井突出危险程度分级指标和方法

目前国内有两种不同的分级方法,一种方法是将突出矿井危险等级划分为较弱、中等、严重(即Ⅰ、Ⅱ、Ⅲ)三级;另一种方法是采用 5 个指标综合评定矿井的突出危险性,将突出矿井危险等级划分为一般突出和严重突出两级。

(1) 矿井突出危险程度分级指标。对于突出矿井危险程度而言,包括两方面内容,其一是各矿井已经发生的突出事例的比较,其二是各矿井潜在的突出危险程度,即矿井突出危险程度分级指标既要有突出危害性指标,又要有突出危险性指标。突出危害性指标包括最大突出强度、平均突出强度、突出频度、突出煤量、突出时最大瓦斯涌出量、突出类型比例等。突出危险性指标包括始突深度、开采深度。煤层最大瓦斯压力,煤的最小坚固性系数,工作面危险性日常预测结果,地质构造复杂程度,软分层厚度比例等。应当指出,上述指标中有的因为技术原因,还不能精确确定,如突出时瓦斯涌出量,因突出时几乎无人在现场测量,大多为事后根据监测系统测定结果进行估算,而大部分监测系统甲烷的含量大于 4% 时已经失效,所以估算结果只能供参考。地应力测定较难,测定结果较少。有的指标难以量化,如地质构造复杂程度只能笼统地讲简单、中等、复杂。有的指标在个别地点测定结果难以代表全矿井状态,如工作面危险性日常预测结果和软分层厚度比例。有些指标具有相关性,如地质构造是构造应力作用的结果,在地质构造区域常伴随煤结构发生变化,出现软煤包、揉搓带,使煤层强度下降,瓦斯含量增加,形成采掘工作面周围地应力和瓦斯压力的不均匀分布。

(2) 突出矿井危险等级划分方法。Ⅲ级突出矿井为严重突出矿井,满足下列条件之一者为严重突出矿井:

1) 最大突出强度大于 1000t/次。

2) 近 10 年突出总次数大于 100 次。

3) 最大突出强度大于 400t/次,且近 10 年总突出次数大于 10 次。

Ⅰ级突出矿井为较弱突出矿井,凡同时具备下列条件者为较弱突出矿井:

1) 最大突出强度小于 100t/次。

2) 近 10 年突出总次数小于 20 次。

Ⅱ级突出矿井为中等突出危险矿井,凡不符合上述Ⅲ级和Ⅰ级的突出矿井皆为中等突出危险矿井。

(3) 两级分级指标和分级方法。两级分级的简便方法采用 5 个指标综合判定矿井突出危险程度，其中 3 个为突出危害指标：最大突出强度(t)、平均突出强度(t)、最近 10 年突出频度(次/年)；2 个为突出危险性指标：最大瓦斯压力(MPa)、最大开采深度(m)。

矿井突出危险程度分为两级：严重突出矿井和一般突出矿井，各指标的权数及其在两级矿井中的取值见表 4-7。

表 4-7　各指标分级取值

指标名称	单位	公式中符号	权数	取值范围 严重	取值范围 一般
最大突出强度	t	x_1	0.3	>150	≤150
平均突出强度	t	x_2	0.2	>50	≤50
突出频次	次/a	x_3	0.2	>2	≤2
最大瓦斯压力	MPa	x_4	0.15	>1.0	≤1.0
最大开采深度	m	x_5	0.15	>300	≤300

计算公式为：

$$\beta = 0.3x_1 + 0.2(x_2 + x_3) + 0.15(x_4 + x_5) \tag{4-11}$$

其中 x_1、x_2、x_3、x_4、x_5 等于 1 或 0。当该指标位于严重突出矿井取值范围，等于 1；反之，等于 0。

将各指标取值代入式(4-11)中，求得 β 值，若 $\beta > 0.5$ 时，为严重突出矿井；$\beta \leq 0.5$ 时，为一般突出矿井。

四、瓦斯窒息

瓦斯矿井在生产过程中，要连续不断地放出瓦斯，这些瓦斯主要靠通风的方法由风流排出井巷和工作面，最终排出矿井。如果井巷、工作面一旦停风或不通风，瓦斯排不出来，就必然形成聚集。瓦斯大的矿井瓦斯聚集快，瓦斯小的矿井聚集慢。有的矿井几分钟内就能达到很高的含量，有的需要几天、几个月，甚至几年才能聚集到高含量。瓦斯聚集只有快慢之分，但无聚集与不聚集的问题。只要停风、无风，瓦斯聚集是必然的，这是瓦斯聚集的客观规律。瓦斯聚集的这一规律说明，瓦斯虽然无毒，但井巷空气中瓦斯聚集达到很高含量时，会使氧气含量大大下降，一旦人员进入，可因缺氧而造成窒息事故。

(一) 氧气含量减少对人体的危害

煤矿开采特别是井工开采，是在地下数百米甚至上千米的深度开掘巷道进行的一种生产活动，需要连续不断地从地面向地下所有巷道和作业地点输送新鲜空气，以供给作业人员呼吸和创造良好的作业环境。但随着煤炭开采而从煤岩层中涌出的大量瓦斯涌向采掘空间后，使矿井空气中的瓦斯含量增大。当空气中的瓦斯含量较高时，就会相对降低空气中的氧气含量，影响人体健康，严重时甚至会造成人缺氧窒息死亡。氧气含量减少对人体的危害见表 4-8。

表 4-8　氧气含量的减少对人体的危害

空气中氧气含量(%)	人体的反应
17	休息时无影响，工作时会引起喘息，呼吸困难
15	呼吸急促，脉搏跳动加快，判断和意识能力减弱

(续)

空气中氧气含量(%)	人体的反应
10~20	失去理智,时间稍长即有生命危险(含量为10%时只能活30min)
6~9	失去知觉,几分钟内心脏尚能跳动,若不及时抢救就会死亡

在压力不变的情况下,当瓦斯含量达到43%时,氧气含量就会被冲淡到12%,人会呼吸困难;当瓦斯含量达到57%时,氧气含量就会降到9%,这时若有人误入其中,短时间内就会因缺氧窒息而死。因此,《煤矿安全规程》规定,凡井下盲巷或通风不良的地区,都必须及时封闭或设置栅栏,并悬挂"禁止入内"的警标,严禁人员入内。

煤矿中的瓦斯成分复杂,其主要成分是甲烷,此外有乙烷、丙烷、二氧化碳和其他气体,个别煤层内含有 H_2、CO 或 H_2S。其中甲烷为无色无嗅气体,易燃,对人基本无毒,但含量过高时,使空气中氧含量明显降低,会使人窒息。当空气中甲烷达到25%~30%时,可引起头痛、头晕、乏力、注意力不集中、呼吸心跳加速、步态不稳,若不及时脱离现场,可导致窒息死亡。瓦斯中的一氧化碳(CO)为无色无嗅气体,经呼吸道进入体内后,与血红蛋白结合形成碳氧血红蛋白,使红细胞失去携带氧的能力而造成组织缺氧。中毒症状有头痛、头晕、耳鸣、心悸、恶心、呕吐、无力、皮肤粘膜呈樱红色、烦躁、步态不稳、昏迷、抽搐、大小便失禁、心肌受损、肺水肿等,如不及时脱离现场进行抢救治疗,会即时死亡。

(二)产生瓦斯过量的原因

(1)采区巷道布置不合理,影响工作面通风质量,很多矿井是独眼井开采,根本无法形成通风系统,采掘面瓦斯等煤气极易积聚,整个矿井易形成长距离的串联通风,甚至极易产生循环风,通风状况极为恶劣。

(2)井下瓦斯的含量,除了与煤层赋存状况、产量、采煤方法、通风系统、地质构造、通风状况等关系密切外,还与自然界外部条件(如降雨、气温、气压、地下水活动情况等)相关。每年的春、夏、冬三个季节瓦斯事故多发。冬、春季昼夜温差大,这必然造成靠自然通风的小煤矿井下气温和气压的变化,从而使井下瓦斯绝对涌出量波动,导致井下瓦斯含量增大。夏季,南方天气炎热,雷雨多,煤层顶板及上附岩层因受雨水渗透影响,透气性会因岩层含水性变化而产生波动,工作面瓦斯含量也随之变化。

2009年统计,我国煤矿可查事故共110起,死亡、失踪人员864人。其中煤和瓦斯突出16起,死亡212人;瓦斯燃烧、爆炸28起,死亡305人;瓦斯中毒、窒息事故16起,死亡86人;冒顶坍塌事故19起,死亡62人;机电事故7起,死亡29人;透水事故21起,死亡125人;其他事故3起,死亡45人。

从分析可知,在所有的瓦斯事故中,瓦斯爆炸频率不仅最高,而且死亡人数也最多,其平均死亡人数为11人/次;瓦斯突出平均死亡人数为13人/次。瓦斯窒息平均死亡人数为5人/次。由此可以看出,防治瓦斯爆炸、煤和瓦斯突出以及瓦斯窒息,是治理瓦斯事故中的主要任务,其中尤以防治瓦斯爆炸为重中之重,只有这样才能更有效地防治瓦斯灾害的发生。

瓦斯含量超限是瓦斯窒息的直接原因,同时也是瓦斯爆炸的条件,治理瓦斯必须治理瓦斯超限问题,而导致瓦斯爆炸的另一重要原因是各种火源的存在。它们之间互为因果,密切联系,相互影响。因此,瓦斯是煤矿安全生产的大敌,必须严格按照煤矿瓦斯灾害治理的十二字方针来进行煤矿安全生产。

第三节 瓦斯治理技术

瓦斯爆炸事故具有突发性和严重破坏性，一旦发生就会造成重大的人员伤亡和财产损失。据统计，2000年全国煤矿生产事故死亡5798人，其中，瓦斯事故造成的死亡人数高达3311人，占死亡人数的57.1%。死亡10人以上的事故75起，死亡1398人，其中瓦斯事故多达69起，死亡1323人，分别占92.0%和94.6%。

瓦斯爆炸必须具备三个基本条件：一是瓦斯含量达5%～16%；二是存在高温热源；三是空气—瓦斯混合气体中的氧气含量在12%以上。煤矿中除盲巷、火区等不通风的地点氧含量达不到12%外，其他地方的氧含量都在12%以上。因此，防止瓦斯爆炸的重点在于采取各种措施防止爆炸条件中的前两个条件。

所以，要防止煤尘和瓦斯爆炸必须从瓦斯爆炸的三个基本条件着手，想尽一切办法控制煤尘和瓦斯形成爆炸所具有的条件。

一、瓦斯抽排技术

（一）瓦斯排放

在采煤过程中，采煤工作面的上隅角最容易积聚瓦斯，一般通过下面几种瓦斯排放方法来解决上隅角瓦斯超限问题。

1. 风筒导排风流

风筒进风口设在上隅角瓦斯积聚点，工作面一部分风流经上隅角进入风筒口，把积聚的瓦斯抽出，如图4-2所示。

2. 风障导风法

在工作面上隅角附近设置风障或木板隔墙，迫使一部分风流经上隅角排除积聚的瓦斯，如图4-3所示。

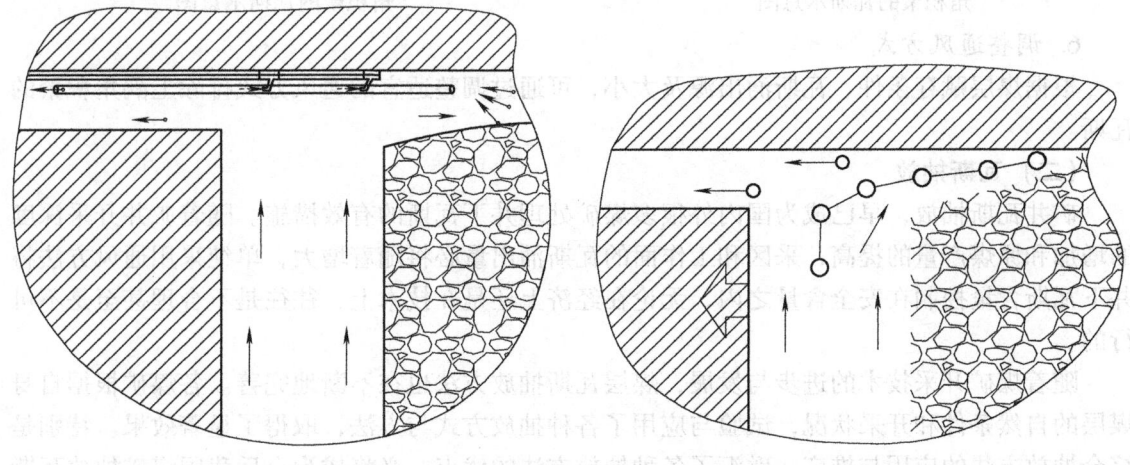

图4-2 利用水力引射器排除上隅角积聚的瓦斯示意图　　图4-3 风障引导风流法处理上隅角积聚的瓦斯示意图

3. 尾巷排放法

将回风巷后面的联络眼中的密闭设施打开，在工作面回风巷中增设调节风门或挂风帘，迫使一部分风流漏入采空区，以冲排上隅角处积聚的瓦斯，如图4-4所示。

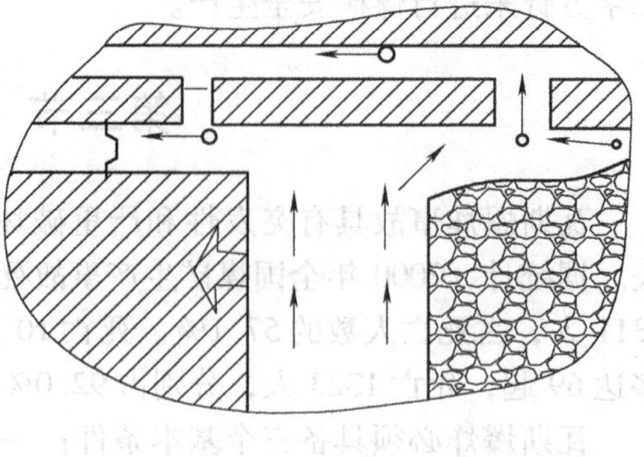

4. 抽放排放法

向采空区打钻孔或埋设管路，利用瓦斯抽放系统将上隅角积聚的瓦斯抽出，如图4-5所示。

5. 风压调节法

在工作面进风巷安设局部通风机，设两道风门，且在回风巷设两道调节风门，并在回风巷穿过两道调节风门设一硬质导风筒，以排放上隅角积聚的瓦斯。但这种方法所需通风设施较多，调节风压较困难，而且采煤工作面不能利用矿井全风压通风，如图4-6所示。

图4-4 尾巷排放法处理上隅角积聚的瓦斯示意图

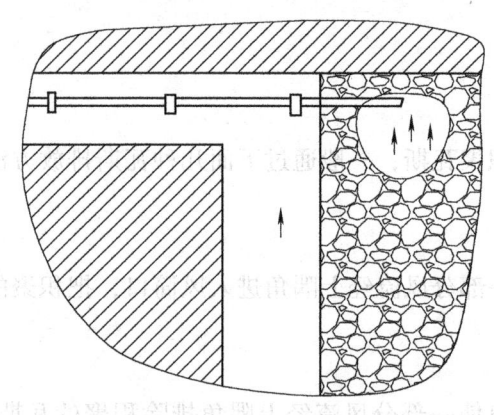

图4-5 埋管抽放法处理上隅角积聚的瓦斯示意图

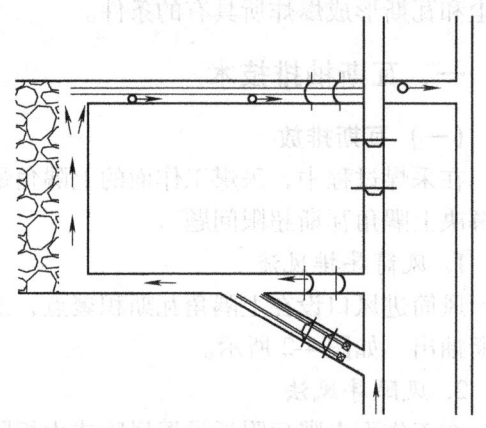

图4-6 风压调节法处理上隅角积聚的瓦斯示意图

6. 调整通风方式

根据煤层赋存条件、瓦斯涌出源及大小，可通过调整适宜的通风方式排除上隅角积聚的瓦斯。

（二）瓦斯抽放

矿井瓦斯抽放，早已成为国内外很多煤矿处理井下瓦斯的有效措施。随着矿井开采深度的增加和原煤产量的提高，采区和工作面的瓦斯涌出量必将随着增大，单纯采用通风方法将井下瓦斯含量控制在安全含量之内，无论在经济上还是在技术上，往往是不合理甚至是不可行的。

随着煤矿开采技术的进步与发展，煤层瓦斯抽放方法也在不断地完善。各煤矿根据自身煤层的自然条件和开采状况，试验与应用了各种抽放方式与方法，取得了显著效果。特别是综合抽放方法的应用与推广，融汇了各种抽放方法的优点，必将成为今后我国煤矿抽放瓦斯方法的发展方向并显示其更大的优越性。

我国目前的瓦斯抽放技术有本煤层抽放、邻近层抽放和综合抽放。抽放瓦斯方法选择原则：

(1) 首先应考虑选用多种抽放方法相结合的综合抽放方法，以提高抽放效果。

(2) 开采过程中的瓦斯涌出量主要来源于开采煤层(本煤层)时，则应采用本煤层瓦斯抽放方法。

(3) 在煤层群的条件下，首采层开采时，邻近层的瓦斯涌出量占有很大比例且威胁工作面的安全生产，则应采用邻近层瓦斯抽放方法。

(4) 当工作面后方采空区瓦斯涌出量较大且威胁工作面的安全生产，老采空区内积存大量瓦斯向邻近工作面涌出瓦斯、增大采区和矿井的总排瓦斯量时，应采用采空区瓦斯抽放方法。

(5) 对于瓦斯含量较高的煤层，在巷道掘进时涌出的瓦斯量很大且难以用加大风量稀释时，可考虑采掘前大面积预抽瓦斯方法或采取边掘边抽方法。

(6) 对于透气性较低，采用预抽放方法难以直接抽出瓦斯，掘进时瓦斯涌出不是很大，而回采时有大量瓦斯涌出的煤层，可采用边采边抽或采用水力割缝、水力压裂、松动爆破等措施，人为下压后抽放瓦斯。

(7) 如果煤层赋存较浅(一般在600m以内)、煤层较厚或层数较多、煤层瓦斯含量较高、地面钻孔施工条件较好时，可采用地面钻孔抽放。

(8) 若围岩瓦斯涌出量较大，以及溶洞或裂隙带储存有高压瓦斯并有喷出危险时，应采取围岩瓦斯抽放措施。

1. 本煤层瓦斯抽放

本煤层瓦斯抽放，是指抽放开采煤层本煤层的瓦斯，也即当开采煤层瓦斯含量很高、采掘过程中瓦斯涌出量很大，而单纯依靠通风的方法难以完全解决瓦斯问题时，所采取的可行的和有效的措施。本煤层的瓦斯抽放包括预抽、边采(掘)边抽和强化抽放等方式。

(1) 本煤层未卸压抽放。未卸压煤层瓦斯抽放，是指通过巷道或钻孔抽放未受松动影响或未经人为松动卸压的煤层中瓦斯的方法，也可称为预抽瓦斯。

预抽瓦斯过程中，煤层瓦斯流动是一个较为复杂的问题。虽然巷道或钻孔都会造成周围煤体的局部卸压，但范围很有限，特别是钻孔所引起的松动和卸压范围，只是数倍钻孔直径的距离。由于煤是一种多孔介质，在一定的瓦斯压力下，仅游离瓦斯可以流动，吸附瓦斯只是在瓦斯压力降低时解吸转为游离瓦斯后才参与流动。因此，在预抽瓦斯时，基本上仍按原始条件下的瓦斯流动状态考虑。理论分析认为，大孔和裂隙中的瓦斯以层流形式运动，服从达西定律；过渡孔和微孔中的瓦斯则是扩散运动，服从菲克定律。由于扩散速度要比渗流速度小得多，因此，预抽煤层瓦斯时，只有经历较长时间才能达到预期目的。

1) 巷道预抽。巷道预抽瓦斯的效果主要与煤巷暴露面积的大小有关，同时也与煤层的厚度、透气性能以及抽放时间的长短等有关。因此，一些透气性较好的厚及中厚煤层的矿井，如淮南谢二矿、淮北芦岭矿和焦作李封矿等，也都进行过巷道预抽本煤层瓦斯，取得了不错的效果。

目前，巷道预抽瓦斯虽然已经不再被用作主要的抽放瓦斯方法，但仍有一些矿井将其作为辅助方法应用。这种方法的优点是，煤体卸压范围大，煤壁暴露面积大，有利于瓦斯的涌出，能取得较好的抽放效果。其缺点是，需要预先掘出巷道，提前投资，工作量大；巷道施工过程中瓦斯涌出大，增加通风负担，施工困难；巷道中的密闭受矿压作用很难保持其气密性，容易因为漏风而降低抽放瓦斯的含量，还可能导致巷道内煤炭自燃发火；巷道封闭2～3年时间，年久失修，给后期开采时的巷道维护和顶板管理增加难度。

2) 钻孔预抽。钻孔预抽瓦斯是国内外抽放本煤层瓦斯的主要方式，有地面钻孔抽放和井下钻孔抽放两种。地面钻孔抽放方式，即由地面向开采煤层打钻孔抽放瓦斯，美国和前苏联还试验成功了定向拐弯钻孔的新工艺。目前，国内一些矿区已经着手进行地面钻孔抽放瓦斯的开发评价工作。

钻孔预抽本煤层瓦斯于1954年在抚顺龙凤矿首先试验成功，之后在不同煤层条件的矿井扩大试验与应用。目前，国内已有约50个矿井采用钻孔预抽本煤层瓦斯的方法。井下钻孔的布孔方式在各个矿井并不完全相同，基本方式有穿层钻孔和顺层钻孔两种。

① 穿层钻孔。穿层钻孔是指将钻孔布置在煤层底板岩石巷道中或邻近煤层巷道中（也有的将钻场布置在煤层顶板岩层中），由钻场向开采煤层打钻，钻孔贯穿煤层全厚，预先抽放本煤层瓦斯。这是一种应用较为广泛的有效的抽放方法。经过预抽后的开采煤层再进行采掘工作，从而解决了掘进和采煤过程中的瓦斯问题。

a. 底板岩巷钻场穿层钻孔抽放。根据采区设计提前在开采煤层底板的岩层中掘出运输大巷，每隔一定距离设一钻场，从钻场向煤层打穿层钻孔，进行密集网格钻孔抽放。主要参数如下：

孔距：钻孔间距可根据煤层透气性系数及抽放影响半径确定，宜采用密集钻孔，布孔方式常采用"三花眼"。

孔口负压：孔口抽放负压以16000～45500Pa为宜，也可根据煤层透气性及瓦斯压力等加以调整。

预抽时间：一般为2～4年。

封孔：封孔材料可用水泥砂浆或膨胀水泥，封孔深度2～4m即可。

此种布孔方式的钻孔施工较为方便、简单，且易于封孔；钻场设在岩巷，避免了预抽时揭穿突出煤层，系统可靠；抽放时间长，抽放与生产干扰很小。但岩巷掘进的工程量较大。适用于具有一定透气性、突出较严重、有一定倾角的厚及中厚煤层，并在开拓开采生产连续的布置上有可允许的预抽时间。

b. 石门向煤层打穿层孔抽放。由石门向煤层打穿层钻孔，预抽一定时间后继续掘进揭煤。其孔距、孔口抽放负压、封口等与底板岩巷钻场穿层钻孔抽放瓦斯基本相同。由于利用石门设置钻场，施工量小，并可为石门揭煤创造安全条件。但抽放与生产有一定干扰，难以保证足够的抽放时间。适用于具有一定透气性、有一定倾角的厚及中厚煤层，并要求生产接续，不十分紧张。

② 顺层钻孔。顺层钻孔是指巷道进入煤层以后，沿煤层的走向或倾向所打的钻孔。顺层钻孔可用于石门见煤处、煤巷及回采工作面。在我国采用较多的是回采工作面。其作用主要是，在采面准备好之后，按不同的布孔方式抽放一段时间，然后再进行开采，以减少回采过程中的瓦斯涌出量。

a. 走向顺层钻孔。在开切眼内沿工作面走向打的顺层钻孔，只能在采面回采之前预抽一段时间，当工作面开始回采时，瓦斯抽放即需停止；受钻孔深度的限制，难以控制整个采面。

b. 倾向顺层钻孔。在巷道内布置与工作面平行和斜交的钻孔，不仅可以在回采前预抽，开采期间仍可继续抽放；抽放钻孔只是随工作面的推进在数量上逐渐减少，但尚未报废的钻孔仍然可以继续抽放，并且还可抽放工作面前方的一段卸压瓦斯。

c. 扇形顺层钻孔。在两巷道掘钻场，从钻场向煤层打钻。若每个钻场布置一个钻孔，则钻孔沿走向分布均匀，但需钻场数量多；若每个钻场多打孔，则钻场数量减少，但钻孔分布不均匀。

d. 交叉顺层钻孔。交叉钻孔可利用钻孔周围的应力叠加，扩大塑性区的范围和连续性，增加煤体的裂隙，达到提高预抽效果的目的。

(2) 本煤层采用卸压抽放。本煤层采用卸压抽放，主要依靠采掘工作的影响，构成对周围煤体的卸压作用，从而增加煤体透气性，来实现抽放瓦斯的目的。采用卸压抽放，主要分为边掘边采和边采边抽两种。其中，边采（掘）边抽方法适用于本煤层开采时瓦斯涌出量大的矿井，也是解决单一煤层瓦斯涌出量大的有效方法。

1) 边掘边抽。巷道掘进所形成的空间，可使巷道两侧及掘进工作面前方的应力重新分布。边掘边抽就利用巷壁附近的卸压区域抽放瓦斯，为了不影响掘进工作，每隔一定距离在巷道两侧做钻场向工作面前方打钻孔。

边掘边抽的钻场间距一般在 40~60m 之间，钻孔长度为 45~65m，孔径为 50~100mm；封孔材料一般用膨胀水泥，封孔深 7~9m；孔口抽放负压为 5870~50400Pa 不等。利用煤巷掘进动压边掘边抽，基本可解决掘进瓦斯问题，尤其适用于本煤层掘进工作面瓦斯涌出量较大、用通风方法难以解决瓦斯超限的煤层，也可用于掘进工作面前方有断层及裂隙溶洞瓦斯的抽放。可利用钻孔探明构造及抽放瓦斯。边掘边抽方式在我国一些高瓦斯矿井得到广泛应用，并都取得了较好的抽放效果。

2) 边采边抽。在回采工作面的前方一定距离有一个应力集中带，这个应力集中带随工作面的推进向前移动。应力集中带与工作面之间有一个 10m 左右的区域，称为卸压带，在该区域可以抽放卸压瓦斯。边采边抽就是将抽放钻孔提前布置在煤层内，在卸压带推到之前可以预抽本煤层瓦斯；卸压带移至钻孔时，即可抽出较大流量的卸压瓦斯。边采边抽的布孔方式，一般是在工作面推进方向的运输或回风巷道向开采煤层打钻，钻孔间距为 10~20m，钻孔深度根据工作面的长度而定，孔口抽放负压一般为 6700~10700Pa，用膨胀水泥封孔，封深为 5~8m。由于工作面前方煤体内的瓦斯被提前截断和抽出，因此有效地减少了工作面的瓦斯涌出量。

(3) 本煤层人为卸压抽放。低透气性、高瓦斯含量的单一煤层的瓦斯抽放，是煤矿瓦斯抽放技术中一直未能很好解决的难题。人为卸压抽放是指人为地增大煤层透气性，即扩大、沟通和产生新的裂隙通道，以提高抽放煤层瓦斯效果的方法。

1) 人为卸压抽放瓦斯方法的基本原则

① 在煤体无自由面的情况下，改善煤中裂隙的分布状况，使煤体中产生透气性良好的贯通裂隙，以提高整个煤层的透气性。

② 在煤体有自由面的情况下，使煤体膨胀变形，以提高煤层的透气性。

③ 从煤层中取出部分物质，形成空洞，使煤体卸压，扩大原有裂隙，并产生新裂隙，以提高煤层透气性。

2) 人为卸压方法。根据上述原则和现有的技术手段以及煤层条件，国内外采取的人为卸压方法有以下四种。

① 水力压裂、破裂卸压法。在钻孔揭穿煤层处，注入携带支撑剂（一般为石英砂）的高压水，在一定时间后瞬时卸压。如此反复卸压，使煤体在一定范围内形成无数微小裂缝，并由支撑剂支撑其微小裂缝而增大煤层的透气性，提高抽放率。

② 水力割缝、空穴卸压法。水力割缝是在钻孔进入煤层后，在孔内用高压水射流沿煤层层面割出一道裂缝，使其上下煤体松动卸压，增大透气性。水力空穴卸压的基本原理是，用水作动力，在无自由面的情况下，强制煤随高压水一起从钻孔中喷出，使钻孔周围形成空穴，煤体卸压，改善瓦斯流动条件。具体做法是，通过钻孔向煤层快速输送高压水，然后突然卸压放水；在高压水放出的同时，使钻孔周围煤体由于大的压力差而破碎并随水一起喷出，形成空穴。

③ 松动爆破、预裂卸压法。指在采掘工作面煤体中，为松动煤体、改变煤体的应力状态，防止煤（岩）与煤层气突出而打一定数量和深度的炮眼，装适量炸药的爆破。深孔松动控制爆破卸压增透技术是利用煤层瓦斯压力、炸药爆炸产生的能量及控制孔的导向和补偿作用使煤体原有裂隙得以扩展并产生新的裂隙，释放应力和瓦斯压力并起到卸压增透效果，从而达到提高煤层透气性和抽放效果的目的。

④ 物理化学卸压法。所谓物理化学卸压，就是向煤层注入化学活性溶液，使煤体发生化学反应，从而使坚硬的煤层被软化，改变其吸附瓦斯能力和加快瓦斯从煤层中的排除。例如，利用盐酸（HCl）与煤体中的碳酸钙（$CaCO_3$）反应生成易于溶解的氯化钙（$CaCl_3$）的原理增大煤层的孔隙率，从而提高其透气性。

低透气性、高瓦斯含量的单一煤层的瓦斯抽放问题，除了要广泛采用人为卸压等已有成果的各种抽放方法之外，仍需要深入研究强化抽放瓦斯的方法，搜索更加有效、更加经济的抽放瓦斯技术。

2. 邻近层瓦斯抽放

邻近层瓦斯抽放方法或方式，主要考虑煤层的赋存状况、开拓方法和层间距离等因素，概括起来可分为钻孔（包括井下钻孔和地面钻孔）抽放和巷道抽放两种方式。

（1）井下钻孔抽放。邻近层瓦斯抽放中，应用最多和较为普遍的是井下钻孔抽放方法。邻近层抽放时的井下钻孔布置，可分为本煤层外巷道打钻和本煤层内巷道打钻两种方式。

1）本煤层外巷道打钻孔可分为以下四种方式：

① 钻场设在本煤层的底板岩巷内，由钻场打钻抽放下邻近层瓦斯。

② 钻场设在本煤层的顶板岩巷内，由钻场打钻抽放上邻近层瓦斯。

③ 利用石门、联络巷作钻场，向上、下邻近层打钻孔抽放的方式。

④ 利用联络巷（煤门）沿邻近煤层布置顺层钻孔抽放的方式。顺层钻孔抽放瓦斯的关键技术是顺层长钻孔的成孔技术。在煤层（特别是突出煤层）实施顺煤层钻孔时，往往因喷孔、卡钻严重而难以达到所需的深度。为此，"九五"专项攻关研制了 ZSM-250 型顺层强力钻机、多级组合钻头，研究了相应的风力排渣成孔工艺及孔口除尘装置。在芙蓉白皎矿的试验表明，在该矿条件下，钻孔深度可达240m。目前这套技术和装备正在芙蓉、松藻、丰城、淮南等局推广应用，取得了很好的效果。

2）本煤层内巷道打钻孔可以分为以下两种方式：

① 钻场设在工作面副巷内，由钻场向邻近层打穿钻孔的布置方式。此种布孔方式多用于抽放上邻近层的瓦斯，其优点是：抽放负压与通风负压方向一致，有利于提高抽放效率，

尤其是低层位的钻孔更为明显；瓦斯管道设在回风巷，容易管理，有利于安全。其缺点是增加了抽放专用巷道的维护时间和工作量。

② 钻场设在工作面的进风正巷内，然后由钻场向邻近层打穿钻孔的布置方式。此种布孔方式多用于抽放下邻近层的瓦斯。与钻孔布置在回风巷相比，这种布孔方式具有巷道和钻场容易维护、运输巷内有电源和水源，打钻方便，打钻或测定工作都在新鲜风流内操作等优点。

(2) 地面钻孔抽放。我国自20世纪70年代开始采用地面钻井预抽瓦斯。地面钻孔的布置方式在国内部分矿井曾经进行过试验与应用，抽放邻近层瓦斯的效果还是好的。但由于受到一定条件的限制，目前仍没有大量推广应用，合理的钻孔布置及参数未能系统地考察和确定。

地面钻孔抽放瓦斯的方法具有施工方便，抽放系统简单，抽放负压高、时间长、效果好等优点，适用于以下条件的矿井或煤层：

1) 瓦斯风化带较浅，开采深度小于400m且瓦斯含量较高的煤层。
2) 由于某些原因，从井下打钻抽放效果不好、施工困难或不经济时。
3) 地面要有打钻施工的条件，如场地、供电、供水等。

(3) 巷道抽放。巷道抽放主要是指在本煤层的顶部由于采动影响形成的裂隙带内，掘进出专门用于抽放瓦斯的巷道（也叫集瓦斯巷或高抽巷），用于抽放上邻近层的卸压瓦斯和本煤层采空区的瓦斯。巷道可布置在邻近的煤层或岩层内。

这种抽放方式可实现卸压抽放上邻近层瓦斯及抽放上、下各煤层的采空区瓦斯的目的，抽放时间长，抽放影响半径较大，效果显著，并可免去打钻工程及相应部分管路设施，抽放系统较简单、可靠。但是，如果该瓦斯巷布置在本煤层上部的岩层中，则岩巷的掘进工程量较大，且长距离独头掘进，施工困难；若布置在邻近层的煤巷内，则对于巷道防火（指煤炭有自燃发火倾向）不利。巷道抽放方式适用于下解放层开采，煤层突出较为严重地缓倾斜中等距离煤层群。

另外，还有长钻孔预裂控制爆破技术和水力扩孔技术。长钻孔预裂控制爆破技术是通过对煤层控制预裂爆破，迫使煤体产生裂隙以释放应力和瓦斯，达到提高煤层透气性和防治突出的目的。为了在爆破时使煤层致裂而又不破坏顶板，研究了专门的炸药配方、爆破工艺等。水力扩孔技术是，孔径越大，钻孔煤壁暴露面积越大，越有利于应力释放和瓦斯排放，但大直径钻孔施工面临着垮孔严重、排渣困难、成孔长度短以及钻孔负荷呈几何倍数增大等诸多技术问题。水力扩孔是先利用钻机打成小孔径钻孔，利用可喷出高压水射流又能自行旋转的高压水射流器对钻孔周围的煤体进行旋转式切割，通过钻头沿钻孔轴向的运动形成对整个钻孔的径向连续扩孔。随着钻孔直径的扩大，煤层暴露面积的增加，更多煤炭的排出，煤层卸压范围进一步增大，对于加大钻孔的单孔抽（排）瓦斯量有着显著的作用。

3. 采空区瓦斯抽放

由于采空区的瓦斯涌出在矿井瓦斯来源中占有相当大的比例，目前采空区瓦斯抽放已成为主要抽放瓦斯方法之一。目前，国内外抽放采空区瓦斯的方法大概有以下六种。

(1) 密闭抽放法。这是抽放采空区瓦斯最常用和最简单的方法。该抽放法实施时，应首先将采区或回采面的进回风巷均进行密闭，然后让抽放管穿过风巷的密闭墙，深入采空区进行抽放。抽放时，对密闭墙内的气体成分和抽放负压应经常进行监察与调控，以防增大采空区漏风引起采空区内遗煤的自燃。该方法抽出的瓦斯的体积分数可达25%~60%。

(2) 插管法。这种抽放方法是，把端头带孔眼的管子在顶板冒落之前直接插入采空区内，进行瓦斯抽放。插入端管子直径为75~100mm，处在采空区内一端的长度为2.5m，管壁穿有小孔，并用纱窗包好，以免发生堵塞；该管应尽量靠近煤层顶部，以便处于瓦斯含量较高的地点，提高抽放效果。

这种抽放方法抽出的瓦斯含量一般不太高，通常只有10%~25%，其抽放效果主要取决于抽出混合气体中的瓦斯含量和支管中造成的负压。其优点是简单易行，成本低，缺点是抽放率一般较低。

(3) 向冒落拱上方打钻孔抽放法。这种方法的特点是，要求钻孔孔底应处在采空区初始冒落拱的上方，以便捕集处于冒落破坏带中的上部卸压层和未开采层的煤层中涌入采空区的瓦斯。钻孔开孔位置，则可根据矿井的实际条件，采用不同的布置形式。

采用这种抽放方法，抽出的瓦斯含量普遍较高，抽放效果较好，钻孔的单孔瓦斯流量可达$2~4m^3/min$，可降低采空区瓦斯涌出量的20%~35%。但其缺点是，需打较长的钻孔，布置难度较大，而且费用相对较高。

(4) 在老顶岩石中打水平钻孔抽放法。当涌入采空区的瓦斯主要来源于开采煤层的顶板上方，而顶板又为易于破碎的岩石，打钻抽放确有困难时，可以采用从回风巷一侧向煤层上部掘一斜巷，一直到进入稳定的岩体为止。

在斜巷的末端做钻场，逆着工作面推进方向打与煤层平行的钻孔至采空区，抽取采空区中的瓦斯。其水平钻孔的孔长一般在100~150m，孔径为90~100mm。从钻孔中心到煤层顶板的距离取决于直接顶(不稳定岩体)的厚度，一般为5~10m。这种抽放方法可以随着采煤工作面的推进，使钻孔底部始终处在冒落拱的上方，而孔口又处于抽放负压状态，故可以取得较好的抽放效果。

(5) 直接向采空区打钻抽放法。这种抽放方法主要是利用采空区周围的巷道，如运输水平或回风水平的底板岩巷或下部煤层的巷道，向采空区打钻，以抽取采空区中的瓦斯。其抽放钻孔进入采空区的位置应处于采空区瓦斯聚集区。

(6) 地面垂直钻孔抽放法。在开采深度小于400m的高瓦斯煤层，由于某些特殊原因而不能从井下巷道中打钻到邻近层或采空区抽放瓦斯时，可以从地面打垂直钻孔抽放上邻近层和采空区的瓦斯，前苏联和美国都采用了这种抽放方法，而且取得了显著的效果。

这种抽放方法要求在打钻结束后，孔底在采煤工作面前方的距离不小于5m，孔底离回风巷的距离由邻近层距本煤层距离为20倍层厚时，取10~25m；20~40倍层厚时，取15~40m；大于40倍层厚时，取30~70m。

此外，采空区瓦斯抽放还有P形瓦斯抽放法，采空区埋管抽放法等。并且随着矿井向深部的延伸，采空区面积的日益增大，采空区瓦斯涌出所占比例的提高，采空区抽放受到人们日益关注。

总而言之，采空区瓦斯抽放的最大优点在于，抽放布置简单，所需准备工作量小，而且一般透气性高。只要抽放钻孔布置合理，就能收到较好的抽放效果。但是，在抽放过程中应注意采空区内的气体成分的检测和控制好抽放负压，否则，易加大采空区漏风，引起遗煤自燃。

二、瓦斯防爆技术

瓦斯煤尘爆炸是造成煤矿重特大伤亡事故的首要灾害。近年来重特大瓦斯煤尘事故频发，已成为制约煤炭安全生产的瓶颈。瓦斯煤尘爆炸具有连续传播的特点，可以使受害范围扩大，造成更大的损失。因此，进行瓦斯煤尘爆炸阻隔爆技术的研究，不论对事故防治，还是事故应急救援及事故后处理、调查，都有着重要意义。下面就介绍几种主要技术措施。

（一）防火花

火源是瓦斯引燃或者爆炸的必要条件，杜绝井下火源是防止瓦斯爆炸的关键。防止井下出现引爆火源的原则是，禁止一切非生产火源，对生产中可能产生的火源要严格管理和控制。防止引爆火源的措施具体有以下四点：

1. 防止出现明火

按照《规程》规定，禁止在井口房、主要通风机房和瓦斯泵站周围 20m 内使用明火、吸烟；严禁携带烟草及点火器具入井；井下禁止使用电炉；井下和井口房内不准进行电焊、气焊和使用喷灯焊接，如必须在井下施焊时，要遵守《规程》规定，制定专门安全措施，严格履行审批手续；防止煤炭自燃，加强火区管理，防止复燃等。

2. 防止出现电火花

瓦斯矿井必须采用安全型、防爆型和安全火花型的电器设备；机电设备下井必须进行防爆性能检查，使用中必须保持良好的防爆状态，不防爆的设备不准下井使用；井口和井下电器设备必须设有防雷电和防短路保护装置；所有电缆接头不准有"鸡爪子"、"羊尾巴"和明接头；不准带电作业；严禁在井下拆开、敲打、撞击矿灯的灯头和灯盒；瓦斯矿井要安设和使用风电闭锁装置，保证只有在局部通风机送风后工作面才能供电等。

3. 防止出现炮火

不准使用变质或不合格的炸药，有瓦斯和煤尘爆炸危险的矿井，使用与该矿井瓦斯等级相适应的煤矿许用炸药；禁止将引药反装，不准一次装药分次爆破及裸露爆破；禁止使用明接头或裸露的爆破母线，雷管脚线、母线与发爆器的连接要牢固；要使用水泥炮，炮眼封泥要装满填实；打眼、装药、爆破都必须符合《规程》要求。

4. 防止出现摩擦撞击火花

在移动机械设备过程中要轻搬轻运，防止摩擦、撞击出现火花；割煤机必须设外喷雾装置，割煤过程中要喷雾洒水；掘割煤机一般不准割顶或者割底，以防止截齿与夹石产生摩擦火花；采取有针对性的安全措施，防止金属、岩石等坚硬物体从高处落下，以防产生撞击火花等。摩擦火花产生的种类：

（1）机械摩擦撞击火花。为增强机械设备、器具的性能，减轻其重量，煤矿井下普遍采用了轻铝合金材料——硅铝明合金。有关科研部门和具体的试验证明，采用射钉枪和以压缩空气为动力枪械进行高速发射，并冲击硅铝明合金试样，可产生火花。明确验证了硅铝明合金产生火花引燃瓦斯的情况，结果表明：即使是在能量仅为 26.5J 那样小的情况下，也有点燃瓦斯的危险。因此，在煤矿井下，尤其救护人员在排放瓦斯或在高瓦斯区工作时，一定要做到科学地选用和操作轻铝合金设备及用具，以确保安全救护工作的顺利进行。

（2）岩石摩擦撞击火花。煤矿井下有不少岩层为石英质砂岩，在煤层里有不少黄铁矿集合体。试验证明，两者都具有摩擦着火的潜在因素，而且石英质砂岩的摩擦着火强度随岩石中的石英含量的增加而增加。而且与它的粒径大小有关。当石英粒径大于70mm时，就能产生摩擦着火。黄铁矿集合体摩擦着火的机理与石英不同，它是黄铁矿的矿粒散放在空气中被氧化燃烧，从而引燃瓦斯引起爆炸。因此，在高瓦斯或瓦斯突出区工作，要时刻注意检查瓦斯的变化情况，还要随时注意检查工作现场顶板和岩石性质的变化情况，采取果断措施以防事故发生。

（3）机械和岩石摩擦撞击火花。机械和岩石摩擦撞击火花的种类很多。如采掘工作面的采掘机械截齿截入岩石产生的火花；掘进迎头风镐、钢钎旋转与岩石摩擦撞击产生的火花；井下工人用镐、钎、铁锹掏挖孔槽和装卸岩石等撞击产生的火花，以及岩石自由落下与金属器具碰撞产生的火花等。这类火花极易产生，但能量一般较小，不足以引燃瓦斯。但它是随其相互间摩擦撞击剧烈程度而变化的。对摩擦机械能产生火源的物理机理研究，以及有关研究人员在对金属与岩石摩擦撞击产生火花的机理的研究结果均表明：在金属与岩石撞击或相互剧烈摩擦出的部分灼热导致熔化的颗粒沿着旋转或飞散的轨迹飞溅，颗粒在离切削表面10~30cm处最先产生火花，这时其切削面的表面温度往往能达到或超过1400℃，致使瓦斯被点燃或引爆。

（二）撒布岩粉惰化技术

《煤矿安全规程》规定：在所有运输巷和回风巷中必须撒布岩粉。撒布岩粉的作用是使沉淀在巷道底板和两帮的煤尘中增加不燃性物质，使其失去爆炸性和防止巷道中的落尘再度飞扬。撒布岩粉后，在煤岩的混合体中，不燃性物质的含量必须达到：非瓦斯矿井不低于60%，瓦斯矿井不低于75%。当风流速度较低时，岩粉层的粘滞性起到阻碍沉积煤尘重新飞扬的作用，当发生瓦斯爆炸等异常情况时，巨大的空气震荡或风流把岩粉和沉积煤尘同时吹扬起来形成岩粉-煤尘混合粉尘云；当瓦斯爆炸火焰进入混合尘云区时，岩粉吸收爆炸火焰的热量使系统冷却降温，同时岩粉粒子可把煤尘粒子隔开，起到屏蔽热辐射、热传导的作用，从而有效地阻止瓦斯煤尘爆炸的发展传播，最终将火扑灭。

（三）被动式阻隔爆技术

被动式隔绝瓦斯煤尘爆炸传播措施，泛指被动式隔爆棚。它分为被动式岩粉棚、水槽棚和水袋棚。其作用原理是：当发生瓦斯煤尘爆炸时，在超前于爆炸火焰传播的冲击波超压作用下，隔爆棚上装有岩粉或水的容器被击碎，或被爆炸波掀翻，使消焰抑爆剂（岩粉或水）飞散开来，在巷道中形成一高浓度的岩粉云区或水雾区，当滞后于爆炸波传播的爆炸火焰到达这一区域时，被消焰抑爆剂扑灭，阻止了爆炸继续向前传播，防止了瓦斯爆炸范围的扩大。

1. 水槽棚

目前，大矿区的巷道内都按规定安设了水槽棚和水袋棚，水槽棚示意见图4-7。根据其作用又可分为主要隔爆棚组和辅助隔爆棚组。设置应符合以下要求：

（1）主要隔爆棚组应采用水槽棚，水袋棚只能作为辅助隔爆棚组。

（2）水棚组应设置在巷道的直线段内。其用水

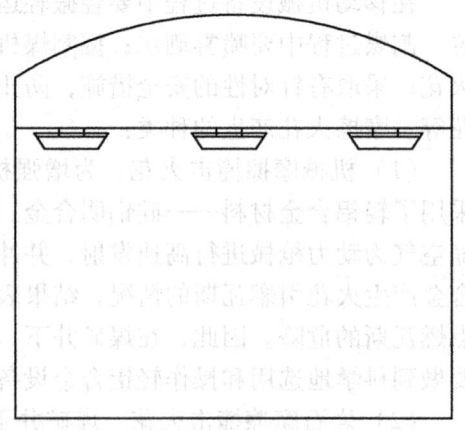

图4-7 水槽棚示意图

量按巷道断面计算，主要隔爆棚组的用水量不小于 $400L/m^2$（高度大于 4m 的巷道，应设置双层棚，上层水棚用水量按 $30kg/m^2$ 计算，下层水棚用水量按 $400kg/m^2$ 计算），辅助水棚组不小于 $200L/m^2$。

（3）相邻水棚组中心距为 0.5~1.0m，主要水棚组总长度不小于 30m，辅助水棚组不小于 20m。

（4）首列水棚组距工作面的距离，必须保持在 60~200m 范围内。

（5）水槽或水袋距顶板、两帮距离不小于 0.1m，其底部距轨面不小于 1.8m。

（6）水内如混入煤尘量超过 5%，应立即换水。

2. 水槽棚的材质和规格

随着塑料工业的飞速发展，出现了不少适合于制造水槽的塑料，一些国家先后采用了苯乙烯、一烯氯丁、聚氯乙烯、聚氨酯泡沫和其他一些人造树脂制造水槽。这类塑料易碎并有一定强度，易碎能保证被爆炸冲击波击碎，强度则能保证运输过程不受损坏，而且能耐温 95℃ 以上。其中，由于聚氨酯泡沫的破碎能力强，故适合于制造水槽。

水槽的壁厚、边宽、边厚、加固筋和给定断裂处均应根据所采用的具体材料而定。目前，国外一些使用水棚的国家所使用的水槽容积分别为：80L、70L、50L、40L、37.5L、30L 和 25L。水槽的容积是根据巷道断面的大小所确定的。波兰生产的聚氨酯泡沫水槽呈截顶角锥形，其规格为 68cm×40.5cm×28cm、60cm×21cm×28cm 等，德国生产的水槽边厚 17mm，壁厚 13mm，规格为 60cm×33cm×28cm 等。

3. 安设水棚的一些基本要求

根据国外的研究及大量的井下试验及典型瓦斯煤尘爆炸事故分析，提出了下述一些使用水棚的基本要求：

（1）波兰、德国等国家的《煤矿安全规程》对惰性岩粉棚和水棚的消火剂用量作了明确规定，即在无瓦斯煤层中，隔爆棚分散到巷道断面上的消火剂（惰性岩粉或水）用量不得少于 $200kg/m^2$，在瓦斯煤层中须达 $400kg/m^2$。

（2）凡与煤尘区和沼气区相连的各巷道（包括没有使用的风巷）均应安设主要隔爆水槽棚。安设主要棚子时应注意：风门和风墙均抑制不住煤尘爆炸。防爆墙能隔绝爆炸。防爆墙的厚度取决于巷道断面的大小。据试验，在断面为 $6m^2$ 的巷道中，沙袋防爆墙的厚度应为 10m 左右，石膏防爆墙的厚度应为 4m 左右，这类防爆墙能经受住 $30MN/m^2$ 的沼气爆炸压力。

在采区内安设辅助隔爆棚时，应遵循的基本原则是：起爆点与棚子之间的最大允许距离不得超过 200m，应努力将之缩短为 100m 左右。同时，棚子距可能发生爆炸的地点不得小于 60m，特殊情况下可为 40m，但应估计到这样特殊情况下安设的棚子可能隔绝不了煤尘爆炸。

（3）在无沼气煤层中，炮采工作面经常沉积大量煤尘的巷道，经常沉积大量煤尘的巷道，以及由于经常沉积大量煤尘而不能有效地洒水和撒布惰性岩粉的巷道，都是可能发生爆炸的地点，尤其是运输斜巷或铺设有电缆的巷道，更有可能发生爆炸。

在沼气煤层中，可能积聚沼气或已证实有沼气积聚的地方都可能发生爆炸。无论在沼气煤层中还是在无沼气煤层中，没有用防爆隔墙封闭的火区也可能是发生爆炸的地点，均应安设隔爆水棚。

（4）棚子应安设在断面均匀的某段巷道中，而且棚子安设区前后的巷道断面也应相同。应杜绝将棚子安设在断面增大的巷道段上，尤其应杜绝将其安设在顶板增高的巷道中。选择棚子安设地点时应特别注意：惰性岩粉棚子的棚架和水棚子的水槽在爆风作用前不应被任何东西遮住，使其在爆风作用下能顺利动作。

（5）严禁将棚子安设在支架后的沼气聚集层之上，或铺设有与沼气层相连的沼气管道的位置。在此条件下，水棚可能抑制不住爆炸，因为支架后面的聚积沼气层爆炸能传播到棚子安设区以外，沼气管道一旦被炸坏，很可能引起棚子安设区外的聚积沼气爆炸。

（6）安设辅助隔爆棚的目的在于对以下区域进行隔绝：独立的回采工作面；使用炸药的独立掘进工作面（以岩石大巷算起，长度小于60m的巷道除外）；不独立的风巷网络；未构筑防爆墙的活火区（如果与火区相连的巷道中的煤尘有爆炸危险）；煤尘区，既有大量沉积煤尘又未能有效地撒布惰性岩粉或洒水的所有井巷。此外，在沼气煤层中也必须使用棚子隔绝以下区域：不使用炸药的掘进工作面（从岩石大巷算起，长度小于60m的巷道除外）；从巷道工作面起200m范围内，通风风流中沼气含量超过1%的巷道、独立通风的工作面，以及有爆炸危险的风流经过电缆和其他导电线的巷道。

（7）如果安设水棚的巷道太短，则可按下述方法布置分散式棚子：将部分棚子安设在与这条短巷相连的其他巷道中，水槽距短巷与其他巷道的交叉口的距离不得小于50m。使用惰性岩粉棚时，至少将1/4的棚子安设在需隔爆的短巷中，将3/4的棚子安设在与短巷相连的其他巷道中。

（8）实践证明，很难在回采工作面和超前巷道工作面安设隔爆棚子，即使安设了棚子，其隔爆效果也很不理想。但是，这些地方又很可能发生爆炸，尤其是在沼气含量高的煤层中更易发生爆炸。所以，在沼气煤层的超前巷道中最好撒布惰性岩粉，使该巷道中的固态不燃物含量不低于85%。

（9）随着采掘工作的进行，需移动部分棚子，以保证其隔爆作用。但是，必须限制棚子的移动次数。为保证棚子的隔爆效果，最好将棚子布置在距起爆点100m处。但在实践中，这样理想的条件是不多的。因此，如果工作面往棚子方向推进，重新安设的棚子与工作面的距离应为200m；反之，如果工作面离开棚子推进，以将棚子安设在离工作面60m处为宜。

（10）煤尘爆炸事故分析表明：井下可能发生多次煤尘爆炸。现有的隔爆棚大多在第一次爆炸时已完成了撒布岩粉或洒水动作，或已被爆风破坏，无力再继续隔绝发生的第二次、第三次爆炸。目前，不少国家都在继续进行研究，以期防止和隔绝井下发生的多次瓦斯和煤尘爆炸。

4. 岩粉棚

多数矿区除安装水棚外，还设置有岩粉棚。岩粉棚的结构如图4-8所示，它是由安装在巷道中靠近顶板处的若干块岩粉台板组成的，台板的间距稍大于板宽，每块台板上装置一定数量的惰性岩粉，当发生煤尘爆炸事故时，火焰前的冲击波将台板振倒，岩粉即弥漫于巷道中，火焰到达时，岩粉从燃烧的煤尘中吸收热量，使火焰传播速度迅速下降，直至熄灭。

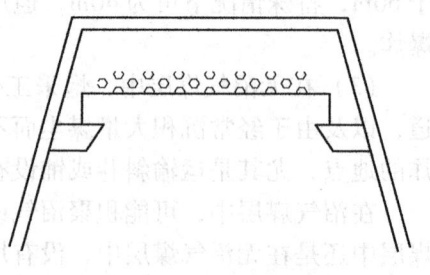

图4-8 岩粉棚示意图

岩粉棚的设置应遵守以下规定：

（1）按巷道断面面积计算，主要岩粉棚的岩粉量不得少于400kg/m²，辅助岩粉棚不得少于200L/m²。

（2）轻型岩粉棚的排间距为1.0~2.0m，重型为1.2~3.0m。

（3）岩粉棚的平台与侧帮立柱（或侧帮）的空隙不小于50mm，岩粉表面与顶梁（顶板）的空隙不小于100mm，岩粉板距轨面不小于1.8m。

（4）岩粉棚距可能发生瓦斯煤尘爆炸地点不得小于60m，也不得大于300m。

（5）岩粉板与台板及支撑之间，严禁用钉固定，以利于煤尘爆炸时岩粉板有效地翻落。

（6）岩粉棚上的岩粉每月至少检查和分析一次，当岩粉受潮变硬或可燃物含量超过20%时，应立即更换，岩粉量减少时应立即补充。

（四）自动隔爆装置

由于被动式隔爆棚受其作用原理的限制，对弱爆炸和较强的爆炸，都因棚架动作形成粉雾或水雾的时间与火焰运动快慢不相适应，隔爆效果不好，不能有效阻止爆炸的传播。20世纪60年代以来，各国研究了自动隔爆技术，以弥补被动式隔爆棚的不足。发生瓦斯和煤尘爆炸时，爆源周围环境的气体状态参数因出现火焰、温度急剧上升、压力升高而发生突变。自动隔爆措施就是借助于传感器把这些物理量的变化接收下来，转换成电信号，通过控制器自动控制抑爆机构，在预定地点喷洒高浓度的消焰抑爆剂，把刚好到达的火焰扑灭。一般，自动隔爆装置是由传感器、控制器和抑爆执行机构组成的一个系统，通常也把它称为自动隔爆措施。

（五）阻隔爆新技术探讨

1. 真空腔体技术

蒋曙光教授利用真空的吸气作用，自行设计了一种真空腔体结构，并对17m长、80mm×80mm截面的方形管道内的瓦斯爆炸进行了抑爆试验。在试验过程中，该结构一端通过嵌有弱面板的法兰与试验管道相连，一端用与腔体相同材料的法兰封闭，腔内接近0.004MPa的低真空，把这种带有弱面并抽成真空的腔体称为真空腔。当管内发生瓦斯爆炸时，利用弱面一边是真空、一边是爆炸产生的高压气体造成的压力差将其冲碎，这样管道与真空腔相通，管内的已燃气体、未燃气体在真空的吸气作用下迅速地被"吸"到腔体内，管道内就不会产生不可承受的爆炸压力，并且在爆炸的初始阶段就可约束和限制爆炸燃烧的范围，最大限度地熄灭火焰。通过大量的试验证明，真空腔体对瓦斯爆炸火焰传播具有熄火作用。无真空腔体时，出现爆轰现象，火焰传播了整条管道，并且出口端还有火焰喷出。接入真空腔体后，管道内火焰均有熄灭现象，火焰传播速度低于音速，熄灭距离可达管长的3/4，并且真空腔体靠近点火源布置时其熄火距离会变长；真空腔体对瓦斯爆炸波也具有抑制作用。无真空腔体时，爆炸冲击波峰值超压高达1.4MPa，冲击波冲量普遍维持在20kPa·s左右；接入真空腔体后，管道内爆炸波最高超压峰值不高于0.16MPa，冲击波比冲量小于8kPa·s，并且真空腔体靠近点火源布置时对爆炸波强度衰减程度变大。

真空腔体结构容易实现，腔体所用材料只需满足抗压、抗爆要求，成本低、维护方便，它能达到对任何可燃气体或可燃粉尘爆炸进行泄压的目的。真空腔泄爆结构可以对任何可能出现可燃气/空气混合物爆炸的地方进行泄爆，并且泄爆后的有毒有害气体不会排到外界污染环境。

2. HS ExploSpot 瓦斯阻燃抑爆系统

山西兰花汉斯公司设计与开发的 HS ExploSpot 瓦斯阻燃抑爆系统,是一系列应用于采矿业的超高速灭火与防爆系统。公司的主要产品有 ExploSpot 煤矿道路屏障系统和 ExploSpot 连续采煤机机载主动抑爆系统。

ExploSpot 煤矿瓦斯道路屏障抑爆系统是自动的高速抑制系统,主要用于检测并抑制爆炸和火灾。操作的主要原则是,能够高速检测爆炸及随后发生的火灾,并且快速地抑制爆炸和火灾。本系统由光学探测器、电子控制系统、高压容器、喷射系统和机械设备部分组成。ExploSpot 机载抑爆系统能有效地抑制爆炸和火花,当系统工作时,它连续地监控受保护区爆炸/着火情况,双光谱光学检测器不断地被清洗以达到最优性能。在保护区内产生的火花火焰发出的光信号经由双光谱光学检测器检测和确认后,传输到控制台。控制台自动起动圆柱形灭火剂容器上的高速排料阀,并切断由机器供电后才能开启的排料阀,使系统中的灭火剂通过喷嘴喷出,熄灭爆炸火焰。该系统由 7 个主要的子系统集合而成:电子控制器、探测器、高压容器、喷射组件、清洗组件、互联装置及喷射软管。

HS 系列产品具有领先的技术,可以在瞬间抑制燃烧和爆炸,使得产生的一氧化碳等有害气体含量控制在最低限度;采用特殊设计的自动分析控制技术,以及完全避免任何已知伪信号情况下启动的系统;系统采用模块化设计,在维护和安装上模块间可以实现高度兼容;系统的移动、安装、维护、维修更换时间少于 20min,具有很强的灵活性。

三、瓦斯主动抑爆技术

(一) 固体粉末抑爆材料

传统的固体粉末抑爆材料大多使用具有灭火性能的固体粉末,利用其对火焰的熄灭作用来抑制瓦斯爆炸火焰的传播,降低爆炸的范围。磷酸盐、卤化物、碳酸盐及碳酸氢盐都具有一定的抑爆作用。常用的磷酸盐为 $NH_4H_2PO_4$(ABC 粉末),卤化物中 NaCl 和 KCl 较为常用,碳酸盐中可以用 $CaCO_3$(岩粉),研究过的碳酸氢盐有 $NaHCO_3$、$KHCO_3$ 及天然碱。此外,有机碱金属化合物特别是含有芳香自由基的物质也是甲烷爆炸有效的抑制剂,碱金属可以催化甲烷燃烧时产生的自由基(OH·)的分解,有机碱金属化合物的有机部分可与这些中间体结合而抑制爆炸。$(NH_4)_2SO_4$、NH_4CL 和尿素通过分解吸热,也可抑制瓦斯爆炸。惰性粉末石英、沙子也可降低爆炸速度。

然而,由于气体和固体颗粒间复杂的相互作用,以及冲击波和颗粒相化学反应之间的相互作用,对于固体粉末抑爆材料的研究多为一些基础的试验研究。即通过试验,研究抑爆材料的颗粒表面积、直径及浓度对抑爆效果的影响。Krasnyansky 通过分析瓦斯爆炸中心物理和化学过程,确定了试验条件下固体抑爆材料有效释放时间,考虑不同抑爆剂的分解能、分解温度及半分解时间,最终选用尿素作为抑爆材料的主要成分,并加入氯化钾和少量雾化二氧化硅,研究了在小型管式爆炸装置中和大规模试验巷道中抑爆材料的抑爆效果,同时,研究了抑爆材料的加入方式对抑爆效果的影响。在理论研究方面,南京理工大学的董刚等对不同密度的惰性颗粒相抑制 $CH_4/O_2/N_2$ 混合气爆炸的过程进行了二维数值模拟,使用了气相和颗粒相 Euler 方程,以考虑两相间的相互作用,同时还使用了全耦合的 TVD 格式和甲烷氧化的基元化学反应模型,以精确处理流动、激波与化学反应之间的复杂关系,并对爆炸波轨迹线、爆炸波衰减的结构,以及两相间反应放热和动量交换所导致的能量传递进行了计算和讨论，以揭示惰性颗粒抑制爆炸的机理。最后，通过大型水平管道中惰性颗粒的抑爆试验定性地验证了模型的可靠性。最近，国内一些研究者研究了对具有阻燃性能的固体粉末进行的表面改性及超细化得到的抑爆材料对瓦斯控爆的可行性，探索使瓦斯在满足爆炸三要素的条件下不发生爆炸的方法。

不同固体粉末抑爆材料的化学组成不同，其抑爆机理也各有不同，但总的来说可以通过以下三种方式来抑爆：

（1）抑爆材料吸附瓦斯燃烧反应中产生的 OH^- 和 H^+，使自由基数量急剧减少，致使燃烧的链反应中断，最终使火焰熄灭，爆炸中止。

（2）抑爆材料在高温下也会放出结晶水或发生分解，这些都属于吸热反应，而分解生成的不活泼气体又可稀释燃烧区域的氧气含量，从而起到冷却与窒息作用。

（3）惰性粉体抑爆材料，如碳酸钙（岩粉）、SiO_2 等，其主要作用是增大矿井空气中的粉体含量，使空气中的煤尘含量大于其爆炸上限，避免煤尘爆炸带来更大的危险和灾害。

（二）水系抑爆材料

水对瓦斯爆炸具有抑制作用，主要是其可作为第三体参与三元碰撞反应，使支链反应的活性中心含量降低；或者以惰性水滴存在，与自由基或自由原子碰撞而销毁链载体。所以，在瓦斯与空气混合物中提高水分含量，可以降低瓦斯爆炸能力，甚至阻止瓦斯爆炸的传播。

Shimizu 等利用高速纹影对水雾与甲烷喷射扩散火焰相互作用过程进行试验研究，分析了水雾蒸发生成水蒸气对火焰包裹以至最终熄灭的过程，并通过数值计算分析了水雾蒸发吸热以及隔氧窒息的抑制作用机理。Parra 等测定不同水障碍物对爆燃和爆轰的抑制效率，提出氧气含量减少是使火焰熄灭的主要因素。建立了受限区域预混火焰传播的数学模型，并研究其与单分散水雾的相互作用。分析了非扰动和扰动火焰的化学结构和流体形式，结果表明，水由于压力波的作用破碎，更小的液滴受热和挥发更快，火焰抑制作用更强。中国科技大学陆守香等通过研究不同水雾对甲烷空气预混火焰传播速度、传播火焰阵面轨迹的影响，得知水雾作用于火焰阵面反应区，降低了反应区内火焰温度和气体燃烧速度，减缓了火焰阵面传热与传质的进行，从而使传播火焰得以抑制；并且水雾对气体爆炸火焰传播的抑制效果与水雾通量、雾区含量、水雾区长度以及火焰到达水雾区的传播速度有关。

在水中加入具有抑爆效果的水溶性无机盐作为添加剂，可以更好地发挥抑爆效果。西安科技大学研究加入添加剂 $NaHCO_3$、$NaCl$、KCl 的超细水雾对瓦斯爆炸的作用，发现水雾可使瓦斯的爆炸感应期明显延长，火焰在试验管道中传播的平均速率和最大速率显著降低，并出现了火焰驻停现象。另外，在水中加入表面活性剂可作为润湿剂，促使粉尘润湿和粉尘的聚集，对粉尘的抑制是普通水的 10 倍，可有效抑制甲烷粉尘爆炸。

（三）金属多孔结构材料

Ravy 等通过试验得到金属丝网可以使火焰淬熄的结论，并设计了灯罩以防止煤矿用沼气灯可能引起的瓦斯爆炸。中国矿业大学的林柏泉等建立了火焰及爆炸波经过多层金属丝网结构的数学模型，证明多层金属丝网结构的存在削弱了火焰及爆炸波的强度。爆轰波经过多层金属丝网结构时，气体质点的上下振动及前后振动必然在一定程度受到阻碍，形成阻尼振动，从而使得能量耗散，振幅及强度降低。另外，金属丝网结构还具有导热的作用，降低爆炸反应波的热量，使爆炸所需能量得不到及时供应，从而抑制新一轮爆炸的发生。

(四) 瓦斯吸附抑爆材料初步研究

现有瓦斯抑爆材料主要通过与火焰的化学或物理作用来抑制爆炸的传播。仅有少量研究通过在水中加入一些添加剂，喷洒在煤层表面，通过降低瓦斯含量和煤矿温度来抑制爆炸，但缺少理论研究。有学者提出一种瓦斯抑爆材料的设计思想，该材料主要由瓦斯吸附剂和抑爆剂组成，当矿井下瓦斯突出或短时瓦斯含量超限时，瓦斯结合吸附剂可吸附瓦斯，降低瓦斯的含量，再与通风技术结合，最大限度降低爆炸可能。抑爆剂可通过化学和物理作用抑制爆炸。通过抑爆材料中吸附剂和抑爆剂两种组分的共同作用，达到在短时间内主动吸收瓦斯和抑制爆炸的目的，改变了现有只能检测矿井瓦斯、躲避瓦斯、鼓风稀释瓦斯的被动方法。

本章习题

1. 影响煤层瓦斯赋存及含量的因素有哪些？
2. 瓦斯爆炸与煤尘爆炸的区别是什么？
3. 阐述预防瓦斯爆炸的有效措施。
4. 防止瓦斯爆炸灾害事故扩大的措施？
5. 瓦斯爆炸的危害及影响瓦斯爆炸范围的因素有哪些？
6. 瓦斯煤尘爆炸事故勘察的基本程序是什么？
7. 事故分析的直接原因和间接原因是什么？
8. 现场勘察如何分类？
9. 进行现场勘察应遵循什么原则？
10. 防止瓦斯煤尘爆炸事故扩大的措施有哪些？

第5章

矿井火灾防治技术

矿井火灾是矿山重大灾害之一，影响矿山的安全生产，也造成资源破坏。本章首先介绍矿井火灾的基本概念，然后分别介绍矿井内因火灾及预防、矿井外因火灾及预防，最后介绍矿井灭火技术、火区封闭及管理。本章重点为矿井内因火灾及预防。

第一节 矿井火灾概述

一、矿井火灾的特点

矿井火灾是指发生在矿井地面或井下、威胁矿井安全生产并形成灾害的一切非控制燃烧。它与矿井瓦斯、矿尘、矿井水灾和顶板冒落事故一起，被统称为煤矿五大自然灾害。据统计，全国国有煤矿中，56%的煤层具有自燃倾向。而且矿井火灾与瓦斯、煤尘爆炸常常是互为因果的，相互扩大灾害的程度和范围，是酿成煤矿重大恶性事故的直接原因之一。

矿井火灾有两方面的含义：一是发生在矿山井下的火灾，如井筒、车场、大巷、硐室、采掘工作面等地点的火灾；二是发生在地面但威胁到井下安全或发生在矿山企业生产范围之内的火灾，如井口附近、绞车房内、主要通风机房内的火灾。这些火灾的共性表现就是燃烧的非控制性，同时，会造成人员中毒伤亡、引发瓦斯煤尘爆炸、资源损失、环境破坏、设备设施毁坏，或影响生产的正常进行。

研究矿井火灾的目的主要有两方面：一方面要了解、掌握矿井火灾发生、发展的规律，以便能及时准确地预测、预报火灾的发生；另一方面就是一旦出现矿井火灾，能根据火灾发生的性质、规律、地点等采取有针对性的措施及时扑灭火灾。

矿井火灾与地面火灾不同，它有自己的特点。井下空间小，工作场所狭窄，电气设备多，坑木多，其他易燃物多，煤本身就可以被引燃。再加上防火设施不健全，灭火器材不齐全，井下又有新鲜风流，一旦发生火灾，不像地面火灾那样容易扑灭。而且各种火灾（如电气失火、油料起火、瓦斯燃烧与爆炸形成的火灾以及煤炭自燃等）都会发生，扑救方法也各不相同。如果灭火不及时或处理不当，就会蔓延发展，往往酿成大火，这就使得灭火工作更加困难。同时，井下工作人员集中，遇有火灾，不知道发生在何处，难以躲避和疏散，这都会加重火灾造成的损失。

自燃火灾多发生在煤柱或采空区中，没有明显火焰，燃烧过程缓慢，不易被人们发现，也不易找到火源的准确位置，一经觉察，已成火灾，只好进行封闭。所以这种火灾延续时间长，可达几个月、几年甚至几十年。自燃火灾还生成大量的一氧化碳，造成人员中毒伤亡。

二、矿井火灾分类

为了正确地分析火灾发生的原因、发生的规律和有针对性地制定防灭火的对策，需对矿井火灾进行分类，主要分类方法有以下几种。

（一）按火灾发生的地点分类

按火灾发生的地点不同可将矿井火灾分为地面火灾和井下火灾。

1. 地面火灾

发生在矿井工业广场范围内地面上的火灾称为地面火灾。地面火灾可以发生在行政办公楼、福利楼、井口楼、选煤楼以及坑木场、储煤场、矸石山等地点。地面火灾外部征兆明显，易于发现，空气供给充分；燃烧完全，有毒气体发生量较少；地面空间宽阔，烟雾易于扩散，与火灾斗争回旋余地大。

2. 井下火灾

发生在井下的火灾以及发生在井口附近而威胁到井下安全、影响生产的火灾统称为井下火灾。井下火灾可以发生在井口楼、井筒、井底车场、机电硐室、爆炸材料库、进回风大巷、采区变电硐室、掘进和回采工作面以及采空区、煤柱等地点。

（二）按热源分类

按热源不同可将矿井火灾分为内因火灾和外因火灾。

1. 内因火灾

内因火灾也叫自燃火灾，是指一些易燃物质（主要指煤炭）在一定条件和环境下（破碎堆积并有空气供给）自身发生物理化学变化（指吸氧、氧化、发热）聚积热量而导致着火形成的火灾。内因火灾大多数发生在采空区停采线、遗留的煤柱、破裂的煤壁、煤巷的高冒处、假顶下及巷道中任何有浮煤堆积的地方。

内因火灾的主要特点：

（1）一般都有预兆。如有烟、有味。烟雾多呈云丝状，有煤油味、焦油味。井下如发现上述现象，就应该引起注意，看现场是否有自燃火灾存在；作业现场温度升高；一氧化碳或二氧化碳含量升高，作业人员感觉头痛、恶心、四肢无力等，都是内因火灾的预兆。因此，发现早期自燃火灾并不难。

（2）由于内因火灾多发生在人员难以进入的采空区或煤柱内，要想真正找到内因火灾的发火点并不容易。

（3）持续燃烧的时间较长，有的内因火灾范围较大，难于扑灭，可以持续燃烧数月、数年、数十年甚至上百年。

（4）内因火灾频率较高。开采一些容易自燃或自燃煤层时会经常发火，尽管内因火灾不具有突然性、猛烈性，但由于发火次数较多，且较隐蔽，因此，更具有危害性。

2. 外因火灾

外因火灾也叫外源火灾，是指由于明火、爆破、电气、摩擦等外来热源造成的火灾。外因火灾多数发生在井口房、井筒、机电硐室、爆炸材料库、安装机电设备的巷道或采掘工作面等地点。

外因火灾的主要特点：

（1）发生突然、来势凶猛。如果外因火灾发现不及时，处理不当，往往会酿成重大事故。

（2）外因火灾往往在燃烧物的表面进行，因此容易发现，早期的外因火灾较易扑灭。要求井下作业人员发现外因火灾时，必须及时采取有效措施进行灭火，不要等到火势较大后再进行灭火，那样困难就大得多。

（三）按燃烧物分类

按燃烧物不同，矿井火灾可分为煤炭燃烧火灾、坑木燃烧火灾、炸药燃烧火灾、机电设备（电缆、胶带、变压器、开关、风筒）火灾、油料火灾及瓦斯燃烧火灾等。

三、矿井火灾的危害

我国是一个矿井火灾事故多发的国家。仅2000年对全国国有煤矿的425对矿井统计，就共发生各种火灾事故168起，其中外因火灾14起，内因火灾154起，冻结煤量4217Mt，封闭采区或工作面59个，发火率为0.3187次/Mt。

矿井火灾对矿山生产及职工安全的危害主要有以下几个方面。

（一）产生大量的有毒有害气体

矿井火灾发生后，不同的可燃物会产生不同的气体，这些气体大都是有害的，有些气体毒性较大，这是矿井火灾造成人员伤亡的主要原因。

煤炭燃烧会产生二氧化碳、一氧化碳、二氧化硫等。坑木、橡胶、聚氯乙烯等燃烧会产生一氧化碳、醇类、醛类以及其他复杂的有机化合物。这些有毒有害气体中，一氧化碳对矿工的危害最为严重。当空气中一氧化碳的含量（体积分数）达到0.4%时，人们呼吸这样的空气可以立即死亡。根据国内外的统计资料表明，在矿井火灾中的遇难者有80%~90%都是死于以一氧化碳为主的烟雾中毒。同样，煤矿发生瓦斯、煤尘爆炸后，造成人员大量伤亡的主要原因也是以一氧化碳为主的有毒有害气体中毒。

（二）引发瓦斯、煤尘爆炸

矿井火灾不但为瓦斯、煤尘爆炸提供了热源，而且火的干馏作用可使煤炭、坑木等放出氢气、沼气和其他多种碳氢化合物等爆炸性气体，从而增加了瓦斯、煤尘爆炸的可能性。同时火灾还可使沉降的煤尘重新悬浮，增加煤尘爆炸的几率。根据国内资料统计，新中国成立后的所有煤尘爆炸事故，因矿井火灾引起的占6%。

（三）毁坏设备、烧毁煤炭资源

一旦出现矿井火灾，现场的各种仪器、仪表、设备将会遭到严重破坏。摧毁巷道，破坏支护。有些暂时没被烧毁的设备和器材，由于火区长时间封闭，都可能因长期腐蚀全部或部分报废。矿井火灾会使煤的发热量大大减少，甚至完全被烧毁，使国家宝贵的资源白白浪费掉。

（四）影响开采接续

矿井火灾发生后，特别是大范围的矿井火灾发生后，直接灭火无效，必须对火区进行封闭，而被封闭的火区必须待里边的火完全熄灭后才能打开密闭，重新开采，有些火区因裂隙较多或密闭不严，火区内的火很长时间不能熄灭，有时达几个月甚至几年，严重影响生产，影响煤层开采的连续性。不但如此，被封闭的火区永远是煤矿井下的一种安全隐患，使人们不能放心地进行各种采掘活动。

(五) 严重污染环境

有些煤田的露天煤由于火源面积较大、内因火较深、火区温度较高，同时，煤的燃烧放出各种有毒有害气体，严重破坏了周围的环境，甚至形成大范围的酸雨和温室效应。使绿洲变为荒漠。此外，火区燃烧生成的酸碱化合物对火区附近的地表水和浅层地下水也会造成严重污染。

第二节 矿井内因火灾及其预防

一、煤矿内因火灾及其预防

煤炭自燃是指处于特定环境及条件下的煤吸附氧、自热、热量积聚自燃而形成的一种频发性灾害。说到底，煤炭自燃实质上是一种煤氧之间极其复杂的物理化学变化过程。虽然不同的煤种自燃的状态不尽相同，但所有煤炭自燃的共性是必须同时具备三个条件，即易于低温氧化的粉煤或碎煤呈堆积状态存在，存在适宜的通风供氧条件，存在蓄热的环境条件并持续一定时间。

(一) 煤炭自燃的机理

研究煤炭自燃机理的主要目的在于，指导矿井煤炭自燃防治措施的制定和实施。对于煤炭自燃的机理，人们提出了一系列的学说，其中主要有细菌作用学说、黄铁矿作用学说、酚基作用学说以及煤氧复合作用学说。

1. 细菌作用学说

细菌作用学说是由英国人 Potter·M·L 于 1927 年提出的，其中心内容是：煤在细菌作用下的发酵过程中放出一定的热量，对煤在 70℃ 以前的自热起决定性作用。当微生物极度增长时，一般都有生化放热过程，当煤自热温度升到 70℃ 以上时，所有的生化过程都将消亡，同时引发煤炭自燃。

2. 黄铁矿作用学说

黄铁矿作用学说是英国人 Plott 与 Berze Lius 在 17 世纪初提出的。其中心内容是：煤的自燃过程，是由于煤层中的黄铁矿（FeS_2）暴露于空气后与水分和氧相互作用，发生放热反应而引起的。19 世纪下半叶，这一学说曾被广为认定。

3. 酚基作用学说

酚基作用学说是由前苏联学者特龙诺夫于 1940 年提出的。其中心内容：导致煤自燃，是因为空气中的氧与煤体中所含有的不饱和酚基化合物作用时放出热量所致。

4. 煤氧复合作用学说

煤氧复合作用学说认为，煤自燃的根本原因在于煤具有吸附氧的能力和与此相联系的放热作用。该学说指出，煤自燃正是氧化过程自身加速的最后阶段。但并非任何一种煤的氧化都能导致自燃，只有在稳定的低温和良好的蓄热条件下，氧化过程可自动加速，这样才能导致自燃。

上述几种关于煤自燃机理的学说中，煤氧复合作用学说被大多数人所接受。煤与氧相互作用产生热量并积聚是导致煤自燃的主要因素。需要说明的是，尽管煤氧复合作用学说广泛地被人们所接受，在实践中也逐渐得到科学的证实，但是鉴于煤的物质组成及其性质的复杂性，这一学说主要是对煤自燃机理的定性解释，许多问题仍有待于深入研究和探讨。

（二）煤炭自燃的影响因素

影响煤炭自燃的因素很多，既与煤炭本身的性质有关，也与煤炭本身之外的其他条件有关。因此，可把其影响因素分为内部因素和外部因素。

1. 内部因素

（1）煤的变质程度。一般来说，煤的变质程度越低越容易自燃；反之，其自燃倾向性越小。

（2）煤岩组分。煤岩组成有丝煤、镜煤、亮煤和暗煤。暗煤硬度大，难以自燃；镜煤和亮煤脆性大，易破碎，有利于煤炭自燃；丝煤结构松散，吸氧能力强，着火温度低，是煤炭自热的中心，在自燃中起"引火物"的作用。

（3）煤的孔隙率及脆性。煤越脆，越易破碎，破碎后与氧接触的面积越大，越容易氧化自热，因此煤越脆越易自燃。煤的孔隙发育、孔隙率越大，与氧结合面积大，同样越易氧化自热，越易自燃。

（4）煤的含硫量。煤中含硫化铁越多，越容易自燃。

（5）煤的水分。煤中水分少时有利于煤炭自燃，水分大时会抑制煤炭自燃。当煤中的水分蒸发后，其自燃危险性会增大。

2. 外部因素

（1）煤层埋藏深度。煤层埋藏较浅时，容易与地表裂隙相通，采空区因漏风而形成浮煤自燃；但当煤层埋藏较深时，煤体的原始温度越高，煤中水分也少，煤炭同样也易自燃。

（2）煤层厚度。煤层越厚，开采后煤炭越易自燃。这是因为难以全部采空，遗留大量浮煤与残柱；采区回采时间过长，超过了煤的自然发火期；开采压力大，煤壁（柱）受压易破裂。而且，煤是不良导热体，煤层越厚，越易积聚热量。煤矿的内因火灾有80%以上发生在厚煤层开采过程中，因此，对于厚煤层或特厚煤层开采的矿井，就更应该重视内因火灾的防治。

（3）煤层倾角。煤层倾角较大时，开采时比较困难，采煤方法不正规，丢煤多，且采空区封闭也较困难，因此，煤炭自燃的危险性越大。

（4）地质构造。在地质构造较复杂的矿井，如褶曲、断层和火成岩侵入等地区，煤炭自燃危险性增大。这是因为煤层受张拉、挤压、裂隙大量发生，煤体破碎，吸氧条件好造成的。

（5）煤层中的瓦斯含量。当煤层中的瓦斯含量较高时，由于大量的瓦斯占据了煤的孔隙空间和内表面，降低了煤的吸氧量，因此，其自燃危险性较小。

（6）漏风条件。煤炭自燃必须连续不断地供氧，因此，采空区漏风是煤炭自燃的必要条件。但是，当漏风量较大时，煤炭氧化而生成的热量被漏风流带走，不会发展成为煤炭自燃。所以，只有当有风流且风速又不太大时才会引起煤炭自燃。有研究表明：漏风量大于 $1.2m^3/(min·m^2)$ 或小于 $0.06m^3/(min·m^2)$ 时，都不会发生自燃。最危险的漏风量是 $0.4 \sim 0.8m^3/(min·m^2)$。在煤矿生产过程中，当采空区、压碎的煤柱、煤巷冒顶处、煤巷垮帮等处具备此条件时，煤炭最易自燃。

（7）开采技术条件。影响煤炭自燃的技术条件主要表现在工作面回采率的高低和回采时间长短。一般来说，采煤工作面回采率越低，煤炭自燃危险性越大；回采时间越长，煤炭自燃的危险性越大。最合理的开采方法应该是，巷道布置最简单，揭露煤层面积最小，留设煤柱最少，煤炭回收率最高，工作面推进速度最快，采空区封闭最严密，漏风量最小。这样就可降低煤炭自燃的可能性。

综上所述，决定矿井或煤层自然发火危险程度的因素，一是煤的自燃倾向性，二是地质采矿技术。一个弱自燃倾向性的煤层，其实验室的煤样鉴定结果仅属于"可能自燃"一类。但是，如与上面所列举的许多不利的地质赋存条件和不合理的采矿技术因素汇集在一起，也会造成相当严重的自然发火局面。因此，煤的自燃倾向性和煤层的自然发火危险性，是两个既有关联又不相同的概念。煤的自燃倾向性强弱影响着煤层自然发火的危险程度，但自燃倾向性强的煤在开采时不一定必然发火严重，合理的开拓开采方法、良好的通风系统可以在很大的程度上控制自燃火灾的发生。

（三）煤的自燃倾向性鉴定及自然发火期

1. 煤的自燃倾向性鉴定

煤的自燃倾向性是煤自燃的固有特性，是煤炭自燃的内在因素，属于煤的自燃属性。《煤矿安全规程》规定煤的自燃倾向性分为三类：Ⅰ类为容易自燃；Ⅱ类为自燃；Ⅲ类为不易自燃。新建矿井所有煤层的自燃倾向性，由地质勘探部门提供煤样和资料，送国家授权单位作出鉴定。生产矿井延深新水平时，也必须对所有煤层的自燃倾向性进行鉴定。其目的是使防止煤层自燃的技术措施在煤层最短自然发火期内完成，防止煤炭自燃。

鉴定煤的自燃倾向性，对于掌握自燃火灾的发生规律，有针对性地采取防火措施具有重要意义。因此，我国《煤矿安全规程》第二百零九条要求，对所有煤层均应进行自燃倾向性鉴定。

目前我国采用的方法是氧化动力学测定方法，即通过测试在程序升温条件下煤样温度达70℃时煤样罐出气口氧气含量和之后的交叉点温度，得出煤自燃倾向性的判定指数，根据该指数对煤自燃倾向性的分类作出鉴定。根据得到的煤自燃倾向性判定指数 I，按表5-1中的分类指标对煤自燃倾向性进行分类。

国外一些煤炭工业发达的国家，采取以实验室鉴定的煤炭自燃倾向性指标为基数，再根据不同的地质赋存条件、开拓、开采、通风条件分类评分，有利于自然发火的列为正分，不利的列为负分。将基数与各项条件的评分加在一起，依其总和判定矿井或煤层的自然发火危险程度。把实验室的数据与生产实践相结合，从而获得一个评价煤层自然发火危险程度的指标。这个指标对于指导生产很有实用价值。

表5-1 煤自燃倾向性分类指标

自燃倾向性分类	判定指数 I	自燃倾向性分类	判定指数 I
容易自燃	$I<600$	不易自燃	$I>1200$
自燃	$600 \leq I \leq 1200$		

2. 煤层的自然发火期

煤层自然发火期是自然发火危险期在时间上的量度，发火期越短的煤层自然发火危险程度越大。生产矿井常把煤层的自然发火期作为衡量煤层的自燃难易程度的指标。从理论上讲，煤层自然发火期是指在开采过程中暴露的煤炭与空气接触开始算起到自燃发生的时间，一般以月为单位。

(1) 煤层自然发火期的确定方法。

1) 凡出现下列情况之一者定为自然发火煤层：煤炭自燃引起明火；煤炭自燃产生烟雾；煤炭自燃产生煤油味；采空区或巷道中测取的 CO 含量超过矿井实际统计的自然发火临界指标。

2) 巷道中煤层自然发火期，以自然发火地点从暴露煤之日起至发生自然发火时为止的时间计算，一般以月为单位。

3) 回采工作面中煤层自然发火期，应以工作面开切眼之日起至发生自然发火时为止的时间计算，一般以月为单位。

4) 每一煤层的所有回采工作面和巷道，都应进行自然发火期的统计，以确定煤层最短发火期。

统计确定煤层最短自然发火期，对矿井开拓开采布置及生产管理都有重要意义。自然发火期短的矿井一般不宜用煤巷开拓，采煤方法要保证最大的回采速度和最高的回收率，采空区要及时封闭。一个煤层的自然发火期并非固定不变的，正如前面所说的，它既取决于煤炭自燃的内在因素，即自燃倾向性的强弱，又在很大程度上受煤层自燃外在因素，包括地质、开拓、开采以及通风条件的制约。在现实生产中，不少矿井投产初期发火十分严重，煤层自然发火期相当短，从几十天到几个月，而后来由于地质条件的变化，开拓开采通风技术的改进，煤层自然发火期也延长了。另外，采取专门性防火措施，也可以使煤层自然发火期人为地延长。

(2) 煤层自然发火期的估算方法。目前，我国规定采用统计比较和类比的方法确定煤层的自然发火期。其方法如下：

1) 统计比较法。矿井开工建设揭煤后，对已发生自燃火灾的自然发火期进行推算，并分煤层统计和比较，以最短者作为煤层的自然发火期。计算自然发火期的关键是，首先确定火源的位置。此法适用于生产矿井。

2) 类比法。对于新建的开采有自燃倾向性的煤层的矿井，可根据地质勘探时采集的煤样所作的自燃倾向性鉴定资料，并参考与之条件相似区或矿井，进行类比而确定之，以供设计参考。此法适用于新建矿井。

(3) 延长煤层自然发火期的途径。煤炭自燃的发展过程受自燃倾向性（即低温时的氧化性）、堆积状态、通风强度（风量和风速）以及与周围环境的热交换条件等多种因素影响，其发展速度是可以通过人为措施进行改变的。因此，煤层的自然发火期是可以延长的。其途径有：

1) 减小煤的氧化速度和氧化生热。减小漏风，降低自热区内的氧气含量；选择分子直径较小、效果好的阻化剂或固体浆材，喷洒在碎煤或压注至煤体内，使其充填煤体的裂隙，阻止氧分子向孔内扩散。

2) 增加散热强度，降低温升速度。增加遗煤的分散度，以增加表面散热量。对于处于低温时期的自热煤体，可用增加通风强度的方法来增加散热。增加煤体湿度。

（四）矿井内因火灾的预测预报

矿井火灾的预测预报，就是根据煤炭自燃过程中出现的征兆和观测结果来推断煤炭自燃发展的趋势，同时，给出必要的提示和警报。预测预报煤炭自燃的方法很多，这些方法可以分为两大类：一类是从测定自燃危险区域的温度出发；另一类是以自燃过程中产生的物质及其变化特性为基础。常用的预测预报方法有测温法、气体分析法。

1. 测温法

煤炭自燃过程中，在自热期后阶段，由于氧化加剧，产生的热量增加，使煤体及其周围温度升高。因此，测量发热体及其周围温度的变化，对及时准确地预测预报自然发火是十分重要的。

测温法是煤炭自燃预测预报最古老也是最直接的方法，其预测方法基本分为两种：一种是直接用检测到的温度值进行预报；另一种是通过监测点温度变化特性，即温度变化的快慢进行预报。

采用测点温度值进行预报时，主要优点是直观、明了，即当测点温度达到或超过某一特定值时，就发出火灾预报或警报；主要缺点是难以测到自然发火达到这一特定温度之前的变化特性和之后的变化趋势，因此，难以判断火灾发生的态势。采用测点温度变化进行预报，不但可以直观地得到测点的温度，而且可以根据之前温度变化特性，预测之后的变化趋势。

测温法主要有以下三种方法。

(1) 温度计测温法。将温度计(常用水银温度计)置于一定深度的钻孔内，放置一段时间后取出，直接读取读数；然后与不同煤种自燃的特定值比较，当达到或超过特定值时，即可发出火灾预报。

(2) 红外线探测法。红外线探测法是利用红外线探测仪进行探测。红外线探测仪是一种非接触型测温仪，即不是在现场直接测温，而是将红外线探测仪置于距被测地点有一定距离的地点。对于检测煤壁裂缝中或巷道高冒处及采空区的自然发火点极为方便。

红外线探测的基本原理是：任何物体在绝对零度以上温度时即辐射红外线，红外线是一种电磁波，波长范围在 $0.76 \sim 1000 \mu m$ 之间。辐射的能量大小与物体本身的温度直接相关，物体温度越高，其辐射出的能量越大。井下煤的氧化自燃温度在 $300 \sim 250 ℃$ 范围内变化，由于煤的传热，实际观测表面温度常在 $100℃$ 以内，因此煤体在氧化自燃过程中总辐射能量分布在 $7.5 \sim 10 \mu m$ 之间。用红外线探测仪可以把辐射的能量接收并转换成电信号，在显示仪表中指出并标定成温度值。

(3) 热敏电缆预报法。热敏电缆是由双股外表涂有热敏材料的导线绞结而成的。通常温度下，热敏材料处于绝缘状态，当温度升高超过某一值时，两根导线间的绝缘状态受到破坏，据此发出火灾的预报或报警信号。其优点是可进行无间断连续沿程监测，缺点是定温感测，即当温度达到或超过某一数值时才能发出预报或报警，而在此温度之前或报警动作之后的温度及变化情况却无法知晓。但在井下实际应用中，热敏电缆感测温度的方式往往是以空气为介质通过热辐射的方式感测，而热敏电缆外层绝缘护套往往使感受热辐射的能力大大削弱，使其反应迟钝，而且热敏材料导通后是不可恢复的，需要及时更换局部或全部热敏电缆。此外，热敏电缆的连接和接头处理也比较麻烦，因而大大地限制了热敏电缆的应用与发展。

测量温度及其变化的手段很多，除上述几种方法外，还可利用热电偶、测温电阻、半导体测温元件、集成温度传感器、光纤、激光及雷达波等。其中热电偶、测温电阻、半导体测温元件等由于测试简单、价格低廉、操作方便而得到了广泛的应用。

2. 气体分析法

煤炭自燃过程中会产生各种气体，因此可以分析这些气体的组分、浓度及变化速率等特性,从而确定煤炭自燃的进程或预测火灾的发生。

(1) 煤炭自燃的气体产物。煤炭自燃的气体产物是指煤炭自燃过程中从煤体中所释放出的气体。可以分成两部分:一部分是由于煤自身氧化产生的产物,叫煤自燃氧化气体;另一部分是成煤过程中吸附在其孔隙内的气体,是由于煤体温度升高而解析出来的气体,叫煤自燃吸附气体。

煤自燃氧化气体是煤中碳氧化分解出来的产物,其主要成分有一氧化碳、二氧化碳、甲烷、乙烷、丙烷、丁烷、乙烯、丙烯、乙炔和二氧化硫。

煤自燃吸附气体的主要成分是甲烷和二氧化碳,余下的是存量很少的其他气体,如乙烷、丙烷和丁烷。开始时,各种烷烃气体有较高解析浓度,并随煤温的升高而逐渐降低,到最低点后又随温度的升高而增大,但增大的速率较小。

煤炭自燃氧化过程中气体生成的总体规律是随煤温的上升而逐渐增大。一氧化碳是煤炭氧化过程中最早出现的气体,并且在整个氧化过程中都会有一氧化碳生成。不同的煤种,一氧化碳发生的临界值有所不同。表 5-2 为不同煤种自燃过程中一氧化碳发生时临界温度值。

表 5-2　不同煤种自燃过程中放出一氧化碳的临界温度

煤　　种	褐煤	烟煤	无烟煤
一氧化碳产生的临界值/℃	40	65~95	80

煤自燃氧化气体中烯烃类气体主要有乙烯、丙烯。一般褐煤自燃氧化时,温度达 90℃便会产生乙烯;烟煤自燃氧化时,温度在 100~150℃ 之间会产生乙烯。丙烯发生的临界温度要高于乙烯的临界温度 20~30℃。炔烃类气体主要是乙炔,它出现的时间最晚,临界温度值较高。与一氧化碳和烯烃气体相比,存在着比较明显的温度差和时间差,一般认为乙炔是煤炭自燃进入第三阶段,即燃烧阶段的产物。

煤炭自燃过程气体产物中,烯烃类和炔烃类是煤自然发火中碳氧化反应的产物,在煤吸附气体中不存在。一氧化碳在煤体中的吸附气体存在极少。因此,可以把这几种气体作为煤炭自燃氧化过程中的特征气体,分析这几种气体是否存在及变化情况,就可以掌握、了解煤炭自燃的进程。

(2) 常用的气体分析方法。具体如下。

1) 一氧化碳预测法。在煤炭自燃过程中,与甲烷、乙烯、乙炔相比较,一氧化碳产生量最大,其发生量是其他烃类气体组分的上千倍。因此,一氧化碳是预测煤炭自燃最主要的标志气体。

但需要说明的是,用一氧化碳预测煤炭自燃在实际应用中存在许多问题,主要有:在现场复杂多变的条件下,一氧化碳会出现时有时无的情况,这给一氧化碳检测带来了一定困难,也使预测的精度和准确率降低,有时可能出现漏报;检测一氧化碳时,对其分析仪器的性能要求较高,特别是微量检测时分析误差的影响比其他指标的要大。

2) 乙烯、丙烯预测法。在煤吸附气体中没有乙烯、丙烯,井下检测到的乙烯、丙烯是煤氧化分解过程中产生的。所以,乙烯、丙烯的出现表明煤的氧化已经进入释放氧化气体阶段。

乙烯可以看做是煤的氧化已确实进入自热阶段的标志气体,在有一氧化碳的前提下,只要出现乙烯就可以作出煤炭自燃的预报。它有些方面要优于以一氧化碳作为标志气体,但是单独使用乙烯也难以完全明确煤炭氧化温度和氧化发展阶段。因此，用乙烯作为主要标志气体并配合其他标志气体使用，效果会更好。

3）乙炔预测法。乙炔可以看做煤的氧化已确实进入燃烧阶段的标志气体。只要检测到乙炔的存在就可断定检测区内存在已经燃烧的明火。所以，乙炔可以作为井下发生明火的报警信号。报警后要立即采取灭火措施，同时要特别小心，谨防引起瓦斯、煤尘爆炸。

（五）矿井内因火灾的预防

煤炭自燃必须同时具备三个条件：①有自燃倾向性的碎煤堆积；②有蓄积热量的环境和条件；③连续不断的供氧。预防内因火灾主要从这三个条件入手，采取有针对性的预防措施，使得这三个条件中至少缺少一个，煤炭就不会自燃了。

1. 矿井自燃火源的分布规律

根据统计分析，矿井自燃火源主要分布为：采空区、煤柱、断层附近、煤巷高冒顶、煤巷巷帮和碹后、上下隅角、地质构造破碎带和起采及停采线等地点。其中，自燃发火发生在采空区、巷道及其他地点的分别占60%、29%和11%。

（1）采空区。自燃火源主要分布在有碎煤堆积和漏风同时存在且时间大于自然发火期的地方。从已发生自燃的火源分布来看，多煤层联合开采和厚煤层分层开采时，采空区自燃火源多位于停采线和上、下顺槽附近，即所谓的"两道一线"，中厚煤层采空区的火源大多位于停采线和进风巷。当采空区有裂隙与地表或其他风路相通时，在有碎煤存在的漏风路线上都有可能发火。

（2）煤柱。尺寸偏小、服务期较长、受采动压力影响的煤柱，容易压酥碎裂，其内部产生自燃火源。

（3）巷道顶煤。采区石门、综采放顶煤工作面沿底掘进的进回风巷等，巷道顶煤受压时间长，压酥破碎，风流渗透和扩散至内部（深处），便会发热自燃。综采放顶煤开采时，上、下巷顶煤发火较严重。

（4）断层和地质构造带附近。工作面搬家和不正常推进以及工作面过地质构造带或破碎带，都是煤自燃发生频率较高的区域。

2. 预防矿井内因火灾的开采技术措施

（1）预防内因火灾的采矿技术措施。开采具有自然发火倾向的煤层时，应采用合理的采煤技术才能防止煤的自然发火。

1）选择合理的开拓方式和采煤方法。开采有自燃倾向的煤层，应采用石门、岩石大巷的开拓方式，这样可以少切割煤层，少留煤柱，又便于封闭、隔离采空区。如须在煤层中开拓巷道而且服务年限较长，则应进行砌碹或锚喷。

2）对具有自燃性的煤层，应采用由上而下的开采顺序，后退式回采，禁止前进式回采。要选用回采率高、回采速度快，采空区容易封闭的采煤方法。所以，长壁式采煤方法适于开采有自燃倾向的煤层。

3）合理布置采区。在有自燃倾向性煤层中布置采区时，应根据煤层自然发火期的长短和回采速度来确定采区的尺寸。必须保证在煤层自然发火之前回采完并进行封闭。如果不考虑煤层的自然发火期，盲目加大采区的走向长度，往往还没有采完，采空区就已自燃。

4）提高回采率，坚持正规循环。回采率越低，丢煤越多，回采越不正常，越容易自然发火。所以，应坚持正规循环，加快回采速度，清扫工作面浮煤，提高回采率，保证在自然发火期内采完，并及时放顶或充填。

5）无煤柱开采。无煤柱开采就是在开采过程中取消了各种维护巷道、隔离采空区的煤柱。这种开采方法一方面减少了煤炭资源的浪费，取得了良好的经济效益；另一方面由于没有煤柱，消除了煤炭自燃的根源，大大减少了自然发火的次数，这在许多煤矿得到了验证。

6）预防巷道中自然发火。首先要保证巷道的工程质量，防止发生冒顶事故。遇有巷道冒顶或有煤和瓦斯突出形成的空洞，要清除浮煤，打好支架或采用充填办法，使其与外界空气隔绝，防止煤的氧化。

(2) 预防矿井内因火灾的通风措施。具体如下。

1）正确选择通风系统，加强通风管理。要根据矿井的开拓系统和开采方法，合理选用通风系统。如矿井采用前进式回采顺序，用对角式通风；采用后退式回采顺序时，用中央式通风。这样可以减少漏风，预防煤层自然发火。

2）实行分区通风，避免串联风。分区通风可以降低矿井总风阻，提高矿井的通风能力，有利于调节和控制风量，在矿井火灾时期，便于控制风流和隔绝火区，而串联通风则相反。

3）正确选择并及时建筑通风构筑物。井下通风构筑物，如风门、调节风窗、密闭墙等，要及时安设，并保证质量。安设的位置选得正确，则可减少漏风，抑制煤的自燃。如安设位置不当，可促进煤的自燃。同时，矿井主扇的风压不宜过高，以防止大量漏风。

4）矿井主扇设置反风装置。矿井进风侧发生火灾时，为保证井下人员的安全，应及时反风。

5）瓦斯矿井中的火灾往往造成瓦斯爆炸，所以主扇还应设置防爆门。井下发生爆炸事故时，冲击波可以冲开防爆门，释放爆炸波，保护了矿井主扇不被冲毁。但在个别矿井中，由于不了解防爆门的作用，而将防爆门用螺栓拧紧，因而失去防爆保护作用。

3. 预防性灌浆

预防性灌浆，就是将水、浆材按适当比例混合，配制成一定浓度的浆液，借助输浆管路输送到可能发生自燃的地区，以防止煤炭自燃。预防性灌浆是防止煤炭自燃应用最为广泛、效果最好的一种技术。

在我国从 20 世纪 50 年代开始，煤矿主要的防灭火技术就是进行预防性灌浆，最初普遍采用的是黄泥注浆。由于黄泥注浆效果较好、成本较低、施工工艺比较简单，因此在煤矿中得到了广泛的应用。但黄泥注浆存在的难以解决的问题是土源问题，此项技术应用时需消耗大量的黄土，长期使用大量的黄土必然会造成水土流失、环境破坏。因此，进入 20 世纪 70 年代，我国一些矿区又开发出利用页岩制浆技术，有效地解决了部分矿区缺土问题。有些矿区利用电厂的粉煤灰作为注浆材料进行防灭火注浆，经过多年的应用取得了丰富的经验。在开采厚煤层时，有些矿区使用水砂充填技术也取得了非常好的效果。

(1) 预防性灌浆的主要作用。预防性灌浆主要有以下作用：

1）浆液把残留的碎煤包裹起来，隔绝碎煤与空气的接触，阻止了煤炭氧化。

2）浆液充填采空区的空隙，增加了采空区的密实性，减少了漏风。

3）浆液使已经自热的煤炭降温，使之冷却散热。

4）浆液胶结后，有利于形成再生顶板，减少顶板事故。

5）浆液能湿润煤炭和岩石，减少粉尘飞扬。

6) 浆液能降低工作面温度，工作面清爽凉快。

从上所述中可以看出，预防性灌浆不仅是防灭火的有效措施，而且对煤矿的安全生产和文明作业都是有利的。

(2) 预防性灌浆对浆材的要求。预防性灌浆的效果主要取决于浆材的好坏、浆液的制备、输送浆液和灌注的方法及工艺等。制浆用的材料应满足以下要求：

1) 不含可燃及助燃性材料，尤其是固体材料中不能含有煤等可燃物。

2) 材料粒度直径合理。一般要求材料粒度直径不能大于2mm，粒径太大容易堵管，灌浆后防止煤炭自燃效果也不好。粒径小于1mm的要占75%。

3) 浆材胶体混合物适中。一般要求胶体混合物达到25%~30%。

4) 浆材中含砂量适中，一般要求达到25%~30%。

5) 浆材相对密度为2.4~2.8。

6) 浆材既容易脱水，又具有一定的稳定性。

7) 具有一定的可溶性，即固体浆才能与较少的水混合成浆液。

8) 浆材输送时顺畅，不易堵管。

选取的灌浆材料除满足上述的基本性能要求外，还要求其来源丰富，运输和加工成本低廉，尽量不占或少占耕地和良田。

(3) 灌浆方法。预防性灌浆的方法有多种，根据采煤与灌浆先后顺序的关系可分为：采前预灌、随采随灌、采后灌浆。

1) 采前预灌。采前预灌就是煤未采之前即对煤层进行灌浆。此种方法较适用于特厚煤层，以及老空区过多、自然发火严重的矿井。

在煤矿，由于老空区造成的自然发火次数较多。因此，采前预灌是防止煤炭自燃必不可少的措施之一。采前预灌既可以利用原有的老窑灌浆，也可以专门设置消火道灌浆和布置钻孔灌浆。

2) 随采随灌。随采随灌就是随着采煤工作面推进的同时向采空区灌浆。其主要优点是能及时将顶板冒落后的采空区进行灌浆处理；主要缺点是管理不当时会使运输巷道积水。这种方法一般较适用于自然发火期较短的煤层。

随采随灌的主要方法有：利用钻孔灌浆、巷道钻孔灌浆、埋管灌浆、二作面洒浆。

① 钻孔灌浆。在开采煤层附近已有的巷道中或者在专门掘出的巷道中，每隔一定距离（一般每隔10~15m），往采空区打钻孔灌浆。图5-1所示是在底板消火道中打钻孔向采空区灌浆的示意图。

② 巷道钻孔灌浆。为减少钻孔长度，保证钻孔质量，便于操作，沿巷道每隔一定距离打断面较小的巷道，在此巷道内打钻孔灌浆，如图5-2所示。

③ 埋管灌浆。回采工作面在放顶之前，沿着回风巷在采空区预先铺好灌浆管，放顶后立即灌浆，随工作面的推进，安设回柱绞车，逐渐向外牵引灌浆管，牵引一定距离灌一次浆。如图5-3所示。

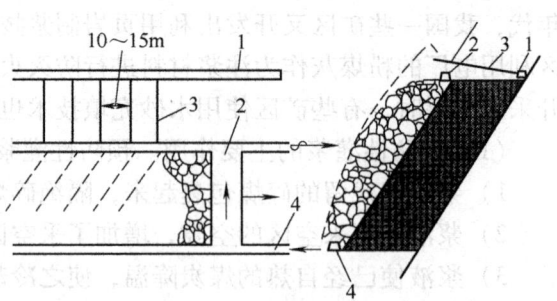

图5-1 钻孔灌浆示意图
1—底板消火道 2—回风道 3—钻孔 4—工作面进风巷

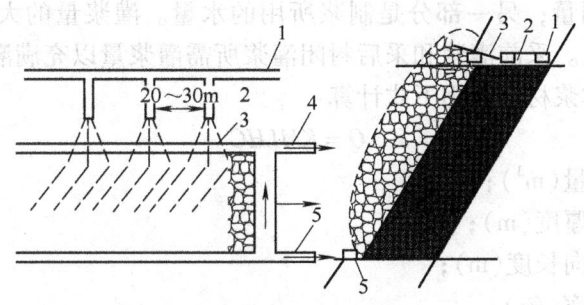

图 5-2 小巷道钻孔灌浆示意图

1—底板消火道 2—钻窝巷道 3—钻孔 4—回风道 5—工作面进风巷

④ 工作面洒浆。从灌浆管中接出一段胶管，沿工作面方向往采空区内均匀地洒浆，如图 5-4 所示。洒浆通常是埋管注浆的一种补充手段，使整个采空区，特别是采空区下半部分也能灌到足够的浆液。

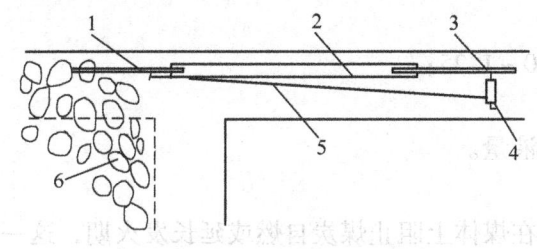

图 5-3 埋管注浆示意图

1—预埋钢管 2—高压胶管 3—钢管 4—回柱绞车 5—钢丝绳 6—采空区

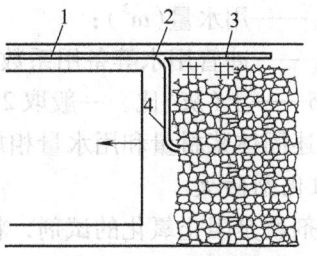

图 5-4 工作面洒浆

1—灌浆管 2—三通 3—预埋灌浆管 4—胶管

3）采后灌浆。采后灌浆是当回采结束后，将整个采空区封闭起来，然后灌浆。主要方法有：利用邻近层巷道向采空区打钻孔灌浆；利用巷道密闭墙插管灌浆。

采后灌浆的关键是要砌筑密闭墙。为了保证灌浆和施工安全，一般选择巷道周围比较完整的地点砌筑密闭墙。如图 5-5 所示。

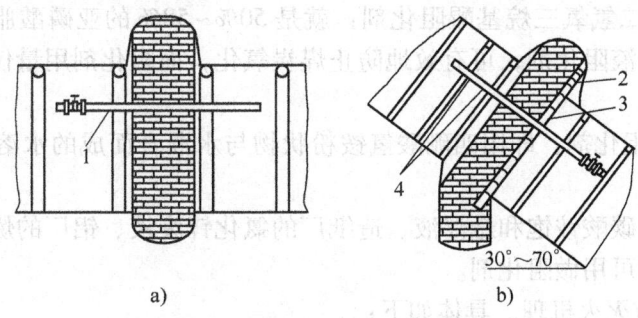

图 5-5 密闭墙示意图

a）立式密闭 b）半卧式密闭

1、4—灌浆管 2—木板 3—木梁

（4）灌浆量。灌浆量就是保证灌浆效果的实际浆液量。它是由两部分构成的：一部分是制浆所用固体浆材用量;另一部分是制浆所用的水量。灌浆量的大小取决于灌浆区的容积、灌浆的形式等因素。采前灌浆和采后封闭灌浆所需灌浆量以充满灌浆空间为准。

随采随灌所需固体浆材量可用下式计算:

$$Q = KMLHC \tag{5-1}$$

式中　Q——固体浆材量(m^3);
　　　M——煤层开采厚度(m);
　　　L——灌浆区走向长度(m);
　　　C——煤炭采出率(%);
　　　H——灌浆区的倾斜长度(m);
　　　K——灌浆系数,固体浆材体积与需要灌浆的采空区空间体积之比;影响 K 值的因素有冒落岩石的松散系数、跑浆系数、浆液收缩系数等,一般可取 0.1~0.5。

随采随灌所用水量可按下式计算:

$$Q_水 = K_水 Q\delta \tag{5-2}$$

式中　$Q_水$——用水量(m^3);
　　　$K_水$——冲管用水等备用系数,一般取 1.10~1.25;
　　　δ——土(灰)比,一般取 2~5。

将上述固体浆材量和用水量相加就是所需浆液量。

4. 阻化剂防火

阻化剂就是阻止氧化的试剂,将其溶液喷洒在煤体上阻止煤炭自燃或延长发火期,这一方法即为阻化剂防火。

(1) 常用的阻化剂。目前国内外使用的阻化剂种类大致有:

1) 吸水盐类阻化剂。常用的有氯化钙($CaCl_2$)、氯化镁($MgCl_2$)、氯化锌($ZnCl_2$)阻化剂,氯化锌($ZnCl_2$)阻化剂的效果较好。

2) 石灰水阻化剂。石灰水就是石灰乳[$Ca(OH)_2$],其含量(质量分数)一般为 5%~12%。

3) 水玻璃阻化剂。将一定浓度的硅酸钠(Na_2SiO_3)溶液喷洒在煤体上阻止其氧化自燃。还可与氯化钙混合使用,效果更好。

4) 亚磷酸酯与二氢氧三烷基醚阻化剂:就是 50%~58% 的亚磷酸酯与 15%~20% 的二氢氧三烷基醚的混合液阻化剂,可有效地防止煤炭氧化,而阻化剂用量仅为处理煤量的千分之一左右。

5) 四硼酸氢铵阻化剂:即用四硼酸氢铵粉状物与水混合而成的水溶液。使用时向采空区喷洒。

除此之外,还有碳酸铵饱和悬浮液、造纸厂的氯化锌废液、铝厂的炼镁槽渣、石油副产品的碱乳浊液等,都可用做阻化剂。

(2) 阻化剂的防灭火机理。具体如下:

1) 增加煤在低温时的化学惰性,或提高煤氧化的活化能,形成液膜包覆煤块和煤的表面裂隙面。

2) 充填煤柱内部裂隙。

3) 增加煤体的蓄水能力。

4) 水分蒸发吸热降温。

阻化剂防灭火的实质是，降低煤在低温时的氧化速度，延长煤的自然发火期。

(3) 阻化剂的阻化效果认定。不同阻化剂的阻化效果有好有坏。在不同的使用地点，同一阻化剂的阻化效果也不完全一样。在实际应用中，常用阻化率及阻化剂寿命两个指标来描述阻化剂阻化效果的好坏。

1) 阻化率 E。阻化率是指阻化剂对煤炭氧化自燃阻止的程度，即煤样经阻化剂处理前后放出一氧化碳的差值与处理前煤样放出一氧化碳量的百分比，其大小用下列公式计算：

$$E = (A - B)/A \times 100\% \tag{5-3}$$

式中 E——阻化率(%)；

A——煤样阻化处理前在100℃时放出的一氧化碳量；

B——煤样阻化处理后在100℃时放出的一氧化碳量。

阻化剂的阻化率值越大，则说明阻止煤炭氧化的能力越强。

2) 阻化剂寿命。阻化剂喷洒至煤体表面后，从开始生效至失效所经过的时间叫阻化剂寿命，单位为月。

阻化剂寿命是一个重要指标。为了有效地预防自然发火，阻化剂寿命不应小于自然发火期。阻化剂寿命可以通过二次或多次喷洒以及保持环境具有较高的湿度等措施来延长。

阻化剂的效果与被喷洒的煤种、阻化剂种类及其阻化剂的溶液浓度和使用的工艺合理程度有关。

(4) 阻化剂的选择及合理浓度。阻化剂及使用参数的选择对阻化效果的好坏至关重要。选择阻化剂的原则是：阻化防火效果好，来源广泛，使用方便，安全无害，对设备无腐蚀，防火成本低。从这几个方面出发，比较理想的阻化剂有工业氯化钙、卤片（六水氯化镁）。这些阻化剂货源充足，储运方便，价格便宜。

阻化剂浓度的合理性是降低成本、提高阻化效果的重要方面。实践证明，20%的氯化钙和氯化镁溶液阻化率较高，阻化效果好；10%的阻化液也能防火，虽然阻化率有所下降，但成本可降低一半，所以阻化剂含量（质量分数）最好控制在15%～20%之间，一般不小于10%。

(5) 阻化剂的使用方法。阻化剂使用时有两种方法：一是在采煤工作面向采空区浮煤喷洒阻化剂；二是向可能或已经开始氧化发热的煤体打钻孔压注阻化剂。后一种方法钻孔间距根据阻化剂对煤体的有效扩散半径确定。

如果使用阻化液喷洒工艺，可在采区内建立一个永久性的储液池，储液池用水泥料石砌筑，用供水管向储液池内供水，再往储液池内加阻化剂，搅拌均匀，通过水泵上药液管经电动泵加压后经输液胶管、喷洒管、喷枪喷洒在采空区内。

打钻压注阻化液时，钻孔深度应视煤壁压碎深度确定。钻孔的方位、角度要根据火源、高温点等位置确定，以煤壁见阻化液为准，如果一次达不到防火效果时，还可重复二三次，直到取得满意效果为止。

阻化剂可以单独使用，也可加入灌浆液中混合使用，以提高预防性灌浆的防火效果。阻化剂防火工艺简单、安全、投资少、用水量少。但阻化剂在火区达到一定温度和范围后，阻止火区作用时间较短，对金属管道有一定的腐蚀作用。通过实践证明：氯化物水溶液对褐煤、长焰煤和气煤效果较好；水玻璃、石灰水对高硫煤有较高的阻化率。

5. 凝胶防灭火

凝胶防灭火是用基料和促凝剂按一定比例混合配成水溶液后,发生化学反应形成凝胶,从而破坏煤炭着火的一个或几个条件,以达到防灭火的目的。胶体内部充满水分子和一部分盐,由于基料一般用水玻璃溶液,即硅酸钠水溶液,与促凝剂反应后形成硅胶。硅胶起框架作用,把易流动的水分子都固定在硅胶内部。成胶过程是吸热过程,吸热量与胶体浓度及原材料有关。

(1) 凝胶防灭火机理。具体如下。

1) 保水作用。凝胶中含水量可达90%,能有效地阻止水分流失。在煤矿井下,由于空气潮湿,凝胶一个月内的体积收缩率一般小于20%,在一定时期内能有效地阻止煤炭自燃。

2) 堵漏风作用。基料与促凝剂刚接触时,主料具有很好的流动性,可以充分渗透到煤体缝隙中。经过一段时间后,形成凝胶,具有一定强度,对于煤体来说,能堵住漏风通道,防止漏风,煤炭因缺氧不能自燃。

3) 吸热降温作用。形成凝胶的化学反应过程是一个吸热反应,成胶后本身水分的蒸发也会吸收热量,这样可使煤体氧化产生的热量被带走,煤体温度下降,阻止或延缓了煤炭自燃。

4) 隔氧作用。主料注入或喷洒到煤体后,大大地减少了煤体与空气的接触面积,尤其成胶后覆盖了煤体表面,煤体与氧隔绝而减少了自燃的可能性。

(2) 凝胶材料的选择。具体如下。

1) 凝胶主料。凝胶主料是由基料和促凝剂组成的,凝胶主料在井下起到防灭火的作用。在煤矿井下开采容易自燃和自燃的煤层时,最适宜的主料是硅凝胶。硅是无机材料,硅凝胶是 $SiO_2 \cdot H_2O$ 的胶体,在高温下失水成为 SiO_2 和水蒸气,吸收大量热,无毒无害,不污染环境,对井下设备也没有腐蚀性。硅胶材料众多,成本低廉。

2) 基料的选择。基料是成胶过程的主要物质,煤矿一般用水玻璃作为基料。水玻璃俗称泡花碱,化学名称为硅酸钠,化学分子式为 Na_2SiO_3 或 $Na_2O \cdot nSiO_2$,它是由氧化钠和二氧化硅按一定比例在高温下结合而成的。水玻璃有固态和液态两种,煤矿一般采用液态水玻璃。

3) 促凝剂的选择。促凝剂的作用是使基料,即水玻璃水溶液,能快速凝胶,一般选用的促凝剂都属于酸性物质,常用的有 NH_4HCO_3、NH_4Cl、$(NH_4)_2SO_4$。

(3) 凝胶防灭火效果及影响因素。反映凝胶防灭火效果的主要指标有成胶时间、胶体强度、凝胶稳定性。

1) 成胶时间。不同地点使用的凝胶的成胶时间不相同,如用于封闭堵漏和扑灭高温火源的,成胶时间应控制在混合液体喷出枪头 30s 内;用于阻化浮煤的,成胶时间应以混合液体喷出枪头 5~10min 为宜。

2) 胶体的强度。胶体水溶液中 SiO_2 含量越高,凝胶越好,强度也越大。胶体强度与促凝剂用量无关。一般基料含量(质量分数)(总量比)应小于9%。

3) 凝胶稳定性。凝胶可长期保持胶体状态,时间延长只蒸发水分和体积收缩。凝胶热稳定性较好,在烘箱中进行加热试验,加热到110℃仍保持胶体状态,只有水分蒸发和凝胶变干现象。随着温度升高,失水速度加快。基料含量(质量分数)为 3%~75% 的凝胶在相同条件下,其失水率相差不大,且比单纯注水或注泥浆的失水率小得多。

6. 均压防灭火

煤矿井下煤炭之所以会自燃，是因为有漏风的存在，即有连续不断地供氧。为了减少或防止漏风，就必须降低漏风通道两端的压差，或增加漏风风阻。因此，在实际应用中可利用风窗、风机、调压气室和连通管等调节风压值，以改变通风系统的压能分布，降低漏风压差，从而达到抑制煤炭氧化、惰化火区的目的。这种防灭火技术即为均压防灭火。

均压防灭火技术一般有双重功能：一是可以防止煤炭自燃；二是对于已经封闭的火区可以灭火。目前，在我国很多矿井已经应用这种技术，效果良好。其主要优点是成本较低、应用方便；主要缺点是技术含量较高，应用时必须详细测定压能分布，掌握各风路的风阻，调压方法正确，否则会适得其反。

风压调节的方法很多，按所使用的设备设施不同，可分为风机调节法，风窗调节法，风机、风窗调节法，风机、风筒调节法，风机气室调节法，连通管气室调节法。按所调风压大小变化不同，可分为增压法和降压法。按使用条件不同，可分开区均压调节法和闭区均压调节法。

（1）开区均压调节。开区均压调节是指对正在生产的工作面建立调压系统，减少采空区漏风，抑制自燃发展，使采空区中的自燃前兆气体不进入工作面，从而可以保证工作面安全生产。开区均压调节系统多种多样，但构成系统的具体措施要根据具体环境条件（如巷道布置及漏风形式等）而定。特别要查清造成发火征兆的主要漏风通道，然后采取措施降低通道两端的风压差，减少漏风量，抑制煤炭自燃的发生、发展。

开区调压法要根据不同的漏风形式采取不同的调压方法，常见的开区调压方法有调节风门调压、并联风路调压、调节风门与风机联合调压。

开区调压的主要优点是可实现抢采，主要缺点是恶化了工作环境，高瓦斯矿井使用时要特别慎重。

（2）闭区均压调节。对于已封闭的采空区进行风压调节，使封闭区进回风路两端的密闭处风压差趋于零，封闭区内风流停止流动，从而实现预防自燃火灾的发生。同时封闭式调节风压还可加速封闭火区火源的熄灭。

实现闭区均压调节的具体方法通常有并联风路与调节风门联合调压、调压风机与调节风窗联合调压、连通管调压、主要通风机与调节风门联合调压。

7. 惰性气体防灭火技术

惰性气体是指不可燃气体或窒息性气体，主要包括氮气、二氧化碳以及燃料燃烧生成的烟气（简称燃气）等。

惰性气体防灭火，就是将惰性气体注入已封闭的或有自燃危险的区域，降低区域内氧气含量，从而使火区因氧含量不足使火源熄灭；或者使采空区中因氧含量不足而使遗煤不能氧化自燃。

（1）氮气防灭火技术。氮气防灭火技术是防治煤层内因火灾的有效技术措施之一。氮气防灭火技术是利用制氮设备制取氮气，通过管路送入井下，注入采空区等煤炭可能自燃的区域，如采空区自燃危险区域，使之惰化。主要用于防治采空区自然发火和瓦斯爆炸，以及加快封闭火区熄灭过程，但氮气热容小，降温效果差，且一旦重新供氧，火区极易复燃。因此，在开放式工作面的采空区防火中，必须有针对性地确定氮气释放口，才能有效缩短氧化升温带范围。在封闭灭火过程中，氮气不会损坏或污染机械设备和井巷设施，火区可以较快恢复生产。但是氮气防灭火必须与均压和其他堵漏风措施配合应用，否则，如果注入惰气的采空区或火区漏风严重，氮气必然随漏风流失，难以起到防灭火作用。

1) 氮气防灭火机理。

① 采空区内注入大量高含量的氮气后，氧气含量相对减小，氮气部分地替代氧气进入到煤体裂隙表面，这样煤表面对氧气的吸附量便降低，在很大程度上抑制或减缓了遗煤的氧化放热速度。

② 采空区注入氮气后，提高了气体静压，降低了漏入采空区的风量，减少了空气与煤炭直接接触的机会。

③ 氮气在流经煤体时，吸收了煤氧化产生的热量，可以减缓煤升温的速度和降低周围介质的温度，使煤的氧化因聚热条件的破坏而延缓或终止。

④ 采空区内的可燃、可爆性气体与氮气混合后，随着惰性气体含量的增加，爆炸范围逐渐缩小（即下限升高、上限下降）。当惰性气体与可燃性气体的混合物比例达到一定值时，混合物的爆炸上限与下限重合，此时混合物失去爆炸能力。这是注氮防止可燃、可爆性气体燃烧与爆炸作用的另一个方面。

⑤ 注氮防火，可以实现"边采、边注、边防火"；注氮灭火，扑灭火灾迅速，抢险救灾工作较安全可靠。

⑥ 与注浆（砂）或注水相比，注氮不污染防治区，无腐蚀，且不损坏综采设备；火区启封，恢复工作安全、迅速、经济。

2) 注氮防灭火惰化指标。

① 采空区惰化氧气含量指标不大于煤自燃临界的氧含量，一般氧含量应小于7%。

② 惰化灭火氧含量（体积分数）指标不大于3%。

③ 惰化抑制瓦斯爆炸氧含量（质量分数）指标小于12%。

(2) 二氧化碳（CO_2）灭火技术。CO_2相对空气的密度为1.53。所以，以CO_2注入到较低位置的火区效果较好，特别是当该火区已封闭，或火区系采空区；风流由着火带上行至注CO_2位置；低标高的着火带为巷道冒顶所掩盖等情况下，CO_2比N_2有更好的灭火效果。

由于CO_2密度大，而N_2与空气密度相近，所以，CO_2不易与空气混合，容易形成高含量的惰性气体流向低标高巷道底部的着火带。应用CO_2灭火的缺点是：CO_2产生量不大，成本高；对于高位或平巷巷顶的着火带，应用CO_2效果不好；CO_2与空气不易混合的特性在一些情况下成为缺点；在着火带，CO_2可能生成CO，导致新的隐患；CO_2具有活性，特别是易溶于酸性水，在潮湿、有积水的巷道减弱了CO_2的防灭火效果；CO_2比CH_4更易被煤和燃烧生成的焦炭吸附，使注入的CO_2在进入着火带前就已减少。

在直接灭火清除炽热可燃物时，用液态CO_2冷却是一种有效的方法。因为用水降温生成的炽热蒸汽威胁灭火人员的安全，在一些地方，水也会软化巷道底部。而用液态CO_2降温可以给灭火人员提供良好的工作环境。

(3) 燃气灭火技术。燃气是燃料油与一定比例的空气混合在惰性气体发生装置内经充分燃烧后产生的含二氧化碳、氮气和水蒸气的惰性混合气体，利用此混合气体作为防灭火的惰性气体。由于烟气中基本上是惰性气体或不可燃气体，因此，将其压入火区后，可起到惰化火区、窒息火源的作用；压入正在密闭的火区，可起到阻爆作用。

应用燃气灭火的缺点是：气体含有少量CO和H_2，会影响正确分析火源状况；成本较高；对操作和维修该装置的人员的技术水平要求较高；需要大量的冷却水。

二、金属矿山内因火灾及其预防

金属矿山的内因火灾是由于矿物氧化自燃引起的，主要发生在开采有自燃倾向硫化矿床的矿山。据粗略统计，我国已开采的硫化铁矿山的20%~30%、有色金属或多金属硫化矿的5%~10%，具有发生内因火灾的危险性。矿山内因火灾是在空气供给不足的情况下缓慢发生的，通常无显著的火焰，却产生大量有毒有害气体，并且发火地点多在采空区或矿柱里，给早期发现和扑灭带来许多困难。

（一）硫化矿石自燃

硫化矿石在空气中氧化发热，是硫化矿石自燃的主要原因。硫化矿石的氧化发热过程可以划分为两个阶段。首先，硫化矿石以物理作用吸附空气中的氧分子，释放出少量的热，然后转入化学吸收氧阶段，氧原子侵入硫化物的晶格，形成氧化过程的最初产物硫酸盐矿物，同时释放出大量的热，在通风不良的情况下，热量聚积而使温度升高，加速矿石氧化过程。当温度超过200℃时，硫化矿石氧化生成大量二氧化碳气体，放出更多的热量，逐渐由自热发展为自燃。

根据试验研究和矿内观察，导致自燃发生的基本要素包括矿石的氧化性或自燃倾向、空气供给条件，以及矿岩与周围环境间的散热条件。在实际矿山条件下，影响硫化矿石自然发火的因素可归结为如下三个方面。

1. 硫化矿石的物理化学性质

硫化矿石中硫的含量是决定其自燃倾向的主要因素。当矿石的含硫量达到12%以上时，则有可能发生自燃；当含硫量增加到40%以上时，其火灾危险性大大增加。当硫化矿石中含有石英等造岩矿物或含有其他惰性杂质时，其自燃性减弱。松脆和破碎的矿石因其表面积大，自然发火的可能性大。潮湿的矿石较干燥的矿石容易自燃。

2. 矿床地质条件

矿体厚度、倾角及围岩的物理力学性质等影响硫化矿石的自燃。例如，矿体厚度越大，倾角越大，自然发火的危险性越高。根据实际资料，厚度小于8m的硫化矿床很少发生自燃。

3. 采矿技术条件

影响硫化矿石自燃的采矿技术条件包括开采方式、采矿方法以及通风制度等。它们决定残留在采空区里的矿石、木材的数量和分布，以及向采空区漏风的情况。

（二）金属矿山内因火灾的早期识别

早期识别内因火灾，对防止火灾发生及迅速扑灭火灾具有重要意义。可以通过观测内因火灾的外部预兆、化学分析和物理测定等方法识别内因火灾。

1. 矿山内因火灾的外部预兆

在硫化矿石的自热与自燃过程中，往往在井巷内出现一些外部预兆。根据这些预兆，人们可以判断内因火灾已经发生，或判断自热自燃已经发展到什么程度。

（1）硫化矿石自热阶段温度上升，同时产生大量水分，使附近的空气呈过饱和状态，在巷道壁和支架上凝结成水珠，俗称"巷道出汗"。在冬季，可以看到从地表的裂缝、钻孔口冒出蒸汽，或者出现局部地段冰雪融化的现象。

(2) 在硫化矿石的自燃阶段产生 SO_2，人们会嗅到它的刺激性臭味。

(3) 火区附近的大气条件使人感觉不适。例如，头疼、闷热、裸露的皮肤有微痛，精神过于兴奋或疲劳等。

这些预兆出现在矿石氧化自热已经发展到相当程度以后，甚至已经开始发火燃烧。况且，有时仅凭人的感觉和经验也不太可靠。所以，为了更早地、准确地识别矿山内因火灾，还要依赖于更科学的方法。

2. 化学分析法

分析可疑地区的空气成分和地下水成分，可以早期发现硫化矿石自燃。

(1) 分析可疑地区的空气成分。在有自然发火危险的地区定期地采集空气试样进行分析，观测矿井空气成分的变化，可以确定矿石自热的有无及发展情况。当有木材参与自热过程时，基本上可以利用空气中的 CO_2、CO 和 O_2 含量的变化来判断。由于 SO_2 能溶解于水，所以在火灾初期的气体分析中很难测出。当空气中的 CO 和 SO_2 含量稳定或者逐渐增加时，可以认为自热过程已经开始了。

(2) 分析可疑地区的地下水。硫化矿石氧化时产生硫酸盐及硫酸，并且析出的 SO_2 也容易溶解于水，使得矿井水的酸性增加，矿物质含量增加，甚至木材水解产物也增加。为了分析比较，必须预先查明正常条件下该地区地下水的成分，然后系统地观测地下水成分，判断内因火灾的危险程度。

3. 物理测定法

通过测定可疑地区的空气温度、湿度和岩石温度，可以最直接、最准确地鉴别内因火发生、发展情况。

系统地测定和记录可疑地区的空气温度和湿度，综合各种测定方法获得的资料，就可以做出正确的判断。当被观测地区的气温和水温稳定地上升，超过 25℃ 以上时，可以认为是内因火灾的初期预兆。

为测定岩石温度，可以在预先钻好的 4~5m 深的钻孔底部放入温度计（水银留点温度计、热电偶或温度传感器），孔内灌满水，孔口封闭。当岩石温度稳定地上升到 30℃ 以上时，认为自热过程已经开始了。

（三）预防金属矿山内因火灾的措施

防止硫化矿石自热自燃的基本原则是：减少、限制矿石与空气的接触，以限制氧化过程，以及防止自热过程中产生的热量蓄积。

1. 合理选择开拓方式和采矿方法

合理地选择开拓方式和采矿方法，可以干净、快速地回采矿石，在时间上和空间上减少矿石与空气的接触。主要技术措施如下：

(1) 在围岩中布置开拓和采准巷道，减少矿体暴露，减少矿柱，并易于隔离采空区。

(2) 合理设计采区参数，加速回采，使开采时间少于矿石的自然发火期，并在采完后立即封闭。

(3) 遵循自上而下、自远而近的开采顺序安排生产。

(4) 选择合理的采矿方法，降低开采损失，减少采空区中残留的矿石和木材量，并避免它们过于集中。选用的采矿方法应该有较高的回采强度和便于严密封闭采空区。

2. 建立合理的通风制度

建立合理的通风制度可以有效地减少向采空区的漏风。

（1）采用机械通风，保证矿井风流稳定，风压适中。主扇应该有反风装置并定期检查，保证能够在10min内使矿井风流反向。

（2）选择合理的通风系统，降低总风压，减少漏风量。混合式通风方式最适合于有自然发火危险的矿井。采用并联方式向各作业区独立供风，既可以降低总风压，又便于调节和控制风流。

（3）加强对通风构筑物和通风状况的检查和管理，降低有漏风处的巷道风阻，提高密闭、风门的质量，防止向采空区漏风。

（4）正确选择通风构筑物的位置。在通风构筑物，如风门、风窗或辅扇处会产生很大的风压差。应该把它们布置在岩石巷道中或地压较小的地方，防止出现通过裂隙向采空区漏风的现象。另外，还要注意这些设施能否使通风状况变得对防火不利。

3. 封闭采空区或局部充填隔离

利用封闭或局部充填措施把可能发生自燃的地段与外界空气隔绝，可以防止硫化矿石氧化。用泥浆堵塞矿柱裂隙可以将采空区封闭。为了封闭采空区，除了堵塞裂隙外，还要在通往采空区的巷道口上建立防火墙。

用防火墙封闭采空区后，要经常检查防火墙的状况，观测漏风量、封闭区内的气温和空气成分。由于任何防火墙都不能绝对严密，所以必须设法降低封闭区进、回风侧之间的风压差。当发现封闭区内有自热预兆时，应该采取灌浆等措施。

预防金属矿山内因火灾的措施还包括预防性灌浆、均压通风防火、阻化剂防火等，可参考煤矿内因火灾的预防。

第三节　矿井外因火灾及其预防

一、煤矿外因火灾及其预防

（一）矿井外因火灾概述

我国煤矿的外因火灾占矿井火灾总数的10%左右，虽然所占比例不大，但由于外因火灾一般发展迅猛，故外因火灾往往造成重大的财产损失和人身伤亡事故。据统计，国内有记载的重大恶性火灾事故90%以上属于外因火灾。而随着矿井机械化和电气化程度的提高，外因火灾在矿井火灾总数中的比例会有所增加。因此，防治外因火灾意义重大。

矿井外因火灾，就是由外部火源引起，发生在井下及井口附近，但危害到井下安全的火灾，又称矿井外源火灾。与内因火灾相比，外因火灾的发生及发展比较突然和迅猛，并伴有大量烟雾和有害气体。同时，外因火灾发生时往往出于人的意料之外，正是这种突发性和意外性，常常使人们惊慌失措，处理不当，扑救不及时，贻误战机。另外，外因火灾发生后，还可引发其他煤矿重大灾害，如引爆瓦斯、煤尘。

外因火灾可以发生在矿井的任何地点，但多发生在井筒、井底车场、机电硐室、火药库、石门，以及其他安装有机电设备的巷道或工作面内和进行爆破作业的场所，其中电线、变压器油、木支护、胶带、塑料等都是着火的物质。一般来说，在电气化程度较低的中、小型煤矿，大多数外因火灾是由于使用明火或违章爆破等引起的；在机械化、电气化程度较高的矿井，则大多是由于机电设备管理维护不善、操作使用不当、设备运转故障等原因所引起的。对于这些火灾多发区域，必须建立完善的消防系统，同时，在矿井生产过程中配合采取一定的技术措施和管理手段加以预防。

（二）矿井外因火灾的分类

矿井的外因火灾，主要包括以下几种：

（1）明火火灾。指井下吸烟、使用火电焊、使用电炉及灯泡取暖等引起的火灾。

（2）电气火灾。主要原因是机电设备性能不好，管理不善，如电钻、电机、变压器、开关、插销、接线三通、电铃、打点器、电缆等损坏，以及过负荷、短路等引起的电火花。

（3）爆破起火。不按规定装药、爆破。如裸露爆破以及用动力电源爆破，不装水炮泥、炮眼深度或最小抵抗线过小等而出现的爆破火。

（4）瓦斯、煤尘燃烧或爆炸引起的火灾。

（5）摩擦火。使用机械运输设备相互摩擦而引起火灾。如使用带式输送机引起的摩擦火。

（三）矿井外因火灾的预防措施

煤矿生产过程中，只要严格遵守《煤矿安全规程》关于防灭火的一些规定，就能有效避免或减少外因火灾的发生。预防外因火灾的措施一般为：

1. 预防明火

井口房和扇风机房附近20m内禁止烟火，也不准用火炉取暖。严禁携带烟草、引火物下井，井下严禁吸烟。井口房和井下不准电焊、气焊或用喷灯焊接，如果一定要在井下焊接时，必须制定安全措施，报矿长或总工程师批准后才准进行，而且要求事先迁移和清除附近的易燃物品，备足消防用水、砂子、灭火器等，并随时检查瓦斯和煤尘浓度。

井下硐室内不准存放汽油、煤油或变压器油。井下使用的润滑油、棉纱和布头等必须集中存放，定期送到地面处理。

2. 预防放炮引火

井下不准使用黑色火药，因为黑色火药爆炸后火焰存在时间长，有使瓦斯引燃或引爆的危险。井下只准使用硝铵类的矿用安全炸药。严格执行放炮规定，煤矿井下不准放糊炮，严禁用煤块、煤粉，炮药纸等易燃物代替炮泥，同时要严格执行"一炮三检查"制度。

3. 预防电气引火

要正确选用易熔断丝（片）和漏电继电器，以便电流短路过负荷或接地时能及时切断电流。矿井中电气设备应选用防爆型的电气设备，电缆接头不准有"鸡爪子"或"羊尾巴"。

4. 预防摩擦生火

应做好井下机械运转部分的保养维护工作，及时加注润滑油，保持其具有良好的工作状态，防止因摩擦生热而引起火灾。

二、非煤矿山外因火灾及其预防

（一）外因火灾的发生原因

在我国非煤矿山中，矿山外因火灾绝大部分是木支架与明火接触，电气线路、照明和电气设备的使用和管理不善，在井下违章进行焊接作业、使用火焰灯、吸烟，或无意、有意点火等外部原因所引起的。随着矿山机械化、自动化程度的提高，因电气原因所引起的火灾比例会不断增加，这就要求在设计和使用机电设备时，应严格遵守电气防火条例，防止因短路、过负荷、接触不良等原因引起火灾。矿山地面火灾则主要是由于违章作业、粗心大意所致。引起外因火灾的原因有以下几个方面。

1. 明火引起的火灾与爆炸

在井下使用电石灯照明、吸烟或无意有意点火所引起的火灾占有相当大的比例。电石灯火焰与蜡纸、碎木材、油棉纱等可燃物接触，很容易将其引燃，如果扑灭不及时，便会发生火灾。非煤矿山井下，一般不禁止吸烟，未熄灭的烟头随意乱扔，遇到可燃物是很危害的。如果被引燃的可燃物是易燃的，有外在风流，就很可能酿成火灾。冬季的北方矿山在井下点燃木材取暖，会使风流污染，有时造成局部火灾。一个木支架燃烧，它所产生的一氧化碳就足够在一段很长的巷道中引起中毒或死亡事故。

2. 爆破作业引起的火灾

爆破作业中发生的炸药燃烧及爆破原因引起的硫化矿尘燃烧、木材燃烧，爆破后因通风不良造成可燃性气体聚集而发生燃烧、爆炸，都属于爆破作业引起的火灾。近年来，这类燃烧事故时有发生，造成人员伤亡和财产损失。其直接原因可以归纳为：在常规的炮孔爆破时，引燃硫化矿尘；某些采矿方法（如崩落法）采场爆破产生的高温引燃采空区的木材；大爆破时，高温引燃黄铁矿粉末、黄铁矿矿尘及木材等可燃物；爆破产生的碳、氢化合物等可燃性气体积聚到一定含量，遇摩擦、冲击或明火，便会发生燃烧甚至爆炸。

必须指出，炸药燃烧不同于一般物质的燃烧，它本身含有足够的氧，无需空气助燃，燃烧时没有明显的火焰，而是产生大量有毒有害气体。燃烧初期，生成大量氮氧化物，表面呈棕色，中心呈白色。氮氧化物的毒性比一氧化碳更为剧烈，严重者可引起肺水肿造成死亡。所以，在处理炮烟中毒患者时，要分辨清楚是哪种气体中毒。

3. 焊接作业引起的火灾

在矿山地面、井口或井下进行气焊、切割及电焊作业时，如果没有采取可靠的防火措施，由焊接、切割产生的火花及金属熔融体遇到木材、棉纱或其他可燃物，便可能造成火灾。特别是在比较干燥的木支架进风井筒进行提升设备的检修作业或其他动火作业时，因切割、焊接产生火花及金属熔融体未能全部收集而落入井筒，又没有用水将其熄灭，便很容易引燃木支架或其他可燃物，若扑灭不及时，往往酿成重大火灾事故。

据测定结果，焊接、切割时飞散的火花及金属熔融体碎粒的温度高达 1500~2000℃，其水平飞散距离可达 10m，在井筒中下落的距离则可大于 10m。由此可见，这是一种十分危险的引火源。

4. 电气原因引起的火灾

电气线路、照明灯具、电气设备的短路、过负荷，容易引起火灾。电火花、电弧及高温炽热导体极易引燃电气设备、电缆等的绝缘材料。有的矿山用灯泡烘烤爆破材料或用电炉、大功率灯泡取暖、防潮，引燃了炸药或木材，造成严重的火灾、中毒、爆炸事故。

用电发生过负荷时，导体发热容易使绝缘材料被烤干、烧焦，并失去绝缘性能，使线路发生短路，遇有可燃物时，极易造成火灾。带电设备元件的切断、通电导体的断开及短路现象发生，都会形成电火花及明火电弧，瞬间达到 1500~2000℃ 以上的高温，引燃其他物质。井下电气线路特别是临时线路接触不良，接触电阻过高是造成局部过热引起火灾的常见原因。

随着矿山机械化、自动化程度不断提高，电器设备、照明和电器线路更趋复杂。电器保护装置选择、使用、维护不当，电器线路敷设混乱往往是引起火灾的重要原因之一。

（二）几种常见外因火灾的预防措施

1. 预防明火引起火灾的措施

为防止井口火灾和污染风流，禁止用明火或火炉直接接触的方法加热井内空气，也不准用明火烤热井口冻结的管道；井下使用过的废油、棉纱、布头、油毡、蜡纸等易燃物应放入盖严的铁桶内，并及时运至地面集中处理；在大爆破作业过程中，要加强对电石灯、吸烟等明火的管制，防止明火与炸药及其包装材料接触引起燃烧、爆炸；不得在井下点燃蜡纸作照明，更不准在井下用木材生火取暖。

2. 预防焊接作业引起火灾的措施

在井口建筑物内或井下从事焊接或切割作业时，要严格按照安全规程执行和报总工程师批准，并制定出相应的防火措施；必须在井筒内进行焊接作业时，须派专人监护防火工作，焊接完毕后，应严格检查和清理现场；在木材支护的井筒内进行焊接作业时，必须在作业部位的下面设置接收火星、铁渣的设施，并派专人喷水，及时扑灭火星；在井口或井筒内进行焊接作业时，应停止井筒中的其他作业，必要时设置信号与井口联系，以确保安全。

3. 预防爆破作业引起的火灾

对于有硫化矿尘燃烧、爆炸危险的矿山，应限制一次装药量，并填塞好炮泥，以防止矿石过分破碎和爆破时喷出明火，在爆破过程中和爆破后应采取喷雾洒水等降尘措施；对于一般金属矿山，要按《爆破安全规程》要求，认真进行炸药库照明和防潮设施的检查，应防止工作面照明线路短路和产生电火花引燃炸药，造成火灾；无论进行露天台阶爆破或井下爆破作业时，均不得使用在黄铁矿中钻孔时所产生的粉末作为填塞炮孔的材料；大爆破作业时，应认真检查运药路线，以防止电气短路、顶板冒落、明火等原因引燃炸药，造成火灾、中毒、爆炸事故；爆破后要进行有效的通风，防止可燃性气体局部积聚达到燃烧或爆炸限而引起的烧伤或爆炸事故。

4. 预防电气方面引起的火灾

井下禁止使用电热器和灯泡取暖、防潮和烤物，以防止热量积聚而引燃可燃物造成火灾；正确地选择、装配和使用电气设备及电缆，以防止发生短路和过负荷。注意电路中接触不良后电阻增加的发热现象，正确进行线路连接、插头连接、电缆连接、灯头连接等；井下输电线路和直流回馈线路，通过木质井框、井架和易燃材料的场所时，必须采取有效的防止漏电或短路的措施；变压器、控制器等用油，在倒入前必须干燥，清除杂质，并按有关规程与标准采样，进行理化性质试验，以防引起电气火灾；严禁将易燃易爆器材存放在电缆接头、铁道接头、临时照明线灯头接头或接地极附近，以防因电火花引起火灾。

第四节 矿井灭火技术

矿井灭火技术主要分为直接灭火、隔绝灭火和综合灭火三种。

一、直接灭火

直接灭火就是利用现场的材料、设备、设施（如水、砂子、黄泥、岩粉、化学灭火器等），在火源附近直接扑灭火灾或挖除火源。

（一）挖除可燃物

挖除可燃物就是将已经发热或者燃烧的煤炭以及其他可燃物挖出、清除、运到井外。这是扑灭矿井火灾最彻底的方法。

采用挖除可燃物灭火的条件是：

(1) 火源位于人员可以到达的地点。

(2) 火区无瓦斯积聚，无煤尘爆炸危险。

(3) 火灾处于初期阶段，波及范围不大。

挖除火源前，要做好充分的准备工作，备好工具及运输车辆，备足水和充填材料、支护材料，定好运煤路线与排风路线，彻底查清瓦斯聚积与煤尘的积存情况。在挖除工作进行中，要配合洒水以降温灭火，要随时检查煤温、气温，以及掌握工作进展情况，要随时检测瓦斯含量，防止其超限聚积，挖出的热煤及其燃烧物要及时运往地面。遗留的空间要用不燃性材料，如河砂、矸石、黄土等予以充填。挖除的范围要超越煤炭发热区 1~2m 之外，进入煤体温度不超过 40℃ 的地方。挖除煤炭需要爆破时，应对炮眼采取注水降温措施，炮眼温度不得超过 45℃。

这种灭火方法具有一定的危险性，工作中要组织好力量，制定严格的安全措施，力求在最短的时间内一气呵成，不可干干停停，特别是在新投产的矿井或采区，如果是在煤柱、煤壁内发生的第一把火，为了杜绝后患，应尽可能采取这种方法。

（二）用水灭火

用水扑灭井下火灾简单、经济、效果好，所以水是灭火的最好材料。

从水枪射出的强力水流，可以扑灭燃烧的火焰，并使燃烧物潮湿，阻止其继续燃烧，水蒸发时要吸收很多热量，所以它有很好的冷却、降温作用，大量的水蒸气降低了燃烧物附近的含氧量，从而使火熄灭。

用水灭火必须有充足的水源和足够的水量，否则在高温条件下少量的水可以分解成具有爆炸性的氢气和助燃的氧气。用水灭火时必须保持正常通风，回风道要畅通，以便火烟和水蒸气及时排出。但不能用水扑灭油类火灾，因为油比水轻，而且不易与水混合，它总是浮在水上面，可以随水流动而扩大火灾面积。由于水能导电，也不能用水扑灭电气火灾。遇电气火灾只有首先停电，才可用水灭火。

灭火时，水不能直接射向火源，以防产生大量的蒸汽灼人，也避免高温火源使水分解为氢和氧，灭火的水只能由外围逐渐向火源靠近。灭火时，灭火人员一定要在火源的上风侧进行工作，尤其用水灭火，必须保证回风路线畅通，以便防止高温烟流和水蒸气产生"热风压"造成风流逆转。

用水淹没火区或矿井，使井下火灾熄灭，这是在万不得已时才可采用的方法，因为水淹后造成较长时间的停产，火熄灭后又要排水，重新整修巷道。尤其对于自然发火，水淹后，煤经过水洗，恢复时更容易自燃，所以煤矿一般不采用此法灭火。

（三）用砂子或岩粉灭火

砂子或岩粉的成本低，易于长期保存，灭火时操作简单，特别适宜扑灭电气火灾。所以在机电硐室、材料库、炸药库、绞车房、通风机房等重要地点都应备有砂箱、锹、铲等工具，砂箱内存有砂子。

电气设备着火时,可用砂子或岩粉直接撒盖在燃烧物体上将空气隔绝,把火扑灭。

(四) 用化学灭火器灭火

我国目前常用的化学灭火器所用灭火材料有液体、气体和干粉三种状态。

1. 手提泡沫灭火器

使用时将灭火器倒过来,其中的碱性溶液和酸性溶液在容器中混合后,立即起化学作用,产生大量的二氧化碳液体泡沫,从喷嘴喷出覆盖在燃烧的物体上,把燃烧物体表面与空气隔绝,泡沫还有冷却作用,因而使火熄灭。用它来扑灭初起的外因火灾,使用方便,机动灵活,效果也好。

使用时应注意以下几点:由于这种灭火器的体积小,容量有限,喷射距离又短,所以用它灭火时,应尽可能接近火源,灭火时,先从火源四周向火源中心喷射,由于泡沫能导电,所以在扑灭电气设备火灾时,首先要切断电源,再喷射泡沫灭火。

2. 手提式喷粉灭火器

灭火器中的干粉成分是碳酸氢钠,还有氧化硅、砂藻土等用以防潮避免胶结。用液体二氧化碳作喷粉的动力。由于干粉不导电,所以这种灭火器适于扑灭电气火灾。碳酸氢钠粉末在高温下分解,产生二氧化碳,使燃烧物与空气隔绝而熄灭。

还有一种磷酸铵粉末,在高温下发生一系列分解作用,吸收热量后使燃烧物降温,产生氨气,加之水蒸气能使空气中氧含量下降,起到阻止燃烧的作用。这种干粉在高温下产生一种浆糊状物质,能渗透到燃烧着的木材和煤炭内部,使之与空气隔绝迫使火熄灭。

此外还有其他的灭火器材,如灭火手雷、灭火炮弹、高倍数泡沫灭火器等。

二、隔绝灭火

隔绝灭火法就是在直接灭火无效或无法接近火源时采用的灭火方法,即建造密闭墙切断通向火区的空气,使火区中的氧含量逐渐下降,二氧化碳及一氧化碳含量增高,使火自行熄灭的一种方法。隔绝灭火法是处理大面积火区,特别是控制火势发展的有效方法。采用隔绝灭火法,由于火区封闭后火不能迅速熄灭,且仍留有隐患,彻底灭火仍需采用其他手段,故需要时间较长。

(一) 密闭墙的类型

用于封闭火区的密闭墙根据其所起作用的不同可分为三种。

1. 临时密闭墙

为了迅速控制火势,阻止火灾的蔓延,应尽快在火源的上风侧建筑临时密闭,暂时阻断风流。所以,建筑临时密闭墙要迅速。一般用风筒布和木板来建筑临时密闭墙。

2. 防爆密闭墙

密闭瓦斯矿井中的火区时,有发生瓦斯爆炸的危险。为保证救灾人员和建筑永久密闭人员的安全,应尽快地建筑一道防爆墙。一般用砂子、黄土、岩粉、炉灰等装入麻袋,然后砌成 5~6m 厚的砂包墙。

3. 永久密闭墙

要求坚固、严密不漏风,可用料石或砖建筑。它适用于顶板压力不大的巷道中。为提高耐压性,可在砖、石墙中间砌入 1~2 层木砖。还可以用两层木板,中间注入黄土或混凝土构成永久密闭墙。永久密闭墙的位置应选择在压力小、无裂缝、无空顶空帮,并尽可能靠近火源的地方建筑。

（二）火区封闭的顺序

在多风路的火区建筑密闭墙时，应视火区范围、火势大小、瓦斯涌出量等情况来决定封闭火区的顺序。如果密闭顺序错误，可能导致火区内的瓦斯爆炸。因此，必须根据具体情况，正确确定封闭顺序。

1. 先封闭进风侧，后封闭回风侧

先封闭进风侧，能很快隔断通向火源的风流，控制住火势，人员可在新鲜风流中建筑防火墙。但在封闭区后侧的火区内，空气的绝对压力将大幅度降低，容易造成火区内瓦斯大量涌出和积聚，这种封闭顺序只适用低瓦斯矿井。

2. 先封闭回风侧，后封闭进风侧

实践表明，先封闭回风侧，能使火区内的绝对压力提高，对火区内瓦斯的涌出有抑制作用。由于人员在高温烟流的环境中工作，该方法实施非常困难，而且切断了火烟的出路，迫使火烟倒流，热烟流经过火源时往往引起爆炸，所以一般不采用这种封闭顺序。

3. 火区的进、回风侧同时封闭

在我国瓦斯矿井中，一般都用这种密闭顺序。在火区的进、回风两侧同时建筑密闭墙，墙上各留一个小孔口，以保持火区内的通风，防止火区中的瓦斯积聚。最后封闭两侧小孔口时，必须按照事先约定的时间同时进行。封孔口时，必须动作迅速，封完后人员要立即撤到安全地点。

火区封闭工作，必须由矿山救护队担任，同时应有专人随时观察、检查瓦斯和各种有害气体的含量变化，如瓦斯含量不断增高，有爆炸危险时，应立即停止密闭工作，迅速撤出人员。

三、综合灭火

所谓综合灭火，是指在现场灭火过程中，直接灭火无效时采用隔绝灭火，但隔绝封闭火区，达不到及时灭火的目的，进而直接灭火法（黄泥灌浆、压注阻化剂、注氮等）和隔绝灭火法综合运用。综合灭火的方法不但可以运用到矿井火灾的扑灭上，而且还可以有针对性地预防采空区等有自然发火危险和受火区威胁的地段。

（一）注浆灭火

与预防煤炭自燃一样，火区内的注浆材料最初是黄土泥浆，并取得了良好的效果。一般当隔绝灭火的火区仍有裂缝和孔洞与地表相通，采空区或人员不能直接进入的地点都可使用注浆灭火。

注浆材料应是不燃性材料。一般都是就地取材，黄土、粉碎的风化页岩或矸石、细河砂、电厂飞灰、石灰都可以用做注浆。注浆灭火的方法应根据矿井和火区的具体情况而定，一般可用两种方法注浆。

1. 地面打钻注浆

当矿井采深不大，火源距地面较浅，地表制取浆材方便时，可从地面打钻孔把泥浆直接注入火区。这种灭火方法的关键是火源位置的确定和钻孔的布置正确与否。

2. 利用消火巷道注浆

如果矿井开采深度较大，火源距地表较深，直接在地面打钻孔较困难，可在地面设固定注浆站,建立注浆系统,在井下打钻孔注浆。井下打钻孔可使用消火巷道,就是在火源四周开掘消火巷道,直接接近火源进行注浆灭火;也可将消火巷道掘到火区附近后再穿透火区,然后注浆灭火。

无论采用哪种注浆方法,必须先摸清火源的确切位置,使钻孔终点位置落在火源的上方,然后浆液由上往下浇,只有这样,才能有效地覆盖火源,有效降温,最大限度地发挥注浆的作用。

(二)注惰性气体灭火

向火区内注入惰性气体,可以排挤出火区空气,使氧含量降低,冷却火源,增加密闭区内气压,抑制瓦斯涌出,减少新鲜空气漏入并渗入煤、岩孔隙,并为可燃物吸附,阻止可燃物氧化与燃烧。惰性气体灭火时,如果火区封闭不严,漏风量大,惰性气体大量漏出,不仅不能扑灭火灾,还会污染井下空气。

(三)均压灭火

井下火区虽已密闭,但因火区两侧存在着压力差,所以还会向火区漏风,使火灾久久不能熄灭。如能使火区进、回风两侧的压力均衡相等,就可杜绝向火区漏风,达到灭火的目的。这就是均压法灭火的实质。可以利用局扇和调节窗来均衡压力,也可以利用主扇的总风压和调节窗来均衡压力。

第五节 火区封闭及管理

一、火区封闭

煤矿发生火灾后,不能直接灭火时,必须封闭火区。封闭火区就是用防火墙把进风侧和回风侧所有通向火区的巷道以及巷道内易向火源漏风的区域封严。火区封闭后,切断了外界的供氧,使得火区内生热和散热平衡系统破坏,这种情况持续一定时间即能使火源彻底熄灭。

(一)火区封闭的方法

根据火区内瓦斯聚积的情况,可将封闭火区的方法分成三种类型:

(1)锁风封闭火区。从火区进、回风两侧同时构筑防火墙封闭火区,封闭火区时保持不通风。这种方法适用于火区气体贫氧、氧含量低于瓦斯失爆界限($O_2<12\%$)和失燃界限($O_2<8\%$)。这种情况虽然极为少见,但是如果发生火灾时采取调风措施,阻断火区通风,导致空气中的氧因火源及瓦斯燃烧而大量消耗,也是可能出现的。

(2)通风封闭火区。在保持火区通风的条件下,同时构筑进、回风两侧的防火墙以封闭火区,这时火区空气氧含量高于失爆界限($O_2>12\%$),封闭区内瓦斯含量存在着发生爆炸的可能与危险。爆炸的原因可能是由于火区瓦斯含量的增长,也可能是由于瓦斯或火灾气体因为循环再次流向火源。封闭火区时保持通风的目的就在于最大限度地稀释和排除火区瓦斯,并使火区的风流方向保持不变。

(3)注惰封闭火区。在封闭火区的同时注入大量的惰性气体,使火区中的氧含量达到失爆界限所经过的时间比爆炸气体积聚到爆炸下限所经过的时间要短。此法既是联合灭火法的一种,也是最安全、最有效的灭火方法。

(二) 防火墙位置的选择

正确选择防火墙的位置和封闭火区顺序是能否成功灭火的关键。防火墙位置的选择必须遵循封闭范围尽可能小、构筑防火墙的数量尽可能少和施工快的原则。具体的位置应满足以下要求：

(1) 在保证灭火效果和工作人员安全的条件下，应使被封闭的火区范围尽可能小、防火墙的数量尽可能少。

(2) 防火墙的位置不应离新鲜风流过远。防火墙建成以后将形成一个盲巷，很容易出现瓦斯超限聚积，检查人员无法进入。另外离新鲜风流太远，也不便于建筑防火墙工作的进行。一般防火墙离新鲜风流不应超过 10m，不要小于 5m，以便留有建筑第二道防火墙的位置。如果限于其他原因必须建在离新鲜风流较远的地方，不能依靠扩散通风稀释瓦斯时，则应建立导风设施。

(3) 建立防火墙的地点，特别是建立入风侧防火墙的地点，应选在围岩稳定、没有裂缝的岩石里。防火墙本身以及它前面一定距离的巷道两侧还应涂上一层灰浆。如果由于某种原因，防火墙必须设在有裂缝的矿体上，要把周围的巷道壁通过喷浆加以严密封闭。此外，为了使火不至于移向防火墙，还可以适当地采用控制或调整裂缝内风流的方法。

(4) 一般防火墙都要设立在铺设轨道巷道附近，以便运送材料，保证迅速完成防火墙的建筑工作。有时因运输不便，建立防火墙的时间拖延过长，容易造成灭火工作失败。因此，有人主张在井下所有的巷道里都铺设轨道。

(5) 在进风侧防火墙与火源之间切忌存在有连通火源点前后的巷道，这样的巷道最易造成火烟的循环，从而造成火灾气体爆炸。

(6) 不管有无瓦斯，防火墙的位置，特别是进风侧应距火源尽可能近些，这样火区瓦斯就不容易超限聚积。同时，火区空间小，爆炸性气体的体积小，即使发生爆炸，威力也会减小。

(7) 在回采工作面发生火灾时的防火墙位置应视火源位置而定。在靠近工作面进风巷发生火灾，防火墙应尽量靠近火源，回风巷的防火墙应视烟雾和温度情况来决定其距离。在防范靠近工作面回风巷道发生的火灾时，进风巷防火墙的位置应尽量使火区缩小，所以要尽可能靠近工作面，回风巷的防火墙应距火源有一定距离，处于这样的位置，在封闭完成前，瓦斯爆炸的可能性较小；在防范工作面发生火灾时，根据火势发展、烟雾以及温度情况，可将进、回风巷防火墙建筑在距工作面一定距离上下相对的位置，如条件允许，也可将进风侧的防火墙靠近工作面。

二、火区管理

火区封闭后，由于防火墙变形受损、密闭材料失效、密闭时质量不符合要求等原因，存在漏风，导致火区内的火不能很快彻底熄灭。因此，密闭后的火区内的火灾仍然是一个很大的潜在的威胁。此时应进一步采取措施，加强管理，使火区内的火尽快熄灭。同时，要将火区安全启封，尽快恢复生产，特别要防止在火区启封过程中因复燃而造成新的事故。

(一) 火区卡片管理

《煤矿安全规程》规定："煤矿企业必须绘制火区位置关系图，注明所有火区和曾经发火的地点。每一处火区都要按形成的先后顺序进行编号，并建立火区管理卡片。火区位置关系图和火区管理卡片必须永久保存。"

绘制火区位置关系图的目的，就是要告诫人员，煤矿井下在什么地方有一个尚未熄灭的火区，经常警示人们，在井下，特别是在火区附近从事采掘作业时，要提高警惕，防止因一时疏忽大意，与火区接触或贯通，引起火区有害气体泄出，造成中毒窒息等人身伤亡事故的发生和引起火灾气体爆炸。

对每一个火区，都必须建立火区卡片，火区卡片应包括以下内容：

1. 火区登记表

火区登记表记录有火区名称、编号、发火时间、发火原因和处理方法等情况。

2. 火区灌注灭火材料记录表

火区灌注灭火材料记录表详细记录火区封闭后向密闭区灌注的灭火材料的种类、数量、日期等情况，同时说明施工位置、设备和施工过程等情况。

3. 防火墙观测记录表

防火墙观测记录表用以说明防火墙设置地点、材料、封闭日期等情况，表内应有按规定日期观测到的防火墙内气体组分的含量、密闭墙内空气温度、出水温度、密闭墙内外压差等内容。

在实际应用中，火区管理卡片是火区管理的重要技术资料，它可以为制定灭火措施提供准确的技术数据，对指导灭火工作意义重大。因此，火区管理卡片必须由专职防灭火机构认真填写，永久保存。

（二）防火墙管理

在火区管理中，防火墙管理是最重要的内容。《煤矿安全规程》对防火墙管理主要规定如下：

（1）每个防火墙附近必须设置栅栏、警标，禁止人员入内，并悬挂说明牌。

（2）应定期测定和分析防火墙内的气体成分和空气温度。

（3）必须定期检查防火墙外的空气温度、瓦斯含量，防火墙内外空气压差以及防火墙墙体。发现封闭不严或有其他缺陷或火区有异常变化时，必须采取措施及时处理。

（4）所有测定和检查结果必须记入防火墙记录簿。

（5）矿井进行大的风量调整时，应测定防火墙内的气体成分和空气温度。

（6）井下所有永久性防火墙都应编号，并在火区位置关系图中注明。

防火墙附近悬挂的说明牌应标明防火墙内外气体的组成、温度、气压差、测定日期和测定人员姓名。要定期测定和分析防火墙内外的气体成分、温度和压差以及防火墙的破损变形情况，应每天至少检查一次。发现情况异常时，应每班至少检查一次。应将防火墙内、外气体组分含量变化、温度、压差变化等绘制成随时间变化的曲线图，以便随时了解、掌握这些单项指标的变化趋势及规律。通风及防火部门的人员要按时审阅。

防火墙应经常采用石灰刷白，以利于发现是否有漏风的地方。由防火墙发出的"咝咝"声可以作为防火墙是否漏风和渗出火灾瓦斯的征兆，凡是发现的每一点漏风的地方都应当立即用粘土、灰浆等抹平，喷一层砂浆或混凝土。砌砖防火墙及料石防火墙应定期勾缝，防止漏风。

三、火区启封

启封火区是一项危险的工作，启封过程中因决策或方法上的失误，可能导致火区复燃和重封火区，甚至造成火区的爆炸而产生重大伤亡事故。

（一）火区启封的条件

火区符合《煤矿安全规程》规定的条件时，方可认为火源熄灭。由于火区内外环境影响的复杂性，取样点与火区真实状态之间不可避免地存在差异，在符合条件的情况下启封火区时，仍应谨慎从事。在现场实际启封工作过程中，判定是否满足启封条件时，还应注意以下几点：

（1）封闭火区内氧气含量低于5%时，火势将逐渐减弱直至熄灭。氧气含量在2%以下时，火将完全熄灭。但即使在火区中氧气含量为零的条件下，火区内可燃物的阴燃仍能够长期持续下去，因为煤层特别是特厚煤层具有较强的吸附氧气的能力，所吸附的氧气足以支持阴燃的进行。而阴燃在供氧条件发生变化的情况下很有可能转变为明火燃烧，特别是可燃物阴燃温度超过150℃时更容易发生这种情况。

（2）由于焦炭对CO有较强的吸附作用，火区燃烧所产生的CO可能被焦炭所吸附。故即使所测定的CO含量为零，也不能据此就认为火源完全熄灭。

（3）由于矿井情况复杂，部分火区的瓦斯涌出量比较大，可能使燃烧产生的气体含量下降，但这不意味着火源已熄灭。

（4）对于封闭性好的盲巷或大型火区或采用均压防灭火措施的火区，CO很难散失，即使火源熄灭不再产生CO，CO也可能长期存在。另外，煤层及木材在常温下的缓慢氧化也会产生CO。因此，存在CO并不绝对意味着火区的火源尚未熄灭。

（二）启封火区的方法

启封火区的方法一般有两种。

1. 通风启封火区

通风启封火区是在保持正常通风情况下启封火区。该方法适用于确认火源已经完全熄灭且火区范围较小的情况。选择通风启封火区法之前要慎重考虑，若选择不当，反而会造成火区复燃、火势扩大甚至引发爆炸事故。

启封前要预先确定火区有害气体的排放路线，撤出路线上的工作人员。然后选择一个出风侧防火墙首先打开，过一定时间再引开入风侧防火墙。待火区有害气体排放一段时间，无异常现象，可以相继打开其余的防火墙。打开第一个防火墙时，应先开一个小孔，然后逐渐扩大，严禁一次将防火墙全部扒开。

进风侧防火墙一般处于火区的下部，容易有CO_2积存，开启前要注意查明，开启时也要检查，防止CO_2逆风流动造成危害。打开进、回风防火墙之后的短时间内，应采用强力通风。为防发生瓦斯爆炸事故而伤人，这时要求工作人员撤离一段时间，待1~2h之后，再派人进入火区进行清理工作，喷水降温，挖除发热的煤炭等。

2. 锁风启封火区

锁风启封火区也称分段启封火区，适用于火区范围较大、难以确认火源是否彻底熄灭、或火区内存积有大量的爆炸性气体的情况。启封时，沿着原封闭区内的巷道，由外向内，向火源逐段移动防火墙的位置，逐渐缩小火区范围，从而最后在封闭状况下进入着火带，实现火区全部启封。

高瓦斯火区,有可能积存大量可燃性气体,一旦与残留的火源接触,有发生爆炸的危险,这时就要采取锁风启封的方法。所谓锁风启封火区,就是先在原有的火区进风防火墙外面5~6m的地方构筑一道带门的防火墙。救护队员进入,风门关闭,形成一个封闭的空间,贮备一定的材料(水泥、砂石、坑木等),再将原来的火区防火墙打开。救护队员进入火区探查后,确认在一段距离范围内无火源,可选择适当地点重新建立临时防火墙,恢复通风,逐段逼近发火地点。只有当新的防火墙建立后,才打开第一个防火墙的风门。启封期间火区始终处于封闭、隔绝状态。

无论采用哪种启封火区的方法,在工作过程中都要经常检查火区气体,如果发现有火灾复燃征兆,要及时处理。

本章习题

1. 矿井火灾主要分为哪几类?
2. 矿井火灾的危害有哪些?
3. 影响煤炭自燃的因素有哪些?
4. 预测矿井内因火灾有哪些方法?
5. 预防矿井内因火灾的措施主要包括哪些?
6. 金属矿山内因火灾早期识别的方法包括什么?其预防措施包括哪些?
7. 预防矿井外因火灾的措施主要包括哪些?
8. 非煤矿山外因火灾的预防措施包括哪几方面?
9. 直接灭火技术包括哪几方面?
10. 什么是隔绝灭火?火区封闭的顺序包括哪几类?
11. 综合灭火技术主要包括什么?
12. 火区封闭的基本原则是什么?
13. 火区火熄灭的条件是什么?
14. 启封火区的方法有哪些?
15. 什么是火风压?它有何特性?
16. 处理火灾时的控风方法有哪些?
17. 某自燃煤层的开采厚度为5.2m,煤炭采出率为90%。采用灌浆防自燃措施,灌浆区走向长度为500m,倾斜长度为120m,试确定随采随灌的灌浆量。

矿山水灾防治技术

我国煤矿床水文地质条件复杂，造成矿井水害的水源有大气降水、地表水、地下水和老空水。目前，在原统配煤矿中，约有 18% 待开采的煤炭储量受到较为严重的水害威胁。1950 年以后，我国煤矿曾发生过数百次突水事故，其中开滦范各庄矿于 1984 年 6 月 2 日发生突水量为 2053m³/min 的特大突水事故，造成经济损失 5 亿元以上。由此可见，煤矿水害已成为影响煤矿安全生产的重大关键问题之一，对其进行防治工作研究具有十分重要的现实意义和长远的战略意义。

第一节 矿井水灾概述

一、矿井水基本知识

（一）水循环及地下水来源

自然界中的水，以气态、液态和固态分布于地球的大气圈、水圈和岩石圈中，各相应圈中的水，分别被称为大气水、地表水和地下水。

大气水和地表水在一定条件下才渗入地下转化为地下水，从而使地下水获得水量，这个过程被称为地下水的补给。正因为地下水不断地获得补给，所以才能不断地在岩石空隙中运动，这个过程称为地下水的径流。而地下水水量减少的过程，则是地下水的排泄。地下水的补给、径流和排泄及其变化的全过程，称为地下水的形成。

由于岩石所处的自然地理条件和地质条件各不相同，因而地下水的来源各式各样，大至可归纳为四类：大气降水和地表水在渗透作用下进入岩石的空隙中，便形成自由流动的地下水，称渗入水。当地面的温度低于空气的温度时，空气中的水汽便要进入土壤和岩石的空隙中，在颗粒和岩石表面凝结而成地下水，这种由于凝结作用形成的水称为凝结水。还有一部分地下水既不是降水渗入，也不是水汽凝结形成的，而是由岩浆中分离出来的气体化合形成，这种水是岩浆作用的结果，称为初生水。此外，和沉积物同时生成或海水渗入到原生沉积物的孔隙中而形成的地下水称为埋藏水。

渗入水、凝结水、初生水、埋藏水中，后三种只局限于局部地区，而且往往被渗透补给水所混合，而地下水的第一种来源则是普遍的、大量的。大气水、地表水渗入补给形成地下水的过程，不过是自然界水循环全过程中的一个环节。

（二）地下水的存在形式

自然界中的地下水，主要赋存在岩石的空隙中。水在岩石空隙中有着各种各样的存在形式，在有表土层覆盖的地区，按其物理性质从地表向下可以分为气态水、吸着水、薄膜水、毛细水、重力水和固态水。

在松散沉积物中挖掘水井时，最初土层似乎是干燥的，而实际在土层中却存在着气态水、薄膜水和吸着水。若是继续向下挖掘，便会发现土层发潮，颜色变暗，这是由于土中已存在有毛细水的缘故。随着水井的加深，土色更深。毛细水增多，井壁虽然已经很湿，但井中却没有滴水。再向下挖，便开始有水渗入井内，并逐渐出现一个地下水面，这就是重力水，这种地下水面称为重力水面。

重力水面以上至地面，主要存在着气态水、吸着水、薄膜水和一部分毛细水，由于地下水面以上的岩层空隙中部分或全部充满空气，并直接与大气相通，故这一地带称为包气带；从出现重力水面开始，岩层空隙全部被液态水所充满，故这一带称为饱水带，饱水带中主要是重力水。

上述几种形式的水，在自然条件变化的情况下是可以互相转化的，由包气带的水可以转变成饱水带中的重力水，这种转化主要是取决于气候和降水条件的变化。

（三）含水层及隔水层

由于各种沉积岩层或松散沉积物中孔隙、裂隙或溶隙的发育程度不同，因而它们的透水程度也不相同。根据岩石的含水性和透水性的不同可分为含水层和隔水层。

1. 含水层

当井下开掘巷道时，打到某些岩层，水就从岩层中湍湍流淌。那么，地下水为什么能在某些岩层中存在呢？这是因为在一些砂土层或岩层中存在有很多空隙（如孔隙、裂隙或溶隙），这些空隙之间又相互连通，当大气降水或地表水渗入地下时，岩层中的空隙就成为地下水聚集的场所，这些既含地下水而又透水的岩层，称为含水层。如在表土层中的含水砂层或砂砾石层，以及矿区含煤地层中饱含地下水的砾岩、砂岩或石灰岩层等都是含水层。

2. 隔水层的概念

地壳中的各种岩石，其空隙性质有很大差别，尤其是那些十分致密的岩石，不仅地下水难以渗入，而且上部含水层中的地下水也无法透过，起着阻隔作用。这些不透水的岩层被称为隔水层。但应指出，在自然界中没有绝对不透水的岩层，只是透水性能强弱不同而已，因而一般把透水性差、含水很少的岩层划为隔水层。

3. 隔水层的转化

隔水层在一定的自然条件下，有可能转化为含水层或透水性能较好的岩层。例如粘土物质，由颗粒细微的粘土矿物所组成，其颗粒直径一般不超过 0.001~0.002mm，在微粒之间多被结合水所占据，几乎不含重力水，故是隔水层。但有时因粘土干裂而收缩，裂隙很发育，具有一定透水性，能储存地下水，从而失去原有的隔水性，由隔水层转变为透水层或含水层。此外，有的粘土和粘土岩在较大的水压作用下，可使其中一部分结合水产生运动而具有透水性，同样可由隔水层转化为含水层。全面了解隔水层的性质目的在于，掌握隔水层在特定条件下具有两面性，在煤矿生产中，如果忽视了这种转化因素，就容易被某些假象所迷惑，而造成突水事故。

（四）地下水的分类和特征

目前主要是根据地下水的埋藏条件和岩石的空隙性质这两项基本原则进行分类的。

根据地下水的埋藏条件不同，分为上层滞水、潜水和层间水（又名承压水）三种类型（见

图 6-1）。在每一类地下水中，又按岩石空隙性质不同，划分出孔隙水、裂隙水和岩溶水（见表 6-1）。在三类地下水中，上层滞水对煤矿安全生产影响极小，而潜水和层间水对某些矿井则影响较大。

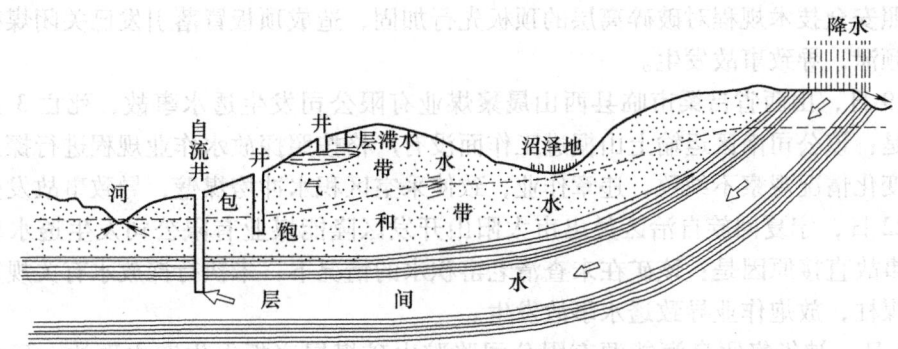

图 6-1 地下水的类型

表 6-1 地下水分类表

埋藏条件 \ 空隙特征	孔 隙 水	裂 隙 水	岩 溶 水
上层滞水	表土层中隔水凸镜体上部的水等	基岩风化带中季节性存在的水	裸露的可溶岩层中季节性存在的水
潜水	洪积、坡积、冲积层中的水等	基层上部裂隙中的层状水、未被充满的层间裂隙水	裸露岩层上部的层状水、未被充满的层间岩溶水等
层间水	松散岩层构成的向斜、单斜构造中的水	向斜、单斜构造裂隙岩层中的水，构造破碎带中的水	向斜、单斜构造溶隙岩层中的水，构造破碎带中的水

二、我国矿井水灾现状与致因分析

（一）我国矿井水灾现状

矿区内大气降水、地表水、地下水通过各种通道涌入井下，成为矿井涌水。当矿井涌水量超过矿井正常排水能力时就会发生水患，称为矿井水灾。也可以理解为凡影响生产、威胁采掘工作面或矿井安全的、增加吨煤成本和使矿井局部或全部被淹没的矿井水，都称为矿井水害。

我国不仅是世界主要产煤国，而是也是受水害危害最严重的国家之一。开滦范各庄矿的突水淹井事故中最大涌水量高达 2053m³/min，为世界采矿史上有记载的突水水量之最。煤矿突水事故所造成的经济损失也是巨大的，开滦范各庄矿 1984 年特大突水事故造成经济损失近 5 亿元，损失煤炭产量近 850 万吨。

目前，我国受水害威胁的矿井有 222 处，核定生产能力占统配煤矿矿井总数的 48% 以上。其中受水患威胁比较严重的矿井有 171 处，煤炭储量有 66.60 亿 t，占统配煤矿总储量的 18%，有 51 处矿井随时都有突水的可能。

近期煤矿水害事故发生频繁，据 2010 年 6 月 12 日国家安全监管总局国家煤矿安监局通报：2010年截至6月上旬，全国共发生较大以上煤矿水害事故7起，造成95人死亡或下落不明。有关情况如下：

1月15日，山西省晋中市灵石县灵石煤矿发生透水事故，死亡4人。事故直接原因是：该矿未按照安全技术规程对破碎离层的顶板先行加固，造成顶板冒落引发已关闭煤矿采空区积水突然倾泄，导致事故发生。

1月19日，山西省吕梁市临县西山晟聚煤业有限公司发生透水事故，死亡3人。事故直接原因是：该公司南区运输上山掘进工作面没有严格按照探放水作业规程进行探放水，对煤层强度变化情况观察不细致，违章作业，致使采空区积水冲垮煤壁，导致事故发生。

1月22日，宁夏回族自治区吴忠市太阳山开发区隆能煤业有限公司发生透水事故，死亡7人。事故直接原因是：该矿在未查清老窑积水的情况下，未执行探放水有关规定，违法违规开采煤柱，放炮作业导致透水事故发生。

3月1日，神华集团乌海能源有限公司骆驼山矿煤层底板发生突水事故，死亡32人。事故直接原因是：该矿16号煤层回风大巷掘进工作面遇煤层下方隐伏陷落柱，在承压水和采动应力作用下，诱发该掘进工作面底板底鼓，承压水突破有限隔水带形成集中过水通道，导致奥陶系灰岩水从煤层底板涌出。

3月19日，贵州省黔西南州安龙县科兴煤矿发生透水事故，死亡6人。初步分析，事故直接原因是：该矿一平巷在未采取探放水措施的情况下掘进至老窑积水区下侧，停止掘进后煤壁经长期浸泡后失去承压能力，老窑积水压垮煤壁导致透水。

3月28日，华晋焦煤公司王家岭矿发生透水事故，死亡38人。事故直接原因是：该矿未探明20101回风巷掘进工作面附近小煤窑老空区积水情况，发现透水征兆后未果断及时采取撤出井下作业人员等措施，掘进作业导通老空积水，造成+583.168m标高以下的巷道被淹和人员伤亡。

6月3日，山西省晋城煤业集团天安公司东沟煤业郊南煤矿发生透水事故，死亡3人，下落不明2人。初步分析，事故直接原因是：该矿主要负责人私自非法组织工人下井作业，作业过程中，三采区回风巷掘进工作面与老窑采空区贯通，导致采空区积水灌入巷道。

上述事故的共性问题是：在未查明水文地质资料的情况下盲目组织采掘生产，没有落实由专业探放水人员使用专用钻机探放水的防治水规定，出现透水征兆后没有采取撤人措施。

（二）我国矿井水灾特点

针对我国矿井水害事故进行全面分析，可以总结出如下规律和特点：

（1）突（透）水类型（按充水水源划分）。虽然各类型水害事故都有发生，但不同地区、不同水害类型的发生频次及危害程度各不相同，总体来讲，北方以底板奥陶系灰岩岩溶水、老空水灾（透）水为主；南方以顶、底板岩溶水、老空水突（透）水为主。地表水体溃入矿坑事故在南、北方也均占相当比例。陷落柱、断层、岩溶塌洞等天然通道及"上三带"、"下三带"、防水煤（岩）柱等人为通道是煤矿水害发生的主要突（透）水通道。

（2）随着已关闭矿井特别是乡镇个体小矿的大量增加，近几年老空水透水事故明显增多，造成的灾害明显增强，已成为目前我国煤矿水害的主要类型之一。

（3）近几年煤矿水害有上升的势头（包括事故起数和伤亡人数）。

（4）雨季发生的透水事故约占50%。

（5）70%的水害事故发生在掘进工作面。

（6）全国煤矿水害事故从煤矿所有制形式来看主要发生在乡镇煤矿、改制矿井及基建矿井。

（7）水害事故给乡镇煤矿带来的人员伤亡惨重，对国有煤矿造成的经济损失巨大。如广东大兴"8·7"矿难死亡121人，山西左云"5·18"矿难死亡56人；邢台东庞"4·12"突水事故造成直接经济损失近5亿元；峰峰牛儿庄矿"9·26"突水事故损失超过3.8亿元。

（8）事故发生后抢险救灾难度大、时间长、费用高、社会影响恶劣。抢险救灾一般都需要半年以上的时间，有的可使矿井彻底报废。

煤矿水害事故频发的主要原因：我国煤矿地质、水文地质条件复杂，矿井水文地质基础工作薄弱，现有水害防治技术手段推广应用不够，防治水技术与相关工作投入不足，矿井防治水专门人才缺乏及超强度开采煤炭资源等。

（三）我国矿井水灾致因

通过水害总结事故的教训，可以将矿井发生透水事故的原因主要分为：

（1）安全意识淡薄，技术素质不高。有的矿井在突水事故前已有明显预兆，但决策者为了早出煤、多挣钱仍不采取措施，甚至强令工人继续掘进。另外，有的矿井发生突水事故前有明显征兆，但职工缺乏安全意识或经验不足，没引起足够重视和采取相应措施。有的矿采区上方地表有大量积水长期不处理，以致采空区塌落后使积水溃入井下。有的井底水仓长期不清理，致使容量减少或水泵排水能力不足，在矿井发生突水时涌水量大于排水能力，眼看着矿井被淹。有的巷道、硐室工程质量不好，水砂慢慢侵入，却未及时分析原因、采取相应措施处理与地表水相连的通道，从而导致地表水溃入井下。

（2）水文地质情况不清。有些煤矿对井田范围内水文地质情况不清、资料不全，对地下水、老采空区积水心中无数就盲目开井或采掘。有的积水巷道位置测量错误或资料遗漏、不准，有的只知道有水源，但对赋存状况和补给关系并不清楚，特别是构造复杂、断层较多、老窑分布较广的部位，对水源位置认识不清却盲目掘进，结果酿成突水事故。

（3）没有坚持"有疑必探，先探后掘"的原则。作业人员思想麻痹、存有侥幸心理，图省事、怕麻烦，井巷已接近老空区、充水断层、陷落柱、强含水断层，仍不探水放水，结果造成突水事故。有的虽然进行了探水，但因措施不当而造成了透水事故。

（4）防排水工程质量低劣，致使矿井井巷严重塌落、冒顶、跑砂从而导致漏水，或者工程钻孔在固井止水前误穿巷道，导致顶板强含水层透水。有的矿井应该建防水闸门的地方却不建。有的矿井防水闸门长期不检修、已经失效，出水时不是关不上就是不起作用。有的矿井挡水墙打在浮矸上，两边不掏槽，水压一大即被冲垮。有的煤矿工业用水管线泄露长期不处理，在低尘处或塌陷处大量积水，造成事故隐患。

（5）无序开采，先天不足。有的煤矿特别是乡镇煤矿井口位置选择不当，如将井巷置于不良地质条件中或过分接近强含水层等水源，从而导致施工后因地压和水压共同作用而发生顶底板透水。有的井口紧靠河流、湖泊，个别井口标高过低，遇有地面洪水必然倒灌进入井下。有的井口位置设计不合理，接近强含水层等水源，施工后在矿压和水压的共同作用下围岩发生突水。有不少小煤窑就开在大矿的采区上方，有的就在大矿的保安煤柱、防水煤柱上乱采滥掘甚至已与大矿贯通。一到雨季时洪水便从小煤窑灌入井下而造成事故。

（6）排水设施平时维护不当，如水仓不按时清挖，突水时煤、岩块堵塞小井，致使排水设备失效而淹井。地面防洪、防水措施不当或管理不善，地表水大量灌入井下而造成水灾。测量错误导致巷道穿透积水区。排水设备能力不足或机电事故造成淹井。

三、矿井水害类型

造成矿井水害的水源有大气降水、地表水、地下水和老窑水。地下水按储水空隙特征又分为孔隙水、裂隙水和岩溶水等。现按水源特征，可把我国矿井水害分为若干类型。因为，多数矿井水害往往是由2~3种水源造成的，单一充水水源的矿井水害很少，故矿井水害类型是按某一种水源或以某一种水源为主命名的，一般分为地表水、老窑水、孔隙水、裂隙水和岩溶水五大类水害。其中岩溶水害又按含水层的厚度细分为薄层灰岩水害和厚层灰岩水害两类。

（一）地表水水害

水源是大气降水、地表水体（江河、湖泊、水库、坑塘、泥石流）。水源通过井口、采后冒裂带、岩溶塌陷坑、断层带及封闭不良、钻孔充水或导水进入矿井。例如，发生此类水害的情形有：因特大暴雨、山洪、泥石流冲毁工业广场，洪水从井口直接溃入井下；因工作面超限回采，破坏冲积层下防隔水煤柱，导致冲积层水和地表水溃入采煤工作面等。

（二）老窑水水害

水源是老窑、小窑、废巷及采空区积水。当巷道接近或遇到老窑积水区时，往往在短时间内涌出大量老窑水，来势凶猛，具有很大的破坏性，常造成恶性事故。

所谓老窑水，是指年代久远且采掘范围不明的老窑积水，矿井周围缺乏准确测绘资料的乱掘小窑积水，或矿井本身自掘的废巷老塘水。这种水储集在采空区或与采空区相连的煤岩或岩石巷道内，水体的几何形状极不规则，不断推进的生产矿井采掘工程与这种水体的空间关系错综复杂，难以分析判断。而这种水体又十分集中，压力传递迅速，其流动与地表水流相同，不同于含水层中地下水的渗透。采掘工程一旦意外接近这种水，便可突然溃出，发生通常所说的"透水"事故。事实表明，即使只有几立方米的这种积水，一旦溃出，也可能造成人员伤亡事故。水量较大的老窑积水则可毁矿人伤。这种水体不但存在于地下水资源丰富的矿区，也可能存在于干旱贫水的煤矿区，是煤矿生产普遍存在的一种水害，曾发生过多次意想不到的水害。

（三）孔隙水水害

水源是第三系、第四系松散层中的孔隙水。当煤层被第四纪松散含水的流砂层、砂层、砂砾层、卵石层、粘土砂层所覆盖，在开采第一水平时，煤岩柱留得不够，往往是冒落带直接进入松散层，或是松散层底部存在富水含水层，开采前水文地质情况不清，没有按含水层下回采条件留设煤柱，回采后水、砂或泥溃入井下；超限出煤，破坏煤岩柱或在煤岩柱中开拓巷道、硐室，破坏了隔水煤岩柱的完整性，年久渗水，冒顶坍塌，使冲积层水或流砂、流泥溃入井下，淤塞巷道甚至造成淹井。

（四）裂隙水水害

水源为砂岩、砾岩等裂隙含水层的水。这种水害发生在开采北方二叠纪山西组煤层和侏罗纪煤层以及开采南方侏罗纪的煤层中。这些煤层顶部常有厚层砂岩和砾岩，其中裂隙发育，如与上覆第四纪冲积层和下伏奥陶系含水层有水力联系时，可导致大突水事故以及建井时期发生淹井事故。若砂岩层缺乏补给水源时，则涌水很快变小甚至疏干。

(五) 岩溶水水害

水源主要是华北石炭二叠纪煤田的太原群薄层灰岩岩溶水。这种水害以河南、河北、山东、江苏居多。这些地区太原群煤层的顶底板均有薄层灰岩含水层存在，在开采中必然要揭露这些含水层并予以疏干。一般情况下，这些含水层是可以疏干的，但是，当这些薄层灰岩含水层与地表水体发生水力联系时或被地质构造切割，造成垂向的导水通路和横向与厚层灰岩含水层对接水力联系时，这些含水层的富水性便大大增加。因此，在具有强水源补给和接近导水通道的部位，常发生较大灾害性突水事故。典型矿井有徐州青山泉矿二号井、淮南谢一矿、肥城大封矿、新密芦沟矿等。

第二节　矿井充水条件分析

矿床开采前在矿体和围岩中赋存的水，称矿床充水；矿床采掘时流入井巷的水称为矿井（坑）涌水；瞬时突发性的大量涌水称为矿井突水。上述充水、涌水和突水的水量大小分别称充水强度、涌水强度和突水强度。形成矿床充水或矿井涌（突）水的过程中，必须有某些水源的补给，这些水源还需要通过不同的充水通道而来，所以把矿床（补）充水水源、充水通道加上影响矿床（井）充水的性质和强度的诸多因素，统称矿床（井）充水条件。

一、矿井充水水源

矿井充水水源主要包括大气降水、地表水、地下水和老空（老窑）积水。地表水又可分为河水、湖水、海水等。地下水可分为第四纪松散沉积层潜水、砂岩裂隙水、岩溶裂隙水等。不同的水源具有不同的特点和影响因素，不同的水源会给矿山带来不同的突水模式和灾害强度。

在某一具体涌水事例中，常常是由某一种水源起主导作用，但也可能是多种水源的混合。在分析矿井涌水水源时，必须进行充分的调查研究，还要找出它们的主次关系。

（一）大气降水水源

大气降水是地下水的主要补给来源，对于露天开采矿井来说，大气降水便成为一直接充水水源，矿坑涌水量季节变化幅度很大。对于地下开采的矿井来说，降水一般是通过补给含水层后转变地下水，再进入矿井中，它是间接充水水源。大气降水的渗入量，与该地区的气候、地形、岩石性质、地质构造等因素有关，当其成为矿井涌水主要水源时，其特征如下：

(1) 在渗入条件相似的情况下，矿床充水程度与地区降水量的大小、降水性质、降水强度和延续时间有关。降水量大和降水时间长，矿井涌水量大。

(2) 矿井涌水动态与当地降水动态相一致，矿井涌水量随气候具有明显的季节性、多年周期性的变化规律。但涌水量出现高峰的时间则往往比雨季稍后延，一般雨后48小时涌水量才出现高峰。

(3) 降水对分水岭地段及地形低洼浅埋矿床的充水影响最明显，但同一矿井随开采深度的增加影响逐渐降低，且涌水高峰值出现后延的现象。

（二）地表水水源

开采位于海、河、湖泊、水库、池塘等地表水体影响范围内的煤层时，在某种情况下，这些水便会流入坑道成为矿井涌水的水源。因此，在有大型地表水体分布（海、湖、大河流、水库、水池)的矿床地区，查清天然条件下和矿床开采后的地表水对矿床开采的影响，是矿区水文地质勘探和矿井水文地质工作的头等重要大事，是评价矿床开采价值的重要内容。地表水不仅可以造成矿井突然涌水，严重情况下会导致水砂同时溃入矿井。

地表水充水矿床的涌水规律有：

(1) 矿井涌水动态随地表水的丰枯呈季节性变化，且其涌水强度与地表水的类型、性质和规模有关。受季节流量变化大的河流补给的矿床，其涌水强度亦呈季节性周期变化。

(2) 矿井涌水强度还与井巷到地表水体间的距离、岩性与构造条件有关。一般情况下，其间距越小，则涌水强度越大；其间岩层的渗透性越强，涌水强度越大。

(3) 采矿方法的影响。有的矿床在天然条件下并不充水，但因采用不适当的采矿方法，造成沟通地表水渗入的人工通道，使矿坑涌水，甚至造成突水事故。

由于地表水对采矿的威胁很大，所以在开采过程中，必须查清地表水体的大小，距离巷道的远近(垂直、水平)，以及最高洪水位淹没的范围等，事先采取有效的措施，以避免地表水的危害。

(三) 地下水水源

煤层本身通常不含水，但邻近的围岩往往具有大小不等、性质不同的空隙，其中常含有地下水，当它们有通道与采掘空间连通时，就会成为井下涌水的水源。根据含水岩层空隙的不同性质，这些地下水可以分为孔隙水、裂隙水和溶洞水。根据矿层与充水岩层接触关系可分为间接充水矿床和直接充水矿床。

1. 间接充水水源

间接充水水源是指充水含水层主要分布于矿床体的周围，但和矿体并未直接接触的充水水源。常见的间接充水水源含水层有间接顶板充水水源含水层、间接底板含水层、间接侧帮含水层或它们之间的某种组合。应该指出间接充水水源的水只有某种导水构造穿过隔水围岩进入矿井后才能使其作为充水水源的事实得以实现。

2. 直接充水水源

直接充水水源是指含水层与矿床体直接接触或矿山生产与建设工程直接揭露含水层，从而导致水源进入矿井的充水含水层。常见的直接充水水源含水层有矿床体直接顶板含水层、直接底板含水层、露天矿剥离第四纪(含水层)直接穿过含水层。直接含水层中的地下水需要专门的导水构造导通，只要采矿或地下工程进行，其必然会通过开挖或采空区直接进入矿井。

此外，根据矿层与充水岩层相对位置的不同还可分为顶板水充水矿床、底板水充水矿床、周边水充水矿床。

地下水为主要充水水源的矿床涌水强度特征有：矿井涌水强度与含水层的空隙性及其富水程度有关；矿井涌水强度与含水层厚度和分布面积有关；矿井涌水强度及其变化与含水层水量组成有关。

总之，地下水往往是矿井涌水最直接、最常见的主要水源。突水量的大小及其变化则取决于围岩的富水性和补给条件。地下水流入矿井通常包括静储量与动储量两部分。开采初期或水源补给不充沛的情况下，往往是以静储量为主。随着生产的发展，长期排水和采掘范围不断扩大，静储量逐渐被消耗，动储量的比例就相对增加。

(四) 老空(窑)水水源

老空(窑)积水主要指矿床体开采结束后，封存于采矿空间的地下水。近年来由于小煤窑开采和关闭矿井的迅速增加，许多正在生产的矿井周边及邻近区，往往分布有很多废弃和关闭的小煤窑或矿井，而这些矿井由于排水停止而成为地下积水空间，并积存了大量地下水。当井下采掘工作面接近它们的时候，小窑和老空区的积水便会成为矿井涌水的水源。特别是一些非法开采的小煤窑，由于缺乏合理的设计和准确的测量资料，其井下巷道的分布特征往往不清楚，很容易和生产矿井沟通形成水害。这种水源涌水时有如下特点：

(1) 在短促的时间内可以有大量的水涌入矿井，来势猛，有害气体含量高，对人身和设备的伤害非常大。

(2) 水中含有大量的硫酸根离子，具有腐蚀性，容易损坏井下设备。

(3) 当其与其他水源无联系时，则易于疏干；若与其他水源有联系时，则可造成量大而稳定的涌水，危害较大。

二、矿井充水通道

矿井充水通道是指连接充水水源与矿井之间的流水通道。它是矿井充水因素中最关键、也是最难以准确认识的因素，大多数矿井突水灾害正是由于对矿井充水通道(导水通道)认识不清楚所致。充水通道既有天然的也有人为的，往往前者是后者的基础，后者增强前者的导水性。

(一) 充水天然通道

矿床充水天然通道主要包括点状岩溶陷落柱、线状断裂(裂隙)带、窄条状隐伏露头、面状裂隙网络(局部面状隔水层变薄或尖灭)和地层裂隙等。

1. 点状岩溶陷落柱通道

岩溶陷落柱在我国北方较为发育，这是由于我国广泛分布的华北石炭二叠系煤层的基底发育有巨厚的奥陶系石灰岩含水层(一般厚度在 $600\sim800m$)，巨厚层可溶碳酸岩的存在使得其在漫长的地质历史过程中在地下水的长期物理和化学作用下，形成了大量的巨大的古岩溶空洞，在上覆岩层和矿层的重力作用下，空洞溃塌并被上覆岩层下陷填实，被下塌的破碎岩块所充填的柱状岩溶陷落柱像一导水管道沟通了煤系充水含水层中地下水与中奥陶统灰岩水的联系，特别位于富水带上的岩溶陷落柱，可造成不同充水含水层组中地下水的密切水力联系。

一般陷落柱出露处岩层产状杂乱，无层次可寻，乱石林立，充填着上覆不同地层的破碎岩块。陷落柱周围岩层因受塌陷影响而略显弯曲，并多向陷落区内倾斜。井下陷落柱形态一般呈下大上小的圆锥状。陷落柱高度取决于陷落的古溶洞的规模，溶洞空间越大则陷落柱发育高度也越高，甚至可波及地表。堆积在陷落柱内的岩石碎块呈棱角状，形状不规则，排列紊乱。

陷落柱的导水形式多种多样，有的陷落柱柱体本身导水，有的柱体是阻水的，但陷落柱四周或局部由于受塌陷作用影响形成较为密集的次生带，从而沟通多层含水层组之间地下水的水力联系，还有的陷落柱柱体内部分导水、部分阻水。

点状岩溶陷落柱突水通道具有隐蔽性和难以探知性。陷落柱的形成原因决定了其具有点状导水构造的特点，尽管有些陷落柱的直径可达数百米，但和整个地质结构体相比，其仍具有很强的局部性，特别是在陷落柱的周边区域，地层层序仍保持着正常状态，这就形成了通过地层层序和构造形态分析预测陷落柱变得十分困难，甚至不可能。陷落柱的隐蔽性和难以探知性，决定了陷落柱突水具有突发性和难以防范性。

2. 断裂（裂隙）带通道

由构造断裂形成的断层破碎带，往往具有较好的透水性，会形成矿井充水的良好通道。对于一些巨大的断裂，由于断层两盘的牵引裂隙广泛发育，该类断层（断层带）除了具有导水性质外，其断裂带本身就是一个含水体，因而还具有充水水源的性质。由于断层面或断层牵引的裂隙带导水而引发的矿井突水灾害在矿井突水事故中占有绝对主导的位置。根据以往勘探及矿山开采资料说明，断层水文地质意义有以下几方面：

（1）隔水断层。一般为压性断层或断层带被粘土质充填，使两侧含水层不发生水力联系。在矿床开采时，由于人为活动，天然状态下隔水断层常变为导水断层。隔水断层处于不同位置其水文地质意义亦不同，隔水断层分布于主要充水岩层内时，常分割充水岩层的水力联系；隔水断层在边界上时，阻止区域地下水补给。

（2）导水断层。导水断层所处位置不同其水文地质意义亦不同。当导水断层位于区域边界时，常形成充水含水层或临近充水含水层的补给通道；当导水断层与地表水连通时，常形成地表水体补给矿床的主要通道；当充水岩层分布导水断层时，将增加充水岩层与外界的水力联系程度；当导水断层切割矿层隔水顶、底板时，断层常引起顶板或底板突水问题。

沟通充水含水层组密切水力联系的线状断裂（裂隙）带多发生在断层密集带、断层交叉点、断层收敛处或断层尖灭端等部位。

3. 窄条状隐伏露头通道

在我国大部分煤矿山，煤系薄层灰岩含水层和中厚层砂岩裂隙含水层以及巨厚层的碳酸盐岩含水层，多呈窄条状的隐伏露头形式与上覆第四系松散沉积物不整合接触。影响隐伏露头部位多层充水含水层组地下水垂向间水力交替的因素主要有两个：

（1）隐伏露头部位基岩风化带的渗透能力大小。

（2）上覆第四系底卵砾石孔隙含水层组底部是否存在较厚的粘性土隔水层。探测隐伏露头基岩风化带的渗透能力，一般可采用压（抽）水试验方法。

在某些矿山，第四系含水层组底部沉积了较厚的粘土、亚粘土隔水层。在这些部位，无论煤系和中奥陶统基岩风化带的渗透性能如何强，这些粘性隔水层基本可以完全阻隔多层含水层组地下水之间的垂向水力联系；但在另一部分矿山，第四系含水层组底部的粘性沉积物由于沉积尖灭或其他原因，沉积厚度极其有限，甚至局部缺失形成"天窗"，这样如果煤系和巨厚层的碳酸盐岩含水层在隐伏露头的风化带部位渗透性较好，高水头的碳酸盐岩承压含水层地下水首先直接通过"越流"或"天窗"部位上补第四系孔隙含水层组，而第四系孔隙水又以同样方式下补被疏降的煤系薄层灰岩含水层或中厚层砂岩裂隙含水层。第四系含水层组像座畅通无阻的桥梁，在煤系和碳酸盐岩含水层组两个窄条状隐伏露头处接通了它们彼此间的水力联系。

4. 面状裂隙网络（局部面状隔水层变薄区）通道

根据含煤岩系和矿床水文地质沉积环境分析，在华北型煤田北部一带，煤系含水层组主要以厚层状砂岩含水层组为主，薄层灰岩沉积较少。在厚层砂岩含水层组之间沉积了以细砂岩、粉细砂岩和泥岩为主的隔水层组。在地质历史的多期构造应力作用下，脆性的隔水岩层受力后以破裂形式释放应力，致使隔水岩层产生了不同方向的较为密集的裂隙和节理，形成了较为发育的呈整体面状展布的裂隙网络。这种面状展布的裂隙网络随着上、下充水含水层组地下水水头差增大，以面状越流形式的垂向水交换量也将增加。

5. 地震通道

根据开滦唐山矿在唐山地震时矿井涌水量和矿区地下水水位观测资料可知，地震前区域含水层受张力时，区域地下水水位下降，矿坑涌水量明显减少；地震发生时，区域含水层压缩，区域水位瞬时上升数米，矿坑涌水量瞬时增加数倍；强烈地震过后，区域含水层逐渐恢复正常状态，区域地下水逐渐下降，矿井涌水量也逐渐减少。震后区域含水层仍存在残余变形，所以矿井涌水在很长时间内恢复不到正常涌水量。矿井涌水量变化幅度与地震强度成正比，与震源距离成反比。

（二）充水人为通道

矿坑充水人为通道主要包括顶板冒落裂隙带、地面岩溶疏干塌陷带和封孔质量不佳钻孔等。

1. 顶板冒落裂隙带

采矿活动对矿井涌水的影响不仅表现为煤层采空后矿山压力对采空区上部岩层的破坏，同时也破坏煤层底板隔水层的完整性。

煤层开采以后，采空区上方的岩层因其下部被采空而失去平衡，产生塌陷裂隙，岩层的破坏程度向上逐步减弱。在缓倾斜煤层的矿井，根据采空区上方岩层变形和破坏的情况不同，可划分三带（见图6-2）。

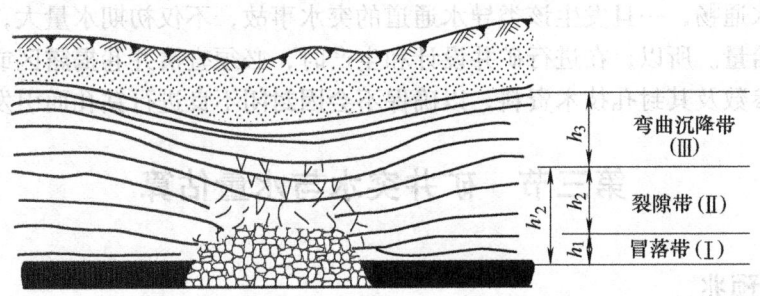

图6-2 煤层采空上方岩层破坏三带图

第Ⅰ带 冒落带。煤层采出后出现采空区，由于顶板岩层支撑不住而遭到破场垮落，冒落下来的岩石碎块自由堆积，无规则地填满了采空区和冒落空间，这就形成了冒落带。这一带的冒落高度一般用 h_1 来表示。

第Ⅱ带 裂隙带。冒落带的上层岩层，在重力作用下急剧向下移动，在层理、节理等岩层结合薄弱的部位，会产生较大的层间滑动与断裂，从而形成裂隙带。裂隙带在靠近冒落带的位置裂隙很多，越是向上则裂隙越少以至消失。裂隙带的高度以 h_2 表示；从裂隙带顶点对采空区煤层顶板的垂直距离用 h_2' 表示。

第Ⅲ带 弯曲沉降带。位于裂隙带上部的岩层，由于裂隙带、冒落带的岩层向下移动，从而导致上方岩层发生弯曲变形。当下部冒落与上部沉降的岩层达到相对平衡时，岩层移动即全部结束，弯曲沉降带是在这种移动过程中形成的。由于它远离采空区，受煤层采动影响最小，从整体上看岩层末遭破坏，形成与采空无连通裂隙的沉降带。此带高度以 h_3 表示，一般较大，有时可涉及地表，在地面上出现盆状洼地，也有可能在地表上产生裂缝。

上述三带能否形成，主要与煤层埋藏条件、开采方法和岩层的力学性质有关。如果用水砂充填管理顶板，上覆岩层可不出现冒落带和裂隙带，而只形成弯曲沉降带；如果煤层的开采深度小，煤层又较厚，并采用垮落法管理顶板，这时就只能出现冒落带，该带可直达地表，地面上出现塌陷坑。

采空区冒落后，形成的冒落带和导水裂隙带是矿坑充水的人为通道，其特点如下：

（1）当冒落裂隙带发育高度达到顶板充水岩层时，矿坑涌水量将有显著增加；当未能达到顶板充水岩层时，矿坑涌水无明显变化。

（2）当顶板冒落裂隙带发育高度达到地表水体时，矿井涌水量将迅猛增加，同时常伴有井下涌砂现象。

2. 地面岩溶疏干塌陷带

随着我国岩溶充水矿床大规模抽放水试验和疏干实践，矿区及其周围地区的地表岩溶塌陷随处可见，地表水和大气降水通过塌陷坑充入矿井。有时随着塌陷面积的增大，大量砂砾石和泥砂与水一起溃入矿坑。

3. 封孔质量不良钻孔

底板充水矿床常因封孔质量不良，某些钻孔变成了人为导水通道，当掘进巷道或采区工作面经过没有封好的钻孔时，顶、底板含水层地下水将沿着钻孔补给矿层，造成涌（突）水事故。

封闭不良钻孔是典型的由于人类活动所留下的点状垂向导水通道，该类导水通道的隐蔽性强，垂向导水通畅，一旦发生该类导水通道的突水事故，不仅初期水量大，而且还会有比较稳定的水补给量。所以，在进行矿井设计和生产时，必须查清井巷揭露区或其附近地区各种钻孔的技术参数及其封孔技术资料，以确保不会因封闭不良进行钻孔而引发突水事故。

第三节 矿井突水与水量估算

一、突水预兆

矿井突水这一现象的发生与发展是一个逐渐变化的过程，有的表现很快（一两天或更短），有的表现较慢（采掘后半个月或数日），这与工作面具体位置、采场地质情况、水压力和矿山压力大小有关。从开拓工作面开始，发展到突水时间内，在工作面及其附近显示出某些异常现象，这些异常统称突水预兆。识别和掌握这些预兆，可以及时采取应急措施，撤离险区人员，防止伤人事故。突水前预兆有以下几方面：

（1）煤壁挂红。这是因为水中含有铁的氧化物，在通过煤层或岩层裂隙时，附着在裂隙表面的暗红色水锈。一般认为巷道接近积水区。

（2）煤壁挂汗。当采掘工作面接近积水区时，因水在自身压力作用下，通过煤岩裂隙缝透过煤岩壁，聚成水珠。

（3）空气变冷。工作面接近积水区时，气温骤然下降，煤壁发凉，人一进去有阴冷的感觉，时间越长就越感到阴凉。但有地热问题的矿井，地下水温高，当掘进工作面接近时，温度反而升高。

(4) 发生雾气。当巷道内温度很高时，积水渗到煤壁后，引起蒸发而形成雾气。

(5) 煤层发出水叫。在采掘面中，若在煤壁、岩层内听到"吱吱"的水呼声时，表征因水压大，水向裂隙中挤压发出的响声，说明离水体不远即将突水，这时必须立即发出警报，撤出所有受水威胁地点的人员。

(6) 底板鼓起。底鼓有两种原因：一种是底板承压含水体静水压力和矿山压力共同作用的结果，这是突水预兆；另一种是受矿山压力单方面作用而产生底鼓，一般不突水。当发生底鼓时，要监视底鼓的发展变化，并报告矿井调度室。经技术人员调查核实确定底鼓原因。若是前种原因，须采取紧急措施：先在底鼓地段铺设密集地梁，打木垛控制底鼓发展。在底鼓基本被控制的情况下，可在底鼓地段外侧打钻孔放水泄压。

(7) 涌水。即水已涌出。

二、矿井突水水源识别

采掘过程中出现突水预兆，告诫人们需及时采取必要的防范措施，以减缓或防止突水事故的发生。矿井突水后，如何查清水源，达到有针对性的治理，则是矿井出现水害后碰到的一个重要问题。现将突水后应收集的资料和如何利用这些资料去识别突水水源进行介绍。

(一) 地质、水文地质分析法

矿井发生突水事件后，能否判断产生突水的原因，正确确定突水水源，关键在于对矿井和生产地区的水文地质条件的掌握程度。若掌握了井田或采区内已存在的或可能存在的断层位置、性质、落差、两盘含水层错动情况，断裂构造的组合特征（地堑、地垒、阶梯状断裂等），含水层的数目、厚度、含水类型、富水性、裂隙或岩溶发育程度、煤层与直接或间接充水含水层的距离，隔水层的厚度、强度、稳定性，老窑积水边界，旧钻孔位置及封孔质量，地表水是否参与矿坑充水等，则可以初步确定井田内不同地区受水害的威胁程度、类型和可能发生的地点。

一旦突水后，根据突水点的位置、水量、突水的形态等方面初步确定突水水源。具体分析时，应着重从以下几方面着手：

(1) 煤层底板隔水层变薄，煤层接近强含水层，致使水突破隔水层。

(2) 断层使区域含水层与煤层、直接充水含水层接触，地下水发生侧向补给。

(3) 采掘工作面接近或揭露导水陷落柱，或底板有断层、裂隙产生垂向补给。

(4) 工作面接近或揭露封闭不良且与强含水层沟通的钻孔。

(5) 断层带含水并与地表水或冲积层水沟通，或采后顶板陷落，冒裂带高度波及上覆地表水体和第四系冲积层，获得地表水和冲积层水补给。

(6) 采掘工作面揭露含水层或含水溶洞，上下采区被导水裂隙带沟通，浅部露头补给。

(二) 突水点位置和出水形态分析法

分析突水水源时，应以突水点的标高和它位于巷道顶部、底部或巷帮的位置，结合采场的地质水文地质条件，从周围的含水层水、老窑水、地表水体可能存在水力联系方面去分析。若巷道位于断层附近，突水点处于巷道顶部，呈下降水流流出时，应从出水点高程以上的地层，按断层断距大小、两盘含水层分布、煤层与含水层间距、老窑分布状况、断层水文地质性质与地表水联系程度等方面去分析突水水源；反之，则从出水点高程以下地层、地质水文地质条件去分析，水源多半是两盘含水层中水；若是煤（岩）帮突水，主要是在水压作用下溃入巷道，多半是老窑水；若水质清、流量稳定，则是断层水或含水层水。突水形态指的是水从突水点流出还是冒出；是一阵大一阵小，还是缓慢增大；是上翻出水、喷射，还是缓流水。以此判断水压相对大小，同时也反映出动水量大小。

（三）突水携出物分析法

无论是地表水或含水层中水，溃入采掘工作面时，一般都能携出突水点附近围岩物质，注意观察与收集这方面的资料对确定水源有很大意义。如某矿突水后，从携出物中见有铝土页岩，与该矿综合地层柱状图比较，应是下伏强含水层水；另一矿雨季巷道大量出水，出水携出大量风化很重的灰岩碎块并见有海百合茎化石，确定水是来自灰岩露头。据此判断采取相应措施，取得良好效果。若为老窑水，常可带出巷道木屑和煤泥等。

（四）地下水动态分析法

井巷突水前，地下水处于相对动平衡状态，在疏放流场中，其流向、水力坡度、水质、水温等都相对稳定。虽然它也随季节变化，但仍有一定规律。突水后，势必打破原平衡状态，故在水位、水质、水量等方面应有所反映，通过动态分析法，不仅有助于分析判断突水水源，也有利于对井田水文地质条件认识的深化。

可供参考的规律有以下几点：

（1）长观孔、水井、泉群中水位发生剧烈（或明显）变化的含水层，往往是主要突水水源；不变化的含水层一般不是突水水源。突水后，矿井中老突水点水量明显减少或干涸，表明两者为同一水源，反之为不同水源。

（2）不同含水层中地下水位同时（或先后）发生变化，而含水层的透水性又类似，那么变化大的含水层是主要突水水源，变化小的是次要水源。

（3）两个以上含水层同时为突水水源时，含水性强的含水层动态变化小，含水性弱的含水层动态变化大。

（4）同一含水层由于构造分割成不同块段，突水后，不同段块上水位动态为同步同幅，表明断层透水；同步异幅则是弱透水；异步异幅则是阻水。同一块段、同一含水层水位动态的灵敏度和幅度的不同表征含水介质的非均质性和各向异性。

（5）根据突水后绘制的等水位（压）线图，若水力坡度平缓，水位（压）反应灵敏，泉水流量减少或断流时间早于其他地段，则是主要补给水源的主径流带和来水方向，等水位（压）线与边界正交各为隔水边界，突水点周围若出现封闭的高水位区，则在其附近存在有垂向越流补给通道。

（五）水质分析法

水质分析法识别矿井突水水源的原理是：不同含水层由于自身岩性（包括化学成分和物理结构）的不同，赋存于其中的地下水，因运移条件、水文地球化学环境的不同，形成不同含水层间它们化学组分的差异。根据这些差异归纳出不同含水层的水化学特征，再利用突水点的水质特征与其比较来确定突水水源。

三、突水后水量估算方法

矿井发生突水后，水量估算是一项必不可少的工作。应根据现场的具体条件，迅速而准确地加以估算，作为事故处理和抢救的重要依据。

(一) 现场测量方法

1. 浮标法

矿井发生突水后，初期水量一般较小，可在巷道的水沟内测定其水量。选用规整的水沟，长 5m 左右，清除沟内杂物，选择上、下两个断面，测出其断面积 F_1 和 F_2，取断面的平均值 F，测量这两断面的距离 L，然后将一很轻的浮标从水沟上游断面处投入水中，同时记下起始时间，当浮标到达下游断面时，再记下到达时间，其时间差即为浮标流经 L 距离所需的时间 t。其涌水量可按下式计算：

$$Q = KF \frac{L}{t} \tag{6-1}$$

式中　L——两个过水断面的距离(m)；
　　　F——两个过水断面面积的平均值(m^2)；
　　　t——浮标流经 L 距离所需时间(min)；
　　　K——断面系数，一般选 0.75～0.85。

2. 水泵标定法

突水后，一般应增开水泵或增加水泵运转时间，则水仓增加的水量可用下式计算：

$$Q = KNW + \frac{SH}{t} \tag{6-2}$$

式中　W——水泵的铭牌排水量(m^3/min)；
　　　N——增开的水泵台数；
　　　H——t 时间内水位上升高度(m)；
　　　S——水仓的水平断面积(m^2)；
　　　t——水位上涨至 H 所用的时间(min)；
　　　K——水泵排水系数。对于 K 值，新泵排清水取 1；新泵排混水取 0.9；旧泵排清水取 0.8；旧泵排混水取 0.7；双台老泵单管排水取 0.6。

(二) 突水总量的估算

在突水抢险过程中，须及时掌握从突水开始到某一时刻的突水总量。

1. 算术迭加法

$$V = Q_1 t_1 + Q_2 t_2 + \cdots + Q_n t_n \tag{6-3}$$

式中　V——从突水开始到某一时刻止突水总体积(m^3)；
　　　$Q_1 \sim Q_n$——突水开始分段计算突水的涌水量(m^3/min)；
　　　$t_1 \sim t_n$——从突水开始到某一时刻止，与上述涌水量相对应的连续时间段(min)。

2. 积仪法

在直角坐标纸上，绘出涌水量变化曲线，其横坐标为时间 t，纵坐标为涌水量 Q，绘出从突水开始到某一时刻涌水量变化曲线。在曲线图上用求积仪量出坐标轴与曲线所包围的全面积，用该面积乘以单位面积所代表的水量，得出水淹没的总体积。

例如，图 6-3 中 $ODBC$ 代表的水量为 $(10 \times 1440) m^3 = 14400 m^3$，$OEFT$ 所包围的面积为 $ODBC$ 的 8 倍，则在 t 时间内突水的总体积为：

$$Q_{OEFT} = (14440 \times 8) m^3 = 115200 m^3$$

根据上述方法，求出各采空区的水淹没总体积，可绘出全矿井分水平、分区域的水淹没分布图。

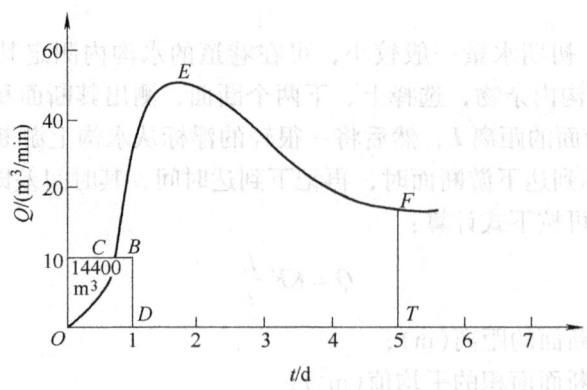

图 6-3　水淹没总体积计算图

第四节　矿井水害防治技术

一、矿井防排水系统

矿井排水系统与相应防水系统的建立，是煤矿安全生产必备的五大环节之一，必须符合《煤矿安全规程》规定之要求。根据有关《规程》和《条例》的规定以及国内几十年来安全生产的实践经验，建立矿井排水和防水系统应该包括以下主要内容：

（一）水仓

水仓容量要符合《煤矿安全规程》和《煤矿防水工作条例》的规定，保证能在一定的时间内存储一定的涌水量，以便能有缓冲时间来排除排水系统的一些偶然停运故障。它应具备下列功能：

（1）有相应连接又可控制隔离的主、副仓，便于轮流清理淤泥杂物，保证水仓容量的有效性。主、副仓的控制隔离设施要有防御失效的措施。

（2）有足够的供水泵吸水管（阀）安放且与水仓连接的吸水小井。该小井便于司泵人员经常观察清理其淤泥杂物，它与水仓连接段必须有灵活控制水量的阀门，一旦关闭泵房密闭门，能控制水仓配给小井的供水量，保证水泵满负荷运转，又不超过其能力，具备一定时段内的抗灾排水能力，不淹泵房。这是一个很重要的防水装置。

（3）水仓进水口沉淀池和流量堰口，要根据水量大小有足够的稳流沉淀容积、稳定隔板和标准的不漏水堰口，便于及时准确测定流量。

（4）应急储水区。矿井有时可能出现短时大流量涌水，远远超过泵房排水能力，但无长期补给的水源，只要避过高峰期，完全可以保障矿井的安全生产。因此，有条件时，应在主泵房附近利用一部分废弃不用的具备隔离条件的井巷或采空区，将凶猛的来水引入其中临时储存，在险情过后逐步排除恢复，这是排水系统的防水措施之一。

（5）与泵房相连的水平大巷临时抢险隔离闸板门。一些矿井为预防突然来水、水仓容量不足或排水能力难于应付，在通向泵房的水平大巷里，间隔一定长度设置闸板门。其功能是利用预先砌筑的井巷规整断面，留出放闸板的槽，旁边放储（存放）与槽口相匹配的闸板若干块。一旦有意外来水或泥石流，立即放置闸板，一节一节地隔截泥石流或水流，使大巷成为临时水仓和沉淀池，以便保证泵房和井底大门的安全。闸板门一般需易拆易安装。

（二）泵房

按设计要求安装足够台数的水泵及相应的配电盘和开关。所建泵房要满足以下要求：

（1）有便于水泵及电动机进出的通道。通道内设置合格封闭门，有高于泵房底面 7m 的进、回风安全出口，通向立井筒或斜巷相应的标高点。通过密封门的电缆孔要严格密封，一旦意外来大水，可控制吸水小井的放水闸阀，关紧密封门，实施抗灾排水，确保井底大巷被淹时泵房仍不进水。万一需要撤离抢险人员时，可从安全出口离开泵房。

（2）必要时要预留安泵位置和接电开关，一旦需要，可突击增加水泵。

（3）泵房内的环形管路及相应的闸阀能有利于充分发挥排水管路和各台水泵的能力，起动和调配水量方便合理。

（4）当同一矿井、同一水平有数个泵房时，其底面标高应尽可能一致，这样便于协同排除该水平的来水，形成统一的排水能力，防止低位泵房被淹，高位泵房还发挥不了排水功能。如这种情况存在，建议安装 SH 型或 S 型单极、双极低扬程大流量的接力泵与高位泵房配套，充分发挥高位泵房的排水作用。

（三）排水管道

排水管道的管径要与水泵能力相匹配，其趟数要与总设计排水能力相匹配，其壁厚要与相应的扬程相适应，这些应由设计部门选型。作为矿井水文地质工作者，需要掌握不同直径管路的通水能力。

（四）水泵

水泵的选型要依据扬程、排量和匹配的管径以及电动机类型、电压等综合分析确定。其台数与排水能力必须符合《煤矿安全生产规程》的有关规定，满足同时有运转、备用和检修水泵的条件。根据生产实践和防治水的需要，一个泵房最合理的水泵选型原则应该是：潜水泵和卧泵配套使用，经常涌水量部分一般由卧泵排除，潜水泵主要用于排大水或抢险抗灾使用。这种配套使用的优点是：

（1）大流量的潜水泵平时封存保护不用，水大时才进行排水抢险，操作人员安全，也不怕淹泵，追排水时也不存在移泵问题。

（2）正常涌水量用卧泵排除，维修管理方便，如管路长度与潜水泵的一致时，吨水电耗低。

（3）水仓与配水小井要专门设计，泵房封闭门和配水小井控水闸阀均可简化。

（4）水仓容量、泵房及配电室规格尺寸均可科学调整，以减少井巷工程量为目的。

（五）供电系统

供电系统要与水泵供电负荷相匹配，并保证双电源双回路供电，以便一路电源发生故障时，另一路电源能立即供电，保障排水系统的不间断正常工作。

（六）闸门系统

对大水矿井来说，根据具体的水文地质和工程地质条件，要整体考虑矿井采区开拓部署，实行分水平、分煤层、分区域甚至分采区的隔离措施，修建水闸门系统，以便于某一地点发生意外突水时，可立即关闭闸门，使灾情迅速得到控制，保障其他地点的正常安全生产。这是矿井的重要防水系统。在有水害威胁的矿井，它与排水系统同等重要。

二、防水煤(岩)柱留设的方法

在水体下、含水层下、承压含水层或导水断层附近采掘时,为防止地表水或地下水溃入工作地点,需要留出一定宽度或高度的煤(岩)层不采动,这部分煤(岩)层称为防隔水煤(岩)柱或防水煤(岩)柱。

(一) 防水煤(岩)柱的种类

根据防水煤(岩)柱所处的位置,可以分成不同的种类。常用的防水煤(岩)柱有:

(1) 断层防水煤(岩)柱。在导水或含水断层两侧,为防止断层水溃入井下而留设的煤(岩)柱,当断层使煤层与强含水层接触或接近时,为防止含水层水溃入井下也应留设的煤(岩)柱。

(2) 井田边界煤柱。相邻两井田以技术边界分隔时,为防止一个矿井被淹没(由突水或矿井报废引起)后影响另一个矿井的安全生产而留设的煤(岩)柱。

(3) 上、下水平(或相邻采区)防水煤(岩)柱。在上、下两水平(或相邻两采区)之间留设的防水煤(岩)柱。这种煤(岩)柱为暂时性的煤(岩)柱,在上、下两水平(或相邻两采区)开采末期或透水威胁消除后,这部分煤(岩)柱中的煤仍然可以回收出来。

(4) 水淹区防水煤(岩)柱。在水淹区(包括老窑积水区)四周和上、下水平留设的防止水淹区水溃入井下采掘工作面的煤(岩)柱。

(5) 地表水体防水煤(岩)柱。为防止采煤后地表水经塌陷裂缝溃入井下而留设的煤(岩)柱。

(6) 冲积层防水煤(岩)柱。为防止采煤后上覆冲积层中的强含水层水溃入井下而留设的煤(岩)柱。

(二) 防水煤(岩)柱的留设原则

(1) 在有突水威胁但又不宜疏放(疏放会造成成本大大提高时)的地区采掘时,必须留设防水煤(岩)柱。

(2) 防水煤柱一般不能再利用,故要在安全可靠的基础上把煤柱的宽度或高度降低到最低限度,以提高资源利用率。为了多采煤炭,充分利用资源,也可以用采后充填、疏水降压、改造含水层(充填岩溶裂隙)等方法,消除突水威胁,创造少留煤柱的条件。

(3) 留设防水煤(岩)柱必须与当地的地质构造、水文地质条件、煤层赋存条件、围岩的物理力学性质、煤层的组合结构方式等天然因素密切结合,还要与采煤方法、开采强度、支护形式等人为因素互相适应。

(4) 一个井田或一个水文地质单元的防水煤(岩)柱应该在它的总体开采设计中确定。即开采方式和井巷布局必须与各种煤柱的留设相适应,否则会给以后煤柱的留设造成极大的困难,甚至无法留设。

(5) 在多煤层地区,各煤层的防水煤(岩)柱必须统一考虑确定,以免某一煤层的开采破坏另一煤层的煤柱,致使整个防水煤(岩)柱失效。

(6) 在同一地点有两种或两种以上留设煤(岩)柱的条件时,所留设的煤(岩)必须满足各个留设煤(岩)柱的条件。

(7) 对防水煤(岩)柱的维护要特别严格,因为煤(岩)柱的任何一处被破坏,必将造成整个煤(岩)柱无效。防水煤(岩)柱一经留设即不得破坏,巷道必须穿过煤柱时,必须加固巷道、修建防水闸门和其他防水设施，保护煤（岩）柱的完整性，并报有关部门审批。

（8）留设防水煤（岩）柱所需要的数据必须在本地区取得。邻区或外地的数据只能参考，如果需要采用，应适当加大安全系数。

（9）防水煤（岩）柱中必须有一定厚度的粘土质隔水岩层或裂隙不发育、含水性极弱的岩层，否则防水煤（岩）柱将无隔水作用。

三、地面防治水

地面防治水是在地面修筑一些防排水工程，防止降雨汇集水和地表水流入工业广场、通过渗漏流入井下，保障矿井安全所采取的技术措施。它是保证矿井安全生产的第一道防线，特别是对于以大气降水和地表水为主要充水来源的矿井尤为重要。这是一项经常性的工作，一般在每年雨季之前都要建立专门的防洪（或防汛）机构，组织和指挥这一工作。

地面防排水工作主要包括河床铺底与填堵陷坑、排除积水、河流改道、修建水库、修筑排洪渠、防洪堤等。

（一）地面防洪调查

煤矿企业必须查清矿区及其附近的地面水流系统的汇水情况、疏水能力和有关水利工程的情况，掌握当地历年降水量和最高洪水位的资料，建立疏水、防水和排水系统。调查研究时，要掌握以下情况：

（1）掌握矿区的地形条件，地面河流和已有防水工程的分布，圈定井田受水面积和低洼地带，查明煤层、含水层露头和地表塌陷裂缝的分布与范围。

（2）掌握当地历年的降雨量和最高洪水位，特别是暴雨强度资料及其周期性；调查地表水流在井田内所处位置、流向、水位、河流决口以及分流后的情况；观测河床坡度、河床性质和疏水能力。

（3）在工业广场的河床附近，通过煤层露头、透水岩层、塌陷区，观测地表水的流量变化，同时注意河水下渗情况，确定河床漏失段和漏失量。测量河流、沟渠的洪痕高程，调查发生日期和涨落经历时间，用以确定最大洪峰的流量。

（4）了解已有地面防治水工程，分析工程布置是否合理以及竣工后的实际效益；调查各项工程质量，有无因质量低劣对防治地表水不起作用继续漏水等现象。

上述调查收集到的资料，应填绘在矿区或井田地形地质图上，然后根据当地地形、地质、水文、气象等条件，因地制宜，统筹安排，根据不同情况，分别采用疏、防、排、蓄等各种措施，对地表水进行综合治理。

（二）地表水防治措施

1. 井口及工业场地的防洪与泄洪

井口和各种工业建筑物的基础标高，均应高于当地历年最高洪水位。在矿井设计时，井口及工业场地应选择在不受洪水威胁的地点，避免布置在山洪口及其受淹区。如受地形限制，当井口及工业场地标高低于当地最高洪水位时，必须修筑堤坝、沟渠等来疏通水路，或者将井口（包括风井、管子道及人行道）及主要建筑物（包括配电所、绞车房等）的标高加高，使其高出当地最大洪水位之上，矿井井口在平原地区应高出 0.5m，丘陵或山区应高出 1.0m，工业场地及居民区均应高出 0.5m。加高地面所用的矸石堆料中不得含煤，防止自然发火。工业场地及居民区距河流较近并受到河水威胁时，应考虑修筑堤岸；内涝地区和洪水季节有河水倒流现象的矿区与工业场地，应设置排洪站，将积水沿泄洪沟排出。

2. 修筑排洪渠

位于山麓或山前平原地区的矿井，在多雨季节山洪暴发时，有大量洪水流入矿区，积水下渗，造成井下大量涌水，这就需要修筑地面引洪渠网，防止洪水进入煤层开采段或矿区内。一般可在矿区上方山坡处，垂直于来水方向修建排洪渠，拦截洪水。排洪渠可大致沿地形等高线布置，并保持适当的坡度，而后根据地形特点将洪水引出矿区。

3. 河床铺底与填堵陷坑

（1）河床铺底。当河槽底下局部地段出露有透水很好的充水层或塌陷区时，为了减少地表水及第四系潜水对矿井充水层的补给，可在漏水地段铺筑不透水的人工河床。不少煤矿采用这种措施后，井下涌水量显著减少。

（2）填堵陷坑。矿区的岩溶洞穴、塌陷裂缝和废弃的小煤窑等，都可能在地面形成塌陷坑和较大的缝隙，它们极易成为雨水或地表水流入井下的通道。因此，必须采取防治措施，一方面要防止地面积水，另一方面对于面积不大的塌陷裂缝和塌陷坑要及时填堵。每年雨季之前，要进行全面检查，然后采取填堵措施。

4. 修筑防洪堤隔绝水源

当矿区含煤地层中的可采煤层距离冲积层水及地表很近时，而且在潜水含水层下部具有稳定隔水层的情况下，地表水与冲积层水随时有灌入矿井的危险。为了有效地防止地表水涌入矿井，可修筑规模较大的防水堤，用水泥及粘土筑成，其下部筑在冲积层底部隔水层上，有效地隔绝地表水与冲积层水对矿井的补给。

5. 注浆截流堵水

富水含水层与地表水保持经常性水力联系的矿区，在井巷施工中，有的地段涌水量很大，对安全生产、施工条件和设备的维护等都很不利。为了防止地表水的渗透补给，可用注浆手段截流堵水。

6. 河流改道和取直

当矿区地表河流渗漏范围很大，利用上述堵水方法难以奏效时，则可考虑将河流改道。可选择合适的地点（最好是在隔水层上）修筑水坝将原河道截断，用人工挖掘新河道，将河水引出矿区以外。如果地形条件不允许，则可将井田范围内的河道取直，以减少渗透面积和开采时的煤柱损失。

防治矿区地表水是一项比较复杂的工作，必须根据当地地形、地质、水文地质和气象等条件，因地制宜地选择防治措施，综合治理。事实说明，片面地采取单一措施，是不可能收到理想防治效果的，只有从实际情况出发，采取多种措施构成完整的地表水防治系统，才能受益。

四、井下探放水

（一）井下需要探放水的情况

在有些矿井的范围内，常常有许多充水的小窑、老窑、断层以及富含水层。当采掘工作面接近这些水体时，就有可能造成地下水突然涌入矿井的事故。为了消除这些隐患，在生产中使用探放水的方法，探明工作面前方的水情，然后将水有控制地放出来，以保证采掘工作的安全。

正因为探放水工程的布置是以保证矿井安全生产为目的，工作中必须认真执行"预测预报、有疑必探，先探后掘、先治后采"防治水原则。在有可能存在水害威胁的地区都必须坚持这样做，绝不能存有侥幸心理和麻痹思想。

通常在下述情况下需要进行超前探水：

（1）接近水淹或可能积水的井巷、老空或相邻煤矿时。

（2）接近含水层、导水断层、溶洞和导水陷落柱时。

（3）打开隔离煤柱放水时。

（4）接近可能与河流、湖泊、水库、蓄水池、水井等相通的断层破碎带时。

（5）接近有出水可能的钻孔时。

（6）接近有水的灌浆区时。

（7）接近其他可能出水地区时。

（二）小窑老空水的探放方法

老空水（采空区、老窑和已经报废的井巷积水）积存于生产、开拓水平以上，虽然水量不很大，一般不致造成淹井的危险，但水量集中，来势迅猛，一旦揭露，就会以"有压管道流"的形式突然溃出，迅猛异常，具有很大的冲击力和破坏力，对人身安全的危害极大。其防治的基本对策主要就是"探"，先探后掘，坚持不探明、不放净不回采、不掘进。由于其积水区的空间位置一般都很隐蔽，形状很不规则，深度和层位不一，大小各异，既有连成一片、较易于探明的较大积水区，也有深入腹地孤立存在，很难用钻探查找的较小积水区。因而需要经常核实图纸资料，监测各探放水钻孔的水量、水压变化，及时分析判断积水是否已经放净。同时，明确放水路线和行人路线，保障探放水人员的人身安全。

浅部老窑积水区，由于年代久远，几经复采，情况复杂。为此，应通过地面物探手段先在总体上圈定出老窑积水区的大体边界，然后再据此划定"警戒线"，确定起探标高，边探边掘。探放水必须分煤层进行，严格按规程要求，以不漏掉一个积水老巷或老空为原则。放出时，要注意孔口水压、水量的变化，并与原设计的积水量进行比较核实，严防"放净"的假象。要防范积水区中还有积水区的可能性和危险性。

对于生产矿井本身的老空、老巷积水区，必须认真核实图样资料，严防漏填、漏绘。要弄清楚积水区的可能范围和水量，查明最洼、最高点的位置和标高，并据此进行探放水设计。探放水钻孔的布设，应以透积水区的最洼点为主，透两侧为辅，边探放水边监测水压、水量的变化，切实掌握积水水位下降的速度及其疏放水范围。发现积水位下降缓慢或久放不降等异常情况，必须查找原因，对另有水源补给者，必须先封堵水源，尔后再进行探水。对可能存在的"孤立区"或"滞流区"，应通过分析补打钻孔处理。

1. 探水前应注意的事项

（1）检查排水系统，准备好水沟、水仓及排水管路；检查排水泵及电动机，使之正常运转，达到设计的最大排水能力。

（2）准备堵水材料。在探水地点应备用一定数量的水泥（或者化学浆）、套管、坑木、麻袋、木塞、泥、棉线、锯、斧等，以便出水或来压时及时处理。

（3）检查瓦斯。瓦斯含量超过安全规定时应停止工作，及时加强通风。

（4）检查支架情况。有松动或破损的支架要及时修整或更换。帮顶是否背好，都要一一检查。

(5) 检查煤壁。煤壁有松软或膨胀等现象时，要及时处理，闭紧填实，必要时可打上木垛，防止水流冲垮煤壁，造成事故。

(6) 检查水沟。巷道水沟中的浮煤、碎石等杂物，应随时清理干净。若水沟被冒顶或片帮堵塞时，应立即修复。

(7) 检查安全退路。即避灾路线内不许有煤炭、木料、煤车等阻塞，要时刻保证通畅无阻。

(8) 检查打钻地点或附近是否安设专用电话。

2. 探水起点的确定

根据一些矿区的经验，将调查和勘探（包括物探）获得的小窑、老空的分布资料经过分析划出三条界线。如图 6-4 所示。

(1) 积水线：调查核定积水区的边界，也即小窑采空区的范围，其深部界线应根据小窑的最深下山划定。

(2) 探水线：对有图样资料可变的老窑（没有图样资料可查的老窑，用物探控制可疑区）沿积水线外推 60～150m 的距离画一条线（如上山掘进时则为顺层的斜距），此数值大小视积水范围可靠程度、水头压力、煤的强度大小来确定。当掘进巷通达到此线就应开始探水。对

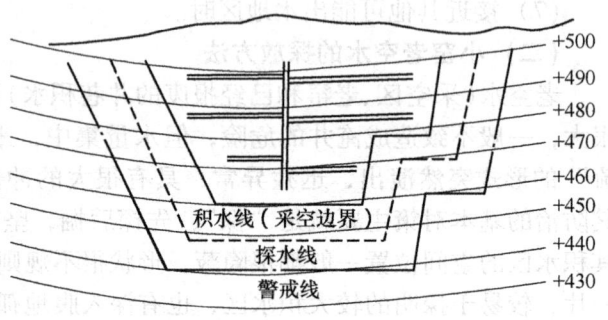

图 6-4 积水线、探水线和警戒线示意图

于本矿开采所造成的老空、老巷、水窝等积水区，其位置准确，水压不超过 1MPa，探水线至推断的积水区的最小距离：在煤层中不得少于 30m；在岩层中不得少于 20m。

(3) 警戒线：它是从探水线再外推 50～150m（在上山掘进时指倾斜距离）。当巷道进入此线，就应警惕积水的威胁，注意迎头的变化，当发现有透水征兆时应提前探水。

3. 放水钻孔的布置方法

探放水钻孔布置应以确保不漏老空，保证安全生产，而探水工作量又以最小为原则。

(1) 探水钻孔的超前距、允许掘进距离、帮距，如图 6-5 所示。

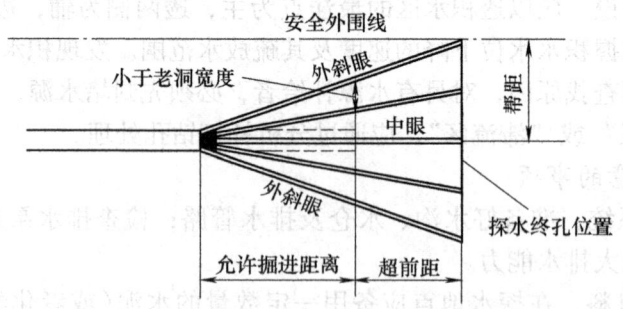

图 6-5 探水钻孔的超前距、帮距、允许掘进距离示意图

1) 超前距。探水时从探水线开始向前方打钻探水，一次打透积水的情况较少，所以常是探水→掘进→探水循环进行，而探水钻孔的终孔位置应始终保持超前掘进工作面一段距

离,这段距离简称超前距。实际工作中,超前距一般在煤层中采用30m,在岩层中采用20m。

上方超前距还可用下述公式进行估算:

$$a = 0.5KM\sqrt{\frac{3p}{K_P}} \geq 20\text{m} \tag{6-4}$$

式中　a——超前距(m);
　　　K——安全系数(一般取2~5);
　　　M——巷道的跨度(宽或高取其大者)(m);
　　　p——水头压力(N/cm^2);
　　　K_P——煤柱的抗张强度(N/cm^2)。

2)允许掘进距离。经探水后证明无水害威胁、可以安全掘进的长度,称为允许掘进距离。

3)帮距。探水钻孔一般不少于3个,一个为中心眼,另两个为外斜眼,与中线成一定角度,呈扇形布置。中心眼中点与外斜眼终点之间的距离称为帮距。帮距一般应等于超前距,有时可略比超前距小1~2m。

4)钻孔密度。指允许掘进距离的终点,探水钻孔之间的间距。间距的大小视具体情况而定,一般不应大于古空老巷的尺寸。例如古空老巷道宽为3m,则巷道允许掘进终点钻孔间距最大不得超过3m。

(2)探水钻孔布置方式。探水效果的好坏与钻孔布置方式有很大关系。在布置探水钻孔时必须注意两个问题:其一要确保安全;其二既要保证工作效果,又要工作量最小。一般倾斜煤层平巷和上山巷道探水钻孔的布置方式、数量和夹角大小都是变化的;在水压高、水量大或煤层松软、节理裂隙发育的情况下,在煤层中打钻孔不安全,可用隔离式探水;探放水应采用深孔、中深孔和浅孔相结合的方式,如图6-6所示。

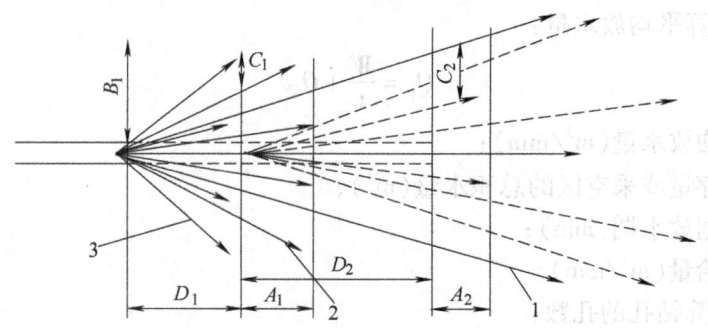

图6-6　深孔、中深孔和浅孔布置方式
1—深孔　2—中深孔　3—浅孔
A_1、A_2—第一、二次超前距　B_1—帮距　C_1、C_2—第一、二次孔间距
D_1、D_2—第一、二次允许掘进距离

深孔:每次探放水应打3个深孔(中眼和两个外斜眼),为提前探到积水(深孔放水较安全),只要不脱离煤层应尽量打深,由于外斜眼深度大,控制的帮距也大,使继续探水掘进时安全。

中深孔：每次探水在3个探孔之间或外斜眼外侧布置一些中深孔，孔深能满足超前距、帮距和孔间距的要求即可。

浅孔：薄煤层探水，由于倾角的变化或打深孔，钻孔先穿过煤层顶、底板岩层，然后再沿煤层钻进时，应布置浅孔，把沿岩层钻进的范围补充探明。其钻孔深度根据需要确定。

对于厚煤层、急倾斜煤层，探放水钻孔的布置应根据前人开采情况，不仅平上布成平面形，而且剖面上也应为扇面形，以防漏掉老空巷道。

(3) 放水孔孔径及孔数的确定。

1) 钻孔孔径的选择：放水孔孔径的大小，应根据煤层的坚实程度、放水孔深度等因素来确定。如煤层坚实系数较大，钻孔较深，可选用稍大一点的孔径；反之则应选用较小的孔径。在生产实践中常采用42mm、54mm、55mm、75mm，但一般不超过58.5mm，以免因流速过高，冲垮煤柱。但钻透积水区后，可以根据水量、水压、排水能力等情况酌情进行扩孔。在排水能力充足、水压、水量清楚的条件下，放水钻孔的孔径可以适当增大。

2) 钻孔孔数的计算。

① 单孔出水量，可用下式进行估算：

$$q = 60c\omega\sqrt{2gH} \tag{6-5}$$

式中　q——单孔出水量(m^3/min)；

　　　c——流量系数，其大小与孔壁的粗糙程度、孔径的大小、钻孔的长度等因素有关，可由试验得出，无资料时可用0.6~0.62；

　　　ω——钻孔的断面积(m^2)；

　　　g——重力加速度，$9.8m/s^2$；

　　　H——钻孔出口处水头高度(m)；由于放水时该数是个不断变小的数值，属于非稳定流状态，为简便计算钻孔的平均放水量，可采用钻孔出口处最大水头高度的40%~45%。

② 用下式计算平均放水量：

$$Q_p = \frac{W}{t} + Q_动 \tag{6-6}$$

式中　Q_p——平均放水量(m^3/min)；

　　　W——储存量或采空区的总积水量(m^3)；

　　　t——计划放水期(min)；

　　　$Q_动$——补给量(m^3/min)。

③ 用下式计算钻孔的孔数：

$$N_{孔数} = \frac{Q_p}{q} + k \tag{6-7}$$

式中　k——备用孔个数，一般取1~2。

(三) 探断层水及其他可疑水源

遇下列情况必须探水：

(1) 采掘工作面前方或附近有含(导)水断层存在，但具体位置不清或控制不够严密时。

(2) 采掘工作面前方或附近预测有断层存在，但其位置和含(导)水性不清，可能突水时。

(3) 采掘工作面底板隔水层厚度与实际承受的水压都处于临界状态(即等于安全隔水层厚度和安全水压的临界值),在掘进工作面前方和采面影响范围内,是否有断层情况不清,一旦遭遇很可能发生突水时。

(4) 断层已为巷道揭露或穿过,暂时没有出水迹象,但由于隔水层厚度和实际水压已接近临界状态,在采动影响下,有可能引起突水,需要探明其深部是否已和强含水层连通,或有底板水的导升高度时。

(5) 井巷工程接近或计划穿过的断层浅部不含(导)水,但在深部有可能突水时。

(6) 根据井巷工程和自设断层防水煤柱等的特殊要求,必须探明断层时。

(7) 采掘工作面距已知含水断层60m时。

(8) 采掘工作面接近推断含水断层100m时。

(9) 采区内小断层使煤层与强含水层的距离缩短时。

(10) 采区内构造不明,含水层水压又大于3MPa时。

探断层水、强含水层水及其他可疑水源的方法与探老空水相同,但探水钻孔的孔数较探老空水的要少。

探断层水的钻孔往往与探断层的构造孔结合起来,在探明断层的位置、产状要素、断层带宽度的同时,着重查明断层带的充水情况、含水层的接触关系和水力联通情况、静水压力及涌水量大小,以达到一孔多用的目的。例如,在正断层上盘巷道内探下盘含水层的钻孔,可布置在上盘巷道内,选择适当地点,向下盘的含水层打钻孔,如图6-7所示。

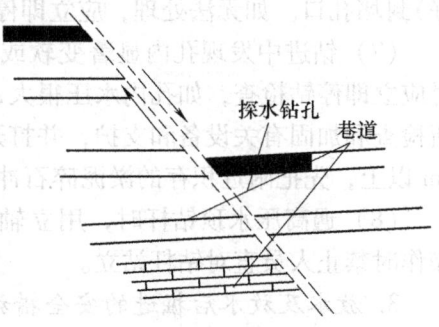

图6-7 探断层水及断层下盘含水层水示意图

断层水探明后,应根据水的来源、水压和水量采取不同措施。若断层水是来自强含水层,则要注浆封闭钻孔,按规定留设煤柱;已进入煤柱的巷道要加以充填或封闭。若断层含水性不强,可考虑放水疏干。

探强含水层及其他可疑水源的方法也与探老空水类似。

(四) 探放水的安全措施

1. 探水巷道掘进的安全措施

(1) 探水巷道必须在探水钻孔有效控制范围内掘进,探水孔的超前距、帮距及孔间距必须符合设计要求。每次探水后、掘进前,应在起点处设置标志。

(2) 巷道支护必须牢固,顶、帮背实,有较强的抗水流冲击能力。

(3) 按设计钻孔的预计流量修建水沟,并将流水巷道内的沉渣等障碍物清理干净,巷道通风必须良好。

(4) 巷道与积水区间距小于探水规定的超前距,或有突水征兆时,应将掘进头正前和两帮支架加固,刹紧背严,加以封固,另选定安全地点探水。

(5) 厚煤层的上山探水巷,必须沿底板掘进,巷道内不能有浮煤。

(6) 探水巷道须加强出水征兆的观察,一旦发现异常应立即停掘处理。情况紧急时必须立即发出警报,撤出受水威胁地点的全部人员。

(7) 严格执行"四不掘进"制度:①当工作面或炮眼有突水征兆时;②探水孔超前距

离不符合规定时；③掘进头支架不牢或空顶时；④排水系统不正常时。

（8）掘进班长必须在现场交接班，交接允许掘进剩余长度和巷道中线与允许前进方位关系等问题。

2. 钻探的安全措施

（1）检查安钻场地的巷道支护和通风情况，安全情况好，方可安装钻机。

（2）注意检查观测周围有无出水征兆，如发现安钻地点距积水地点很近时，应在采取加固措施后，另找安全地点探水。

（3）钻机安装必须牢固可靠。安好钻机接电时，要严格执行停送电制度，电缆吊挂整齐。

（4）严格按设计标定钻孔方位、倾角钻孔。每班开钻前先检查立柱、孔口安全装置、周围支护和报警信号，如有问题，先处理后开钻。

（5）钻进时要注意判别煤、岩层厚度变化并记录换层深度。一般每钻进10m或更换钻具时，要丈量一次钻杆并核实孔深。终孔前再复核一次，以防孔深差错造成水害事故。

（6）钻进中发现有害或有毒气体喷出时，应在加强通风的同时用黄泥、木塞（预先备好）封堵孔口。如无法处理，应立即停止工作，切断电源，将人员撤到新鲜风流地点。

（7）钻进中发现孔内显著变软或沿钻杆流水，都是钻孔接近或进入积水区的象征，此时应立即停钻检查，如孔内水压很大，应将钻杆固定并记录其深度。在提出钻杆前，必须重新检查和加固有关设备和支护，并打开三通泄水阀，边钻进边推入钻具，使钻头超过原孔深1m以上，先把附近积存的淤泥碎石冲出孔外，尔后再提出钻杆，以利安全放水。

（8）遇高压水顶钻杆时，用立轴卡瓦和逆止阀交替控制钻杆，使其慢慢地顶出孔口。操作时禁止人员直对钻杆站立。

3. 放水及放水后掘进的安全措施

（1）探到积水或水压后，应复核原有积水资料，确定放水量及放水孔个数，进一步调整排水能力，使排水供电系统符合《煤矿安全规程》的要求，并清理好水仓、水沟等。

（2）派专人监视放水情况，记录放水量，发现异常及时处理。

（3）加强放水地点的通风，增加有害气体的检测次数，或设瓦斯警报器。

（4）放水结束后，立即核算放水量与预计积水量的误差，查明原因，以防止有残留积水。

（5）受地表水强烈补给的老空区，放水后，一般应通过一个水文年的观察方可掘透老空区。恢复掘进和掘透老空区前须进行扫孔或补孔检查。

（6）掘透老空区时，两侧应有掩护孔，并在有风流进出的钻孔掘透老空区点标高以上掘进，以防由于淤泥、碎石收缩堵孔，造成积水已被"放净"的假象和防止放水点标高以下残留积水突出的危险。

（7）进入老空区后，遇见实煤区或致密的矸石充填区，凡无法观测前方老空状况时，仍需探水前进，以防残留积水的危害。

4. 其他安全措施

（1）在突然大量涌水的情况下探放水时，应事先在探水工作面附近设临时水闸门。

（2）预先规定好报警联络信号、涌（充）水时的对策及人员避灾路线等。

（3）放水工作应尽量避免在雨季进行。

(4) 探放水人员必须按照批准的设计施工，未经审批单位允许，不得擅自改变设计。

五、疏放排水

疏放排水是煤矿防治水工作的一种基本手段，可以说排水工作对于所有的矿井都是必要的，无一例外。但是，疏放排水与一般的矿井排水又有不同之处：前者是指借助于专门的工程（如疏水巷退放水钻孔、水位降低钻孔、吸水钻孔等）有计划、有步骤地使影响采掘安全的煤层上覆或下伏强水层中的地下水降低水位（水压）或使其局部疏干；后者则是指通过排水设备将流入矿井水仓（排水硐室）中的水直接排至地表。因此，疏放排水在有计划、有步骤地均衡矿井涌水量，改善作业条件，保证采掘工作安全和降低排水费用等方面可以起到一般的矿井排水所不能起的作用。

疏放排水工作根据具体的水文地质条件，有时于地表进行（地面疏干），有时于井下巷道中进行（井下疏干），有时在建井生产前进行（预疏干），也有时在建井生产过程中进行。

在地下开采的煤矿中，疏放排水工作主要是在井下巷道中进行。因此，这里着重介绍在井下巷道疏放含水层中地下水的基本方法。

（一）顶板水的疏放

疏放顶板水的方法有以下几种。

1. 利用"采准"巷道疏放

煤层直接顶板为含水层时，通常是将来区巷道或采面准备巷道提前开拓出来，利用"采准"巷道预先疏放顶板含水层中的水。此外，有时还利用石门进行疏放。

利用采准巷道预先疏放顶板含水层中地下水是一种经济有效的办法，既不需要专门的设备和额外的巷道工程，又能保证疏放水效果，在有利的地形条件下（如开采位于侵蚀基准面以上的煤层时）还可以自流排水。利用采准巷道疏放顶板含水层时应注意：

(1) 采准巷道提前掘进的时间应根据疏放水量和疏放速度决定，超前时间过长会影响采掘计划的平衡，造成巷道长期闲置，有时还会增加维修工作量；超前时间太短又会影响疏放效果。

(2) 疏放强含水层地下水时，应视水量大小考虑是否要扩大排水沟、水仓以及增加排水设备。至于专门的疏放水巷道在煤矿矿井中并不多见，只是在水量很大的情况下偶尔采用。

2. 放水钻孔

当含水层距离煤层较远，采准巷道起不到疏放水效果时，常在巷道中每隔一定距离向含水层打放水钻孔的办法进行地下水预先疏放。

放水钻孔的布置应考虑：

(1) 钻孔应布置在裂隙发育和标高较低的地段。

(2) 钻孔的间距按疏干降落曲线的要求布置，或与老顶周期来压的距离同步。

(3) 钻孔深度达到打通采空后形成的导水裂隙带即可，若穿透导水裂隙带以外的含水层，将会导致额外的水源涌入工作面。

(4) 钻孔的方位垂直或接近于垂直顶板含水层时工程量最省，但斜孔揭露含水层范围大，疏放水效果好。

(5) 钻孔数量和孔径视水量大小而定，孔径一般不宜过大。

3. 直通式放水钻孔

煤层顶板以上有几层含水层，岩层比较平缓，含水层距地表较浅，并且巷道顶板为相对隔水层时，可使用直通式放水钻孔。它是由地表施工，向下打穿含水层，并与井下疏干巷道的放水硐室相通的垂直放水钻孔。当放水钻孔通过松散含水层或者涌砂涌泥的含水层时，应在相应部位安装过滤器。

（二）底板水的疏放

我国的许多煤矿，煤层底板下蕴藏有丰富的地下水，这种地下水常常具有很高的承压水头，压力有时高达 $10kg/cm^2$。在采掘活动中，处于岩层的原始平衡状态遭到破坏，巷道或回采工作面底板在水压和矿山压力的共同作用下，底板隔水岩层开始变形，产生底鼓，继而出现裂缝。当裂缝向下发展延深达到含水层时，高压的地下水便会突破底板涌入矿井，造成突水事故。

具体底板水疏放方法有：

1. 利用巷道疏放

将巷道布置于强含水层中，利用巷道直接疏放。但是，这种方法只有在矿井具有足够的排水能力时才能使用。否则，在强含水层中掘进巷道将是不可能的。

2. 疏放水降压钻孔

根据底板突水的原因分析，不难设想预防底板突水可以从两个方面进行。一是增加隔水层的"抗破坏能力"，如用注浆增加隔水层抗张强度及留设防水煤柱或保护煤皮以加大隔水层厚度；另一是降低或消除"破坏力"的影响，如疏放水降压等。

根据安全水头的概念，疏放水降压并不需要将底板水的水头无限制地降低，乃至完全疏干，只要将底板水的静水压力降至安全水头以下，即可达到防治底板水的目的。

疏放降压钻孔和顶板放水孔一样，是在计划疏降的地段，于采区巷道或专门布置的疏干巷道中，每隔一定距离向底板含水层打钻孔放水，使之形成降落漏斗，逐步将静止水位降至安全水头以下。

（三）其他疏放水方法

1. 地面疏降水

这是指在需要疏降水的地段，于地面进行大口径钻孔，安装深井泵或深井潜水泵排水，使下水位降低的一种疏放水方法。

地面疏降水的适用条件：①渗透性能良好，含水丰富的含水层，其渗透系数一般不小于 $66m/d$。②疏放水降压深度不应超过水泵的扬程。地面疏放的优点是施工简单，施工期限较短，劳动和安全条件好，疏放工程布置的灵活性强。缺点是受含水层渗透条件的限制，深井泵的管理和维修比较复杂。所以，这种方法目前使用尚不普遍，尤其是在地下开采的煤矿中更为少见。

根据疏放地段的地质、水文地质条件和几何轮廓，疏放降压孔的布置主要有两种形式：

（1）直线孔排：地下水由一侧补给时，进行矿层顶板含水层的疏放。

（2）环形孔群：地下水为圆形补给时，采用过这种方式，但成本较高。

2. 调节水位（压）

对于充水来源以岩溶水为主的矿井，在地面或井下进行强烈疏降水时，随着水位大幅度下降，降落漏斗不断扩大，常常引起排水影响范围内灰岩露头带的岩溶充填物被冲刷，逐步导致地表沉降、开裂、塌陷,出现河水断流、泉水干涸、农田塌陷、房屋倒塌等现象,给工农业生产和人民生活造成很大的影响。

为了解决这一矛盾,可以采用注浆堵水调节水位(压)的办法,即:

(1) 注浆堵塞井下突水点,以减小地下水进入矿井的水流断面,使地下水封闭、调节在含水层中。这样,由于水位降低值减小,矿井涌水量也随之减小。

(2) 对于井下起决定性作用的突水点,注浆并埋设孔口管,在孔口管上安装闸阀和压力表,借以控制水量。这样,当需要减少矿井涌水量时(如雨季矿井安全受威胁,枯季为了减少排水费用或排水系统发生故障等情况),可以关闭闸阀,控制涌水量;当升压至一定程度,可能导致底板水突破底板时,则打开闸阀放水,以降低作用在底板上的压力。

3. 吸水钻孔疏放水

吸水钻孔是指将煤层上部含水层中的水放入煤层下部含水层中的钻孔。

利用吸水钻孔疏放水的特定条件是:

(1) 煤层下部含水层的水位低于煤层底板或干燥无水,具有一定的吸水能力。

(2) 煤层下部含水层的吸水能力大于煤层上部含水层的泄水量。

吸水钻孔疏放水不仅经济简便,不需要任何排水设备,且不会增大矿井排水量。但这种方法要求的条件极其苛刻,我国的煤矿中只有山西高原和陕西的一些矿区,奥陶系灰岩含水层水位低于煤层底板,具备这种条件。

六、矿井注浆堵水技术

当涌水量很大,仅仅依靠排水已不可能或不经济时,注浆堵截水源通道,然后再进行排水。注浆堵水就是将水泥浆或化学浆通过管道压入井下岩层空隙、裂隙或巷道中,使其扩散、凝固和硬化,从而使岩层具有较高的强度、密实性和不透水性,达到封堵截断补给水源和加固地层的作用,是矿井防治水害的重要手段之一。目前,注浆堵水已广泛用于矿井井筒注浆,在封堵突水点,恢复被淹矿井,井巷堵水过含水层或导水断层,帷幕注浆堵水截流,减少矿井涌水量,底板注浆加固防止突水等方面,已取得良好的效果。

(一) 注浆堵水的适用条件

(1) 当老窑或被淹井巷的积水与强大水源有密切联系时,可先注浆堵截水源,然后排干积水。

(2) 当井巷工程必须穿过一个或几个强含水层或充水断层,如不堵截水源,将给矿井生产和建设带来很大困难和危害,甚至无法施工。我国许多矿井穿过强含水层时,都是采用这一方法。

(3) 当井筒或工作面发生严重淋水,为了加固井壁、改善劳动条件、减少排水费用,可以采取注浆措施。

(4) 某些涌水量特大的矿井,为了减少矿井涌水量,降低常年排水费用,亦可采用注浆堵截水源的方法。

(二) 注浆工作程序

1. 注浆材料

注浆材料的选择应根据堵水的目的、地质条件、施工条件、注浆工艺和投资多少等因素决定。在一般情况下,凡是水泥浆能解决问题的尽量不采用化学浆,化学浆主要用于弥补水泥浆的不足,解决一些水泥浆难以解决的问题。当地下水流速为 25m/h 时,采用单液水泥浆;当地下水流速大于 25m/h 时,采用水泥-水玻璃双液浆;用于底板岩溶、断层破碎带和动水注浆堵水及处理井下突水事故时,目前多采用先灌注惰性材料(如砂、炉渣、砾石、锯末等)充填过水通道,缩小过水断面,增加浆液流动阻力,减少跑浆,然后灌注快凝水泥—水玻璃浆液,再用强度较高的化学浆进一步封堵。

2. 具体注浆工作步骤

(1) 注浆段高和注浆方式。注浆段高是指一次注浆的长度,可分为全段一次注浆和分段注浆两种。前者是将注浆孔钻至终孔后一次注浆,适用于含水层距地表近且厚度不大、裂隙发育较均匀的岩层。其优点是一次钻进、一次完成注浆,缩短施工时间;缺点是段高大时不易保证质量。当岩层吸浆量大时,要求注浆设备能力大,易出现不均匀扩散,影响注浆堵水效果。当注浆深度较大,穿过裂隙大小不同的多个含水层时,在一定注浆压力下,为防止浆液在大裂隙扩散远、小裂隙扩散近,上部岩层的裂隙进浆多、下部岩层裂隙进浆少,应采用分段注浆。段高可按岩层破碎程度划分。我国的经验数据是:极破碎岩层一般为 5~10m,破碎岩层为 10~15m,裂隙岩层为 15~30m,重复注浆可取 30~50m。

注浆方式是指注浆顺序,分下行式和上行式两种。自上而下依次注浆称下行式注浆,即从地表钻进含水层,钻一段孔,注一段浆,反复交替,直至全深。其优点是:上段注浆后,下段高压注浆时不跑浆,同时上段获得复注,注浆堵水效果好。缺点是:钻孔与注浆交替进行,工期长。该方式适用于岩层破碎或裂隙发育的地层。自下而上的注浆称上行式注浆,即注浆孔一次钻进到注浆终深,使用止浆塞,自下而上逐段注浆。上行注浆的优点是无重复钻进,能加快注浆速度。该方法适用于岩层较稳定、垂直节理不发育的地层。

(2) 注浆前压水。其目的在于将裂隙中松软的泥质充填物推送到注浆范围以外,从而提高注浆质量和堵水效果。对于大裂隙,压水时间为 10~20min,中小裂隙则需 15~30min 或更长一些时间。重复注浆钻孔压水时间适当延长 30~60min。压水时压力应由小增大,最大不得超过注浆终压。

(3) 下放止浆塞及注浆。止浆塞放至规定位置后,接好输浆管,压缩胶塞止浆,并经压水试验检查确认符合要求,即可进行注浆。注浆过程中应特别注意堵浆、跑浆及冒浆,对待不同情况采取相应措施,以保证注浆工作正常进行。

3. 注浆参数

(1) 浆液扩散半径。裂隙中浆液的扩散半径随岩石的渗透系数、注浆压力、注入时间的增加而增大,随浆液的浓度和粘度的增加而减小。据现场经验,岩溶地层注浆,浆液平均扩散半径为 10~15m,裂隙地层平均为 4~8m。

(2) 注浆压力。注浆压力对浆液的扩散影响很大,经验表明,随着注浆压力的提高,充塞物质的强度急剧增加,这就保证了充塞物具有足够强度和不透水性。在地下水流速大的情况下,应设法增加浆液的流动阻力,需降低注浆压力,故合理运用注浆压力是注浆的关键。不同地区因地质条件不同,注浆压力也不一样。有的地区选用注浆压力为静水压力的 2~2.5 倍,有的则根据岩石裂隙采用合适的压力值。

(3) 浆液注入量。根据扩散半径和岩石裂隙率进行粗略计算,公式为:

$$Q = r^2 A H n \beta \qquad (6-8)$$

式中 Q——浆液注入量(m^3);

r——浆液扩散半径(m);
n——裂隙率(%);
H——注浆段高(m);
β——浆液在裂隙内有效充填系数,0.9~0.95;
A——浆液消耗系数,一般取1.2~1.3。

(4) 注浆结束标准。一般是用两个指标表示:一是最终吸浆量,即注浆注至最后的允许吸浆量;另一个是达到设计压力时(即终压时)的持续时间。从理论上讲,最终吸浆量是越小越好,最理想的情况是注至完全不吸浆,但难以做到。故结束标准是注浆压力达到设计终压,一般为受注含水层水压的1.6~2.5倍,吸浆量小于80L/min,时间不少于30min即可。

(三) 注浆过程中的若干问题

(1) 注浆层或断裂隙细小,钻孔单位吸水量小到中等的钻孔,一般耗浆量不大时,可采用连续注浆法,即自始至终连续不断地注浆,直到达到注浆设计结束标准。

(2) 岩溶通道大、钻孔单位耗浆量大时,可采用间歇注浆法,即每次注入一定浆后,间歇停止一段时间。间歇时间长短,主要依浆液达到初凝所需时间而定。间歇的次数以孔口压力上升快慢而定。当注浆孔口压力上升较快时,可改为连续注浆。每次停住后需冲入一定量清水,以保持通道进口不致被堵塞。

(3) 若发现邻孔有窜浆现象,应串连两孔同时注浆;若设备不足,依钻孔水位高低,可采取在下游注浆孔压入清水保持通道通畅,在上游注浆孔注浆的办法处理。

(4) 注浆时,若通道中地下水流量小、流速大时,只要浆液性能(水灰比)适宜,吸浆量大于通道中地下水流量1.5倍,注浆也可以成功;若通道流量大、流速小时,可用不易被水稀释的浆液,使用间歇注浆法注浆;若通道中地下水流量和流速皆大,则可在注浆前设置比重较大固料,先将通道充填,然后注入速凝浆液。

本 章 习 题

1. 叙述含水层与隔水层的基本概念。
2. 简述矿井水灾特点。
3. 矿井水害类型有哪些?
4. 矿井充水水源主要包括哪些?
5. 简述矿井充水主要天然通道和人为通道。
6. 何谓矿井突水?矿井突水前有哪些预兆?
7. 用哪些方法来识别突水水源?
8. 简述矿井防水系统的组成。
9. 叙述矿井留设煤(岩)柱的种类。
10. 地面防治水措施有哪些?
11. 如何探放小窑老空水?
12. 井底板水如何疏放?
13. 简述注浆堵水的适用条件。

第7章 矿山尾矿库安全技术

矿山尾矿库具有较大的危险性，往往是重大危险源。尾矿库溃坝将造成重大的人员伤亡和财产损失。本章介绍尾矿库的基本概念、尾矿库和尾矿坝的类型和特征、尾矿库的安全运行、尾矿坝的维护、尾矿库安全管理，重点是尾矿库的安全运行。

第一节 矿山尾矿库概述

一、国内外尾矿库工程概况

尾矿是以浆体形态产生和处置的破碎、磨细的岩石颗粒，通常视为矿物加工的最终产物，即选矿或有用矿物提取之后剩余的排弃物。尾矿库是指筑坝拦截谷口或围地构成的，用以堆存金属和非金属矿山进行矿石选别后排出的尾矿或其他工业废渣的场所，是维持矿山正常生产的必要设施。

矿物原料的大规模采取，必然带来对环境的巨大扰动。全世界每年产出金属和非金属矿石、煤、石材、粘土、砂砾约 90 亿 t，而相应排弃废石和尾矿 300 亿 t。截至 2008 年，世界上各类使用的尾矿库约有 20 多万座。据 2009 年统计，我国共有尾矿库 12718 座，其中在建尾矿库为 1526 座，占总数的 12%，已经闭库的尾矿库 1024 座，占总数的 8%，截至 2007 年，全国尾矿堆积总量为 80.46 亿 t，并且每年以约 10 亿 t 的速度增长。尾矿的大量堆存带来资源、环境、安全和土地等诸多问题，尾矿库工程已成为各国政府、矿山企业和学术界所关注的重大问题。

尾矿库工程是个大系统，包括了选厂内尾矿处理、尾矿浆浓密和输送、尾矿坝构筑、尾矿排放、防渗与排渗、防洪与排洪、水循环、废水处理与污染控制、库区土地恢复与植被、尾矿库监测与管理等子系统，容集了尾矿库系统内部（尾矿与尾矿废水）、尾矿库系统与环境之间（渗漏水—基础土壤—地下水或地表水体）复杂的物理、化学、生物地球化学反应和溶质迁移过程，涉及了尾矿库设计、基建和运营、闭库和土地恢复以及后期污染治理等工程问题，反映出岩土工程问题与环境工程问题的相互交织、渗透、一体化和时空广大的工程特点。孤立地解决坝体结构和安全问题，或者孤立地评价尾矿库区生态环境破坏问题，都不可能从总体上认识尾矿库工程的内在关联和实现尾矿库工程的最优化。实际上，闭库后若干年的生态环境控制应从矿石入选工艺的改进开始。基于系统工程的思想，把尾矿库的岩土工程结构、安全问题、环境影响、尾矿管理融汇一起，比较系统、完整地根据这些特点及相关控制因素的相互作用，搞好尾矿库工程，是非常有意义的。

由于人类环保意识的增强和安全、健康要求的提高，尾矿库工程管理的主要目标是以最小的代价，采用最实用技术，达到尾矿的物理稳定、化学稳定和生物地球化学稳定，使尾矿在长期堆置过程中基本上不受风化作用的影响，使排放废水达到水质标准。而要实现这一目标，我国在尾矿库的基础理论研究、设计与管理、新技术开发及应用等方面还需要做大量的工作。

我国和南非是当今世界上两个近乎单一采用上游坝的国家，成功地构筑了许多大型高坝，积累了丰富的设计经验。我国政府部门对尾矿库工程非常重视，相继颁发了《上游法尾矿库工程地质勘察规程》（YBT 11—1986）、《选矿厂尾矿设施设计规范》（ZBJ1—1990）、《选矿尾矿设施施工与验收规程》（YS 5418—1995）、《尾矿库安全技术规程》（AQ2006—2005）、《尾矿库安全监督管理规定》（国家安全生产监督管理总局颁布，自2006年6月1日施行）。然而，由于种种原因，尾矿库工程灾害频频发生，造成了巨大的人员伤亡和财产损失。为了保证尾矿库工程技术的不断进步，必须严格执行有关规定，开展尾矿库工程的系统研究，不断接纳当代最新科技成果，提高尾矿库工程质量，确保尾矿库工程的安全。

二、尾矿的分类

不仅各种矿石的尾矿有很大变化，就是同一种矿石也因矿体赋存性质和选矿方法不同而有很大差异，很难系统归纳。根据尾矿的基本物理特性可将其分为四类。

（一）软岩尾矿

主要由页岩型矿石产生的，包括细煤废渣、天然碱不溶物等。这些尾矿尽管包含一定数量的砂质颗粒，但尾矿泥的粘土性质显著地从总体上影响尾矿的物理性质和状态。

（二）硬岩尾矿

主要包括铅、锌、铜、金、银、钼、镍、钴、锡、钨、铬、钛等类型矿石。尾矿以砂质颗粒为主，虽然尾矿泥占很大比例，但因源于破碎的母岩而非粘土，故在总体上不能对尾矿性态产生控制性的影响。

（三）细尾矿

细尾矿含很少或不含砂质颗粒，包括磷酸盐粘土、铝土矿红泥、铁细尾矿、沥青砂尾矿中的矿泥。这些矿泥的特性对这些尾矿的性态起着支配作用，它们需要非常长的时间沉淀和固结，极为软弱，可能需要很大的库容。

（四）粗尾矿

从总体上讲，这些尾矿的特性受相应粗砂颗粒所决定，就石膏尾矿而论，则受无塑性粉砂所决定。这种类型尾矿包括沥青砂的粗粒尾矿，铀矿、石膏、粗铁尾矿，以及磷酸盐砂尾矿。

因为同一类别尾矿具有大体相近的物理特性，因此，也可能具有大体相近的排放问题。这样，在对所要处理的一种尾矿缺少实际资料的情况下，尾矿的类别也可能提供有益的参考。此外，对于特定的选厂，磨矿工艺的变化可能产生大量的细粒尾矿，从而改变尾矿的类属，并引起新的排放问题。然而，必须承认，上述分类只反映各种尾矿类型的总体物理特性和工程行为，而在某些场合，化学特性和环境因素可能远比物理特性重要。

三、尾矿废水的分类

从综合工程意义上讲，尾矿库设计不是由固体物性质决定的，而是由废水性质决定的，因此，不能单独地考虑尾矿的物理性质，还需全面了解尾矿废水的化学性质，这样才能系统地阐明尾矿库工程的风险水平。

浮选和溶浸都可能使矿石化学变性。在浮选过程中添加各种有机化学药品，如脂肪酸、油和聚合物，因为它们一般浓度较低，毒性较低，污染不大。然而，浮选中 pH 值调节可能对选矿废水和无机成分产生重大影响，如果实行酸性或碱性溶浸，则加重这种影响。pH 值往往是选矿废水成分的有效指示器，根据 pH 值可将尾矿废水分为三类：

（1）中性的。简单的洗选和重选作业可造成这种条件，其 pH 值没有显著变化，废水中的化学成分主要限于母岩中以中性 pH 值可溶解的那些，而可能使硫酸盐、氯化物、钠和钙的浓度略有提高。

（2）碱性的。废水 pH 值提高也可能导致硫酸盐、氯化物、钠和钙的浓度提高。虽然存在某些金属污染物，但常常不出现很高浓度的阳离子重金属的广泛活动。

（3）酸性的。降低 pH 值提高了许多金属污染物的平衡水平，酸性溶浸的废水可能显示出像铁、锰、镉、硒、铜、铅、锌和汞这样阳离子成分的高含量。酸性废水也显示出像硫酸盐和（或）氯化物这些阴离子浓度的提高。

此外，还有专门性废水类型。酸性和碱性溶浸铀可能解离出放射性镭（Ra-226）和钍（Th-230）。如果废水要从尾矿库中排出，则必须强行采用石灰中和和（或）氯化钡共沉淀的方法使镭（Ra-226）浓度降低到较低水平。

如果溶浸金—银或浮选铅和钨，氰化物则是有毒成分。氰化物较不稳定，在有氧存在的情况下，很快蜕变成低毒性氰化物形式。氰化物自然蜕变的机理有酸化作用、空气中 CO_2 吸收和挥发作用、光分解、氧化作用和生物分解作用，这些过程最终使尾矿库废水中氰化物浓度降低，但可能需要相当长的时间，这取决于氰化物的浓度水平。

还有一种含砷毒性废水。在砷与矿石共生的场合，选矿过程使砷解离在废水中。对于含金的砷黄铁矿，一定要先通过焙烧除砷，以便有效地浸出，然后排放到适当地点，最好不排进尾矿库。

四、尾矿设施

尾矿设施通常由以下四部分组成：

（1）尾矿水力输送系统。尾矿水力输送系统包括尾矿浓缩池、尾矿输送管槽、砂泵站和尾矿分散管槽等，用以将选矿厂排出的尾矿浆送往尾矿库堆存。

（2）尾矿回水系统。尾矿回水系统包括回水泵站、回水管道和回水池等，用以回收尾矿库或浓缩池的澄清水，送回选矿厂供选矿生产重复利用。

（3）尾矿堆存系统。尾矿堆存系统一般常简称为尾矿库，包括库区、尾矿坝、排洪构筑物和坝的观测设备等，用以储存选矿厂排出的尾矿。

（4）尾矿水处理系统。尾矿水处理系统包括水处理站和截渗、回收设施等，用以处理不符合重复利用或排放标准要求的尾矿水，使之达到标准。

实际上，在尾矿处理工艺过程的选择、设计和优化过程中，必须充分考虑到尾矿库工程的经济、能源和环境等因素，重点解决矿石特性、选矿前景、可能的浸出剂、预计溶浸中的杂质、要回收的金属种类、可能的提纯工艺、可能的副产品、环境约束、能源需求量、侵蚀和总费用等问题。

五、尾矿排放方式

尾矿排放方式主要包括地表排放、地下排放和深水排放三种方式。另外，目前部分矿区积极利用尾矿，变害为利，将尾矿作为散状填料或原材料，实际上也是一种最积极的尾矿处理方式。

影响尾矿排放规划的不仅是尾矿的自然性质和场地的工程性质，还有适宜排放方法的选择。地表排放是目前最普遍使用的排放方法，仍在尾矿管理中占有重要地位。然而，由于经济条件、技术条件和管理条件的发展，必将产生更实用的、更有创新性的排放方法。

（一）地表排放

按一般概念，尾矿的地表排放是采用某种类型堤坝形成拦挡、容纳尾矿和选矿废水的尾矿库，使尾矿从悬浮状态沉淀下来形成稳定的沉积层，使废水澄清再返回选厂使用。根据尾矿排放浓度及与之相应坝型的差异，地表排放方式可有挡水坝、上升坝、环形坝和干处置。

1. 挡水坝

尾矿排放用的挡水坝是在开始向尾矿库排放之前一次性地按全高构筑的坝。筑坝材料通常取用各种天然土。挡水坝包括不透水心墙、排水带、渗滤层和上游堆石。可依据普通土坝技术进行渗滤层、内部渗流控制和坡度设计，但因尾矿坝上游边坡不经受陡然的水位下降，故可采用陡于普通蓄水坝上游坡度。

挡水坝适宜于蓄水要求高的尾矿库。例如暴雨径流流入量大的尾矿库，或者因选矿工艺的制约限制尾矿废水再循环的场合，或者尾矿沉淀需要大的储水容积和蒸发面积的场合，或者为控制尾矿废水污染当地水系的场合。

挡水坝因建库地势不同可分山谷坝和环形坝。山谷坝是在山谷排泄区起始段、跨过山谷筑坝，通常坝内设不透水心墙，库底铺不透水垫层。环形坝结构与山谷坝类似，外周坝设不透水心墙，库底铺不透水垫层。环形坝建在平坦地段，因此在地形上不像山谷坝那样严格约束，比较灵活，适于靠近采场和选厂选址，以便于利用废石筑坝和降低尾矿运送成本。但因坝长，需要大量筑坝材料，同时也增大了风蚀的可能性和坝体破坏的风险。

从工程角度看，挡水坝适用于任意类型和级配的尾矿，适用于任意排放方法，抗震性能较好，坝体一次筑就，无升高速度的限制，防渗性能要求较高，因此，筑坝成本较高。

2. 上升坝

地表尾矿库使用最普遍的是上升坝，它与挡水坝不同，是在尾矿库整个服务期间分期构筑的坝。首先构筑初期坝，初期坝坝高设计一般考虑尾矿库使用头2~3年的尾矿产量以及适当的洪水流入量。而后按照预定的尾矿上升高程、库中允许洪水蓄积量齐步并升。上升坝采用来源广的建筑材料，包括天然土、露天和地下开采的废石、水力沉积或旋流尾矿砂。

上升坝的优点很明显：①由于在尾矿库整个服务期间分配建设费用，初期工程费用低，只是初期坝构筑所必要的成本。在较长时间内间隔支出将使贴现的总成本降低并取得较大的现金流量收益。②由于不必在筑坝初期一次性备齐筑坝材料，在筑坝材料的选择上可有很大的灵活性。如果在采选期间，坝体上升与其生产率同步，则采矿废石或尾矿砂可以提供理想的筑坝材料。在不能取得适合的天然土的某些场合，则可能必须利用矿山废石筑坝，更何况，即便有适合的天然土可用，废石也要处置，在运输距离不过长的情况下，除了发生一定数额的压密费用外，材料是"免费"提供的。

上升坝，依据坝体上升过程中坝顶线相对于初期坝位置的移动方向。可分为上游坝、下游坝和中心线坝三类。我国和南非主要采用上游坝。

3. 环形坝

尾矿坝设计不同于普通水坝，核心在于它们储存介质和功能的不同。仅尾矿坝而言，又侧重于在尾矿浆体浓度、状态和排放方式上区别尾矿库功能和确定坝型。包括：高浓度中央排放和半干性喷洒排放。

4. 干处置

尾矿以固体形式干处理就是在尾矿沉淀之前，通过带式过滤机把水从中排出，形成干尾矿，从而减少尾矿废水的渗漏。

带式过滤在法国和南非已广泛应用，后成为欧洲某些铀矿选矿流程的组成部分。带式过滤工作原理简单，随着尾矿在合成橡胶支托的过滤编织带上移动，采用真空装置从尾矿中汲取液体，使尾矿含水量从约50%降低到20%~30%，处理成"干饼"状堆放。

对尾矿带式过滤的经济效果、可行性存在很大争议。磨矿工艺和石膏含量等因素都影响过滤效果，高粘土含量的矿石根本不能采用这种方法。带式过滤的基建费和作业费都很高，只有作为选矿作业的一部分，而不是附加的脱水流程才是合理的。

由于尾矿基本上呈固体形式处置，所以土地恢复可与尾矿处置同时进行，有很大优点。但固体尾矿20%~30%含水量可近乎使原位孔隙率下尾矿饱和，与普通浆体排放的尾矿库相比，渗漏量的减少在很大程度上决定于基础材料的渗透性，在没有垫层或低渗透的基础材料情况下，饱和尾矿的渗漏仍会很大。

（二）地下排放

虽然地表尾矿库是最广泛应用的尾矿排放方法，但长期以来，地下采矿已采用尾矿砂充填空区以支护岩层，客观上也起到第二作用，即减少尾矿的地表处理量。近些年来，由于地表排放的成本和环境管理规程压力的增大，日趋把地下排放视做正规的排放方案。特别是所排放尾矿属惰性、无潜在危险的场合，地下排放更有突出优点。因此而产生单纯以处置尾矿为目的的地下排放，包括地下矿山充填、露天矿坑排放和专门掘坑排放。

（三）深水排放

世界上大部分矿尾矿沉积在陆地上，尾矿库废弃后再进行土地恢复，但人们总是关注尾矿库污染物向环境、地下水和水源地渗流的长期效果。另一种方法是把尾矿泵入深湖或近海，但因环境生态问题的争议而一直未普及应用。深湖和近海排放的主要特点是：尾矿上面的水位形成一个理想的输氧障，从而抑制硫化物的生成酸反应；减少了细菌出现，有助于防止氧化；节省了昂贵的尾矿库建设费用；如果这种排放在环境上允许，深湖或近海排放少占土地，具有美化环境的优点。

第二节　尾矿库和尾矿坝的类型和特征

一、尾矿库的布置型式

尾矿库的布置是尾矿库选址过程的组成部分。因为，任一特定尾矿库场地的适用性都必须在充分论证它对特定布置方案的适应性的情况下才能确认下来。从某种程度上讲，尾矿布置方案有无限多种，但它必须与各种地形背景相适应，而且与所用坝类型无关，适合于特定尾矿、废水性质及库区特定条件的任意坝类型和升高方法都可以采用。

（一）环型

在没有天然凹地的平坦地区，最适合采用环型尾矿库（见图7-1）。这种布置方案，相对于其库容量而言，其所用筑坝材料数量较大。由于尾矿库全封闭，所以消除了来自外部的地表径流量，汇水仅是尾矿库表面直接降雨量。环型尾矿库一般按规则几何图形布置，因此便于采用任意类型垫层。

这种尾矿库可以分块并依序构筑和排放，因为渗流量与发生渗流面积成正比，故可以显著地降低渗流量，可以同时进行土地恢复，延迟建设费用投入，缺点是需要大量筑坝材料，大约比单一尾矿库所需量多50%。

（二）跨谷型

跨谷型尾矿库是由尾矿坝跨过谷地两侧拦截成尾矿库，布置型式近乎同于普通蓄水坝，可分单一尾矿库和多级尾矿库，因适用性广泛而为世界所普遍接受（见图7-2）。跨谷型尾矿库尽可能靠近流域上游布置，以减少洪水流入量。在采用多级型尾矿库时，最上级尾矿库因容积而负担洪水压力大，需要精心控制地表水。通常采用山坡引水沟汇集正常条件下的径流量，但因谷地坡度较陡可以环库布设大型截洪沟，最好采用蓄积、溢洪或在库上游用控水坝分隔的方法处理水径流。

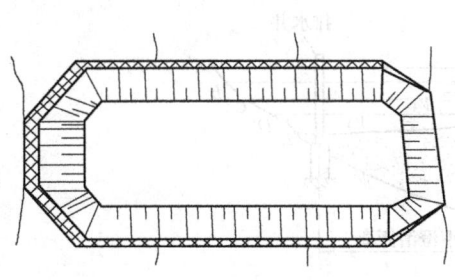
图7-1　环型尾矿库

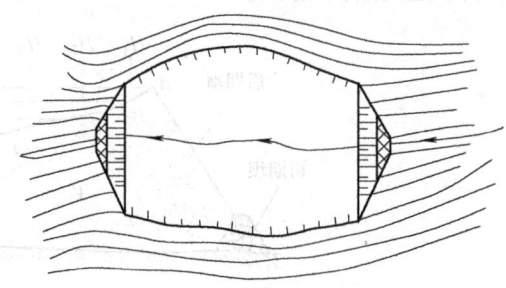
图7-2　跨谷型尾矿库

（三）山坡型

山坡型尾矿库布置，库区三面采用尾矿坝封隔，因此，所需筑坝材料量一般比跨谷型布置多（见图7-3）。在适于跨谷型布置但不切割排泄水系的场合，例如山前冲积平原上，或者在切割排泄水系会使汇水面积过大的场合，可以采用山坡型尾矿库。最适宜的山坡坡度小于10%，坡度较陡时，筑坝材料量相对于贮积尾矿量增加过大，并且，如果采用多级坝，上级坝体积占下级库容的比例很大。

(四) 谷底型

谷底型尾矿库兼顾跨谷型布置与山坡型布置的特点，非常适用于用跨谷型布置汇水面积太大，而用山坡型布置坡度太陡的场合（见图7-4）。因为是两面筑坝，所需筑坝材料量亦介于跨谷型和山坡型布置之间。谷底型尾矿库往往采用多级型式，随着谷底升高，一个压一个地"叠堆"尾矿库，最终达到较大的总库容。

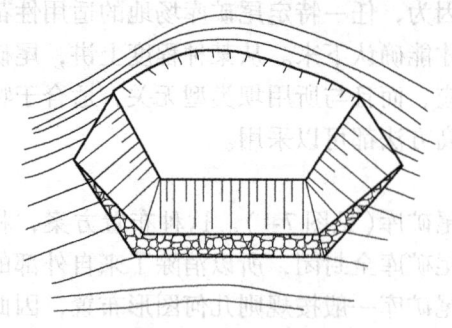
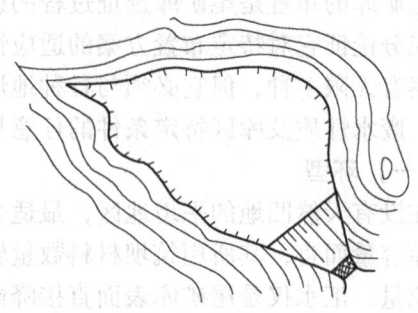

图7-3　山坡型尾矿库　　　　　　　　图7-4　谷底型尾矿库

因为谷底型尾矿库多位于较窄的山谷地，往往需要越过原河槽布置，因此，必须绕库设置引水渠道，以输导最高洪峰流量。如果没有足够的空间布置渠道，则需以很高的代价在山谷坡面岩石中开挖较大宽度的渠道。当然，开挖的石料可用做初期坝材料。此外，为防止在预计洪水条件下外坝面发生高速渗流，需要在坝体逐渐升高的过程中连续地抛石维护坝下游面，这样，谷底型布置可能不适用于中心线或下游升高方法。

二、尾矿库的库容及性能曲线

(一) 尾矿库的库容组成

尾矿库的库容有全库容、总库容和有效库容之分。用图7-5来解释其间的区别，该图为尾矿库典型断面示意图。

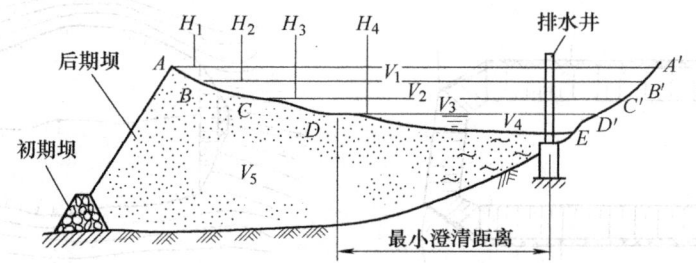

图7-5　尾矿库库容组成

图中：

H_1——某一坝顶标对应的水平面 AA'。

H_2——洪水水位，对应的水平面 BB'。

H_3——蓄水水位，对应的水平面 CC'。

H_4——正常生产的最低水位，亦可称为死水位，对应的水平面为 DD'。该水位由最小澄清距离确定。

DE——细微粒尾矿沉积滩面及矿泥悬浮层面。

V_1——空余库容,指水平面 AA' 与 BB' 之间的库容,它是为确保设计洪水位时坝体安全超高或安全滩长的空间容积,是不允许占用的,故又称安全库容。

V_2——调洪库容,指水平面 BB' 和 CC' 之间的库容,它是在暴雨期间用以调洪的库容,是设计确保最高洪水位不致超过 BB' 水平面所需的库容,因此,这部分库容在非雨季一般不许占用,雨季绝对不许占用。

V_3——蓄水库容,指水平面 CC' 和 DD' 之间的库容,供矿山生产水源紧张时使用。尾矿库不具备蓄水条件时, CC' 和 DD' 重合, V_3 为零。

V_4——澄清库容,指水平面 DD' 和滩面 DE 之间的库容。它是保证正常生产时水量平衡和溢流水水质得以澄清的最低水位所占用的库容,俗称死库容。

V_5——有效库容,是指滩面 $ABCDE$ 以下沉积尾矿以及悬浮状矿泥所占用的容积。它是尾矿库实际可容纳尾矿的库容。根据选矿厂在全部生产期限内产出的尾矿总量 $W(t)$ 和尾矿平均堆积干密度 $d(t/m^3)$, V_5 可按下式算得:

$$V_5 = \frac{W}{d}$$

尾矿库的全库容 V 是指某坝顶标高时的各种库容之和,可用下式表示:

$$V = V_1 + V_2 + V_3 + V_4 + V_5$$

尾矿库的总库容是指尾矿堆至最终设计坝顶标高时的全库容。

（二）尾矿库的性能曲线

尾矿库的库面面积、全库容、有效库容和汇水面积都将随坝体堆积高度的变化而变化。为了清楚地表示出不同堆坝高度时的具体数值,可绘制出尾矿库的性能曲线,如图 7-6 所示。

图中的曲线 $H—F_K$ 是高程-库区面积曲线;曲线 $H—V_q$ 是高程-全库容曲线;曲线 $H—F_y$ 是高程-有效库容曲线;曲线 $H—F_h$ 是高程-汇水面积曲线。

设计时,可根据全库容曲线确定各使用期的尾矿库等别;生产部门可根据有效库容曲线推算各年坝顶所达标高,以便制订各年尾矿坝筑坝生产计划;设计者可根据汇水面积曲线进行各使用期尾矿库排洪验算。

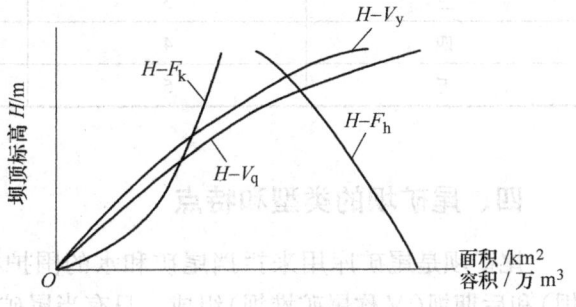

图 7-6　尾矿库性能曲线图

三、尾矿库等别及构筑物级别

（一）尾矿库等别

尾矿库各生产期的设计等别应根据该期的全库容和坝高分别按表 7-1 进行确定。当两者的等差为一等时,以高者为准;当两者等差大于一等时,按高者降低一等。如果尾矿库失事后会使下游重要城镇、工矿企业或重要铁路干线遭受严重灾害,其设计等别可提高一等。

尾矿库失事造成灾害的大小与库内尾矿量的多少以及尾矿坝的高矮成正比。尾矿坝在不同使用期失事,造成危害的严重程度是不同的。因此,同一个尾矿库在整个生产期间根据库容和坝高划分为不同的等别是合理的；再者，在尾矿库的全部使用过程中，初期调洪能力较小，后期调洪能力较大，同一个尾矿库初期按低等别设计，中期及后期等别逐渐提高，这样一次建成的排水构筑物就能兼顾各使用期的防洪要求，设计更加经济合理。因此，我国制定的设计规范允许按上述原则划分尾矿库等别。

表 7-1 尾矿库等别

尾矿库等别	全库容 V/万 m^3	坝高 H/m
一	二等库具备提高等别条件者	
二	$V \geqslant 10000$	$H \geqslant 100$
三	$1000 \leqslant V < 10000$	$60 \leqslant H < 100$
四	$100 \leqslant V < 1000$	$30 \leqslant H < 60$
五	$V < 100$	$H < 30$

（二）尾矿库构筑物的级别

尾矿库构筑物的级别根据尾矿库的等别及其重要性按表 7-2 确定。

表 7-2 尾矿库构筑物级别

尾矿库等级	构筑物的级别		
	主要构筑物	次要构筑物	临时构筑物
一	1	3	4
二	2	3	4
三	3	5	5
四	4	5	5
五	5	5	5

四、尾矿坝的类型和特点

尾矿坝是尾矿库用来拦挡尾矿和水的围护构筑物。一般尾矿坝是由初期坝（又称基础坝）和后期坝（又称尾矿堆坝）组成。只有当尾矿颗粒极细，无法用尾矿堆坝者，才采用类似建水坝（即无后期坝）的形式储存全部尾矿，习惯称为一次建坝。

（一）初期坝的类型及其特点

在矿山主体工程基建期间，同时在尾矿坝址上用土、石料修筑成的坝体称为尾矿库的初期坝，用以容纳选矿厂生产初期 0.5~1 年排出的尾矿量，并作为后期坝的支撑及排渗棱体。

初期坝的坝型可分为不透水坝和透水坝。

不透水初期坝——用透水性较小的材料筑成的初期坝。因其透水性远小于库内尾矿的透水性，不利于库内沉积尾矿的排水固结。当尾矿堆高后，浸润线往往从初期坝坝顶以上的子坝坝脚或坝坡逸出，造成坝面沼泽化，不利于坝体的稳定。这种坝型适用于不用尾矿筑坝或因环保要求不允许向库下游排放尾矿水的尾矿库。

透水初期坝——用透水性较好的材料筑成的初期坝。因其透水性大于库内尾矿的透水性，可加快库内沉积尾矿的排水固结，并可降低坝体浸润线，因而有利于提高坝体的稳定性。这种坝型是初期坝比较理想的坝型。透水初期坝主要有堆石坝或在各种不透水坝体上游坡面设置排渗通道的坝型。

初期坝具体有以下几种坝型。

1. 均质土坝

均质土坝是用粘土、粉质粘土或风化土料筑成的坝，如图 7-7 所示，它像水坝一样，属典型的不透水坝型。在坝的外坡脚设有毛石堆成的排水棱体，以加强排渗，降低坝体浸润线。该坝型对坝基工程地质条件要求不高，施工简单，造价较低。在早期或缺少石材地区应用较多。

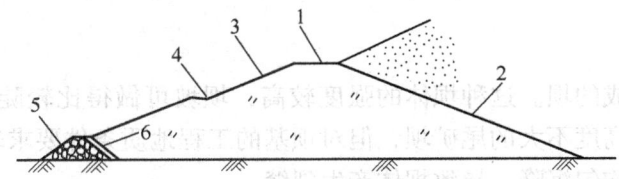

图 7-7　不透水均质土坝

1—坝顶　2—上游坡面（内坡）　3—下游坡面（外坡）
4—马道　5—排水棱体　6—反滤层

若在均质土坝内坡面和坝底面铺筑可靠的排渗层（图 7-8），使尾矿堆积坝内的渗水通过此排渗层排到坝外，便成了适用于尾矿堆坝要求的透水土坝。

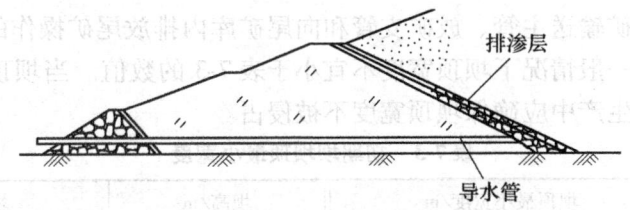

图 7-8　透水均质土坝

2. 透水堆石坝

用毛石堆筑成的坝，如图 7-9 所示。在坝的上游坡面用砂砾料或土工布铺设反滤层，其作用是有效降低后期坝的浸润线。由于它对后期坝的稳定有利，且施工方便，20 世纪 60 年代以后广泛采取该坝型。

该坝型对坝基工程地质条件要求也不高。当质量较好的石料数量不足时，也可采用砂石料来筑坝。即将质量较好的石料铺筑在坝体底部及上游坡一侧（浸水饱和部位），而将质量较差的砂石料铺筑在坝体的次要部位，如图 7-10 所示。

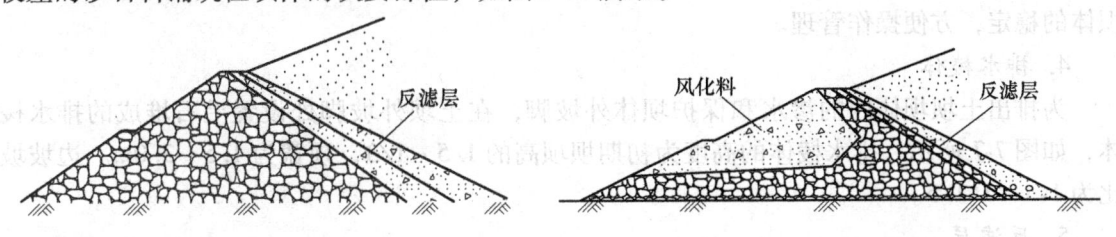

图 7-9　透水堆石坝　　　　　　图 7-10　透水混合坝

3. 废石坝

用采矿剥离的矿石筑坝,有两种情况:当废石质量符合强度和块度要求时,可按正常堆石坝要求筑坝;另一种是结合采场废石排放筑坝,废石不经挑选,用汽车或轻轨直接上坝卸料,下游坝为废石的自然安息角,为安全起见,坝顶宽度较大,如图 7-11 所示。在上游坡面应设置砂砾料或土工布做成的反滤层,以防止坝体土颗粒透过堆石而流失。

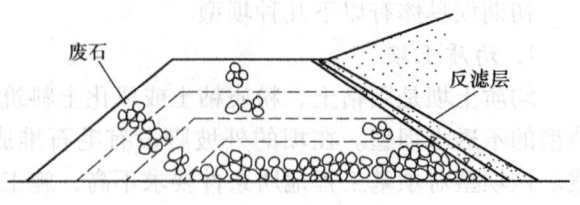

图 7-11　废石坝

4. 砌石坝

用块石或条石砌成的坝。这种坝体的强度较高,坝坡可做得比较陡,能节省筑坝材料,但造价较高。可用于高度不大的尾矿坝,但对坝基的工程地质条件要求较高,坝基最好是基岩,以免坝体产生不均匀沉降,导致坝体产生裂缝。

5. 混凝土坝

用混凝土浇筑成的坝。这种坝型的坝体整体性好,强度高,因而坝坡可做得很陡,筑坝工程量比其他坝型都小,但工程造价高,对坝基要求高,应用较少。

(二) 初期坝的构造

1. 坝顶宽度

为了满足敷设尾矿输送主管、放矿支管和向尾矿库内排放尾矿操作的要求,初期坝坝顶应具有一定的宽度。一般情况下坝顶宽度不宜小于表 7-3 的数值。当坝顶需要行车时,还应按行车的要求确定。生产中应确保坝顶宽度不被侵占。

表 7-3　初期坝坝顶最小宽度

坝高/m	坝顶最小宽度/m	坝高/m	坝顶最小宽度/m
<10	2.5	20~30	3.5
10~20	3.0	>30	4.0

2. 坝坡

坝的内、外坡坡比的确定,应通过坝坡稳定性计算来确定。土坝的下游坡面上应种植草皮护坡,堆石坝的下游坡面应该砌大块石护面。

3. 马道

当坝的高度较高时,坝体下游坡每隔 10~15m 高度设置一宽度为 1~2m 的马道,以利坝体的稳定,方便操作管理。

4. 排水棱体

为排出土坝坝体内的渗水和保护坝体外坡脚,在土坝外坡脚处设置毛石堆成的排水棱体,如图 7-7 所示。排水棱体的高度为初期坝坝高的 1/5~1/3,顶宽为 1.5~2.0m。边坡坡比为 1:1~1:1.5。

5. 反滤层

为防止渗透水将尾矿或土等细颗粒物料通过堆石体带出坝外,在土坝坝体与排水棱体接触面处以及堆石坝的上游坡面处或与非基岩的接触面处都须设置反滤层。

早期的反滤层采用砂、砾料或卵石等组成,由细到粗顺水流方向敷设。反滤层上再用毛石护面。因对各层物料的级配、层厚和施工要求很严格,反滤层的施工质量要求较高。现在普遍采用土工布(又称无纺土工织物)做反滤层。在土工布的上下用粒径符合要求的碎石做过滤层,并用毛石护面。土工布做反滤层施工简单,质量易保证,使用效果好,造价也不高。

(三) 后期坝的类型及其特点

选矿厂投产后,生产过程中尾矿不断排入尾矿库,在初期坝坝顶以上用尾砂逐层加高筑成的小坝体称为子坝。子坝用以形成新的库容,并在其上敷设放矿主管和放矿支管,以便继续向库内排放尾矿。子坝连同子坝坝前的尾矿沉积体统称为后期坝(也称尾矿堆积坝)。后期坝除下游坡面有明确的边界外,没有明确的内坡面分界线,上游坡面即为沉积滩面。根据其筑坝方式可分为下列几种基本类型:

1. 上游式尾矿筑坝

上游式筑坝的特点是,子坝中心线位置不断向初期坝上游方向移升,坝体由流动的矿浆自然沉积而成,如图 7-12 所示。受排矿方式的影响,往往含细粒夹层较多,渗透性较差,浸润线位置较高,故坝体稳定性较差。但它具有筑坝工艺简单、管理相对简单、运营费用较低等优点,且对库址地形没有太特别的要求,所以国内外均普遍采用。

2. 下游式尾矿筑坝

下游式尾矿筑坝是用水力旋流器将尾矿分级,溢流部分(细粒尾矿)排向初期坝上游方向沉积;底流部分(粗粒尾矿)排向初期坝下游方向沉积。其特点是子坝中心线位置不断向初期坝下游方向移升,如图 7-13 所示。由于坝体尾矿颗粒粗,抗剪强度高,渗透性能较好,浸润线位置较低,故坝体稳定性较好。但分级设施费用较高,且只实用于颗粒较粗的原尾矿,要有比较狭窄的坝址地点。国外使用较多,国内使用尚少见。

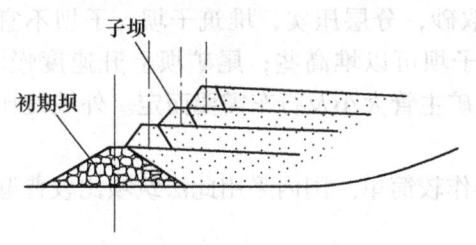

图 7-12 上游式尾矿坝　　　　　图 7-13 下游式尾矿坝

3. 中线式尾矿筑坝

中线式尾矿筑坝工艺与下游式尾矿筑坝类似,但坝顶中心线位置始终不变,如图 7-14 所示。其优缺点介于上游式与下游式尾矿坝之间。

4. 浓缩锥式尾矿筑坝

浓缩锥式尾矿筑坝,是将含量高达 55% 以上的尾矿用管道输送到堆存场地的某个点集中排放,沉积的尾矿自然行成锥形堆体,堆体表面坡度一般只有 5%~6%,占地面积较大,且需高效浓缩

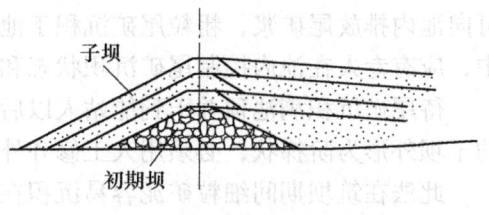

图 7-14 中线式尾矿坝

设施。

所有型式的后期坝下游坡的坡度均须通过稳定性分析确定。

第三节 尾矿库的安全运行

一、尾矿库的筑坝及安全要求

（一）尾矿库筑坝的基本要求

（1）尾矿库筑坝一般先堆筑子坝，再通过排放尾矿，靠尾矿自然堆积形成尾矿坝的主体，子坝最后成为尾矿坝的下游坡面的一层坝壳。所以说尾矿筑坝应包含子坝和尾矿排放两部分，而且后者更为重要。

（2）每期堆坝作业之前必须严格按照设计的坝面坡度、结合本期子坝高度放出子坝坝基的轮廓线。筑成的子坝要求轮廓清楚、坡面平整、坝顶标高一致。

（3）对岸坡进行清基处理。将草皮、树根、废石、废管件、管墩及有关危及坝体安全的杂物等应全部清除。若遇有泉眼、水井、洞穴等，应进行妥善处理，做好隐蔽工程记录，经主管技术人员检验合格后，方可充填筑坝。

（4）尾矿堆坝的稳定性取决于沉积尾砂的粒径大小和密实程度。因此，必须从坝前排放尾矿，使粗粒尾砂沉积于坝前。子坝力求夯实或碾压密实。

（5）浸润线的高低也是影响尾矿堆坝稳定性的重要因素。坝前沉积大片矿泥会抬高浸润线。因此，在放矿过程中，应尽量避免大量矿泥分布于坝前。

（二）尾矿子坝的堆筑

子坝的堆筑方法主要有冲击法、池填法、渠槽法和旋流器法等。

1. 冲击法筑坝

此法筑坝是采用机械或人工从库内沉积滩上取砂，分层压实，堆筑子坝。子坝不宜过高，一般以 $1 \sim 3m$ 为宜。尾矿坝上升速度快者，子坝可以堆高些；尾矿坝上升速度慢者，子坝可以堆矮些。子坝宽度一般为 $1.5 \sim 3m$，视放矿主管大小及行车需要而定。外坡坡比可用 1:2，内坡坡比可用 1:1.5。

该筑坝方法速度快，密实度高，成本较低，操作较简单。国内采用此法筑坝比较普遍。

2. 池填法筑坝

此法筑坝是沿坝长先用人工筑坝子堤，形成连续封闭的若干个巨型池子（又称围埝），池子宽度根据子坝高度确定，长度可取 $20 \sim 40m$，太长沉积的尾矿粗细不均。围埝高 $0.5 \sim 1m$，顶宽约 $0.5m$，坡比为 $1:1 \sim 1:1.5$。池子中部埋设溢流管，通向库内。溢流管可采用承插式的陶土管、混凝预制管或钢管。立管进浆口可低于埝口 $0.2m$ 左右。围埝筑成后，即可向池内排放尾矿浆，粗粒尾矿沉积于池内，细粒尾矿进入溢流管，流入库内。在放矿过程中，应有专人在池内控制尾矿沉积状态和调剂放矿流量，防止冲毁堤埝。

待尾矿沉积满池顶并干到能站人以后，可再在其上继续构筑围埝，加高子坝。放矿形成的子坝外形为阶梯状，必须用人工修齐外坡，并填实溢流口。

此法在筑坝期间细粒矿泥容易沉积在子坝前，对坝体稳定不利。如果子坝太高，坝前沉积矿泥较厚，还会抬高浸润线。所以，子坝高度以不大于 $2m$ 为宜。但此法毕竟操作简单、成本低，所以国内采用者较多。

3. 渠槽法筑坝

此法是沿坝长先用人工筑成两道平行的子堤，形成一条渠槽，从槽一端排放尾矿，尾矿在流动中沉积于渠内，细粒尾矿和水从槽的另一端流入库内，沉满以后，加高子堤继续排矿，逐层冲积，最终形成子坝。

该法成本低、操作简单。但槽内沉积的尾矿一端粗，一端细，不均匀。密实度也不如压实的效果好。

4. 水力旋流器法筑坝

此法是利用水力旋流器将矿浆进行分级，由沉砂嘴排出的高浓度粗粒尾矿用于筑坝；由溢流口排出的低浓度细粒尾矿浆用橡胶软管引入库内。由于堆积的尾矿不成坝型，需用人工或机械修整。生产管理的任务就是要调整给矿压力和排矿口的大小，使沉砂流量、排矿浓度和分级粒度符合设计要求。

中线式和下游式尾矿坝普遍采用此法。上游尾矿坝只有原尾矿颗粒较细者才采用水力旋流器进行分级筑坝。该法堆筑的子坝质量好，物理力学强度高，但筑坝工艺和管理比较复杂。

二、尾矿库水的控制

地表尾矿库设计中一个非常关键问题就是要使所需处理的水量与坝型相适应。为此，在规划的早期阶段，必须预计排入尾矿库的尾矿固料量、选矿废水、降水量和径流流入量，并考虑适当的水控制方法。

地表水控制措施的正确设计对坝体抗洪安全性是十分重要的。经验表明，有些尾矿坝可能经受住边坡破坏、渗流引起的破坏，甚至局部液化，但几乎没有能幸免于防洪措施不当所引起的漫坝破坏。库水漫过坝顶之后，尾矿坝遭受快速下切侵蚀，很短时间即可完全溃坝。

尾矿坝的水文分析方法和水力结构物设计方法基本上与普通蓄水结构物相同，尾矿坝的洪水设计准则和水处理方法略有别于普通水坝。

（一）正常流入量处理

在地表水处理中，首先要考虑正常流入尾矿库水的处理，即正常气候条件下正常选矿作业排入尾矿库的废水、大气降水和地表径流水。正常流入水量处理的关键是流入水量与流出水量之间的水平衡，在整个工作期间，库内水量保持相对稳定，实现平衡。

流入尾矿库的水源主要有选厂排放的水、沉积滩和沉淀池上直接降雨、尾矿库区汇水面积内的地表径流和矿山排水。不可能控制降雨量，但可以根据当地年平均降雨量作出粗略估计，如果地处山区，因高程和地势影响，实际降雨量可能变化很大。尾矿库的尾矿浆体水含量因不同作业而变化很大，按重量比，一般为50%~85%。如果已知选厂的尾矿的产出率和排放浓度，可以很容易地计算出排水量。通过提高浆体浓度（例如高浓度排放）可以在有限范围内控制尾矿废水量。通过尾矿库区选择可使地表径流量减小，但年平均径流量估计比较复杂，除受降雨因素影响外，还受土壤类型、植被和坡度的影响。特定尾矿库区的降雨和径流数据最好取自当地气象站和水文站。

为了设计有效的水控制系统，还需考察尾矿库的流出水。流出水包括选厂循环再利用水、蒸发、渗流、尾矿孔隙保有水和直接排水。这里，尾矿孔隙中保有的水可以看作是从尾矿排放过程中"消耗掉"的水，可以根据单位孔隙比的概念估计出其数量。

可以根据区域性年平均蒸发量等值线图估计蒸发量。通常假定蒸发作用只发生在沉淀池表面，因沉积滩上蒸发估计很难，往往忽略不计。显然，蒸发量的控制因素是沉淀池的规模。

返回选厂的再利用水量，各地区因选矿性质不同，差异较大，一般在尾矿库规划的初期阶段，很少有充分的资料进行复杂的渗流分析。依据水平衡估计，一般采用类比法，即根据相似规模的相当类型尾矿，相近渗透性的尾矿库经验估计渗漏量。影响渗流的因素有尾矿的物理和化学性质、尾矿库基础地质条件、尾矿坝和渗滤设施的特性。渗流水控制方法主要包括：坝体分带和排水；布设降压井、防渗墙和截流沟；不透水铺盖；改变沉淀池位置等。

直接排泄是尾矿库排出水的主要方式之一，控制方法包括溢水系统（溢水塔、输水平硐等）和导水工程，或通过溢洪道排出。尾矿库水管理中，应尽可能避免直接排放至环境中，为防止水污染，应经水处理后再排放。而且，应尽可能在选厂进行水处理，因为在选厂内消除污染可能比在尾矿库区内处理水经济得多。

水平衡方法只能供尾矿库中预计蓄积水量的粗略估计。实际上，水流入量和流出量都是变量，并且对许多因素都非常敏感，在尾矿库缺少实际作业经验的情况下，这些影响因素又很难确定。例如，气候因素经常发生偏离"平均"条件的季节性和年度变化。最好按月进行水平衡计算，估计水蓄积的季节性波动变化，按年度采用假定的"干"和"湿"状态划分潜在的水蓄积或排空的上限和下限。

应当承认，在尾矿库的整个服务期间，随着尾矿表面的升高和覆盖面积的扩大，尾矿库表面积、沉淀池水量和支流汇水量也在变化，因此，要全面掌握长期水平衡变化，必须对尾矿库整个服务期间的不同时期进行分析。类似地，渗流流出量在尾矿库的整个服务期间也是变化的，而且在任一时期都比较难以估计。

尽管水平衡方法存在这些局限性，但却可以预测过剩水是否在尾矿床内长期蓄积，判别是否需要采取导水渠道或其他措施以减少流入水量。如果在干燥气候条件下，选厂排放水处理比较简单，只需构筑较高尾矿坝，扩大沉淀池表面积以增强蒸发。在这种场合，为了预测达到稳态条件的高程（这里，净流入量与蒸发损失平衡），从而预测池水稳定的高程，需要进行分期水平衡分析。如果水平衡分析表明有长期水蓄积，则可以限制采用某些不适合储水的升高坝型。水平衡分析也可用来快速诊断降水量远远超过流出量的某些危险场合，以便采取有效措施，防止灾害发生。

（二）洪水处理

洪水处理的规划和理化估计主要考虑降雨、融雪或两者共同作用引起的极端事件。洪水可以两种方式危及尾矿库：通过提供过大的入库水量，漫坝而引起坝破坏；或者通过坝址侵蚀，引起坝面损坏或最终破坏。

1. 设计准则

尾矿设计洪水的选择包含一定的风险，这是由洪水可能引起的坝破坏后果、库的规模、下游经济发展程度和土地利用情况所决定的。通用的洪水设计准则有不确定性准则（即采用概率统计方法求得重现期洪水）和确定性准则（即按照气象和气候条件确定极端洪水）。

不确定性方法：可以根据河流观测记录、降水记录及尾矿库流域的水文特性从统计上求得重现期洪水。指定水平洪水的年出现概率等于其重现期的倒数。目前，还没有尾矿库可接受破坏风险水平的准则，但从工程实用出发，一般地，设计破坏概率不应超过百分之几，风险水平的确定主要取决于破坏对下游居民和土地用户的危害，对采矿和选矿作业本身所造成的后果，长期影响的环境后果，以及清除废渣的经济后果。

确定性方法：确定性方法是在不考虑洪水出现概率的情况下估计可能最大洪水，即根据区域内气象和水文条件的可能最不利联合所预计的可能最大降水推断的洪水。最大可能降水往往约为100年再现期降水的5倍。

设计洪水的量值决定于尾矿库的规模、坝高、破坏的环境、经济和伤亡后果等因素。一般，除小型尾矿库（坝），大多数尾矿库要以可能最大洪水进行设计。对于风险水平低至中等的尾矿库，如果随着尾矿坝升高和库容扩大能提供附加的洪水处理能力，在尾矿排放的初期，适当水平的重现期洪水亦是可以接受的。

估计可能最大洪水产生的总水量适当扣除时，可以在尾矿库排水区域渗入量的基础上累加可能最大降水求得。所以，选择适当的可能最大降水值需要掌握有关尾矿库设计的极限使用值和尾矿库类型的相关知识。所要考虑的暴雨有两种：普通暴雨和雷暴雨，前者可能产生最大的总流入量，是确定封闭型尾矿库蓄洪量的重要因素；后者可能产生较高的峰值流速，是控制溢洪道和引水渠道设计的重要因素。可能最大降水资料是由当地气象部门提供的，因为降水最容易受到库区地理因素如高程、风向、地形障碍的影响。

2. 控制方法

正如前面所指出的，洪水的主要威胁是漫坝的危险，最好是通过合理选择尾矿库址实现入库水量控制。处理洪水方法主要包括以下几种：

（1）控制洪水的主要方法是在库内蓄积洪水，就是说，尾矿库无论何时都以充足的容积接受设计洪水流入量，而上升坝仍保持适当的超高。如果以某种保守程度确定设计洪水量，在尾矿库整个服务期限内未必能经受到如此大的洪水，即使出现设计洪水，如果处在干燥气候地区，所蓄积的径流量最终被蒸发掉。在其他地区，如果洪水受尾矿废水污染，则需要以适当速度加以处理和释放，但这种处理费用往往很高，有时甚至很难处理。

（2）最常用的排水方法是根据库基地形、尾矿坝升高和排洪能力需求，在库内预设一系列排水井，各排水井通过库底基础的排水涵洞排出洪水。排水井的结构尺寸和排水方式（窗口式、框架式、叠圈式、石坝块式）可根据排水能力选择和设计。

（3）有些地区，地形制约实际坝高和尾矿库容积，并兼有高降雨量和高负荷选矿废水排放量，使得尾矿库不能蓄积洪水。在这种情况下，唯一的选择是在选矿废水排入尾矿库之前进行水处理，以防混入洪水后造成污染危险。这时，洪水可以经由溢洪道排泄。有些地区，雷暴雨的可能最大降雨量决定溢洪道设计，峰值流速（而不是总流入量）是最重要的。但是，升高坝使用溢洪道很不方便，每次坝升高必须在新的坝顶标高构造新的溢洪道，这明显增加施工的成本和困难，在极端情况下，可能要改作一次建成的挡水坝。

（4）在多数场合，引水渠道适于疏导正常径流量，但也可以用作尾矿库周围排洪。不过，如果设计洪水量较大，相应需要较大的渠道（一般地,可能最大洪水的引水渠道宽超过30m），且为防止过高水流速度的冲蚀又需抛石护堤，这样，若设计引水渠过长，则施工可能很不现实，除非引水渠开挖材料可作为升高坝的初期坝的构筑材料。

（5）露天矿山，通过废石场与采场的合理规划也能为尾矿库提供有利的水控制条件。可以把选厂和尾矿库布置在采场和废石场的下游区。如果采场位于尾矿库的排水区域内，矿坑本身的容积可能储积最大洪水。如果运输距离合理，可以把废石场跨过尾矿库排水区域横向布置，即在基本上不发生额外支出的情况下，通过废石散体实现极端洪水的导流。但采场安全防洪问题和废石场可能的泥石流危险需另作评价。

（6）与引水渠相关的一种方法是导流堤，就是在尾矿库上游、尽可能靠近尾矿库、横跨尾矿库排水区构筑导流堤。如果尾矿库处在较浅的基岩上，岩石中开挖引水渠费用太高，则非常适用这种方法。靠近导流堤的水流速可能很高，如果导流堤是采用天然土构筑的，可能需要片石护堤，当然，最好采用露天开采的大块、耐侵蚀废石构筑。

（7）在非常特殊的场合，例如尾矿库处在一个狭小、缩窄的谷地，上游排水区域又很大，而陡峭的谷坡不可能在尾矿库周围采用引水渠或导流堤排洪，这时，需在尾矿库的上游构筑单独的洪水控制坝。洪水控制坝应能完全蓄积其上游排水区域的预计洪水径流量，并穿经坝下布置涵洞，以逐渐排空坝内所蓄积的水。应尽可能避免使用这种方法，因为洪水控制坝需要大量的、甚至超过尾矿坝本身的筑坝材料，而且又不能分阶段构筑，一定要在尾矿库作业之前完成，以实现预期的防洪作用。另外，掩埋式涵洞的维修也成问题，涵洞的有限寿命可能使之必须在尾矿库废弃和土地恢复开垦之后再提供永久性水控制设施。

三、尾矿库的渗漏控制

随着世界性水资源和环境保护意识的提高，以及废水管理法规的健全，减少和控制尾矿库渗漏迅速成为矿山工程项目环境评价和管理评价的关键问题之一，从而推动了尾矿库渗漏控制技术的长足进步。然而，就目前而言，在尾矿库管理中，认识最肤浅的仍然是尾矿库渗流及其携带污染物对地下水的影响。

（一）渗漏控制目标

渗漏控制方法必须与渗漏水的化学特性和特定库区场地条件相适应。尽管有关影响污染物经由尾矿、土壤和地下水运动的某些地球化学过程、水文地质过程的研究才刚刚开始，还不能完全确定出渗流的特定影响，以及选择出最适于把这些影响降低到最小程度的控制方法，但是，基于现有的尾矿知识和相关技术，在明确的控制目标下，采取适当的工程措施，可以实现比较经济而有效的控制。

渗漏控制的一般性规则是：不是所有选厂废水都含有毒性组分，因矿石类型、选矿工艺和 pH 值不同，污染物范围可从毒性重金属（即镉、硒、砷）一直到相对无毒材料（诸如硫酸盐或悬浮固体物），而且，决定这些组分危害性的浓度在不同废水中变化范围很宽；含有毒性组分的选厂废水渗漏未必造成扩延的地下水污染，地球化学过程可能阻滞或控制某些组分的迁移，在降低废水 pH 值所伴生的最令人烦恼的金属离子迁移率方面也是最有效的；如果某毒性组分进入地下水域，必须根据水文地质因素、基线水质量、现时和将来预计使用的地下水资源条件确定地下水环境的最终影响，然后作出使影响最小的渗漏控制策略。

（二）垫层

为了防止渗漏和使渗漏量最小，从而使污染物释放最小，在地下水保护要求严格、选厂废水中毒性组分浓度较高的场合，常采用垫层作为渗漏控制的最后策略。垫层系统的特点是：任何一种垫层的成本都比较高，但如果条件适宜，垫层抗渗效果非常好，这主要因为垫层在地表铺设，可以在控制条件下施工和检查；与渗流障系统和渗流返回系统相比，它不受地下条件的限制，不需考虑地下土壤、岩石性质或地下水条件，可以在任何充分干的地面上进行正常的施工，而渗流障系统和渗流返回系统的效果和施工的可行性完全决定于下部不透水层的存在和所穿过土层的性质。但是，垫层必须具有耐废水化学腐蚀和各种物理破裂的性能。

实际上，垫层都会发生一定程度的渗漏，即便是合理设计、规范施工的垫层，也不能保证在整个作业期间起到所预计的作用，或者达到"零排放"。可能发生泄漏的主要原因是：合成薄膜经由缺口和接缝发生渗漏；粘土垫层如果在尾矿排放之前缩干，可能产生收缩裂缝；断裂作用可能增大天然地质垫层的渗透率；垫层必须有足够的柔性，使之经受住应力破坏（在饱和尾矿30m深处，总应力约为600kPa）。

根据垫层材料，垫层可分三类：尾矿泥垫层、粘土垫层、合成垫层（包括合成橡胶膜、热性塑胶膜、喷射膜、沥青混凝土）。

（三）渗流障

渗流障包括截流沟、泥浆墙和注浆幕。渗流障的使用条件是：尾矿坝设有不透水心墙，而且渗流障要与心墙很好连接。显然，在没有心墙的条件下，透水的旋流砂或矿山废石所筑的坝不宜采用渗流障。因此，要求上升坝的渗流障必须与初期坝同时施工，将渗流障埋设在下游型坝的上游段，中心线型坝的中心段。渗漏障一般不适于上游型坝，因为它没有、也不可能有不透水心墙。事实上，透水基础对上游坝稳定性具有有利的影响，阻止基础渗流可能引起坝内水面升高。渗漏障起到使渗流侧向运动的作用，因此，只有当透水基础地层下覆连续的不透水地层时，渗漏障的作用才能充分有效。为了显著地减少渗漏量，渗漏障必须穿过透水基础地层达到不透水地层。

（四）渗漏返回系统

渗透返回系统是将渗漏出坝外的废水汇集起来再返回尾矿库，从而消除或减少地下水中污染物迁移。返回系统作业有两种基本形式：集水沟和集水井。它们的工作原理是相同的，即作为渗漏控制的第一道防线，在尾矿坝下游把渗漏废水集中起来，再泵回沉淀池。

集水沟可以单独使用，也可辅助其他渗漏控制措施一起使用。一般地，沿坝下游坡脚附近开挖集水沟，再将渗漏水汇集到池中泵回尾矿库。其适用条件相似于截流沟，下覆连续的较浅的透水层，集水沟挖穿透水层到达不透水层。因不要求坝体中设置不透水心墙，可用于透水的上游坝、下游坝或中心线坝。沟内设置反滤层，以防发生管涌。

集水井是沿坝下游打一排水井，截流受污染的渗漏水，从井内抽出，泵回尾矿库。井深应足以拦截污染渗流。集水井很昂贵，一般不为尾矿库渗漏控制所选用，但可作为补救措施，防止已污染的含水层进一步被破坏。

四、尾矿库防振与抗震

（一）振动液化

土的振动液化是饱和土在动荷（如地震）作用下丧失其原有强度而转变为一种类似液体的状态并造成严重后果的现象。当振动作用到土上时，会在土粒的接触点引起新的应力，这种应力超过一定数值时，就会破坏土粒之间原来的联结强度与结构状态，引起孔隙水压力的骤然增高，使土粒处于局部或全部悬浮的状态，抗剪强度部分或全部丧失，土体即出现不同程度的变形或者完全液化。

一般细的颗粒，均匀的级配，浑圆的土粒形状，光滑的土粒表面，较低的结构强度，低的密度，高的含水量，较低的渗透性，较差的排水条件，较高的动荷强度，较长的振动持续时间，较小的法向应力，都是不利于饱和砂土抗液化性能的因素。

（二）坝体滑落

遭受地震引起的部分坝体滑动、地基变形和孔隙水压力上升，都可能引发这种现象。

（三）滑裂

因坝体滑动引起的裂缝，这种裂缝比较宽，两边有明显的高差，沿裂缝的走向可以分辨出滑动土体在平面上的轮廓。

（四）纵向裂缝和横向裂缝

这种裂缝比较窄，有的沿坝轴线方向延伸得很长，可能是由于地震拉应力和沉降引起的。

此外，坝与山体结合部位开裂、坝面沉降、坡面的沉降和隆起、护坡块石松动、坡坝和下游坝脚喷水冒砂、坝体渗漏加剧、放浪墙断裂或倾倒等，都是常见的振害现象。

尾矿坝基本上是以粉细砂类材料堆积的坝体，这是在地震动荷载作用下容易产生液化的敏感性材料。在地震区尾矿坝设计中应充分考虑地震问题，在尾矿库生产运行中也应对地震可能产生的破坏影响做好充分准备。

五、尾矿库险情预测与安全监测

（一）尾矿库险情预测

根据不完全统计，导致尾矿库溃坝事故的直接原因：洪水约占50%，坝体稳定性不足约占20%，渗流破坏约占20%，其他约占10%。而事故的根源则是尾矿库存在隐患。尾矿库建设前期工作对自然条件（如工程地质、水文、气象等）了解不够，设计不当（如考虑不周，盲目压低资金而置安全于不顾，由不具备设计资质的设计单位进行设计等）或施工质量不良是造成隐患的先天因素。在生产运行中，尾矿库由不具备专业知识的人员管理，未按设计要求或有关规定执行，是造成隐患的后天因素。

尾矿库险情预测就是通过日常检查尾矿库各构筑物的工况，发现不正常现象，藉以研判可能发生的事故。

(1) 坝前尾矿沉积滩是否已形成，尾矿沉积滩长度是否符合要求，沉积滩坡度是否符合原控制(设计)条件，调洪高度是否满足需要，安全超高是否足够，排水构筑物、截洪构筑物是否完好畅通，断面是否够大，库区内有无大的泥石流，泥石流拦截设施是否完好有效，岸坡有无滑坡和塌方的征兆。这些项目中如有不正常者，就是可能导致洪水溃坝成灾的隐患。

(2) 坝体边坡是否过陡，有无局部坍滑或隆起，坝面有无发生冲刷、塌坑等不良现象，有无裂缝，是纵缝还是横缝，裂缝形状及开展宽度，是趋于稳定还是在继续扩大，变化速度怎样(若速度加快，裂缝增大，且其下部有局部隆起，这是发生坝体滑坡的前期征兆)，浸润线是否过高，坝基下是否存在软基或岩溶，坝体是否疏松。这些项目中如有异常者，就可能导致坝体失稳破坏。

(3) 浸润线的位置是否过高(由测压管中的水位量测或观察其出逸位置)，尾矿沉积滩的长度是否过短，坝面或下游有无发生沼泽化，沼泽化面积是否不断扩大，有无产生管涌、流土，坝体、坝肩和不同材料结合部位有无渗流水流出，渗流量是否在增大，位置是否有变化,渗流水是否清澈透明。这些项目中如有不正常者,就是可能导致渗流破坏的隐患。

（二）尾矿库的安全监测

由于尾矿库的特殊性和复杂性,为确保其安全运行,必须通过定期或不定期的安全检查对其运行状态进行监测。

尾矿库的日常安全检查一般由基层管理机构负责。重要的检查：如汛期、暴雨后、地震后等,均应由企业安全管理部门负责组织,并与基层共同进行。

1. 尾矿库防洪能力监测

一个完善的设计文件必须给出尾矿库在各运行期的设计洪水位时的允许最小干滩长度、允许最小安全超高,以及所需的调洪水深（又称调洪高度）。对调洪段干滩坡度较陡者,设计只需给出最小干滩长；而干滩坡度较缓者,设计只需给出最小安全超高值。

防洪安全监测应以设计所给出的上述参数为依据来判断防洪安全与否。具体步骤如下：

（1）测量尾矿库滩顶标高（测量误差小于 20mm）。沿尾矿坝长度方向（平行于坝轴线方向）每 100m 布点测量,取各测点中最低点的标高作为尾矿库滩顶标高,记做 H_A。

（2）确定设计洪水位允许达到的标高。当设计文件只给出最小干滩长度 L_{min} 时,则从最低滩顶处沿垂直于坝长（或坝轴线）方向向库内量取 L_{min},以此点作为设计洪水位到达点的标高,记做 H_1。

当设计文件只给出最小安全超高 h_{min} 时,则从最低滩顶处垂直坝长（或坝轴线）方向向库内找到标高为 $(H_A - h_{min})$ 的点,此点标高记作 H_2。

当设计文件同时给出最小安全滩长和最小安全超高值时,则需用上法找出 H_1 和 H_2,取其中小者作为洪水位允许到达点,此点的标高可记做 H_C。

（3）计算实际调洪水深 h。设库水位为 H_5,当设计文件仅给出最小安全滩长时,实际调洪水深 h 可按下式计算：

$$h = H_1 - H_5 \tag{7-1}$$

当设计文件仅给出最小安全超高时,实际调洪水深 h 可按下式计算：

$$h = H_2 - H_5 \tag{7-2}$$

当设计文件同时给出最小安全滩长和最小安全超高值时,实际调洪水深 h 可按下式计算：

$$h = H_C - H_5 \tag{7-3}$$

（4）判断防洪能力。以 $[h]$ 表示设计文件中的所需调洪水深。

当 $h \geq [h]$ 时,防洪能力满足设计要求,是安全的。

当 $h < [h]$ 时,防洪能力不能满足设计要求,则不安全。

注意：设计文件所给出最小允许安全滩长和最小允许安全超高值是由抗滑稳定分析确定的。有可能大于《选矿厂尾矿设施设计规范》中所规定的最小安全滩长和最小安全超高值,所以不宜直接用设计规范的最小值作为判断防洪能力的依据。

2. 尾矿坝的安全监测

（1）选取尾矿坝外坡最陡的坝段进行实测。外坡坡比一般不宜陡于设计值。如局部坝段略陡,也不应陡于设计值的 5%,且应尽快调整,使平均坡比符合设计值。

（2）选取最大坝高或尾矿沉积状态不良的坝段,检测位移。如累计水平位移较大或有突变情况时,应及时分析,查明原因,妥善处理,并加强观测。

（3）检查坝体有无纵横裂缝。若有裂缝，应查明裂缝的长度、宽度、深度、走向、形态和成因，并及时进行治理。

（4）检查坝体有无局部滑坡、渗漏现象。若有，应记录位置、范围，查明原因，及时处理，防止事态扩大。

（5）若设计对浸润线深度有限制，则应实测浸润线的深度，如浸润线的埋深不能满足设计要求时，应尽快采取措施进行治理。

六、尾矿库的巡检

尾矿库的任何事故都不是突然爆发的，而是由隐患逐渐发展扩大最终导致的。巡检工作就是从不正常现象的蛛丝马迹上及时发现隐患，以便采取措施消除。因此，尾矿库的巡检工作非常重要。应建立巡检制度，规定巡检工作的内容、办法和时间等。

尾矿库的巡检应检查尾矿堆积坝顶高程是否一致，坝上放矿是否均匀，尾矿沉积滩是否平整，沉积滩长度、坡度是否符合要求，水边线是否与坝轴线大致平行，库内水位是否符合规定，子坝堆筑是否符合要求，尾矿排放是否冲刷坝体、坝坡，坝体有无裂缝、滑坡、塌陷、表面冲刷、兽蚁洞穴等危及坝体安全的现象，坝面护坡、排水系统是否完好，有无淤堵、沉降、积水等不良现象，坝体下游坡面、坝脚、坝下埋管出坝处、坝肩等部位有无散浸、渗水、漏水、管涌、流土等现象，渗流水量是否稳定，水质是否有变化，观测设施（测压管、测点、水尺、警示设备、孔隙水压力计、测压盒、量水堰等）是否完好等。

排水构筑物的巡检应检查排水井、排水管涵、隧洞、截洪沟、溢洪道等是否完好，有无淤堵，排水井、斜槽盖板的封堵方式、材料、方法是否符合要求，有无损坏，关闭设备有无锈蚀，是否灵活可靠，下游泄流区有无障碍物妨害行洪等。

其他尚应检查交通道路是否畅通，通信、照明系统是否完好有效，防汛物资、器材和工具是否完好、齐备。岗位人员是否到位，管理制度与细则是否完善并行之有效等。

持别需要指出的是，上述巡检工作仅是日常的巡检内容。汛期尚应根据气象预报加强检查，并做好预警工作。汛前、汛后、暴雨期、地震后等应对尾矿库进行全面的安全大检查，必要时应请主管部门派人参与共同检查。

第四节 尾矿坝的维护

尾矿坝大多远离矿区，易受自然的、社会的多种不利因素的影响，其管理工作较为复杂，且难度较大，必须予以特别关注。

在尾矿坝的维护管理中，首先要严格按设计要求及有关的技术规程、规范的规定进行管理，确保尾矿坝安全运行所必需的尾矿沉积滩长度、坝体安全超高值、控制好浸润线，还要根据各种不同类型尾矿坝特点做好维护工作，防止环境因素的危害，及时处理好坝体出现的隐患，使尾矿坝在正常状态下运行。

一、尾矿坝的安全治理

（一）尾矿坝裂缝的处理

裂缝是一种尾矿坝较为常见的病患，某些细小的横向裂缝有可能发展成为坝体的集中渗漏通道，有的纵向裂缝也可能是坝体发生滑坡的预兆，应予以充分重视。

1. 裂缝的种类与成因

土坝裂缝是较为常见的现象，有的裂缝在坝体表面就可以看到，有的隐藏在坝体内部，要开挖检查才能发现。裂缝宽度最窄的不到1mm，宽的可达数十厘米，甚至更大。裂缝长度短的不到1m，长的数十米，甚至更长。裂缝的深度有的不到1m，有的深达坝基。裂缝的走向有的是平行坝轴线的纵缝，有的是垂直坝轴线的横缝，有的是大致水平的水平缝，还有的是倾斜的裂缝。

裂缝的成因，主要是由于坝基承载能力不均衡、坝体施工质量差、坝身结构及断面尺寸设计不当或其他因素等所引起的。有的裂缝是由于单一因素所造成的，有的则是多种因素所形成的。

2. 裂缝的检查与判断

裂缝检查需特别注意坝体与两岸山坡接合处及附近部位，坝基地质条件有变化及地基条件不好的坝段，坝高变化较大处，坝体分期分段施工接合处及合拢部位，坝体施工质量较差的坝段，坝体与其他刚性建筑物接合的部位。

当坝的沉陷、位移量有剧烈变化，坝面有隆起、塌陷，坝体浸润线不正常，坝基渗漏量显著增大或出现渗透变形，坝基为湿陷性黄土的尾矿库开始放矿后或经长期干燥或冰冻期后，以及发生地震或其他强烈振动后，应加强检查。

检查前应先整理分析坝体沉陷、位移、测压管、渗流量等有关观测资料。对没条件进行钻探试验的土坝，要进行调查访问，了解施工及管理情况，检查施工记录，了解坝料上坝速度及填土质量是否符合设计要求；采用开挖或钻探检查时，对裂缝部位及没发现裂缝的坝段，应分别取土样进行物理力学性质试验，以便进行对比，分析裂缝原因；因土基问题造成裂缝的，应对土基钻探取土，进行物理力学性质试验，了解筑坝后坝基压缩、重度、含水量等变化，以便分析裂缝与坝基变形的关系。

裂缝的种类很多，如果不了解裂缝的性质，就不能正确地处理，特别是滑动性裂缝和非滑动性裂缝，一定要认真予以辨别。应根据裂缝的特征进行判断。滑坡裂缝与沉陷裂缝的发展过程不同，滑坡裂缝初期发展较慢，后期突然加快；沉陷裂缝的发展过程是缓慢的，到一定程度而停止。只有通过系统的检查观测和分析研究，才能正确判断裂缝的性质。

内部裂缝一般可结合坝基、坝体情况进行分析判断。当库水位升到某一高程时，在无外界影响的情况下，渗漏量突然增加的，个别坝段沉陷、位移量比较大的，个别测压管水位比同断面的其他测压管水位低很多，浸润线呈现反常情况的，注水试验测定其渗透系数大大超过坝体其他部位的，当库水位升到某一高程时，测压管水位突然升高的，钻探时孔口无回水或钻杆突然掉落的，相邻坝段沉陷率（单位坝高的沉陷量）相差悬殊等现象，都可能预示产生内部裂缝。

3. 裂缝的处理

发现裂缝后都应采取临时防护措施，以防止雨水或冰冻加剧裂缝的开展。对于滑动性裂缝的处理，应结合坝坡稳定性分析统一考虑；对于非滑动性裂缝可采取以下措施进行处理：采用开挖回填是处理裂缝比较彻底的方法，适用于不太深的表层裂缝及防渗部位的裂缝；对坝内裂缝、非滑动性很深的表面裂缝，由于开挖回填处理工程量过大，可采取灌浆处理。

一般采用重力灌浆或压力灌浆方法。灌浆的浆液，通常为粘土泥浆。在浸润线以下部位,可掺入一部分水泥,制成粘土水泥浆,以促其硬化。对于中等深度的裂缝,因库水位较高不宜全部采用开挖回填办法处理的部位或开挖困难的部位,可采用开挖回填与灌浆相结合的方法进行处理。裂缝的上部采用开挖回填法,下部采用灌浆法处理。先沿裂缝开挖至一定深度(一般为2m左右)即进行回填,在回填时按上述布孔原则预埋灌浆管,然后对下部裂缝进行灌浆处理。

(二) 尾矿坝渗漏的处理

尾矿坝坝体及坝基的渗漏有正常渗流和异常渗漏之分。正常渗流有利于尾矿坝坝体及坝前干滩的固结,从而有利于提高坝的整体稳定性。异常渗漏则是有害的。由于设计考虑不周、施工不当以及后期管理不善等原因而产生的非正常渗流,能导致渗流出口处坝体产生流土、冲刷及管涌等多种形式的破坏,严重的可导致垮坝事故。因此,对尾矿坝的渗流必须认真对待,根据情况及时采取措施。

造成坝体渗漏的设计方面原因有:土坝坝体单薄,边坡太陡,渗水从滤水体以上逸出;复式断面土坝的粘土防渗体设计断面不足,或与下游坝体缺乏良好的过渡层,使防渗体破坏而漏水;埋设于坝体内的压力管道强度不够,或管道埋置于不同性质的地基,地基处理不当,管身断裂;有压水流通过裂缝沿管壁或坝体薄弱部位流出,管身未设截流环;坝后滤水体排水效果不良;对于下游可能出现的洪水倒灌防护不足,在泄洪时滤水体被淤塞失效,迫使坝体下游浸润线升高,渗水从坡面逸出等。施工方面的原因有:上坝分层填筑时,土层太厚,碾压不透,致使每层填土上部密实,下部疏松,库内放矿后形成水平渗水带;土料含砂砾太多,渗透系数大;没有严格按要求控制及调整填筑土料的含水量,致使碾压达不到设计要求的密实度;在分段进行填筑时,由于土层厚薄不同,上升速度不一,相邻两段的接合部位可能出现少压或漏压的松土带;料场土料的取土与坝体填筑的部位分布不合理,致使浸润线与设计不符,渗水从坝坡逸出;冬季施工中,对碾压后的冻土层未彻底处理,或把大量冻土块填在坝内;坝后滤水体施工时,砂石料质量不好,级配不合理,或滤层材料铺设混乱,致滤水体失效,坝体浸润线升高等。其他方面,如白蚁、獾、蛇、鼠等动物在坝身打洞营巢,地震引起坝体或防渗体发生贯穿性的横向裂缝等,也是造成坝体集中渗漏的原因。

造成坝基渗漏的设计方面原因有:对坝址的地质勘探工作做得不够;设计时未能采取有效的防渗措施,如坝前水平铺盖的长度或厚度不足,垂直防渗墙深度不够;粘土铺盖与透水砂砾石地基之间没有效的滤层,铺盖在渗水压力作用下破坏;对天然铺盖了解不够,薄弱部位未做处理等。施工方面的原因有:水平铺盖或垂直防渗设施施工质量差;施工管理不善,在库内任意挖坑取土,天然铺盖被破坏;岩基的强风化层及破碎带未处理或截水墙未按设计要求施工;岩基上部的冲积层未按设计要求清理等。管理运行方面的原因有:坝前干滩裸露曝晒而开裂,尾矿库放水等从裂缝渗透;对防渗设施养护维修不善,下游逐渐出现沼泽化,甚至形成管涌;在坝后任意取土,影响地基的渗透稳定等。

造成接触渗漏的主要原因有:基础清理不好,未做接合槽或做得不彻底;土坝两端与山坡接合部分的坡面过陡,而且清基不彻底或未做防渗漏墙;涵管等构筑物与坝体接触处,因施工条件不好,回填夯实质量差,或未设截流环(墙)及采取其他止水措施,造成渗流等。

造成绕坝渗漏的主要原因有:与土坝两端连接的岸坡属条形山或覆盖层单薄的山坡,而且有透水层;山坡的岩石破碎,节理发育,或有断层通过;施工取土或库内存水后,由于风浪的淘刷，岸坡的天然铺盖被破坏；溶洞以及生物洞穴或植物根茎腐烂后形成孔洞等。

（三）尾矿坝滑坡的处理

尾矿坝滑坡往往导致尾矿库溃决事故，因此，即使是较小的滑坡也不能掉以轻心。有些滑坡是突然发生的，有些是先由裂缝开始的，如不及时注意，任其逐步扩大和蔓延，就可能造成重大的垮坝事故。如云锡公司1962年的火谷都尾矿库事故，就是从裂缝、滑坡而溃决的。

1. 滑坡的种类及成因

滑坡的种类按滑坡的性质可分为剪切性滑坡，塑流性滑坡和液化性滑坡；按滑坡的形状可分为圆弧滑坡、折线滑坡和混合滑坡。

造成滑坡的勘探设计方面原因有：在勘探时没有查明基础有淤泥层或其他高压缩性软土层，设计时未能采取相应的措施；选择坝址时，没有避开位于坝脚附近的渊潭或水塘，筑坝后由于坝脚处沉陷过大而引起滑坡；坝端岩石破碎、节理发育，设计时未采取适当的防渗措施，产生绕坝渗流，使局部坝体饱和，引起滑坡；设计中坝坡稳定分析所选择计算指标偏高，或对地震因素注意不够，以及排水设施设计不当等。施工方面的原因有：在碾压土坝施工中，由于铺土太厚，碾压不实，或含水量不合要求，干重度没有达到设计标准；抢筑临时拦洪断面和合拢断面，边坡过陡，填筑质量差；冬季施工时没有采取适当措施，以致形成冻土层，在解冻或蓄水后，库水入渗形成软弱夹层；采用风化程度不同的残积土筑坝时，将粘性土填在土坝下部，而上部又填了透水性较大的土料，放矿后，背水坡上部湿润饱和；尾矿堆积坝与初期坝两者之间或各期堆积坝坝体之间没有结合好，在渗水饱和后造成滑坡等。其他原因有：强烈地震引起土坝滑坡；持续的特大暴雨使坝坡土体饱和，或风浪淘刷使护坡遭破坏，致坝坡形成陡坡，以及在土坝附近爆破，或者在坝体上部堆物料等人为因素。

2. 滑坡的检查与判断

滑坡检查应在高水位时期、发生强烈地震后持续特大暴雨和台风袭击时，以及回春解冻之际进行。

从裂缝的形状、裂缝的发展规律、位移观测资料、浸润线观测分析和孔隙水压力观测成果等方面进行滑坡的判断。

3. 滑坡的预防及处理

防止滑坡的发生应尽可能消除促成滑坡的因素。注意做好经常性的维护工作，防止或减轻外界因素对坝坡稳定的影响。当发现有滑坡征兆或有滑动趋势但尚未坍塌时，应及时采取有效措施进行抢护，防止险情恶化；一旦发生滑坡，则应采取可靠的处理措施，恢复并补强坝坡，提高抗滑能力。

抢护中应特别注意安全问题。滑坡抢护的基本原则是：上部减载，下部压重，即在主裂缝部位进行削坡，而在坝脚部位进行压坡。尽可能降低库水位，沿滑动体和附近的坡面上开沟导渗，使渗透水能够很快排出。若滑动裂缝达到坝脚，应该首先采取压重固脚的措施。因土坝渗漏而引起的背水坡滑坡，应同时在迎水坡进行抛土防渗。

因坝身填土碾压不实，浸润线过高而造成的背水坡滑坡，一般应以上游防渗为主，辅以下游压坡、导渗和放缓坝坡，以达到稳定坝坡的目的。在压坡体的底部一般可设双向水平滤层，并与原坝脚滤水体相连接，其厚度一般为80~150cm。滤层上部的压坡体一般用砂、石料填筑，在缺少砂石料时，亦可用土料分层回填压实。

对于滑坡体上部已松动的土体，应彻底挖除，然后按坝坡线分层回填夯实，并做好护坡。

坝体有软弱夹层或抗剪强度较低且背水坡较陡而造成的滑坡，首先应降低库水位，如清除夹层有困难时，则以放缓坝坡为主，辅以在坝脚排水压重的方法处理。地基存在淤泥层、湿陷性黄土层或液化等不良地质条件，施工时又没有清除或清除不彻底而引起的滑坡，处理的重点是清除不良的地质条件的隐患，并进行固脚防滑。因排水设施堵塞而引起的背水坡滑坡，主要是恢复排水设施效能，构筑压重台固脚。

处理滑坡时应注意：开挖回填工作应分段进行，并保持允许的开挖边坡。开挖中，对于松土与稀泥都必须彻底清除。填土应严格掌握施工质量，土料的含水量和干重度必须符合设计要求，新旧土体的结合面应刨毛，以利结合。对于水中填土坝，在处理滑坡阶段进行填土时，最好不要采用碾压施工，以免因原坝体固结沉陷而开裂。滑坡主裂缝，一般不宜采取灌浆方法处理。

滑坡处理前，应严格防止雨水渗入裂缝内，可用塑性薄膜、沥青油毡或油布等加以覆盖。同时，还应在裂缝上方修截水沟，以拦截和引走坝面的积水。

（四）尾矿坝管涌的处理

管涌是尾矿坝坝基在较大渗透压力作用下而产生的险情，可采用降低内外水头差、减少渗透压力、或用滤料导渗等措施进行处理。

（1）滤水围井。在地基好、管涌影响范围不大的情况下，可抢筑滤水围井。在管涌口沙环的外围，用土袋围一个不太高的围井，然后用滤料分层铺压，其顺序是自下而上分别填 0.2~0.3m 厚的粗砂、砾石、碎石、块石，一般情况可用三级级配。滤料要清洗，不含杂质，级配应符合要求，或用土工织物代替砂石滤层，上部直接堆放块石或砾石。围井内的涌水，在上部用管引出。如险处水势太猛，第一层粗砂被喷出，可先以碎石或小块石消杀水势，然后再按级配填筑；或铺设土工织物，如遇填料下沉，可以继续填砂石料，直至稳定。若发现井壁渗水，应在原井壁外侧再包以土袋，中间填土夯实。

（2）蓄水减渗。险情面积较大，地形适合而附近又有土料时，可在其周围填筑土埂或用土工织物包裹，以形成水池，蓄存渗水，利用池内水位升高，减少内外水头差，控制险情发展。

（3）塘内压渗。若坝后渊塘、积水坑、渠道、河床内积水水位较低，且发现水中有不断翻花或间断翻花等管涌现象时，不要任意降低积水位，可用芦苇杆和竹子做成竹帘、竹箔、苇箔（或荆笆）围在险处周围，然后在围圈内填放滤料，以控制险情的发展。如需要处理的管涌范围较大，而砂、石、土料又可解决时，可先向水内抛铺粗砂或砾石一层，厚15~30cm，然后再铺压卵石或块石，做成透水压渗台。或用柳枝秸秆等做成 15~30cm 厚的柴排（尺寸可根据材料的情况而定）；柴排上铺草垫厚 5~10cm，然后再在上面压砂袋或块石，使柴排潜埋在水内（或用土工布直接铺放），亦可控制险情的发展。

（4）如堤坝严重渗水，采用一些临时防护措施尚不能改善险情时，宜降低库内的水位，以减少渗透压力，使险情不致迅速恶化，但应控制水位下降速度。

（五）尾矿坝漏砂的治理措施

新建的尾矿坝在使用的初期，往往会在初期坝脚附近泄漏尾砂。有的漏砂由排水涵洞口随回水流走，时间一长，将导致后期坝的外坡面或在沉积滩面出现大大小小的塌陷坑洞，严重威胁坝体安全。

1. 漏砂的原因

尾矿坝漏砂的原因一般包括：
(1) 初期坝内坡面与坝基接触部位处理不严造成漏砂。
(2) 初期坝内坡面的反滤层受到破坏而引起漏砂。
(3) 坝基土产生渗透破坏而漏砂。
(4) 浆砌石涵洞不密实或混凝土涵管产生裂缝而漏砂。

2. 漏砂的治理

对于上述四种情况，当矿浆淹没漏砂点不久就出现时，应暂停排矿，找出漏砂点仔细处理好即可。当坝坡或沉积滩面出现塌陷时，可用土工布袋装粗砂和碎石混合料堆放在塌坑内，自行下沉，最终自然堵塞漏砂点。

对于第(4)种情况，如果漏砂量较大，采用上述简易方法无效时，可采取以下措施：

(1) 反滤井法。漏砂面积较小者，在漏砂砂环的外围，用土(砂)袋围一个井，然后用级配符合一定要求的滤料(粗砂、砾石、碎石)分层铺压。滤料要清洗，不含杂质。也可用土工布或铜纱网代替砂石反滤层，上部覆盖砾石或碎石，围井内的水用导水管导出，如图7-15所示。

(2) 蓄水减渗法。当漏砂面积较大，地形适合而附近又有土料时，可在其周围堆筑土埝

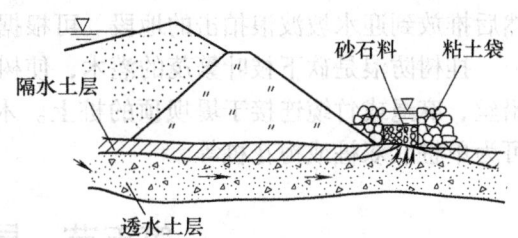

图7-15 反滤井处理图

以形成水池，蓄存渗水。利用池内的水头减小内外的水头压差，控制漏砂的发展。

二、尾矿坝的抢险

尾矿坝的险情常在汛期发生，而重大险情又多在暴雨时发生。汛期尾矿库处于高水位工作状态，调洪库容有所减少，遇特大暴雨极易造成洪水漫顶。同时，浸润线的位置处于高位，坝体饱和区扩大，使坝的稳定性降低。此外，风浪冲击也易造成坝顶决口溃坝。因此，做好汛期尾矿坝抢险工作对于确保尾矿库的安全运行至关重要。

首先，应根据气象预报和库情，制定出各种抢险措施及下游群众安全转移措施等计划和预案，从思想、组织、物质、交通、联络、报警信号等各个方面做好抢险准备工作。其次，加强汛期巡检，及早发现险情，及时采取抢护措施。

(一) 防漫顶措施

尾矿坝多为散粒结构，如果洪水漫顶就会迅速冲出决口，造成溃坝事故。当排水设施已全部使用，水位仍继续上升，根据水情预报可能出现险情时，应抢筑子堤，增加挡水高度。

在堤顶不宽、土质较差的情况下，可用土袋抢筑子堤。在铺第一层土袋前，要清理堤坝顶的杂物并耙松表土。用草袋、编织袋、麻袋或蒲包等装土七成左右，将袋口缝紧，铺于子堤的迎水面。铺砌时，袋口应向背水侧互相搭接，用脚踩实，要求上下层袋缝必须错开。待铺叠至预计水位以上时，再在土袋背水面填土夯实。填土的背水坡度不得陡于1:1。

在缺土、浪大、堤顶较窄的场合下，可采用单层木板或埽捆抢筑子堤。其具体做法是，先在堤顶距上游边缘0.5~1.0m处打小木桩一排，木桩长1.5~2.0m，入土0.5~1.0m，桩距1.0m。再在木桩的背水侧用钉子、铅丝将单层木板或预制埽捆(长2~3m,直径约0.3m)

钉牢，然后在后面填土加筑。

当出现超过设计标准的特大洪水时，应在抢筑子堤的同时，报请上级批准，采取非常措施加强排洪，降低库水位。如选定单薄山脊或基岩较好的副坝炸出缺口排洪，开放上游河道预先选定的分洪口分洪，或打开排水井正常水位以下的多层窗口加大排水能力（这样做可能会排出库内部分悬浮矿泥），以确保主坝的安全。严禁任意在主坝坝顶上开沟泄洪。

（二）防风浪冲击

对尾矿坝坝顶受风浪冲击而决口的抢护，除参照前面有关办法进行处理外，还可采取防浪措施处理。用草袋或麻袋装土（或砂）约70%，放置在波浪上下波动的部位，袋口用绳缝合。并互相叠压成鱼鳞状。当风浪较小时，还可采用柴排防浪。用柳枝、芦苇或其他秸秆扎成直径为 0.5~0.8m、长 10~30m 的柴枕，枕的中心卷入两根 5~7m 的竹缆做芯子，枕的纵向每 0.6~1.0m 用铅丝捆扎。在堤顶或背水坡嵌钉木桩，用麻绳或竹缆把柴枕连在桩上，然后推放到迎水坡波浪拍击的地段。可根据水位的涨落松紧绳缆，使柴排浮在水面上。

挂树防浪是砍下枝叶繁茂的灌木，使树梢向下放入水中，并用块石或砂袋压住，树干用铅丝、麻绳或竹缆连接于堤坝顶的桩上。木桩直径 0.1~0.15m，长 1.0~1.5m，布置形式可为单桩、双桩或梅花桩等。

第五节 尾矿库安全管理

一、尾矿库安全检查

尾矿库安全检查的目的在于及时发现安全隐患，以便及时处理，避免隐患扩大，防患于未然，这是防止尾矿库事故发生的重要措施，也是"安全第一，预防为主，综合治理"方针的体现。尾矿库安全检查是生产经营单位安全生产管理的一项重要内容，也是各级安全生产监督管理部门的责任。安全检查分为日常安全检查（含日常巡视）、定期安全检查、特殊安全检查和安全评价4级。

尾矿库日常安全检查和定期安全检查的内容和周期可参照表7-4，并对检查记录和资料进行分析、整理。

表7-4 尾矿库生产运行期安全检查项目及检查周期

检查项目	检查周期	备注
一、防洪安全检查		
1. 防洪标准检查		尾矿库等别变化时检测一次
2. 库水位检测	1次/月	汛期1次/日
3. 滩顶高程的测定	1次/月	汛期1次/日
4. 干滩长度及坡度测定	1次/月	汛期1次/日
5. 防洪能力复核	1次/年	每年汛前一个月完成
二、排洪能力安全检查		
1. 排水井	1次/月	排洪时应设专人看守
2. 排水斜槽	1次/季	防止漂浮物淤堵

(续)

检查项目	检查周期	备注
二、排洪能力安全检查		
3. 排水涵管	1次/季	
4. 排水隧洞	1次/季	
5. 截洪沟、溢洪道	1次/月	汛期1次/日
三、尾矿坝安全检查		
1. 外坡比	2次/年	
2. 位移	1次/月	出现异常，增加次数
3. 坝面裂缝、滑坡等变形	1次/月	出现异常，增加次数
4. 浸润线	1次/月	出现异常，增加次数
5. 排渗设施	2次/年	出现异常，增加次数
6. 尾矿坝渗漏水量及水质	1次/月	
7. 排水沟等保护设施	1次/季	
四、库区安全检查		
1. 周边地质稳定性	1次/季	
2. 违章作业、违章建筑	1次/月	

（一）尾矿库防洪安全检查

（1）检查尾矿库设计的防洪标准是否符合《尾矿库安全技术规程》的规定。当设计的防洪标准高于或等于该规程规定时，可按原设计的洪水参数进行检查；当设计的防洪标准低于该规程规定时，应重新进行洪水计算及调洪演算。

（2）尾矿库水位检测，其测量误差应小于20mm。

（3）尾矿库滩顶高程的检测，应沿坝（滩）顶方向布置测点进行实测，其测量误差应小于20mm。当滩顶一端高一端低时，应在低标高段选较低处检测1~3个点；当滩顶高低相同时，应选较低处不少于3个点；其他情况，每100m坝长选较低处检测1~2个点，但总数不少于3个点。各测点中最低点作为尾矿库滩顶标高。

（4）尾矿库干滩长度的测定，视坝长及水边线弯曲情况，选干滩长度较短处布置1~3个断面。测量断面应垂直于坝轴线布置，在几个测量结果中，选最小者作为该尾矿库的沉积滩干滩长度。

（5）检查尾矿库沉积滩干滩的平均坡度时，应视沉积干滩的平整情况，每100m坝长布置不少于1~3个断面。测量断面应垂直于坝轴线布置，测点应尽量在各变坡点处进行布置，且测点间距不大于10~20m（干滩长者取大值），测点高程测量误差应小于5mm。尾矿库沉积干滩平均坡度，应按各测量断面的尾矿沉积干滩坡度加权平均计算。

（6）根据尾矿库实际的地形、水位和尾矿沉积滩面，对尾矿库防洪能力进行复核，确定尾矿坝安全超高和最小干滩长度是否满足表7-5、表7-6要求。

表7-5 上游式尾矿坝的最小安全超高与最小滩长

坝的级别	一	二	三	四	五
最小安全超高/m	1.5	1.0	0.7	0.5	0.4
最小干滩长度/m	150	100	70	50	40

表 7-6　下游式及中线式尾矿坝的最小滩长

坝的级别	一	二	三	四	五
最小干滩长度/m	100	70	50	35	25

（7）排洪构筑物安全检查主要内容：构筑物有无变形、位移、损毁、淤堵，排水能力是否满足要求等。

（8）排水井检查内容：井的内径、窗口尺寸及位置，井壁剥蚀、脱落、渗漏、最大裂缝开展宽度，井身倾斜度和变位，井、管联结部位，进水口水面漂浮物，停用井封盖方法等。

（9）排水斜槽检查内容：断面尺寸、槽身变形、损坏或坍塌，盖板放置、断裂，最大裂缝开展宽度，盖板之间以及盖板与槽壁之间的防漏充填物，漏砂，斜槽内淤堵等。

（10）排水涵管检查内容：断面尺寸，变形、破损、断裂和磨蚀，最大裂缝开展宽度，管间止水及充填物，涵管内淤堵等。

（11）对于无法入内检查的小断面排水管和排水斜槽可根据施工记录和过水畅通情况判定。

（12）排水隧洞检查内容：断面尺寸，洞内塌方，衬砌变形、破损、断裂、剥落和磨蚀，最大裂缝开展宽度，伸缩缝、止水及充填物，洞内淤堵及排水孔工况等。

（13）溢洪道、截洪沟检查内容：断面尺寸，沿线山坡滑坡、塌方，护砌变形、破损、断裂和磨蚀，沟内淤堵等。对溢洪道还应检查溢流坎顶高程、消力池及消力坎等。

（二）尾矿坝安全检查

（1）尾矿坝安全检查内容：坝的轮廓尺寸、变形、裂缝、滑坡和渗漏、坝面保护等。尾矿坝的位移监测可采用视准线法和前方交汇法；尾矿坝的位移监测每年不少于 4 次，位移异常变化时应增加监测次数；尾矿坝的水位监测包括库水位监测和浸润线监测；水位监测每月不少于 1 次，暴雨期间和水位异常波动时应增加监测次数。

（2）检测坝的外坡坡比。每 100m 坝长不少于 2 处，应选在最大坝高断面和坝坡较陡断面。水平距离和标高的测量误差不大于 10mm。尾矿坝实际坡陡于设计坡比时，应进行稳定性复核，若稳定性不足，则应采取措施。

（3）检查坝体位移。要求坝的位移量变化应均衡，无突变现象，且应逐年减小。当位移量变化出现突变或有增大趋势时，应查明原因，妥善处理。

（4）检查坝体有无纵、横向裂缝。坝体出现裂缝时，应查明裂缝的长度、宽度、深度、走向、形态和成因，判定危害程度，妥善处理。

（5）检查坝体滑坡。坝体出现滑坡时，应查明滑坡位置、范围和形态以及滑坡的动态趋势。

（6）检查坝体浸润线的位置。应查明坝面浸润线出逸点位置、范围和形态。

（7）检查坝体排渗设施。应查明排渗设施是否完好、排渗效果及排水水质。

（8）检查坝体渗漏。应查明有无渗漏出逸点以及出连点的位置、形态、流量及含沙量等。

（9）检查坝面保护设施。检查坝肩截水沟和坝坡排水沟断面尺寸，沿线山坡稳定性，护砌变形、破损、断裂和磨蚀，沟内淤堵等；检查坝坡土石覆盖保护层实施情况。

（三）尾矿库库区安全检查

（1）尾矿库库区安全检查主要内容：周边山体稳定性，违章建筑、违章施工和违章采选作业等情况。

（2）检查周边山体滑坡、塌方和泥石流等情况时，应详细观察周边山体有无异常和急变，并根据工程地质勘察报告，分析周边山体发生滑坡的可能性。

（3）检查库区范围内危及尾矿库安全的主要内容：违章爆破、采石和建筑，违章进行尾矿回采、取水，外来尾矿、废石、废水和废弃物排入，放牧和开垦等。

二、尾矿库安全度

尾矿库安全度主要根据尾矿库防洪能力和尾矿坝坝体稳定性确定，分为危库、险库、病库、正常库四级。

1. 危库

危库指安全没有保障，随时可能发生垮坝事故的尾矿库。危库必须停止生产并采取应急措施。尾矿库有下列工况之一的为危库：

（1）尾矿库调洪库容严重不足，在设计洪水位时，安全超高和最小干滩长度都不满足设计要求，将可能出现洪水漫顶。

（2）排洪系统严重堵塞或坍塌，不能排水或排水能力急剧降低。

（3）排水井显著倾斜，有倒塌的迹象。

（4）坝体出现贯穿性横向裂缝，且出现较大范围管涌、流土变形，坝体出现深层滑动迹象。

（5）经验算，坝体抗滑稳定最小安全系数小于《尾矿库安全技术规程》规定值的0.95。

（6）其他严重危及尾矿库安全运行的情况。

2. 险库

险库指安全设施存在严重隐患，若不及时处理将会导致垮坝事故的尾矿库。险库必须立即停产，排除险情。尾矿库有下列工况之一的为险库：

（1）尾矿库调洪库容不足，在设计洪水位时，安全超高和最小干滩长度均不能满足设计要求。

（2）排洪系统部分堵塞或坍塌，排水能力有所降低，达不到设计要求。

（3）排水井有所倾斜。

（4）坝体出现浅层滑动迹象。

（5）经验算，坝体抗滑稳定最小安全系数小于《尾矿库安全技术规程》规定值的0.98。

（6）坝体出现大面积纵向裂缝，且出现较大范围渗透水高位出逸，出现大面积沼泽化。

（7）其他危及尾矿库安全运行的情况。

3. 病库

病库指安全设施不完全符合设计规定，但符合基本安全生产条件的尾矿库。病库应限期整改。尾矿库有下列工况之一的为病库：

（1）尾矿库调洪库容不足，在设计洪水位时，不能同时满足设计规定的安全超高和最小干滩长度的要求。

（2）排洪设施出现不影响安全使用的裂缝、腐蚀或磨损。

（3）经验算，坝体抗滑稳定最小安全系数满足《尾矿库安全技术规程》的规定值，但部分高程上堆积边坡过陡，可能出现局部失稳。
（4）浸润线位置局部较高，有渗透水出逸，坝面局部出现沼泽化。
（5）坝面局部出现纵向或横向裂缝。
（6）坝面未按设计设置排水沟，冲蚀严重，形成较多或较大的冲沟。
（7）坝端无截水沟，山坡雨水冲刷坝肩。
（8）堆积坝外坡未按设计覆土、植被。
（9）其他不影响尾矿库基本安全生产条件的非正常情况。

4．正常库

尾矿库同时满足下列工况的为正常库：
（1）尾矿库在设计洪水位时，能同时满足设计规定的安全超高和最小干滩长度的要求。
（2）排水系统各构筑物符合设计要求，工况正常。
（3）尾矿坝的轮廓尺寸符合设计要求，稳定安全系数满足设计要求。
（4）坝体渗流控制满足要求，运行工况正常。

企业必须把尾矿库安全评价工作纳入安全管理工作计划，由有资质条件的中介技术服务机构每3年对尾矿库进行一次安全评价。

三、尾矿库的闭库

对停用的尾矿库应按正常库标准和闭库安全评价，进行闭库整治设计，确保尾矿库防洪能力和尾矿坝稳定性满足《尾矿库安全技术规程》的要求，维持尾矿库闭库后长期安全稳定。

根据《尾矿库安全监督管理规定》，尾矿库闭库工作及闭库后的安全管理由原生产经营单位负责。对解散或者关闭破产的生产经营单位，其已关闭或者废弃的尾矿库的管理工作，由生产经营单位出资人或者其上级主管部门负责；无上级主管部门或者出资人不明确的，由县级以上人民政府指定管理单位。

生产经营单位申请尾矿库闭库验收，应当具备下列条件：
（1）尾矿库已停止使用。
（2）闭库安全评价报告已报安全生产监督管理部门备案。
（3）尾矿库闭库设计已经安全生产监督管理部门批准。
（4）有完备的闭库工程施工记录、竣工报告、竣工图和施工监理报告等。
（5）其他相关事项。

尾矿库闭库必须根据闭库设计要求进行工程处理，竣工后经验收方可闭库。闭库后的尾矿库，必须做好坝体及排洪设施的维护。未经论证和批准，不得储水。严禁在尾矿坝和库内进行乱采、滥挖、违章建筑和违章作业。闭库后的尾矿库，未经设计论证和批准，不得重新启用或改作他用。

在用尾矿库进行回采再利用或经批准闭库的尾矿库重新启用或改作他用时，必须按照尾矿库建设的规定进行技术论证、工程设计、安全评价。在尾矿库再利用生产运行过程中必须按尾矿库生产运行的规定确保尾矿库安全。对在用尾矿库或对闭库尾矿库进行回采再利用的，必须严格按照批准的设计规划在库内进行回采、排沙和排水，对于继续使用原尾矿坝和排洪设施的，不得影响尾矿坝和原排洪设施的安全。尾矿库再利用生产完成后，应按尾矿库闭库的规定，进行闭库。

本 章 习 题

1. 尾矿有哪几类？
2. 尾矿设施通常包括哪些？
3. 尾矿库的布置形式有哪些？
4. 尾矿坝的库容指什么？
5. 尾矿坝中的初期坝有哪些类型？
6. 尾矿库筑坝的基本要求是什么？
7. 尾矿库险情预测主要包括哪些内容？
8. 尾矿坝的主要病害有哪些？
9. 如何做好汛期尾矿坝抢险工作？
10. 尾矿库安全检查包括哪些内容？
11. 尾矿库安全度是如何划分的？

第8章 露天矿边坡稳定技术

随着露天开采技术的不断发展，露天矿的有效与合理开采深度不断增加，边坡暴露的高度、面积及维持的时间也不断增加。由于边坡不稳定因素的影响和边坡安全管理的不善，可能会导致露天矿边坡岩体滑动或崩落坍塌，给矿山人员安全、国家财产和矿产资源带来严重的危害和损失。因此，进行露天矿边坡的稳定性研究和定期检测，对于贯彻国家有关安全法规和保证矿山安全生产具有重要意义。

第一节 边坡稳定性的基本概念

一、边坡的概念及其分类

（一）边坡的概念

边坡是坡面、坡顶及其下部一定深度坡体的总称，见图 8-1。边坡的临空斜面称为坡面，坡面与坡顶面的转折部分称为坡肩，边坡的最下部与平地相接部位称为坡脚，坡面与理想水平面交线称为边坡走向线，坡面与理想水平面的最大夹角称为坡角，坡顶面与坡面下部至坡脚范围内的岩（土）体称为坡体。

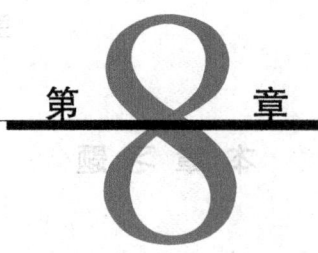

图 8-1 边坡的组成

边坡与滑坡的区别：

（1）边坡是指由于工程原因而开挖或填筑的人工斜坡；滑坡是指由于自然原因而正在蠕动与滑动的自然斜坡。

（2）边坡在工程开挖与填筑前，坡体内不存在滑面，但可以存在未曾滑动的构造面，开挖前坡体无蠕动或滑动迹象；滑坡在坡体中存在天然的滑面，坡体已有蠕动或滑动迹象。

（3）当人工斜坡内存在天然的滑面或引发古老滑坡滑面复活时，称为工程滑坡。反之，当天然斜坡危及工程安全而需治理时，则称为自然边坡。

（二）边坡的分类

根据不同的分类原则和分类标准，可将边坡分为以下几类：

1. 按岩性不同分类

（1）岩质边坡。具体如下：

1）侵入岩类边坡。如花岗岩。岩性较单一，强度较高，一般呈块状结构，常形成陡坡并发育卸荷裂隙。

2）喷出岩类边坡。如玄武岩、凝灰岩、流纹岩、凝灰角砾岩等。强度差别大，裂隙发育。有时具有层状或似层状结构，孔隙性大，边坡形态受产状控制。

3）碎屑沉积岩边坡。如砂岩、砾岩、页岩等。强度差别较大，具有层状结构，边坡形态受岩层产状控制，页岩透水性微弱。

4）碳酸盐岩类边坡。如石灰岩、白云岩等。强度一般较高，多具层状结构；边坡形态受岩层产状和节理裂隙发育特征控制，常形成陡坡悬崖，有时岩溶发育。

5）夹有软弱夹层的沉积岩边坡。如夹有泥化夹层或破碎夹泥层的砂岩、页岩、石灰岩等，具层状结构。

6）软弱岩层边坡。如白垩（第三纪红色粘土岩、泥岩、泥灰岩、页岩等）、半成岩、河湖相砂页岩，强度甚低，易风化、崩解。

7）特殊岩类边坡。含石膏、岩盐等的易溶岩层，强度甚低，易溶于水。

8）变质岩类边坡。如片岩、千枚岩、片麻岩、石英岩等，强度差别大，多呈片状或层状结构，岩体完整性差。

(2) 土质边坡。具体如下：

1）黄土边坡。黄土一般呈棕黄色或淡黄色，多孔，孔隙比一般为40%～50%，以粉粒为主，质地均一，无层理、柱状节理和垂直节理发育，天然状态下含水少，干燥时坚固，可形成直立边坡，但遇水容易剥落或遭受侵蚀。

2）砂性土边坡。指主要由砂或砂性土组成的边坡，以结构较疏松、粘聚力低为特点，作为工程边坡，透水性较大，饱和含水的均质砂土边坡，在振动力作用下，易于液化产生液化边坡。

3）粘土性边坡。粘土以颗粒细密为其主要特征，但由于生成环境的不同，各类粘土的组织结构、物理力学特性等差别较大，对边坡稳定性的影响也不一样。但一般都具有干时坚硬开裂，遇水膨胀分解呈软塑性状的特点。

4）软土边坡。指由淤化、泥炭、淤泥质土以及其他抗剪强度极低的土组成的边坡，粘土由于其抗剪强度极低，流变性征显著，对于边坡稳定性不利。

5）土石混合边坡。指由坚硬岩石碎块和砂土碎屑物质混合组成的边坡，按其形成条件可以分为堆积型（包括沉积、坡积）和残积型。前者土石碎屑经搬运位移，如变形边坡的残留体或坡积体等；后者则为基岩原位风化而成。

2. 按地质环境与人工改造的程度分类

(1) 自然边坡。指未经人工破坏改造的边坡，是由地质构造作用形成的。从地形地貌看，凡是与大气接触的山坡称为自然边坡，如天然沟谷岸坡、山体斜坡等。

(2) 人工边坡。指由于人们从事岩体工程活动，经人工改造所形成的边坡，如水利水电工程中的基坑边坡、渠道边坡、铁路隧道、公路交通开山劈岭修建道路所形成的边坡，以及露天开采所形成的边坡等。

人工边坡一旦开挖，就会破坏自然生态平衡。边坡大面积暴露在大气中，裸露的岩土在外部风化因素作用下，岩（土）质发生变化，导致风化加剧，坡面受到侵蚀，容易失稳，形成滑坡。

3. 按边坡高度不同分类

按边坡高度可分为超高边坡、高边坡、中边坡和低边坡四类，见表8-1。

表 8-1 按边坡高度分类表

边坡类型	高度/m	边坡类型	高度/m
超高边坡	>100	中边坡	20~50
高边坡	50~100	低边坡	<20

4. 按边坡坡度不同分类

按边坡坡度可分为微斜边坡、平缓边坡、陡坡、急坡、悬坡、倒坡六种类型，见表 8-2。

表 8-2 按边坡坡度分类表

边坡类型	坡度/(°)	边坡类型	坡度/(°)
微斜边坡	<5	急坡	35~55
平缓边坡	5~15	悬坡	55~90
陡坡	15~35	倒坡	>90

5. 按变形情况不同分类

（1）未变形边坡。边坡岩体未发生位移变形。

（2）变形边坡。边坡岩体曾发生位移变形。

露天开采时，通常是把矿岩划成一定厚度的水平层，自上而下逐层开采。这样会使露天矿场的周边形成阶梯状的台阶，多个台阶组成的斜坡称为露天矿边帮，即露天矿边坡。

二、边坡的结构及特点

（一）边坡的组成要素

露天开采工程将矿床中部分矿岩采出后，形成了露天采场。露天采场四周由台阶、沟道及其附近土体、岩体组成的斜坡，称为露天矿边坡或露天矿边帮。

露天矿边坡按其在采场所处的位置不同可分为：

1）底帮边坡，指位于矿体底盘一侧的边坡。

2）顶帮边坡，指位于矿体顶盘一侧的边坡。

3）端帮边坡，指位于矿体两端部的边坡。

台阶是露天矿边坡的基本组成部分，其结构要素如图 8-2 所示。台阶上部水平面称为台阶上部平盘，台阶下部水平面称为台阶下部平盘，上、下平盘之间已采掘暴露部分的倾斜面称为台阶坡面，台阶坡面与下部平盘的夹角称为台阶坡面角，上、下平盘之间的垂直距离称为台阶高度，上部平盘与台阶坡面的交线称为台阶坡顶线，下部平盘与台阶坡面的交线称为台阶坡底线。

最终边坡：指已开采结束到达最终

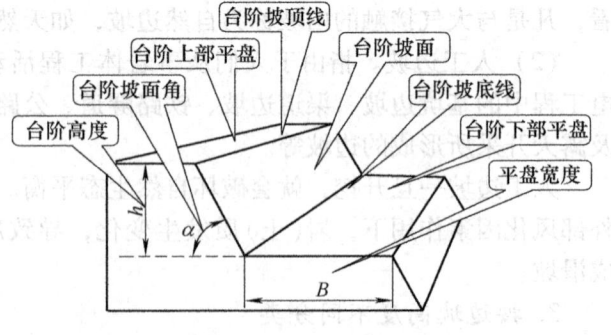

图 8-2 露天矿边坡台阶结构要素示意图

界面后留下的台阶所组成的边坡,其位置一般是固定的,其深度是随着开采深度的增加而不断延伸。

最终边坡角:最终边坡坡面与水平面之间的夹角。

(二) 边坡的特点

露天矿边坡与其他一些工程边坡,如铁路、公路、水库、水坝等形成的边坡相比,有以下一些特点:

(1) 露天矿边坡一般比较高,从几十米到几百米都有,走向长从几百米到数千米,因而边坡暴露的岩层多,边坡各部分地质条件差异大,变化复杂。

(2) 露天矿最终边坡是由上而下逐步形成的,上部边坡服务年限可达几十年,下部边坡服务年限则较短,底部边坡在采矿时即可废止,因此,上、下部边坡的稳定性要求也不相同。

(3) 露天矿每天频繁的穿孔、爆破作业和车辆行进,使边坡岩体经常受到振动影响。

(4) 露天矿边坡是用爆破、机械开挖等手段形成的,坡度是人为强制控制的,暴露岩体一般不加维护,因此,边坡岩体较破碎,并易受风化影响产生次生裂隙,破坏岩体的完整性,降低岩体强度。

(5) 露天矿边坡的稳定性随着开采作业的进行不断发生变化。

三、边坡的破坏类型

边坡岩体由于种种原因,动平衡状态遭到破坏,于是边坡岩体在次生应力和各种外界应力的作用下,局部边坡岩体发生坍塌的现象,称为边坡的破坏。

(一) 边坡岩体的破坏类型

露天矿开采会破坏岩体的稳定状态,使边坡岩体发生变形破坏。边坡破坏的形式主要有崩落、散落、倾倒坍塌和滑动等。

1. 崩塌

崩塌是指边坡上部的岩块在重力作用下,突然以高速脱离母岩而翻滚坠落的急剧变形破坏的现象。这种破坏是边坡表层岩体丧失稳定性的结果,如图 8-3 所示。其特点是在变形破坏过程中,并不是沿某一固定面的滑动,而是以自由坠落为其主要运动形式。经自由坠落脱离母体的碎块迅速下落堆积于坡脚,或在边坡表面上滚动并相互碰撞破碎后的岩块堆积坡脚,形成具有一定自然休止角的岩堆。

崩塌可能是小规模块石的坠落,也可能是大规模的山(岩)崩,这种现象的发生是由于边坡岩体在重力的作用和

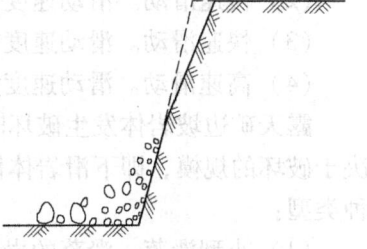

图 8-3 边坡崩塌

附加外力作用下,岩体所受应力(压力)超过其抗拉(抗剪)强度时造成的。因此,崩塌以拉断破坏为主,特别是强烈振动或暴雨,往往是诱发崩塌的主要原因。在黄土岸坡地段,坡脚的侵蚀也可引起岸坡的崩塌。

2. 倾倒

这种破坏形式是因为在边坡内部存在一倾角很陡的结构面,将边坡岩体切割成许多相互平行的块体,而临近坡面的陡立块体缓慢地向坡外弯曲倒塌,边坡的这种破坏形式称为倾

倒，如图8-4所示。

倾倒的特点往往是岩块一般不发生水平或垂直位移，而是以某一点或块体的某一棱线为转动轴心，绕其外侧临空面转动。因此，倾倒是以角变位为其主要变形破坏的形式。在一定条件下，倾倒也可能和滑动同时出现。

产生倾倒的原因，就岩块本身而论，如果不考虑外力的作用，发生倾倒现象是由于产生倾倒力矩造成的，而倾倒力矩的大小，除与岩块的质量、形状有关外，还与岩体所处底面的倾角有关。对于单一岩块，其重力必须落在该岩块所处的底面之外，才有可能产生倾倒。

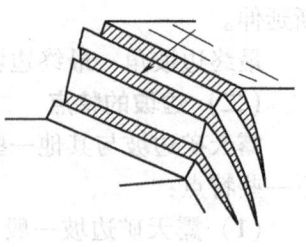

图8-4 边坡倾倒

3. 滑坡

边坡岩(土)体在重力作用下，沿一定的软弱面或软弱带整体下滑的现象称为滑坡。滑坡是山区主要地质灾害，大规模的滑坡可摧毁公路、堵塞河道、破坏厂矿、淹没村庄，对山区建设和交通危害极大。

边坡发生滑动时，一般情况下，在滑坡前滑体的后缘会出现张裂隙，而后缓慢移动。滑动初期速度慢，持续时间长，到后期迅速滑落。它是边坡变形破坏形式中较为常见的一种，是边坡破坏的主要形式。其中滑动规模可以是一个岩块沿某一平面或曲面整体向下滑落，也可能是上百万甚至上千万平方米的山体滑动。其危害程度视滑坡规模的大小而有所不同。

（二）边坡岩体的滑动速度和破坏规模

当边坡岩体发生滑动破坏时，由于受各种因素和条件的影响，其滑动的速度是各不相同的。有的滑动破坏是瞬间发生的，而有的滑动破坏是缓慢的，在一段时间内完成整个破坏过程。

分析边坡岩体破坏时的滑动速度大小，对预防矿山事故是非常重要的。按照边坡岩体的滑动速度，边坡岩体的滑动破坏可分为四种类型：

（1）蠕动滑动。边坡岩体平均滑动速度小于 10^{-5} m/s。

（2）慢速滑动。滑动速度在 10^{-5} m/s 和 10^{-2} m/s 之间。

（3）快速滑动。滑动速度在 0.01m/s 和 1.0m/s 之间

（4）高速滑动。滑动速度大于 1.0m/s。

露天矿边坡岩体发生破坏时所产生的后果不但取决于其破坏的类型、破坏的速度，还取决于破坏的规模，即下滑岩体体积的大小和滑动岩体的范围。边坡岩体的破坏规模可分为四种类型：

（1）小型滑落。滑落的岩体体积在1万 m^3 以下。

（2）中型滑落。滑落的岩体体积一般在1万～10万 m^3 之间。

（3）大型破坏。滑落的岩体体积一般在10万～100万 m^3 之间。

（4）巨型滑落。滑落的岩体体积一般在100万 m^3 以上。

边坡破坏形式、破坏岩体的滑动速度、破坏规模三个要素，在每次边坡破坏过程中都能反映出来。三个要素的综合作用决定了一次边坡破坏过程可能造成的危害。如果在事故发生前能较正确地预测这三个要素，就能提前采取有效的措施，制止边坡破坏的发生或使边坡破坏时所造成的危害减少到最低限度。

四、边坡安全管理

确保露天矿边坡安全是一项综合性工作，包括确定合理的边坡参数，选择适当的开采技术和制定严格的边坡安全管理制度。

（一）确定合理的台阶高度和平台宽度

合理的台阶高度对露天开采的技术经济指标和作业安全都具有重要的意义。确定台阶高度要考虑矿岩的埋藏条件和力学性质、穿爆作业的要求、采掘工作的要求，一般不超过15m。

平台宽度不但影响边坡角的大小，也影响边坡的稳定。工作平台宽度取决于所采用的采掘运输设备的要求和爆堆的宽度。

（二）正确选择台阶坡面角和最终边坡角

台阶坡面角的大小与矿岩性质、穿爆方式、推进方向、矿岩层理方向和节理发育情况等因素有关。工作台阶坡面角的大小在各类矿的安全规程中都作了详细的规定。在一般情况下，其大小取决于矿岩的性质：松软矿岩，工作台阶坡面角不大于所开采矿岩的自然安息角；较稳定的矿岩，工作台阶坡面角不大于55°；坚硬稳固的矿岩，工作台阶坡面角不大于75°。

最终边坡角与岩石的性质、地质构造、水文地质条件、开采深度、边坡存在期限等因素有关。由于这些因素十分复杂，因此，通常参照类似矿山的实际数据来选择各矿的最终边坡角。

（三）选用合理的开采顺序和推进方向

在生产过程中要坚持从上到下的开采顺序，坚持打下向孔或倾斜炮孔，杜绝在作业台阶底部进行掏底开采，避免边坡形成伞檐状和空洞。一般情况下应选用从上盘向下盘的采剥推进方向，做到有计划、有条理的开采。

（四）合理进行爆破作业，减少爆破振动对边坡的影响

由于爆破作业产生的地震可以使岩体的节理张开，因此，在接近边坡地段尽量不采用大规模的齐发爆破，可以采用微差爆破、预裂爆破、减振爆破等控制爆破技术，并严格控制同时爆破的炸药量。在采场内尽量不用抛掷爆破，应采用松动爆破，以防止飞石伤人及减少对边坡的破坏。

（五）建立健全的管理检查制度

矿山必须建立健全的边坡管理和检查制度，当发现边坡上有裂陷可能出现滑落或有大块浮石及伞檐悬在上部时，必须迅速进行处理。处理时要有可靠的安全措施，受到威胁的作业人员和设备要撤到安全地点。

（六）明确各项职责负责人

矿山应选派技术人员或有经验的工人专门负责边坡的管理工作，及时清除隐患，发现边坡有塌滑征兆时，有权制止采剥作业，并向矿的负责人报告。

（七）做好预防工作

对于有边坡滑动倾向的矿山，必须采取有效的安全措施。露天矿有变形和滑动迹象的矿山，必须设立专门观测点，定期观测记录变化情况。

第二节 影响边坡稳定的因素

边坡岩体的稳定性受多种因素的影响，可分为内在因素和外在因素。内在因素主要包括边坡岩体的地层、组成边坡岩体的岩性、地质构造、岩（土）体结构、地应力以及水的作用等；外部因素主要指边坡形态的改造、气象变化、振动作用、工程荷载、植被作用，以及人为因素的影响等。研究分析影响边坡稳定性的因素，特别是研究影响边坡变形破坏的主要因素，是稳定性分析和边坡防治的一项重要任务。

一、地层与岩性

地层与岩性是决定边坡工程地质特征的基本因素，也是研究边坡稳定性的重要依据。因此，地层岩性的差异往往是影响边坡稳定的重要因素。

（一）地层

从边坡变形破坏的特征来看，不同地层不同岩性各有其常见的变形破坏形式。例如，有些地层中滑坡特别发育，这是与该地层中含有特殊的矿物成分和风化物质而在地层内容易形成滑动带有关。高灵敏的海相粘土，裂隙粘土，第三系白垩系，侏罗系红色页岩、泥岩地层，二迭系煤系地层，以及古老的泥质变质岩系（如千枚岩、片岩等）地层，都属于易滑地层。在这些地层形成的边坡稳定性必然较差。

（二）岩性

岩性对边坡的变形破坏也有直接影响。所谓岩性是指组成岩石的物理、化学、水理和力学性质，这些性质的变化或改变，在一定程度上影响着边坡的稳定。由某些岩性组成的边坡在干燥时或在天然状态下是稳定的，一经水浸，特别是岩体在饱水条件下，岩体强度会显著降低，边坡往往会出现失稳。

边坡的滑落主要是剪切破坏，因此，岩体的抗剪强度是衡量边坡岩体稳定性的必要条件。从岩性对力学性质的影响可知，坚硬、致密的岩体的抗剪强度较高，不易发生滑坡；松散、破碎的岩体的抗剪强度低，容易滑坡。

二、地质构造和地应力

（一）地质构造

地质构造主要指在漫长的地质历史发展过程中，地壳在内、外力的作用下，不断运动演变，所造成的地层形态。它对边坡岩体的稳定，特别是对岩质边坡稳定性的影响十分显著。在区域构造比较复杂的地区，边坡的稳定性较差。例如，在我国西南地区的横断山脉地段、金沙江地区的深切峡谷，边坡的崩塌体、滑动体极其发育，常出现超大型滑坡及滑坡群。在金沙江下游，滑坡、崩塌、泥石流新老堆积物到处可见。

边坡地段的岩层褶皱形态和岩层产状，将直接控制边坡变形破坏的形式和规模。至于断层和裂隙破碎带对边坡变形破坏的影响则更为明显，有些断层或节理裂隙本身就是构成滑坡体的滑动面或滑坡的界面。

总之，地质构造是影响边坡稳定的重要因素。对边坡稳定性进行评价时，首先应对本区域内地质构造背景、新构造运动活动特点进行分析研究，以便作为定性评价和定量计算的基础。

(二) 地应力

地应力是控制边坡岩体节理发育裂隙扩展以及边坡变形特征的重要因素。此外，地应力还可直接引起边坡岩体的变形甚至破坏。例如葛州坝水电站，基岩为下白垩纪红色粉砂岩、粘土岩、细砂岩，系一单斜构造，岩层倾角为 $5° \sim 8°$。厂房基础开挖深达 $45 \sim 50 m$，由于厂房基坑的开挖，坑壁出现临空，引起应力释放，使基坑人工边坡内地应力重新调整，引起基坑边坡岩体的软弱夹层产生位移，使岩体沿层面发生错位，急剧变形期达 3 个月之久，平均每月变形约 20mm。而岩体的位移错动方向和实测最大主应力方向相同，但不受岩层倾向控制，甚至沿与岩层倾向相反的方位错动。现场实测最大主应力为 3MPa，其值远大于由重力引起的水平分力。由此可知，基坑边坡岩体逆倾向变形错位，不是由自重应力引起的滑动，也不是由于开挖卸荷所引起的，这是因地应力作用而产生的必然结果。这足以说明：在距地表仅数 10m 的基坑岩体中，有高达 3MPa 的地应力存在。因此，在评价边坡稳定性时，尚需要在现场实测地应力的大小和方向，以便判定它对边坡岩体稳定性的影响程度。

三、岩体结构

近年来，在岩体强度及其稳定性的研究中，证实了岩体中的断层、层理、节理和片理是边坡稳定性的控制因素。所以，结构面被认为是特别重要的影响因素，结构面强度比岩石本身强度低很多，根据岩块强度计算稳定的岩体边坡可以高达数百米，然而岩体内含有不利方位的结构面时，高度不大的边坡也可能发生破坏。其根本原因就在于岩体中有结构面存在，降低了岩体的整体强度，增大了岩体的变形性和流变性，形成了岩体的不均匀性和非连续性。大量边坡的失事证明，一个或多个结构面组合边界的剪切滑移、张拉破坏和错动变形，是造成边坡岩体失稳的主要原因。

从边坡稳定性考虑，要特别研究岩体结构面的下列主要特征。

(一) 结构面的成因类型

结构面按其成因可分为原生结构面、构造结构面和次生结构面三类。

1. 原生结构面

为成岩阶段形成的结构面，按其成岩作用可分为沉积结构面、火成结构面和变质结构面。

2. 构造结构面

这是在地质构造运动中受构造应力作用所产生的破裂面和裂隙带，包括劈理、节理、断层及层间错动等，按力学性质又分为压缩、张拉、扭性、压扭性和张扭性等结构面。

3. 次生结构面

是在原生结构面的基础上，因风化、地下水和卸荷作用，使原有的结构面规模加大以及性质改变的结果。

不同成因的结构面对边坡稳定性的影响程度也不同，一般来说，构造结构面是影响最大的，其次是次生结构面。

(二) 结构面的组数和数量

边坡受一组结构面和多组结构面的切割，其对边坡稳定性的影响程度是不同的。当边坡岩体受多组相互交切的结构面切割时，不仅使整个边坡岩体自由变形的可能性会更大，而且使切割面、滑动面、甚至临空面产生的机会更多，因而组成可能滑动的块体的条件会更多，同时也给地下水活动提供了有利的条件，对边坡稳定性显然是个利的。另外，结构面数量的多少，将直接影响到被切割岩块的形状和大小，它不仅影响到边坡的稳定性，同时也影响到边坡变形破坏的形式。严重破碎的岩体边坡，可能出现类似于土质边坡那样的圆弧形滑动破坏。

（三）结构面的连续性和间距

结构面的规模不同，其延展范围的连续性也不同。大的结构面延展范围大，连续性也好，对边坡稳定性不利。如果结构面之间不能全部贯通，岩体强度有一部分被完整岩石所控制，有利于边坡稳定。因此，在研究节理岩体时要注意它的连续性。在边坡岩体调查中，对结构面的连续性要做定性描述，即观察结构面沿走向和倾向方向上的延展长度，并予以记录。

结构面的间距是指在结构面法线方向上两相邻结构面间的距离。有时也用径度表示其发育程度，因而称为裂隙度。其定义是指在法线方向单位长度上结构面的数目。结构面间距和密度表明岩体结构面的发育程度和被结构面切割岩块的大小。结构面间距小或密度大的边坡岩体易于破坏。因此，在解决工程实际问题时，认真研究结构面的连续性和间距具有十分重要的现实意义。

（四）结构面的起伏度和粗糙度

结构面一般是粗糙不平的，这种特性对结构面的抗剪强度有重要影响，特别是当结构面之间相互镶嵌而没有明显位移的情况下更为明显。结构表面按其起伏不平的程度可用起伏度和粗糙度来表征，规模较大的起伏不平称为起伏度，规模较小的起伏不平称为粗糙度。它们对结构面抗剪强度的影响，一般认为是粗糙度所表征的起伏不平，在岩体滑动的剪切过程中会被剪切掉，从而增大结构面的抗剪强度。而起伏度所表征的起伏不平，在岩体沿结构面滑动的剪切过程中，可能出现两种情况：如果上覆压力（正压力）不大，

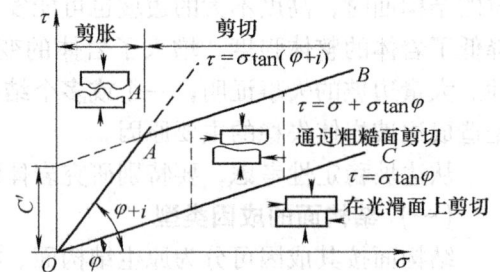

图 8-5 粗糙结构面抗剪强度理想曲线

剪切时只沿表面凸起部分跨越，而凸起部分不会被剪掉，使剪切滑移过程发生剪胀现象。这时结构面的抗剪强度如图 8-5 中 OA 线，其表达式为 $\tau = \sigma\tan(\varphi+i)$。这是由于在剪切过程中结构面岩体上受到正压力和剪应力。

于是，在结构面单位面积 cd 的齿面（粗糙面）上有正应力 σ_i 和切应力 τ_i。从图 8-6 可知：

$$\sigma_i = \sigma\cos i + \tau\sin i \qquad \tau_i = \tau\cos i - \sigma\sin i$$

当处于极限平衡时可得

$$\tau_i = \sigma_i\tan\varphi_j$$

即

$$\tau\cos i - \sigma\sin i = (\sigma\cos i + \tau\sin i)\tan\varphi_j$$

整理后得：

$$\tau = \sigma\frac{\sin(\varphi_j+i)}{\cos(\varphi_j+i)} = \sigma\tan(\varphi_j+i) \tag{8-1}$$

式中 φ_j——结构面内摩擦角；
i——粗糙角（或称爬坡角）。

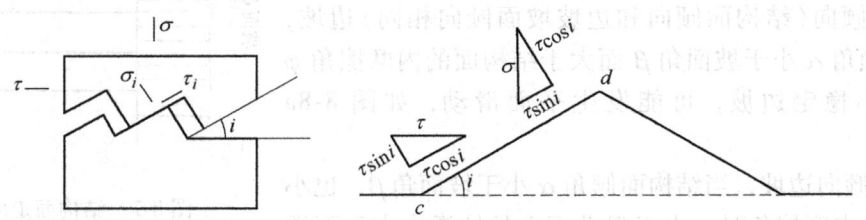

图 8-6 规则齿状楔效应摩擦

当上覆压力很高（即正应力很大）时，在滑动过程中不允许产生剪胀，这时，只有当结构面凸起岩石被剪断，才能沿结构面滑动。由于在剪切过程中增加了结构面凸起岩石的抗力，这种抗力以结构面剪切表面所呈现的内聚力 C' 表示，因而结构面抗剪能力大为提高，其强度曲线如图 8-5 中的 AB 段所示。这时结构面的抗剪强度为：

$$\tau = \sigma \tan\varphi_j + C' \tag{8-2}$$

以上所讨论的仅限于其有同样形状的规则凸起部分的理想模型，而真实的岩体结构面都是由许多不规则的凸起组成的，这时结构面的平均粗糙角 i_c 可以用下式求得：

$$i_c = \frac{i_1 + i_2 + \cdots + i_n}{n} \tag{8-3}$$

式中 $i_1, i_2, \cdots, i_n$——n 个不同的粗糙角。

由此可见，必须注意研究结构面的起伏状况，以便正确确定结构面的抗剪强度。

（五）结构面的结合状态及充填物

结构面的结合状态，充填物的特性及其厚度对结构面的抗剪强度有重要影响，一般有以下几种情况。

（1）结构面是闭合的、干净无充填物，相邻结构面直接接触，结构面的抗剪强度取决于结构面壁的岩性、硬度、表面的粗糙度和起伏度等因素。

（2）结构面是闭合的，但有泥质或矿物质薄膜等，结构面的抗剪强度不仅取决于面的形态（光滑、粗糙）和面壁岩性，而且也取决于这些薄膜的矿物类型及其亲水性。

（3）结构面是张开的，或被大量不连续岩粉、岩屑所充填或者充水充气等，结构面的抗剪强度显著降低或完全丧失。

（4）结构面间被连续的充填物所充填，两相邻的结构面不直接接触，结构面的抗剪强度取决于结构面表面起伏度和充填物的厚度，以及充填物的成分（硅质、钙质、泥质）与其物理力学性质。当结构面上充填物的厚度大于起伏差的高度时，就以充填物的抗剪强度作为计算依据，不应将结构面起伏度的影响考虑在内。

（六）结构面的产状及其与边坡临空面的关系

结构面的产状对边坡岩体是否沿某一结构面滑动起着控制作用。结构面的产状表示结构面在空间的分布与延展的方向，是用走向、倾向和倾角表示的。现就结构面的产状与边坡走向的关系对边坡稳定性的影响进行分析。

（1）当结构面的走向与边坡面的走向近于垂直，结构面对边坡稳定性影响较小，它一般只能作为平面滑动的分离面（剥裂面）或边界面，如图 8-7 所示。

（2）当结构面的走向与边坡面走向近于平行时，则对边坡稳定性的影响取决于结构面的倾角和倾向。

1）同倾向（结构面倾向和边坡坡面倾向相同）边坡，当结构面倾角 α 小于坡面角 β 而大于结构面的内摩擦角 φ 时，则属不稳定边坡，可能发生平面滑动，如图 8-8a 所示。

2）同倾向边坡，当结构面倾角 α 小于坡面角 β，也小于结构面的内摩擦角时，由于滑动面上的抗滑力大于下滑力，故不会滑动，如图 8-8b 所示。

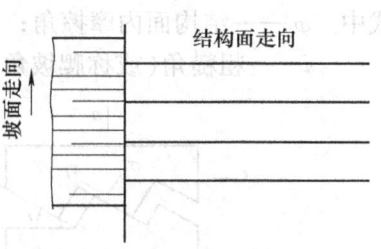

图 8-7　结构面走向与坡面走向近于垂直

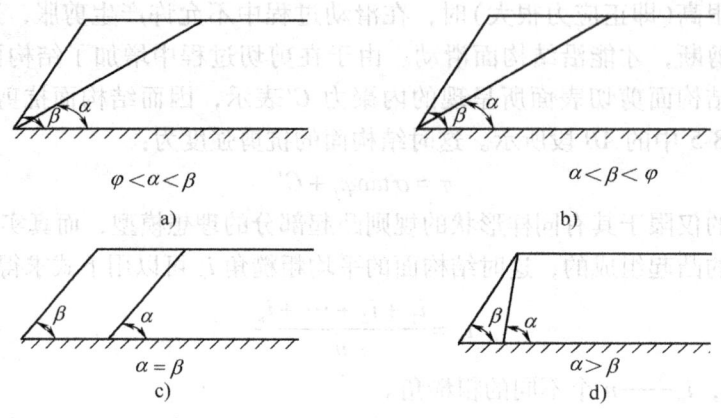

图 8-8　结构面与坡面产状的相互关系

3）结构面倾向与边坡面倾向相同，且两者倾角相等，即 $\alpha=\beta$，属稳定边坡，如图 8-8c 所示。

4）结构面倾向与边坡面倾向相同，结构面的倾角 α 大于边坡面倾角 β 时，也属稳定边坡，如图 8-8d 所示。

（3）当结构面呈水平状态时，这时边坡属稳定边坡，如图 8-9 所示。

（4）当结构面的倾向与边坡坡面倾向方向相反时，边坡也属稳定边坡，如图 8-10 所示。

图 8-9　结构面呈水平状态　　　图 8-10　结构面倾向与坡面倾向相反

从以上分析可以认为：同向缓倾边坡的稳定性较反向坡为差；同向缓倾坡中岩层倾角越小，稳定性越差；水平岩层稳定性较好。

以上是只有一组结构面的情况。当有两组结构面与坡面斜交的情况下，边坡岩体被切割成楔形体，其稳定程度视结构面组合交线与坡面的相互关系而定。

1）当两结构面形成的楔形体组合交线 AB 与坡面倾向相同，其组合交线的倾角 α 小于坡面角 β 但大于结构面内摩擦角 φ 时，则楔形体可能滑动，如图 8-11 所示。

2）当两结构面形成的楔形体的组合交线 AB 的倾角 α 等于或大于坡面角 β 以及组合交线延伸到坡角岩体内部时，边坡均属稳定的，如图 8-12 所示。

必须说明，上述原则只适用于高度小的边坡稳定性的概略评价，作为工程设计的依据，尚需根据岩体力学强度做进一步分析计算。

四、水对边坡稳定的影响

水对边坡岩体稳定性的影响不仅是多方面的，而且是非常活跃的。大量事实证明，大多数边坡岩体的破坏和滑动都与水的作用有关。在某些地区的冰霜解冻和降雨季节，滑坡事故较多，这足以说明水是影响边坡岩体稳定性的重要因素。岩体中的水大部分来自大气降水，因此，在低纬度湿热地带，因大气降水频繁，

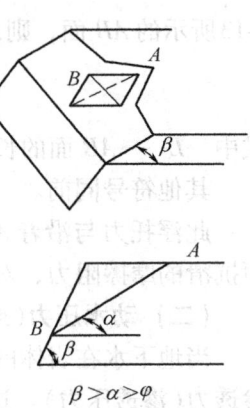

图 8-11 楔形体组合交线与边坡面倾向相同

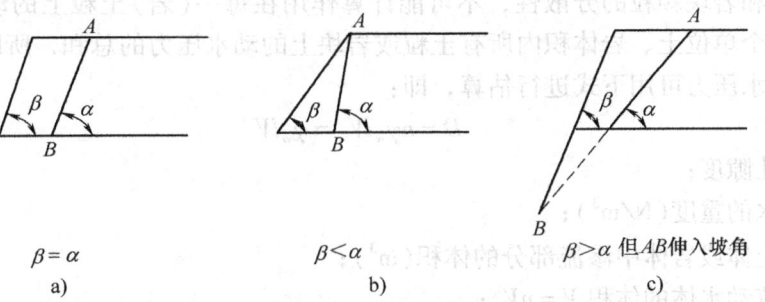

图 8-12 边坡中楔形体组合交线 AB 与坡面的关系

地下水补给丰富，水对边坡岩体稳定性的影响就比干旱地区更为严重。

处于水下的透水边坡岩体将承受水的浮托力，而不透水的边坡岩体坡面将承受静水压力，充水的张裂隙将承受裂隙水静水压力的作用；地下水的渗透流动将对边坡岩体产生动水压力。另外，水对边坡岩体将产生软化、浸蚀等物理化学作用。而水流的冲刷也直接对边坡产生破坏。

水对边坡稳定性的影响，主要体现在以下几方面。

（一）静水压力和浮托力

当地下水赋存于岩体裂隙中时，水对裂隙两壁产生静水压力，如图 8-13 所示。由于边坡岩体位移而产生张裂隙充水，沿裂隙壁产生的静水压力的压强为 $\gamma_w Z_w$，总压力 V 为：

$$V = \frac{1}{2}\gamma_w Z_w^2 \tag{8-4}$$

式中　γ_w——水的重度（N/m^3）；
　　　Z_w——张裂隙充水深度（m）。

当张裂隙中水沿破坏面继续向下流动，流至坡脚出坡面时，沿此裂隙面产生水的浮托力，压力分布如图

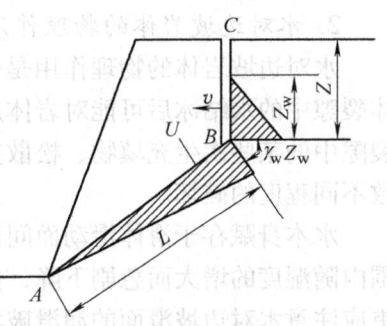

图 8-13 张裂隙充水所产生的静水压力和浮托力

8-13所示的 AB 面，则总浮托力 U 为：

$$U = \frac{1}{2}\gamma_w Z_w L \tag{8-5}$$

式中　L——AB 面的长度(m)；

其他符号同前。

此浮托力与沿着 AB 面作用的正压力方向相反，抵消了一部分正压力，从而减少了沿该面抗滑的摩擦阻力，对边坡稳定不利。

(二) 动水压力(或称渗透力)

当地下水在岩体的裂隙中流动时，施加于所流经的岩石颗粒上的压力称为动水压力或称渗透力(渗透压力)。这是由于地下水在土体或破碎岩体中流动时，受到土颗粒或岩石碎块的阻力，水要流动就得对土颗粒或岩石碎块施以作用力，以克服它们对水的阻力，于是形成了动水压力或渗透力。动水压力的方向与渗透方向一致，动水压力的大小与渗透水流所受到的土颗粒或岩石碎块的阻力数值相等。力的大小与流动的水体的体积和水力梯度有关。

由于土粒和岩块颗粒的分散性，不可能计算作用在每一(岩)土粒上的动水压力，只能计算作用在每个单位土、岩体积内所有土粒或岩块上的动水压力的总和，所以，动水压力是体积力。总动水压力可用下式进行估算，即：

$$D = n\gamma_w l V_w = \gamma_w l V \tag{8-6}$$

式中　n——孔隙度；

　　　γ_w——水的重度(N/m^3)；

　　　V_w——土体或岩体中渗流部分的体积(m^3)；

　　　V——流动水体的体积 $V = nV_m$；

　　　l——水力梯度，指流体从机械能较大的区域向机械能较小的区域流动时，流经每单位长度的水头损失。

(三) 水对边坡岩体的物理化学的破坏作用

1. 水对边坡岩体的物理化学的破坏作用

在一定条件下，岩体矿物吸收或失去水分子而发生水化作用和脱水作用。在吸水或脱水过程中都能引起矿物体积的膨胀或收缩，从而导致岩体松散、破碎或改变其化学成分。特别是当水中含有 CO_2 等气体时，水的化学溶解和潜蚀能力将大为加强，水的有关化学作用和气温的物理作用相配合，将促使风化作用向深部发展和扩散，使岩体的破坏更为严重。

2. 水对边坡岩体的物理作用

水对边坡岩体的物理作用是使岩体碎裂。水在结冰时，其体积增大 10% 左右，渗入岩体裂隙中的水结冰后可能对岩体产生很大的膨胀力，使岩体沿着原有的裂隙迅速开裂。对于裂隙中的某些次生充填物、松散夹层或粘土质软岩，由于水的蒸发也会产生收缩性开裂而导致不同程度的破坏。

水本身赋存于滑体滑动面间而形成了润滑介质，使颗粒间和滑面间的摩擦系数在一定范围内随湿度的增大而急剧下降，使边坡岩体的稳定程度降低，特别是当有粘土质充填物时，更应注意水对边坡滑面的润滑破坏作用。另外，由于水的浸泡使(岩)土体的强度大为降低，形成岩体强度的软化。因此，水的软化作用对岩土质边坡稳定性危害较大。当边坡岩体或软夹层的亲水性强，有易溶于水的矿物，如含盐的粘土质页岩等，浸水后易发生质的变化，使岩石和岩体受到破坏而发生泥化现象，以致影响边坡稳定。对于土质边坡，浸水后的软化现象更加明显，特别是湿润的黄土边坡，遇水后将急剧变形而破坏。

此外，水流冲刷对河谷边坡会产生侵蚀下切，常常截断岩体底部滑面使岩体临空，极易导致滑动。水流冲刷往往是岸坡崩塌的原因。易风化岩层边坡常因地表水流冲刷而迅速变形。在松散砂土中流动的地下水，可将岩体中的细粒冲走，使土体出现管涌而引起边坡变形或破坏。

（四）地下水的存在和水位的高低对边坡稳定性的影响

对软质边坡岩体，其内聚力 $C=4.9$ MPa，内摩擦角 $\varphi=30°$ 时进行理论计算表明，其极限边坡高度 H 和边坡角 β 随地下水位的变化而变化。如图 8-14 给出了 3 种地下水位的计算结果。60m 高的边坡被水饱和后其极限边坡角为 34°，如将地下水完全疏干，则极限边坡角可达 53°；如将地下水疏干一半，那么极限边坡角可达 42°。这说明地下水的存在和水位的高低对边坡稳定的影响。

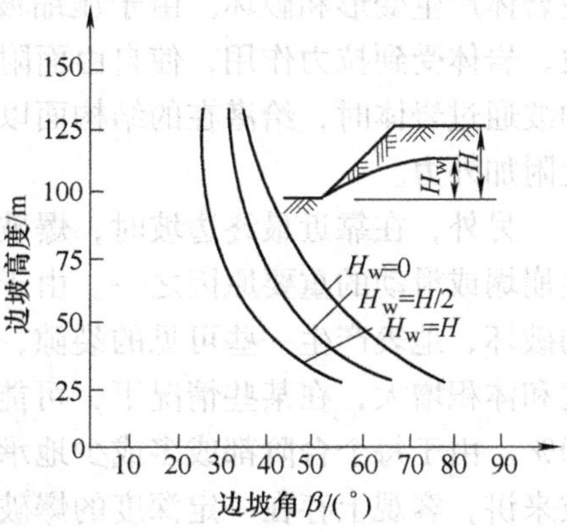

（五）地下水的流动与断层透水性的优劣对边坡稳定性的影响

当边坡岩体有断层存在并有地下水活动时，由于地下水的流动情况与断层透水性的好坏有极大关系，因此，对边坡稳定性的影响和破坏作用也不尽相同。一般有以下几种情况：

图 8-14　地下水位对边坡稳定性的影响

（1）断层透水性较差时，在边坡岩体中起隔墙作用，如图 8-15a 所示。由于断层透水性差，使断层后方水位升高，水压与水深的平方成正比，所以在断层后方会产生较大的静水压力，推促断层前方的边坡岩体向前移动，因而不利于边坡的稳定。

（2）断层透水性良好时，水可能积蓄于坡脚，而降低岩体的粘聚力，不利于边坡稳定，如图 8-15b 所示。

（3）有时透水性良好的断层会起排水的作用，如图 8-15c 所示。它将水引导致下部透水层中，降低坡脚处的水位，因而有利于边坡的稳定。

总之，有地下水活动的情况下，断层对边坡稳定性的影响是多方面的，应根据具体情况分析，然后再做出正确的判断。

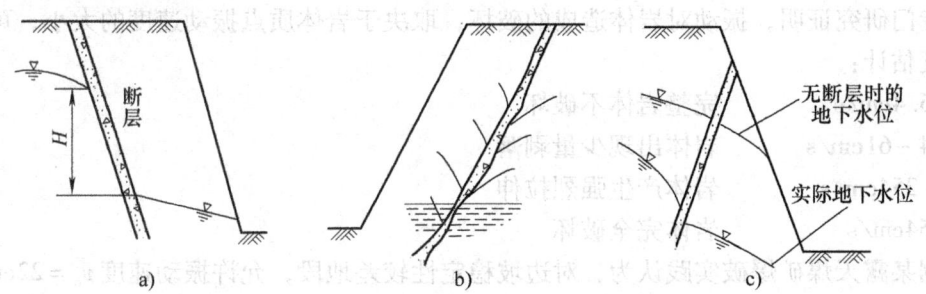

图 8-15　断层透水性能对边坡稳定性的影响

五、振动的作用

（一）振动波对边坡岩体的破坏作用

露天采石场大规模爆破与山区修建道路挖方边坡的爆破产生的冲击波和地震产生的地震波，都可能引起边坡岩体应力的瞬时变化，从而影响边坡的稳定性。长期的采掘爆破可使岩体产生疲劳效应。由于振动波产生的振动可以破坏土、砂颗粒间的联结力，饱水的砂可能出现液化。另外，边坡岩体在爆破动应力的瞬时冲击作用下，由于爆破冲击波向四周传播，致使岩体产生变形和破坏。由于压缩波到达边坡自由面后在岩体内部从自由面开始产生拉伸波，岩体受到拉力作用，使自由面附近岩体中的裂隙裂开、扩展，或产生新的裂隙。爆破振动波通过岩体时，给潜在的结构面以额外的动力，促使边坡破坏，在确定边坡角时必须考虑此附加外力。

另外，在靠近最终边坡时，爆破的后冲作用在边坡上产生龟裂带，这是导致边坡岩体发生崩塌或滑动的重要原因之一。由于龟裂带内岩体受到较为强烈的破坏，地表产生一些可见的裂隙，严重时岩体会产生错动、隆起和体积增大，在某些情况下，可能使边坡岩体强度降低30%~50%。由于每个台阶都或多或少地承受这一影响，因此对整个边坡来讲，客观上存在一定深度的爆破松动带，如图8-16所示。根据某些露天矿观察结果发现，该爆破松动带为10~15m。如果采用合理的先进爆破技术，该爆破松动带的宽度或深度会显著减小。

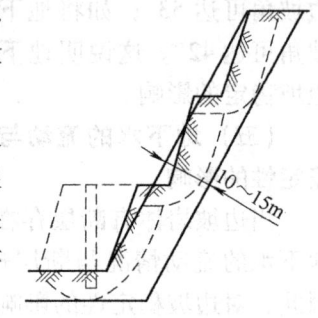

图8-16 边坡岩体上的爆破松动带

地震所产生的横波在地表引起周期性晃动，破坏力最大；纵波引起地表物质上下颠簸，破坏力较小。在地震振动的作用下，首先使边坡岩体的结构面张裂、松弛，地下水状态发生较大的变化，然后在地震力的反复振动冲击下，边坡岩体结构面发生位移变形，直至破坏。据新中国成立后的地震统计资料表明，在30次8级以上的地震中，每次都发生了滑坡。据调查，1974年5月11日云南昭通地区发生7.1级地震，触发新滑坡28处，崩塌39处。地震影响不仅表现在当时引起的崩塌和滑坡，而且由于地震震坏岩体，山体产生裂缝，震后数年内仍继续出现崩塌和滑坡。

（二）振动速度对边坡岩体稳定性的影响

经专门研究证明，振动对岩体造成的破坏，取决于岩体质点振动速度的大小，可用下列临界速度估计：

    <25.4cm/s   完整岩体不破坏
    25.4~61cm/s   岩体出现少量剥落
    61~254cm/s   岩体产生强烈拉伸
    >254cm/s   岩体完全破坏

根据某露天煤矿爆破实践认为，对边坡稳定性较差地段，允许振动速度 $v_c = 22$cm/s；对中等稳定地段，允许振动速度 $v_c = 28$cm/s；对于稳定性较好的地段，允许振动速度 $v_c = 35$cm/s。

对于爆破造成岩体的振动速度，目前研究尚不充分，我国有关部门多使用下列经验公式确定：

$$v = K\left(\frac{\sqrt[3]{Q}}{R}\right)^{\alpha} \tag{8-7}$$

式中 v——边坡岩体质点的振动速度(cm/s)；

Q——一次爆破的炸药量(kg)；

R——测点到爆源的距离(m)；

K——与岩石性质、地质条件、爆破方法有关的地震荷载系数，我国部分实测资料给出 $K = 20 \sim 80$；

α——爆破地震波随距离的衰减系数，一般在 $0.88 \sim 2.8$ 之间。

利用上式计算岩石质点振动速度 v 时，K 与 α 取值的大小必须通过爆破试验进行确定。

（三）爆破振动力的计算

在边坡稳定性定量计算时，不能直接引用振动速度 v 值，而是将它变换为振动力，变换的程序是取爆破地震的实测波图谱，把爆破的主震相作为正弦波处理，根据谐振公式，求出爆破地震造成的岩石质点运动加速度 a，即

$$a = 2\pi f v \tag{8-8}$$

式中 f——主振相的振动频率；

v——质点的振动速度，由式(8-7)计算。

分析边坡稳定性时，为了安全起见，把爆破的地震影响按最不利的条件处理，即把爆破振动力按水平方向指向边坡进行处理（如果垂直边坡则下滑力为零）。将上式计算出的 a 值视为水平加速度。考虑到振动作用在岩石质点上的力属于体积力，故已知水平加速度 a 值后，可以确定各质点的振动力 $F(F = ma)$。事实证明，当爆破振动力对边坡产生破坏作用时，爆破振动力往往大于边坡各质点的岩体重力 $W(W = mg)$。为了简化计算，可取水平爆破振动力 F 为其重力的 K_a 倍，即

$$F = K_a W \qquad ma = K_a mg \tag{8-9}$$

所以

$$K_a = \frac{a}{g}$$

式中 m——振动质点岩体的质量(kg)；

g——重力加速度。

这种方法称为等效静载法，即将动荷载换算成静荷载计算。

关于地震对边坡的稳定性的影响，除地震的级别外，与边坡的岩性、坡度、结构以及地下水等因素有关，根据我国经验，在地震时，各类边坡的相对稳定程度见表8-3。

表 8-3 各类边坡的稳定程度表

稳定因素	评价因素和指标				地下水埋深/m
	坡度和土质		坡度和岩性		
	坡度/(°)	土质	坡度/(°)	岩性	
最不稳定	>25	松散砂土、淤泥质粘土、冲填土	>50	断层破碎带，岩石强烈风化，节理裂隙发育，且充填粘土	0~3

(续)

稳定因素	评价因素和指标				地下水埋深/m
	坡度和土质		坡度和岩性		
	坡度/(°)	土质	坡度/(°)	岩性	
不稳定	10~25	黄土类土、粘性土、新的重力堆积	30~50	中等风化的岩石，裂隙间距20~50cm，裂隙中有少量充填物	3~10
相对稳定	5~10	粗砂、砾石层、含石土、密实的粘土、老的重力堆积	20~30	坚硬完整岩石，风化微弱，节理裂隙较少	>10

在进行边坡稳定性计算时，按照不同地震烈度或震级，采用不同的地震系数。为求地震系数，必须知道地震时在地面产生的水平加速度。我国地震局虽已编制出各地区的地震烈度图，但未给出烈度与地面最大加速度关系的参考值。有关地震造成的地震力尚需深入研究。

六、边坡几何形状及表面形态

（一）边坡的外形

边坡的外形影响边坡的稳定性，其走向的表面形状不同，可影响边坡岩体内的应力性质，如图8-17所示。对于凸形边坡，由于岩体鼓出，两侧水平易受拉应力，所以稳定性较差。对于凹形边坡，由于边坡岩体表面处于二向受压状态，所以稳定性较好。同时，凹形边坡的坡度等高线曲率半径越小，越有利于边坡稳定。某矿区极限边坡角和边坡平面曲率半径调查资料表明：对于凹形边坡，当边坡平面曲率半径为60m时，稳定边坡角为39.5°±9°；当曲率半径增加到300m时，稳定边坡角为27.3°±5°。实践证明：圆形封闭圈的边坡比相同地质条件下的矩形封闭圈的边坡稳定；矩形封闭圈的纵向长度越大，边坡稳定性也越差。

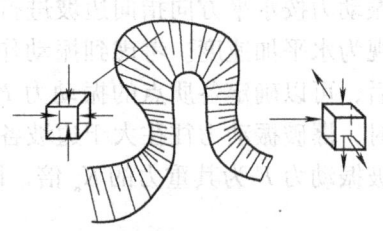

图8-17 边坡平面形状对边坡稳定性的影响

（二）边坡的坡度与高度

对于均质岩土边坡，坡度越陡，坡高越大，其稳定性越不好。当边坡的稳定性受同向倾斜滑动面控制时，边坡的稳定性与边坡坡度的大小关系不大，而主要取决于边坡的高度。另外，当边坡的坡度越陡（即边坡角越大），使坡顶与坡面拉应力带的范围也越大，坡脚应力集中带的最大剪应力增加，不利于边坡稳定。

（三）边坡的断面形状

边坡从垂直断面上看，可分为平面边坡、凸形边坡和凹形边坡3类，如图8-18所示。

1. 平面边坡（也称直线边坡）

在设计中经常采用，这种边坡形式的绘制和计算最简单，但平面边坡是按组成边坡岩体的平均性质考虑的。如果组成边坡岩体的强度有强有弱，且彼此悬殊较大时，即使采用了较大的安全系数，也难免在弱岩层中发生破坏。直线边坡的倾角上下一致，如图8-18b所示。

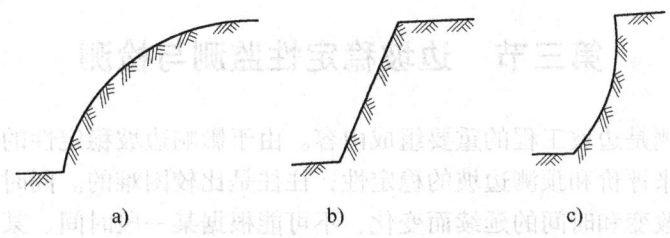

图 8-18 边坡垂直断面形状对边坡稳定性影响

对于露天矿山没有考虑其边坡是逐渐形成的特点，在边坡存在的年代里，往往是上部边坡显得过陡，而下部边坡显得过缓。

2. 凹形边坡

这是根据松散介质力学理论计算出来的边坡，上陡下缓，如图 8-18c 所示。这种边坡与露天矿边坡逐渐形成的历史过程相违背，尽管它有较充分的理论根据，却与实际不相符合。这种边坡比直线边坡在相同的条件下要多挖岩石。

3. 凸形边坡

具有上缓下陡的外形，如图 8-18a 所示。这种边坡符合露天矿边坡形成的时间特点，因此，它是适用于深露天矿边坡的断面形状。

七、其他因素

除上述因素外，气候条件、风化作用、植被生长都可能影响边坡的稳定状况。

1. 风化作用

风化作用使边坡岩体随时间的推移而不断产生破坏，最终也可能严重地威胁边坡稳定。边坡岩体的风化速度和风化程度是比较复杂的问题，一般来说，风化速度与岩石本身的成分、结构和构造有关，同时也与气候条件如温度、湿度、降雨、地下水以及爆破振动等因素有关。强度越小的岩石风化速度越快，温度变化大，降雨量较多的地区，岩石风化速度会加快。服务年限长的深露天矿边坡岩体风化程度比服务年限短的露天矿边坡严重。在同一露天矿，同一岩性的边坡，其上部比下部的风化程度要大，稳定条件相应较差。

2. 人为因素

由于对影响边坡稳定性的因素认识不足，在工程建设或生产建设中，人为地促使边坡破坏，如破坏坡脚、挖空坡脚、坡顶欠挖以及在坡眉附近设有各种建筑物和排土场。有时为了减少基建投资和缩短基建时间，而将排土场设在境界附近，从而加大了边坡上的承载重量，增加了边坡岩体的下滑力，以致发生滑坡。一般情况下，当这些外部荷载超过可能滑动体的岩体重量的 5% 时，应在稳定性的定量分析中考虑它可能带来的影响。显然，考虑到边坡岩体的稳定性，这种外载荷是应该避免或加以限制的。

3. 植被生长的影响

植被的生长也直接影响边坡的稳定，植物根系可保持土质边坡的稳定，通过植物吸收部分地下水有助于保持边坡的干燥。在岩质边坡上，生长在裂隙中的树根有时也是边坡局部崩滑的起因。

第三节 边坡稳定性监测与检测

边坡稳定性监测是边坡工程的重要组成内容。由于影响边坡稳定性的因素十分复杂，通过一般的地质测绘来评价和预测边坡的稳定性，往往是比较困难的。同时，由于边坡的稳定状况随自然条件的改变和时间的延续而变化，不可能根据某一段时间、某一特定自然条件下的勘测资料来准确地预测、评价边坡今后的稳定状况。

边坡稳定性评价的正确途径应当是建立在对边坡地形、地质构造研究的基础上，通过对边坡动态的观测，为边坡稳定性分析提供基础资料，切实掌握边坡岩体的变形规律，了解滑坡体的形态、范围及规模，以便对边坡岩体的未来稳定状况、变形破坏和发展趋势做出预测、预报，从而采取防治措施，使边坡处于安全的、稳定的良好状态。

一、边坡稳定性监测

边坡稳定性监测是边坡工程的重要组成内容。通常是指仪器监测工作，并且一般是在边坡出现一定滑坡迹象后才开始的。自 20 世纪 80 年代以来，我国一些主要露天矿均先后建立了边坡监测系统，边坡监测是由坡表变形监测、边坡地下位移监测和地下水压监测所组成的。边坡监测数据为分析边坡变形动态、变形特征、变形破坏机理以及变形动态预测提供了基础数据，是边坡工程管理的重要环节。

边坡监测的目的，在于及时掌握边坡岩土体重要部位在不同情况下的变形、地下水等状态，为边坡工程的可变更设计及整治效果评价提供数据并反馈信息。

露天矿边坡稳定监测研究的主要内容有：边坡岩体上不同点在空间的移动及其过程，滑落面的形状、大小、倾角及其位置，滑落体的大小、形状和滑落方向，边坡岩体移动对采剥工程和边坡上各种建筑物的危害程度等。

边坡监测工作，不仅只是对变形边坡进行监测，对于稳定性较差的重要边坡，如边坡上有重要建筑物、站场、运输干线等应及早采用监测手段监测边坡的动态，以便及时采取防治措施。

（一）变形及位移监测

边坡岩土体的破坏，一般不是突然发生的，破坏前总是有一段时间的变形发展期。根据边坡岩土体的变形量测，可以判断边坡变形滑动的状态，预测预报边坡的失稳滑动。变形监测又分为地面变形监测和地下变形监测。通过对边坡表面和地下的位移监测，可以及时确定边坡变形的范围、破坏的可能性、破坏的方式、滑动面形态和位置、滑动方向等，对边坡稳定性的判断、边坡地质灾害的防灾救灾对策的制定具有重要价值。

边坡的观测以测量位移为主(包括水平位移和垂直位移)，其次需进行必要的水文地质观测、气象观测、风化速度观测等。按边坡位移观测所采用的手段不同，主要可分为简易观测法、设站观测法、仪表观测法和远程监测法。

1. 简易观测法

简易观测法是通过人工观测边坡中地表裂缝、鼓胀、沉降、坍塌、建筑物变形及地下水位变化、地温变化等现象。

简易观测法对于发生病害的边坡进行观测较为合适，也可结合仪器监测资料综合分析，初步判定滑坡体所处的变形阶段及中短期滑动趋势。即使采用先进的仪表观测，该法仍然是不可缺少的观测方法。

2. 设站观测法

设站观测法是指在充分了解了现场的工程地质背景的基础上，在边坡上设立变形观测点（成线状、网络状），在变形区影响范围之外稳定地点设置固定观测站，用测量仪器（经纬仪、水准仪、测距仪、摄影仪及全站型电子速测仪、GPS 接受机等）定期监测变形区内网点的三维（x,y,z）位移变化的一种行之有效的监测方法。

设站观测的主要的监测方法有大地测量法、摄影监测法、光电测距法等。

（1）大地测量法。

1）观测线的布置。观测线应布置在下列地段：工程地质条件较复杂，如断层、破碎带、风化带、岩层节理等发育地段；受地下水和地表水危害较大的地段；运输枢纽；已形成较高的边坡和服务年限较长的地段；正在进行边坡治理的地段。

观测线的条数取决于滑坡范围（监测范围）的大小、边坡岩石力学性质及地质条件的复杂程度。一般在滑体中央部分、沿预计的最大滑动速度方向（多数情况为大致垂直于露天矿边坡走向方向）布置一条，在其两侧再布置若干条，如图 8-19 所示。对滑体上具有特征性的地方应设专门的观测点进行监测，当发现某些观测点有移动时，可在这些观测点的上、下、左、右增设观测点，以便准确确定边坡移动范围。

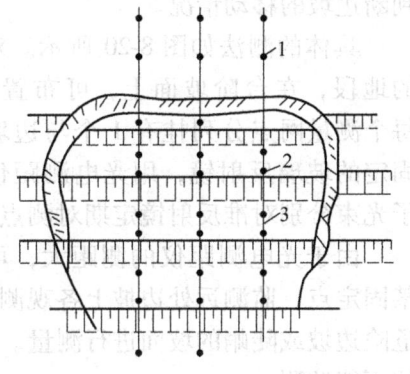

图 8-19 露天矿边坡观测线的布设
1—控制点 2—工作点 3—观测线

2）测点的埋设。观测点设置时应有清楚的中心，以保证精确测量；应便于观测；应保证桩柱与岩体牢固结合，使观测点能真实反映岩体的位移；观测点设置完毕后，应将其控制点与附近三角测量网建立联系，确定其坐标。

观测点须与边坡岩体紧密结合。埋设时可在岩体上打眼，深度不小于 0.5m，插入直径 20mm、长 0.8~1.0m 的金属杆，并灌注混凝土。一般金属杆的顶端加工成半圆球形，离地面不超过 0.3m。

3）观测站的设计。观测站的设计应在比例尺为 1:1000 或 1:2000 的平面图上进行。平面图上应表示出下列内容：采剥工程的进展情况及发展远景；边坡上的主要建筑物；设计观测线和各观测点的位置；观测站与露天矿基本控制网的联测方案。

4）观测资料的分析整理。一般对变形边坡的观测都是为了分析研究边坡变形破坏的规律，其最基本的观测资料为各观测桩的水平位移和高程变化的数据。对这些数据进行系统分析整理后，据以做出客观的判断。

5）位移观测资料的分析判断。根据分析整理的数据判断滑坡体的个数，区分老滑坡体上的局部移动，确定滑坡体的周界，判定主滑线，判定滑床形状，判断两桩间岩体的受力性质，判断边坡岩体的变形特征，判断边坡岩体滑动特征，估算滑床的深度，预报边坡滑移破坏的时间。

（2）摄影监测法。在监测大面积边坡移动的方法中，尚有摄影测量法。该法是用地面摄影经纬仪，在不同的时间内对边坡进行摄影测量。由于摄影照片记录了大量的地面信息，所以，对边坡变形各阶段的照片进行测量分析，比较历次摄影测量的相应点的位置，确定不同时间内边坡移动的特征。每次摄影测量，需从2个固定点对边坡进行全面拍摄，再利用所得照片，用与之专门配套的测图仪确定边坡上各点的空间位置，其原理是测量学的交会法。

摄影测量法的优点是：它测量的不是边坡上个别观测点的移动，而是整个观测视野内边坡上所有点的移动。对人员不能到达的地方也能测量。

常用的摄影经纬仪有 UMK10/1318、UMK20/1318 和 UMK30/1318 等，整套仪器昂贵，资料整理复杂。

(3) 光电测距仪监测。近年来，已广泛使用光电测距仪监测边坡的移动。它是根据光束从仪器传播到设有反光镜的观测点所需的时间来计算测距仪和测点之间的距离，进而判断边坡的移动情况。

具体的测法如图8-20 所示。对需要观测的地段，在台阶坡面上，可布置测量网点，每个测量网点分列挂有1个与边坡岩体表面固定的玻璃反射镜，用光电测距仪发出的电子光束分别对准反射镜定期对测点进行测量。

由于光电测距仪的测距大，可将其设于

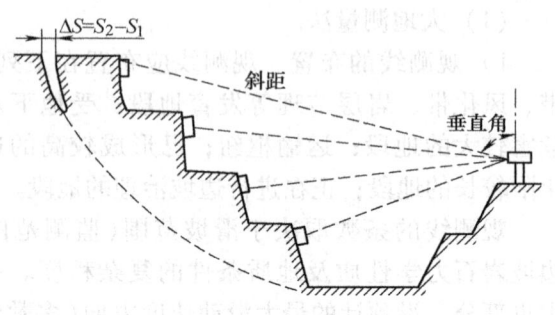

图 8-20 光电测距仪观测

某固定点，监测远处边披上各观测点的移动，因而量测方便。另外，它可对人员难以到达的危险边坡或陡峭的坡面进行测量。但这种方法受气候条件影响较大，在暴雨、大雪和浓雾期间不能监测。

3. 仪表观测法

仪表观测法是指用精密仪表对变形斜坡进行地表及深部的位移、倾斜（沉降）动态、裂缝相对张、闭、沉、错变化及地声、应力应变等物理参数与环境影响因素进行监测。目前，监测仪器的类型，一般可分为位移监测，地下倾斜监测、地下应力测试和环境监测四大类。

4. 远程监测法

伴随着电子技术及计算机技术的发展，各种先进的自动遥控监测系统相继问世，为边坡工程、特别是边坡崩塌和滑坡的自动化连续遥测创造了条件。远距离无线传播是该方法最基本的特点，是当前和今后一个时期滑坡监测发展的方向。

为了保证三峡大坝建成后的安全，以及三峡库区沿岸边坡的稳定，三峡库区拟将采用自动化监测网（即3S工程）进行监测。

近年来由于地理信息系统（Geography Information System，简称 GIS）和全球卫星定位系统（Global Positioning System，简称 GPS）问世，自动化监测技术又有了很大的发展。在 GIS 支持下，融 GPS、遥感（Remote Sensing，简称 RS）以及常规监测手段为一体，可建立完整的变形监侧系统，称为"3S工程"。

采用 GPS 定位技术进行崩滑体变形监测具有下列优点：

(1) 观测不受气候条件限制，可进行全天候监测。

(2) 可同时进行平面位移及垂直位移监测。

(3) 可进行长期连续监测，不会漏过危险的变形信息。

(4) 从数据采集、数据处理到数据分析管理全过程易于实现自动化。

然而，用 GPS 定位技术进行变形监测也存在一些问题，主要有以下几方面：

（1）三峡库区监测点的数量很多，如果全部进行长期连续自动化监测，需要大量的 GPS 接收机，据了解三峡工程仅Ⅰ、Ⅱ级站共有 42 处，按每处平均布设 10 个变形监测点计，共需 420 台 GPS 接收机，这种方案目前是不现实的。

（2）GPS 接收机、太阳能供电装置及通信设备、在野外无人值守的情况下，安全难以保证。

（二）水文监测

水文监测具体可分为降雨监测、地表水监测和地下水监测三类。降雨监测和地表水监测主要进行降雨强度、雨量的监测，地下水监测主要利用垂直钻孔量测水位和水压。

水文监测的目的：

（1）检验稳定性计算和分析时所预测的状态，如果实际地下水状态与预测结果有较大差异，则要重新评价边坡稳定性。监测水压变化，预报不稳定体的破坏状态。

（2）使用采场早期地下水压、水量的观测资料、预测采场向下延伸过程中的地下状态。

（3）检验疏干效果。采用钻孔水压计监测边坡可能破坏体内及可能破坏体后面的地表水头。水压计应布置在有代表性的剖面上，特别是在稳定条件不利的区段，包括：边坡最高、最陡处；岩性软弱或有不利方向的结构面；水文地质条件不利地段。

（三）边坡滑坡预报

露天矿边坡预报包括滑坡地点、滑体的形态和规模及滑坡发生的时间三要素。

1. 滑坡地点的预报

根据工程地质条件、水文地质条件、岩石力学性质及边坡构成要素等，对露天边坡进行稳定性分析，将整个矿区划分为稳定区、比较稳定区、滑动区、极易滑动区等类型，从而对滑坡地点进行预报。根据滑坡地点的预报可以确定边坡监测的重点区域。

2. 滑体形态和规模的预报

可根据滑体滑落面的形状，作滑体形态及规模的计算和预报。

3. 滑体发生时间的预报

在滑体开始滑动后才能进行。滑体从早期征兆出现到滑落完成，都经过初始期、恒速滑动期和加速滑动期，如图 8-21 所示。而加速滑动期的出现及其发展，预示着滑落的来临，即当滑落速度突然大幅度增加时，表明滑坡即将发生。所以，滑坡的速度—时间曲线是滑坡时间预报的重要依据。

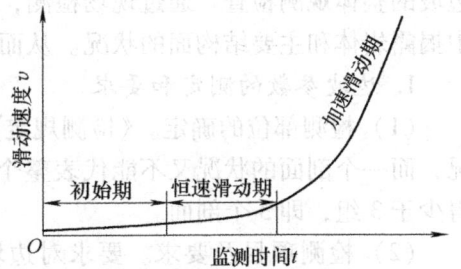

图 8-21　滑体滑落的三个阶段

滑坡发生时间预报的另一个重要依据是位移—时间曲线。一般在边坡滑坡的初始阶段，位移比较均匀，但在发生滑坡前，位移有可能停顿一段时间，尔后位移显著增加，位移曲线呈指数上升，这就是发生滑坡的前兆。依据累计位移与时间关系曲线，可以推测滑坡的日期。

二、边坡检测

检测工作必须根据原劳动部颁布的《乡镇露天矿边坡稳定检测规定》(以下简称《检测规

定》）来进行。主要内容包括：检测工作程序；现场检测工作；检测资料的分折与计算，边坡稳定性评定；检测报告的编写等五个方面。按照《检测规定》要求的方法、步骤、内容、规定完成边坡检测工作。

（一）检测工作程序及准备工作

1. 边坡检测工作程序

根据《检测规定》要求的边坡检测工作程序主要是：矿山提供基础资料→基础资料整理→现场检测工作→检测资料整理→检测结论和意见→提交检测报告书。

2. 边坡检测的各项准备工作

露天矿边坡检测的准备工作是指：与被检单位的联系和基础资料收集两个方面。

（1）联系工作。根据《检测规定》要求：检测单位在定期检测前1个月向被检矿山发出《露天矿边坡检测通知书》，被检矿山在接到通知后10d内应向检测单位返回《露天矿边坡检测通知书回执》，由检测单位根据具体情况确定检测日期。

（2）基础资料收集。根据《检测规定》要求，基础资料是由矿山提供的。一般矿山可以及时提供的资料包括：开采范围、开采方式、基本概况、管理制度等。

根据以上收集基础资料的特点，检测单位应该对被检矿山建立技术档案，以保持检测工作的连贯性。技术档案包括：工程地质资料，有关采剥作业资料，每次检测情况记录和报告书等。

（3）检测人员和设备的配备。检测单位在完成《检测规定》要求的检测任务外，还需要进行被检矿山委托的补做基础资料的工作。这就需要在人员和设备配备上考虑这些问题。

一般检测单位技术人员的配备需考虑：采矿、地质、测量三个专业的技术人员。他们按《检测规定》要求，需同时取得检验人员的资格认可。在一次检测中一般需派出三人以上的检测组。

设备配备较为简单，按照测量的要求，一般可配备经纬仪、水准仪、罗盘、50m卷尺等器具。

（二）现场检测工作

边坡现场检测工作的主要内容有：边坡的各项参数，边坡岩体构造和边坡移动的观测，边坡的整体观测检查。通过现场检测，获得生产矿山各种边坡的基本情况，了解在开采过程中揭露岩体和主要结构面的状况。从而对边坡的稳定程度有一个比较正确的分析和判断。

1. 边坡参数的测定和要求

（1）检测部位的确定。《检测规定》要求测量的一组参数反映的是边坡上一个剖面的状况，而一个剖面的状况又不能代表整个边坡的状况，因此，《检测规定》要求检测的数据不得少于3组，即3个剖面。

（2）检测项目及要求。要求对边坡长度、高度、台阶高度、台阶宽度、台阶坡面角、最终边坡角、生产边坡角、表土剥离宽度进行检测、记录及计算。

（3）检测结果示意图绘制

边坡参数测定后，除了填写检测记录表，还要绘制示意图。示意图分为平面图和剖面图，以形象反映检测剖面所在的边坡形状、上下关系等，以供分析时参考。

2. 边坡岩体构造的踏勘

边坡岩体构造的踏勘，也就是现场工程地质调查。如果矿山已提供较详细的工程地质资料，那么现场踏勘工作主要是根据资料提供的岩石类型、岩体主要构造情况进行现场观测。

对于观测到的对边坡稳定可能有影响的优势结构面，除了查明情况外还需绘制草图，用以反映优势结构面在采场的位置及与边坡的关系等。

3. 采剥工作面违章开采情况的观测

违章开采现象主要是在生产边坡上出现的。在高阶段不分层开采的露天矿场，违章开采对生产边坡稳定有直接的影响，甚至会造成严重的后果，应当对违章开采的形式、违章开采部位进行测定，并绘制违章开采的示意图。

（三）检测资料的分析与计算

边坡稳定性分析方法，大体上可分为岩体结构分析法、数学模型分析法和工程参数类比法三类。这里介绍几种在边坡检测工作中经常能用而且较为简便的方法。

1. 极限平衡分析法

这是一种根据平衡理论的数学模型计算分析方法，主要根据边坡破坏面上抵抗破坏的阻力和破坏力的比值 n 进行判定的。

当 $n<1$ 时，边坡为不稳定状态；当 $n=1$ 时，边坡处于极限平衡状态；当 $n>1$ 时，边坡才处于稳定状态，n 值越大，边坡越稳定。n 值称为"边坡稳定系数"。这种计算方法是结合岩体结构特征进行的。

2. 边坡参数类比分析

通过现场检测，我们对生产矿山的边坡参数进行了有代表性的检测，得到了几组边坡参数，根据《检测规定》要求，对这些参数要按照国家有关规定进行分析。

3. 影响边坡稳定因素的确定

影响边坡稳定的因素在第二节已作了详细介绍。这里主要是介绍对矿山现场检测后，根据检测资料来确定直接影响被检矿山边坡稳定的因素。

（1）边坡参数的影响。在一组边坡测定参数中，对边坡稳定性影响最大的参数是边坡角度，边坡角太陡或太缓都会降低边坡稳定性系数。台阶高度也可能对边坡稳定产生影响，当边坡角为定数时，台阶高度越大则稳定性越低。因此当台阶高度增加，则边坡角就要求降低一些。

（2）优势结构面的影响。对边坡稳定性有直接影响，可能引起岩体滑落的弱结构面称为"优势结构面"。确定优势结构面的影响因素可从两个方面去考虑：一是根据极限平衡分析所得出的结论确定其稳定程度；二是根据结构面的产状、特征等去对照是否可能发生某种类型的破坏。

（四）边坡稳定性评定

检测规定对矿山边坡稳定程度分为两种类型：一是稳定型边坡；二是不稳定型边坡。

1. 稳定型边坡的确定

稳定型边坡必须同时具备以下条件：

（1）边坡的各项参数基本符合国家规定。

（2）岩体特征和主要结构面对边坡稳定基本无影响。

（3）采剥工作面、各类边坡上均没有出现违章开采造成的不稳定状态。

2. 不稳定型边坡的确定

出现下列情况之一的边坡为不稳定型边坡：

（1）边坡的各项参数大部分不符合国家规定要求的。

（2）在某个检测剖面的边坡参数中由于边坡角超过规定要求，可能引起该段边坡岩体发生坍塌破坏的。

（3）采场上部表土层未按规定要求提前剥离，致使边坡上部坡角超过规定要求可能引起表土层倒塌现象的。

（4）经检测分析，采场边坡岩体中存在优势结构面可能造成边坡岩体局部破坏的。

（5）采剥工作面形成的伞檐、阴山、根底、空洞的部位。

（6）各类边坡坡面上存在着浮石、险石，影响下部作业人员安全的。

（7）存在其他影响因素，可能导致边坡岩体局部破坏等后果的。

第四节　滑坡的防治

滑坡的防治是边坡研究和日常边坡管理的重要组成部分。滑坡防治是对可能发生和已经发生的滑坡进行预防和治理，目的是确保边坡附近的厂矿企业、水电设施的正常生产，铁路、公路的正常运营，航运河道畅通无阻，防止灾害事故的发生，确保人员的安全与设备的无损。

一、边坡防治简述

（一）边坡的防治对象

根据边坡的稳定状况及其发展趋势，可将边坡分为稳定边坡、可能失稳边坡和失稳边坡。而边坡的防治主要是针对失稳边坡和可能失稳边坡。从工程的安全出发，并非所有失稳边坡都对工程造成危害。因此，边坡防治的重点是那些因失稳或可能失稳给工程或人民生命财产造成危害的边坡。

在工程实践中，不一定都要通过安全稳定性分析计算来决定是否对边坡进行防治，也可以用经验和类比的方法，根据边坡的地形地质特征、组成边坡岩体的力学性质等，从工程的安全出发，决定是否采取防治措施。因此，除明显的失稳和可能失稳边坡需要治理外，通常以下边坡需要防治：

（1）过高过陡的边坡。

（2）岩性软弱的边坡。

（3）岩体结构不利于抗滑稳定的边坡。

（4）可能出现局部崩落的主要工程边坡。

（二）滑坡的防治原则

滑坡治理工作应贯彻"安全第一、以防为主、防治结合、及时治理、分期实施"的原则。根据线路边坡、航运边坡以及其他人工边坡的重要程度不同，提出相应的治理方案和治理措施。

（三）边坡治理的工作顺序

不稳定的边坡治理工作应该按照一定的程序进行，可以反映出各治理措施的轻重缓急。一般不稳定边坡治理的工程顺序是：

（1）截住并排出流入不稳定边坡区的地表水，防止水的冲蚀、弱化作用。

（2）地下水的疏干措施，减低地下水位，消除静水压力的作用。

(3) 采区边坡削坡措施，减少边坡的静力学载荷，降低边坡载荷。
(4) 采区人工加固措施，强化边坡的力学强度，增加边坡的稳定性。

二、防治方法

(一) 排水疏干

1. 地表排水

一般是在边坡岩体外面修筑排水沟，防止地表水流进边坡岩体表面裂隙中。排水沟要求有一定的坡度，一般为5%；断面大小应满足最大雨水时的排水需要；沟底不能漏水；要经常维护好水沟，不让水沟堵塞。

2. 地下水疏干

地下水是指潜水面以下即饱和带中的水。对于地下水可采取疏干或降低水位的方法减少地下水的危害，这样既可提高现有边坡的稳定性，又可使边坡在保持同样稳定程度的情况下加大边坡角。

地下水的疏干有天然疏干和人工疏干两种。当露天开采切穿天然地下水面时，地下水便向采场渗流。这样，采场就要排水，边坡内的水位降低造成天然疏干。由于岩体中的裂隙不通达边坡表面，因而仅依赖于天然疏干是不够的，还必须配合人工疏干才能达到预期的目的。

(1) 水平疏干孔

从边坡打入水平或接近水平的疏干孔，对于降低张裂隙底部或潜在破坏面附近的水压是有效的。水平疏干孔的位置和间距，取决于边坡的几何形状和岩体中结构面的分布及透水性能。钻孔一般应垂直于岩体的地质结构面，钻孔的倾角应向上仰2°~5°（坡度应不小于10%）；孔径10~15cm，长20~60m，钻孔距10~20m，如图8-22所示。

在坚硬岩石边坡中，水一般沿节理流动，如果水平孔能穿过这些节理，则疏干效果会很好。水平疏干孔的主要优点是，施工比较迅速，安装简便，靠重力疏干，几乎不需要维护，布设灵活，能适应地质条件的变化。缺点是，疏干影响范围有限，且只有在边坡形成后才能安装。

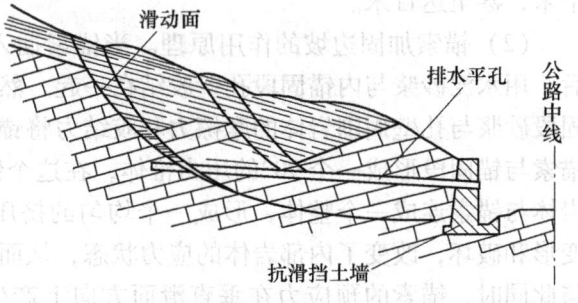

图8-22 平孔

(2) 垂直疏干孔

在边坡顶部钻凿竖直小井，井中配装深井泵或潜水泵，排除边坡岩体裂隙中的地下水，是边坡疏干的有效方法之一。在岩质边坡中疏干井必须垂直于有水的结构面，以利于提高疏干效果。在坚硬岩体中，大部分水是通过构造断裂流动的。

垂直疏干孔与水平疏干孔相比，其主要优点是，它们可以在边坡开挖前安装并开始疏干，而且，不论什么时候安装，这种装置均不与采矿作业相互干扰。采矿前疏干可能有较大好处，因为在某些情况下，疏干井抽水费用可能由于爆破及运输费用的降低而得到弥补。抽出的水常常是清洁的，可用于选矿厂或其他方面。

(3) 地下疏干巷道

在坡面之后的岩石中开挖疏干水源巷道作为大型边坡的疏干措施,往往在经济上是合理的。对于大型边坡,由于钻孔的疏干能力有限,很可能需要打大量的孔。一个给定的边坡,通常只需要一个或二个水源疏干巷道。

(二) 机械加固法

机械加固边坡是通过增大岩石强度来改善边坡的稳定性。采用任何加固方法都要进行工程和经济分析,以论证加固的可行性和经济性。只有当稳固边坡的其他方法诸如放缓边坡角或排水等都不可行或代价更高时,才考虑机械加固法。

1. 锚杆(索)加固边坡

用锚杆(索)加固边坡是一种比较理想的加固方法,可用于具有明显弱面的加固。锚杆是一种高强度的钢杆,锚索则是一种高强度的钢索或钢绳。锚杆(索)的长度从几米到几百米。

锚杆(索)一般由锚头、拉伸段及锚固段三部分组成。锚头在锚杆(索)的外面,它的作用在于给锚杆(索)施加作用力。拉伸段在孔内,其作用在于将锚杆(索)获得的预应力(拉应力)均匀地传给锚杆孔的围岩,增大滑面或滑动面上的法向应力(正应力),从而提高抗滑力。另一方面,对于坚硬而又较破碎的岩石,锚杆的预应力可使锚杆孔围岩产生压应力,从而增大了破碎岩块间的摩擦阻力,提高了围岩的抗剪强度。对于非预应力锚杆,只在安装完后锚杆受拉时,将应力均匀地传给围岩。锚固段在锚杆(索)孔的孔底,它的作用在于提供锚固力。

(1) 锚索加固的实质。锚索加固主要是用多根钢绞线及其有关的附件等组成的锚索,通过钻孔将不稳定的滑坡实体锚固在深部稳定的岩体中,从而提高边坡不稳定部分岩体的整体性和稳定性。特别是锚索构件受预应力时,潜在的滑动面上的有效压力增加很多,因而使抗滑力增大,于是边坡的稳定性得到了增强。目前,预应力锚索的安装深度已从十几米到几十米,甚至达百米。

(2) 锚索加固边坡的作用原理。当锚索插入钻孔通过不稳定体到达稳定岩体一定深度后,用水泥砂浆与内锚固段孔壁胶结在一起,然后用拉力设备给锚索施加预应力,通过内锚固段砂浆与孔壁周围岩体的摩擦力和胶结力将锚索的应力传递到深部稳定岩体中去。此时,锚索与锚固段形成一个90°的压力锥体,在这个锥体范围内的岩体互相挤压,把锚索周围的岩体与锚索连成一个整体,形成一个均匀的挤压带,如图8-23所示。这样就阻止了岩体的变形和破坏,改变了内部岩体的应力状态,从而提高了边坡不稳定部分的整体性和稳定性。与此同时,锚索的预应力在垂直滑面方向上产生了对滑动面的正压力,这一正压力使滑面处的岩石摩擦力增大,从而有利于滑体的稳定。

(3) 锚索加固的适用条件。由于锚索注浆时有相当一部分浆液被压入裂隙和充填破碎区,这可起到增加岩体的整体性,达到提高岩体稳定性的作用。因此,预应力锚索加固适用于岩体破碎、产状紊乱、整体性差、轻度碎裂的岩体,以及岩层风化剥落、鼓胀变形严重、风化层较厚、防护面积较大的大型滑坡体。对于边坡高、坡率陡、岩性复杂破碎、力学性能差的边坡岩体,应用预应力锚索也能取得很好的加固

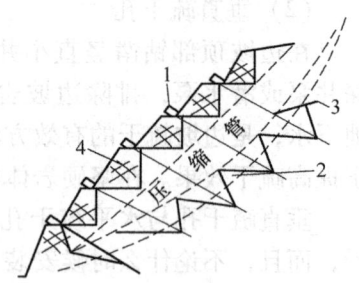

图8-23 锚索加固边坡的作用
1—锚头 2—内锚固段 3—张拉段
4—未锚固的边坡表面

效果。在有裂隙的坚硬岩体地段，为了增强边坡滑动面上的正压力，提高滑面上的抗滑力或固定松动危岩，也可采用预应力锚索。

预应力锚索不宜用于难以提供较高锚固力的土质工程，尤其是软土工程中，即便在土质工程中使用预应力锚杆，也不能设计较高的预应力吨位，通常只宜采用低预应力锚杆。

2. 注浆法加固边坡

（1）注浆加固的实质。注浆加固是通过注浆管，在一定的压力作用下使浆液进入边坡岩体裂隙中。一方面用浆液使裂隙和破碎岩体固结，将破碎岩石粘结为一个整体，成为破碎岩石中的稳定的骨架，提高了围岩的强度；另一方面堵塞了地下水的通道，减小水对边坡的危害。要使注浆能达到预期效果，注浆前必须准确了解边坡变形破坏的主滑面的深度及形状，以便使注浆管下到滑面以下的有利位置。注浆管可安装在注浆钻孔中，也可直接打入。注浆压力可根据孔的深度和岩体发育程度等因素确定。

（2）注浆加固的适用条件。注浆加固多采用水泥注浆或水泥-水玻璃注浆。水泥注浆一般适用于处理节理岩石的边坡和岩质滑坡的滑面，但当节理裂隙小于 0.15mm 时，再采用水泥注浆就不会取得好的效果。原因是即使很细的水泥（粒径为 $30 \sim 50 \mu m$）也不能进入这样的小裂隙内。水泥注浆也可用于砾石类土和粗砂土层，因为此类土的空隙直径一般都大于 0.15mm，但是对于粘性土和细砂层来说是不适用的。

如果空隙很大，尤其是在岩土中地下水流速很大时，不宜用水泥注浆。当地下水流速大于 600m/d 时，采用注浆的可能性和效果应该根据试验结果决定。

3. 抗滑桩加固边坡

（1）抗滑桩加固的实质。抗滑桩是穿过滑坡体固定于滑床的桩体，抗滑桩加固是利用桩埋入稳定的岩体内，使滑坡体下滑力的一部分由桩体承受，另一部分通过桩体传入稳固的岩体中去，从而达到支挡滑体的滑动力、保持边坡稳定的目的。

（2）抗滑桩的分类。

1）按桩本身变形情况分类可分为刚性桩和弹性桩。

① 刚性桩。刚性桩的相对刚度视为无限大，其在水平方向的极限承载力和变形大小只取决于土岩的性质和抗滑力大小，而与桩的实际刚度无关。

② 弹性桩。弹性桩则应考虑桩本身的变形，另外根据桩埋入滑动面以下深度的不同来判定桩的性质。

2）按桩体材料分类可分为钢材桩、混凝土桩和钢筋混凝土桩、木桩。

① 钢材桩。有钢管桩、钢轨桩、钢钎桩、钢板桩等几种。单纯使用钢材桩时要有防锈、防腐的措施，以免日久失效。

② 混凝土桩和钢筋混凝土桩。在滑坡治理工程中多用钢筋混凝土桩。

③ 木桩。仅适用于一部分小型的土体（如粘土、黄土等）滑动体的阻挡，或临时支挡土体推力。由于其强度低、抗水性能差，一般很少采用，只能作为临时支挡措施。

3）按桩体埋置情况分类可分为悬臂式桩和全埋式桩。

① 悬臂式桩。当桩前滑面以上土体少或无土体的，可以按悬臂式桩进行桩的内力计算。

② 全埋式桩。当桩前滑面以上土体较厚时，作为全埋式桩进行内力计算。

4）按施工方法分类可分为钻孔桩和挖孔桩。

① 钻孔桩。用机械设备在设桩处钻孔，形成的抗滑桩，桩径为 500~1000mm。在滑坡

治理工程中，钻孔桩使用较少，一方面由于桩径小，抗滑力较低；另一方面使用大型钻孔机械在滑体上施工不利于滑坡的稳定，且施工工艺复杂。

② 挖孔桩。用人工在设桩处开挖成矩形或圆形的桩孔，再用钢筋混凝土浇筑成的解体，矩形的边长为 2~4m。挖孔桩在边坡防治中普遍采用。

4. 挡土墙加固边坡

挡土墙是一种阻止松散材料的人工构筑物，它既可单一地用作小型滑坡的阻挡物，又可作为治理大型滑坡的综合措施之一。挡土墙的作用原理是，依靠本身的重量及其结构的强度来抵抗坡体的下滑力和倾倒。因此，为了确保其抗滑的效果，应注意设置挡土墙的位置，一般情况下，挡土墙多设在不稳定边坡的前缘或坡脚部位。

（1）挡土墙的作用。挡土墙是用来支撑路基填土或山坡土（岩）体，防止填土或土（岩）体变形失稳的一种构造物。在路基工程中，挡土墙可用以稳定路堤和路堑边坡，减少土石方工程量和占地面积，防止流水冲刷路基，并经常用于整治塌方、滑坡等路基病害。另外在桥梁、房屋建筑、露天矿山以及其他许多工程中常常应用挡土墙维护边坡的稳定。

（2）土墙的组成。挡土墙的各个部分的名称如图 8-24 所示。墙身靠填土（或山体）一侧称为"墙背"（亦称墙后），大部分外露的一侧称为"墙面"（也称"墙前"或"墙胸"），墙的顶面部分称为"墙顶"，墙的底面部分称为"墙底"。墙背与墙底的交接处称为"墙踵"，墙面与墙底交接处称为"墙趾"。墙背与竖直面的夹角称为"墙背倾角"，工程上常用单位墙高与其水平长度之比表示（即 $1:n$）。墙踵到墙顶的垂直距离称为"墙高"。

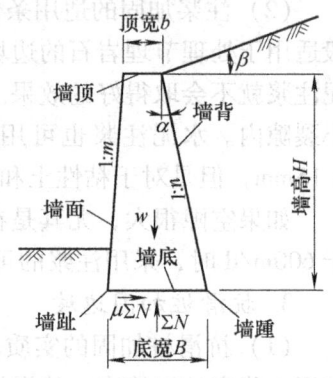

图 8-24 挡土墙各部分名称

根据挡土墙在路基横断面上的位置，可分为路肩墙、路堤墙和路堑墙。当墙顶置于路肩时，称为"路肩式挡土墙"，如图 8-25a 所示；如挡土墙支撑路堤边坡时，称为"路堤式挡土墙"，如图 8-25b 所示；挡土墙用于稳定路堑边坡，称为"路堑边坡挡土墙"，如图 8-25c 所示。此外，还有设置在山坡上的挡土墙用于整治滑坡的抗滑挡土墙等。

（3）挡土墙的类型。挡土墙类型的划分方法较多，除按挡土墙设置位置划分外，还有

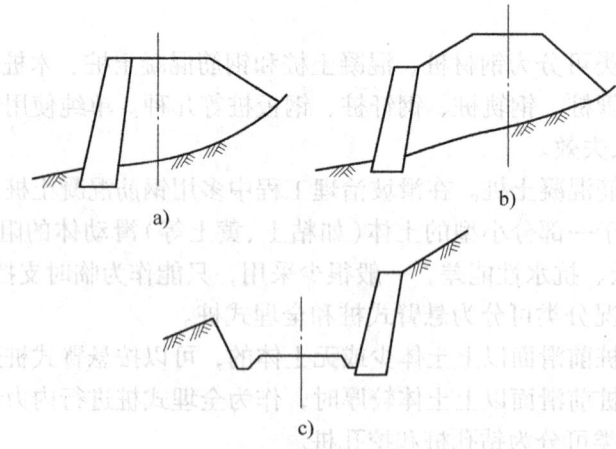

图 8-25 设置在不同位置上的挡土墙

按结构形式、建筑材料、施工方法以及所处环境条件等进行划分。如按建筑材料可分为石、混凝土及钢筋混凝土挡土墙等，按所处环境不同可分为一般地区挡土墙、浸水地区挡土墙与地震地区挡土墙等。

一般以挡土墙的结构形式分类为主，常见的挡土墙形式有：重力式挡土墙（包括衡重式挡土墙）、薄壁式挡土墙（包括悬臂式和扶壁式挡土墙）、加筋式挡土墙、锚杆式和锚定板式挡土墙。此外，还有竖向预应力锚杆式、土钉式及桩板式等挡土墙。

5. 喷射混凝土加固边坡

喷射混凝土是边坡的表面处理。它可以及时封闭边坡表层的岩石，免受风化、潮解和剥落，同时又可以加固岩石、提高岩石的强度。喷射混凝土可单独用来加固边坡，也可以和锚杆配合使用。对边坡喷射混凝土时，其回弹量的大小主要决定于喷射手的技术和是否加速凝剂。喷层的厚度一般约为10cm。为了提高喷射混凝土的强度，特别是提高抗拉强度和可塑性，可加设钢筋网。有时也可以在喷射混凝土干料中加入钢丝或玻璃纤维以提高其抗拉强度，这叫"钢丝纤维补强混凝土"。

（三）周边爆破法

目前，矿山广泛采用高台阶、大直径炮孔和高威力炸药，有效地降低了采矿成本。但这些措施也造成了爆破区能量集中，以致引起最终边坡的严重后冲破裂问题。如果对后冲破裂作用不加以控制，最终势必要降低采场边坡角，随之造成剥采比增加的不良经济效果。此外，还将产生更多的坡面松动岩石，使设计的安全平台变窄、失效或并段，使工作条件恶化。虽然可以采取一些补救措施，诸如大面积地撬浮石，使用钢丝网或其他人工加固措施，但价格昂贵，且难以实现。应当考虑大型爆破节省的资金与维护边坡质量花费的资金之间的平衡，最后得出最好的解决方法是，控制爆破的影响，即采用控制爆破，以便不损坏边坡岩石的固有强度。

露天矿山通常采用的控制爆破方法有减振爆破、缓冲爆破、预裂爆破。设计这些方法的目的是，使露天矿周边边坡每平方米面积上产生低的爆炸能集中，同时控制生产爆破的能量集中，以便不破坏最终边坡。通过采用低威力炸药、不耦合装药与间隔装药、减小炮孔直径、改变抵抗线和孔距等方法，可以实现最终边坡上的低能量集中。

1. 减振爆破

减振爆破是最简单的一种控制爆破方法。这种方法通常与某种其他控制爆破技术联合使用，诸如预裂爆破等。减振爆破是控制爆破中最经济的一种，因为它缩小了爆破孔距。减振爆破服从的一般法则是，抵抗线不超过孔距，通常采用抵抗线与孔距之比为0.8。如果比值过大，就可能产生爆破大块，并在爆破孔周围形成爆破漏斗。如果药包受到过分的约束，就不能破碎到自由面。如果孔距过大，每对爆破孔之间可能保留凸状岩块在坡面上。

减振爆破只有在岩层相当坚硬时才单独使用。它可能产生较小的顶部龟裂或后冲破裂，但其破坏程度较之根本不采用控制爆破的主生产爆破产生的破坏要低。

2. 缓冲爆破

缓冲爆破是沿着预先设计的挖掘界限爆裂，但在主生产爆破孔爆破之后起爆这些缓冲爆破孔。缓冲爆破的目的是从边帮上削平或修整多余的岩石，以提高边坡的稳定性。

为了取得最佳的缓冲效果，全部缓冲爆破孔应该同时起爆。在坚硬岩石中，抵抗线与孔距之比应为0.8～1.25；在非常破碎或软弱岩石中，该比值应为0.5～0.8。沿预先设计的挖掘线呈线状穿，少量装药并起爆，削掉多余的岩石。爆破孔直径一般为 10~18cm，孔距为 1.6~2.4m，可以通过低密度散装药降低装药量，从而相应地改善了这种方法的经济效果。缓冲爆破得到与预裂爆破相类似的结果。在坚硬岩石中，爆破后暴露的边坡面平滑整洁，且残留孔痕明显可见。

3. 预裂爆破

预裂爆破是最成功、应用最广泛的一种控制爆破方法。在生产爆破之前起爆一排少量装药的密间距的爆破孔，使之沿设计挖掘界限形成一条连续的张开裂缝，以便散逸生产爆破所产生的膨胀气体。减震爆破孔排可用来使预裂线免受生产爆破的影响。预裂爆破的目的是对特定岩石和孔距，通过特殊的方式装药，使孔壁压力能爆裂岩石，但仍不超过它们原位动态抗压强度，以及爆破孔周围岩石不发生压碎。因为大多数岩石的爆压均大于 $6.8 \times 10^8 Pa$，而大多数岩石的抗压强度都不大于 $4.1 \times 10^8 Pa$，所以必须降低爆压。降低爆压可通过采用不耦合装药、间隔装药或低密度炸药来实现。

三、煤矿、金属矿和非金属矿边坡的治理特点

露天煤矿，在煤层上部的覆盖岩层大都是第四系软土和鹅卵石砾岩，煤层下部是第三系地层的沉积岩层，岩性较软，整体性和强度较差，属于泥岩、泥质粉砂岩、砂质泥岩、粉砂岩及页岩等岩性。故在治理边坡方面，多采用削坡减载和配合打抗滑桩的方法进行。如在云南省的小龙潭露天煤矿、楚雄吕合露天煤矿、华宁露天煤矿都用以上方法治理边坡，取得较好的效果。

金属露天矿，多数矿山的岩层坚固性较好，多数属于火成岩和变质岩，一般采用锚杆（索）及金属网加固边坡。昆钢罗茨露天铁矿的边坡，采取锚杆（索）加固边坡，在坡面上铺金属网，并喷射混凝土砂浆，其作用是防止坡面碎石滚落和风化，获得治理边坡的稳定效果。

非金属露天矿的岩性介于以上两者之间，如开采石灰石、磷矿、硅土矿等，可根据岩层的具体情况，采取相应治理边坡的方法。有的矿山采用削坡减载和打抗滑桩的方法治理边坡，如昆阳磷矿和晋宁磷矿采用削坡减载的方法治理边坡，使用效果较好。

本 章 习 题

1. 简述边坡与滑坡的区别。
2. 边坡由哪几部分组成？
3. 简述影响边坡稳定性的因素。
4. 边坡变形监测主要有哪几种方法？每种方法的优缺点是什么？
5. 简要说明边坡检测的步骤。
6. 边坡的防治主要有哪几类方法？每类方法的特点及适用范围是什么？
7. 叙述爆破和爆炸的概念。
8. 如何对工业炸药进行分类？
9. 起爆有哪几种方法？
10. 如何预防爆破事故？
11. 简述爆破事故的分类。
12. 简述瓦斯煤尘的安全标准及防爆措施。
13. 简述爆后检查的内容。

矿山应急救援

安全生产工作由源头管理、过程控制、应急救援和事故查处四个部分构成,应急救援在安全生产工作的总体布局中具有相当重要的地位和作用。应急救援是"安全第一、预防为主"方针在安全生产工作中的有益补充,矿山应急救援是安全生产应急救援工作的重要组成部分。在矿山生产安全事故发生后,积极有效地实施应急救援,对最大程度地减少人员伤亡和财产损失、尽快恢复生产、迅速稳定矿区秩序起着至关重要的作用。近年来,我国矿山应急救援工作得到了较快发展,在减少矿山事故人员伤亡和财产损失、促进矿山安全生产方面发挥了重要作用。

第一节 矿山应急救援体系

一、矿山救护及应急救援管理体系

矿山救护及应急救援是一项庞大、复杂的系统工程,需要建立强有力的全国性的管理系统。其主要职责是组织、指导和协调矿山救护工作,履行矿山救护及其应急救援行业管理的职能。

为满足矿山安全生产的需要,国家安全生产监督管理局(国家煤矿安全监察局)矿山救援指挥中心(以下简称国家局矿山救援指挥中心)正在筹建当中。在国家安全生产监督管理局领导下,即将成立国家矿山救护及应急救援委员会。委员会主任、副主任将由国家安全生产监督管理局(国家煤矿安全监察局)领导同志兼任;委员由国家安全生产监督管理局的有关司、室负责人、省局及省矿山救援指挥中心负责人、矿山救护队指挥员、矿山救护专家等组成。救援委员会办事机构设在国家局矿山救援指挥中心。

二、矿山救护及应急救援组织体系

(一)国家安全生产监督管理局矿山救援指挥中心

国家安全生产监督管理局成立矿山救援指挥中心,作为国家矿山救护及其应急救援委员会的办事机构,负责组织、指导和协调全国矿山救护及应急救援的日常工作;组织研究制定有关矿山救护的工作条例、技术规程、方针政策;组织开展矿山救护技术的国际交流等;组织指导矿山救护的技术培训和救护队的质量审查认证,以及对安全产品的性能检测和生产厂家的质量保证体系的检查。矿山救援指挥中心配备具有实战经验的指挥员,具备技术支持能力。当矿山发生重大(复杂)灾变事故,需要得到矿山救援指挥中心技术支持时,矿山救援指挥中心可协调全国救援力量，协助制定救灾方案，提出技术意见，并对复杂事故的调查分析取证提供足够的技术支持。

（二）省级矿山救援指挥中心

在省级煤矿安全监察机构或省负责煤矿安全监察的部门设立省级矿山救援指挥中心，负责组织、指导和协调所辖区域的矿山救护及其应急救援工作。省级矿山救援指挥中心，业务上将接受国家局矿山救援指挥中心的领导。

（三）区域救护大队

区域救护大队是区域内矿山抢险救灾技术支持中心。具有救护专家、救护设备和演习训练中心。为保证有较强的战斗力，区域救护大队必须拥有2个以上的救护中队，每个救护中队应不少于3个救护小队，每个救护小队至少由9名队员组成。

区域救护大队的主要任务是：制定区域内的各矿救灾方案，协调使用大型救灾设备和出动人员，实施区域力量协调抢救；培训矿山救护队指战员；参与矿山救护队技术装备的开发和试验；必要时执行跨区域的应急救援任务。

国家矿山救援指挥中心的建立，将有效地对矿山的灾险救护提供保障，并能更好地促进以预防为主的矿山安全生产。

（四）矿山救护队

各矿山救护队的设置，将充分利用现有的救护资源，暂时维持目前现有的管理体制和资金渠道，但要根据周边各矿的分布特点扩大服务范围。

三、矿山救护及应急救援支持体系

（一）技术支持体系

矿山应急救援工作具有技术强、难度大和情况复杂多变、处理困难等特点，一旦发生爆炸或火灾等灾变事故，往往需要动用数支矿山救护队。为了保证矿山应急救援的有效、顺利进行，必须建立应急救援技术支持体系。根据煤矿应急救援组织结构，它将分级设立、分级运作，统一指挥、统一协调，形成强有力的技术支撑。

国家局矿山救援指挥中心的技术支持职能，将由各职能处室履行。主要是对重大恶性事故、极复杂灾变事故的救护及其应急救援提供技术支持。

区域救护大队是区域内矿山应急救援技术支持中心。可利用国家的重点资金支持，来提高其技术水平、装备水平和作战能力，能够对本区域的应急救援提供支持和保障。必要时，在国家局矿山救援指挥中心的协调和指导下，可提供跨区域的应急救援技术支持和帮助。

为了促进矿山救护技术的发展和技术进步，促进矿山应急救援整体水平的提高，在组建国家矿山救援指挥中心的同时，还将组建国家矿山救护技术实验中心和国家矿山救护技术培训中心。

（二）矿山应急救援信息网络体系

建设矿山应急救援信息网络和通信体系，将采取分步实施的办法。首先在国家局矿山救援指挥中心、各省矿山救援指挥中心与区域救援大队、矿山救护队之间联成网络；然后再与各煤炭企业联成网络，逐步扩大覆盖面，提高快速反应能力。

在矿山应急救援信息网络体系中，它既包含矿山应急救援工作的信息网络，也包含为矿山全面服务的信息系统。为保证应急救援的需要，还将逐步建立起救灾远程会商视频系统。

(三) 矿山救护及其应急救援装备保障体系

为保证矿山应急救援的及时、有效，以及具备对重大、复杂灾变事故的应急处理能力，必须建立矿山救护及其应急救援装备保障体系，以形成全方位应急救援装备的支持和保障。

国家局矿山救援指挥中心将配备先进、具备较高技术含量的救灾技术装备，为重大、复杂事故的抢险救灾提供可靠的装备支持。

区域救护大队除按矿山救护大队进行装备外，还应根据区域内矿山灾害特点，配备较先进和关键性的救灾技术装备，一旦发生较大灾变事故，即可迅速投入使用，并对其他矿山救护队也能形成有力的装备支持。区域救护大队是我国矿山应急救援的中坚力量，要不断加快加强技术装备和更新改造的步伐，要具有与其作用和地位相称的装备水平。

矿山救护队还要根据有关要求进行应急救援设施、设备、材料的储备。如建立消防系统、消防材料库等。矿山救护队还应对矿山应急救援装备材料的储备、布局和状态实施有效监督。

(四) 矿山救护及其应急救援资金保障体系

矿山救护及其应急救援工作是重要的社会公益性事业，矿山救护及其应急救援资金保障应实行国家、地方和矿山企业共同保障的体制。

对于国家局矿山救援指挥中心和区域救护大队的救灾技术装备、救灾通信和信息体系，国家局将加大投入，以保证必要的应急救援能力。参考国外的通常做法，将设立矿山应急救援基金，以应对矿山重大灾变事故。另外，对应急救援技术及装备的研制开发也将给予足够的资金支持，以促进矿山应急救援的技术水平适应矿山生产和社会发展的需要。地方政府对矿山应急救援体系的建设和发展，也将提供必要的资金支持，以保证所辖区域矿山应急救援工作的有效进行。矿山企业则应保证所属矿山救护队的资金投入，继续实行矿山应急救援的有偿服务，并逐步完善矿山工伤保险体系。

第二节 矿山事故灾害应急预案

完善国家、省级、市县级、矿山企业四级矿山应急救援预案体系，建立各级矿山事故应急救援预案的管理、更新及演练制度，是确保预案的可操作性和有效性的必要条件。

一、瓦斯爆炸事故应急预案

(一) 瓦斯爆炸事故的预防

坚持"瓦斯超限就是事故"的管理理念。严格落实各级"一通三防"责任制和"一通三防"业务保安制度，把防治瓦斯的各项管理规定及瓦斯治理措施落到实处。加强通风机构队伍建设，积极提高队伍素质，坚持"管理、装备、培训"并重的原则，完善技术装备，做到监控有效、管理到位，不断提高"一通三防"现代化水平，努力提高抗御瓦斯灾害的能力，防治瓦斯爆炸事故。

1. 防止瓦斯积聚的安全技术措施

(1) 加强通风。矿井要建立完善合理的通风系统，使通风系统稳定、可靠，实行分区通风。矿井、采区应有足够的风量，采掘工作面配风量满足安全生产需要，消除采掘工作面不合理的串联通风。加强通风管理，杜绝出现无风、微风和局部通风机出现循环风现象。

(2) 及时处理局部积存的瓦斯,严格落实恢复通风、排放瓦斯、停送电的安全措施。因临时停电或其他原因局部通风机停止运转,在恢复通风前,必须按《煤矿安全规程》(以下简称《规程》) 规定进行瓦斯检查,只有瓦斯含量符合《煤矿安全规程》规定,方可人工开启局部通风机,恢复正常通风,否则,必须制定瓦斯排放措施。

(3) 排放瓦斯前必须制定专门的瓦斯排放措施,并按《规程》规定进行报批,严格按措施进行排放。

(4) 加强瓦斯检查与监测,严格执行瓦斯检查制度,杜绝空班、漏检、假检现象。巡回检查人员要按规定时间、线路进行检查。

(5) 矿井按规定配齐便携式瓦斯检测报警仪。下井人员要按《规程》规定佩带便携式瓦斯检测报警仪。

(6) 煤与半煤岩巷掘进工作面、采煤工作面必须设专职瓦斯检查员跟班检查瓦斯。

(7) 健全矿井安全监测监控系统,加强管理,保证系统完好正常运行。各采掘工作面和机电硐室等要按要求上齐、上全监测监控传感器,瓦斯断电功能做到数据准确、灵敏可靠。

(8) 建立健全安全监测信息发布管理制度,规定安全监测信息发布流程;配齐安全监测机房值班人员,保证安全监测机房24h有人值班,并应确保监测主机超限声响报警功能正常。当瓦斯超限时,应立即停产,迅速采取措施处理,并及时将瓦斯超限的原因、处理情况、防范措施等反馈给公司总调度室。

(9) 加强掘进工作面瓦斯管理,工作面要做到"三专两闭锁"和"双风机、双电源"自动切换,并保证完好、可靠。

2. 防止引燃瓦斯的措施

(1) 防止明火。禁止在井口房、通风机房周围20m以内使用明火、吸烟或用火炉取暖;严格入井检身制度,严禁携带烟草、点火物品和穿化纤衣服入井,入井矿灯必须完好;严禁携带易燃品入井,必须带入井下的易燃品要经矿总工程师批准;井下禁止使用电炉或灯泡取暖;不得在井下和井口房内从事施焊作业,如必须在井下主要硐室、主要进风道和井口房内从事电焊、气焊和使用喷灯焊接时,每次都必须制定安全措施,并遵守《煤矿安全规程》有关规定;严禁在井下存放汽油、煤油、变压器油等;井下使用的棉纱、布头、润滑油等,必须放在有盖的铁桶内,严禁乱扔乱放和抛洒在巷道、硐室或采空区内;防止煤炭氧化自燃,加强火区检查与管理,定期采样分析,防止复燃。

(2) 防止出现电火花。严格井下机械、电器设备管理,井下使用的机械和电器设备以及供电线路,必须符合《规程》的要求,并按规定检查维修,杜绝电器失爆,严禁带电作业。井下电气设备选用时应符合《规程》的要求,对电气设备的防爆性能定期、经常检查,不符合要求的要及时更换和修理,否则,不准使用;井口和井下电气设备必须有防雷和防短路保护装置,采取有效措施防止井下杂散电流;所有电缆接头不准有"鸡爪子"、"羊尾巴"和明接头;严禁带电作业;发放的矿灯要符合要求,严禁在井下拆开、敲打和撞击灯头和灯盒。

(3) 严格进行井下爆破作业管理,防止出现爆破火焰。放炮作业必须按照爆破作业说明书进行。

井下严禁使用产生火焰的爆破器材和爆破工艺;井下爆破作业必须使用煤矿许用炸药和

煤矿许用电雷管、煤矿许用炸药的选用，应按《规程》的规定执行，不合格或变质的炸药不准使用；炮眼深度和装药量要符合作业规程规定；炮眼黄泥装填要满、要实，防止爆破打筒，坚持使用水泡泥；禁止使用明接头或裸露的爆破母线；爆破母线与发爆器的连接要牢固，防止产生电火花；爆破员尽量在进风流中起动发爆器；禁止放明炮、糊炮；严格执行"一炮三检"制度。

（4）加强矿井自然发火管理，采取措施，杜绝采掘工作面出现高温及采空区出现自然发火现象。

（5）防止出现其他引火源。矿井使用的如塑料、橡胶、树脂等高等分子材料制品，其表面电阻应低于规定值。在发热的部件上安设过热保护装置；在摩擦部件金属表面溶敷活性低的金属；使用具有难引燃性能的合金工具。综合机械化机组作业的采掘工作面遇到坚硬岩石时，应采用爆破处理方法，机组截齿处应采取喷水降温措施。

（二）救援程序

根据事故应急救援所需要发挥的功能，瓦斯爆炸事故应急救援响应机制可划分为四个组成部分，即事故报警、应急响应级别、应急避灾和应急决策，如图9-1所示。

发生瓦斯事故时，公司启动Ⅳ级响应，由公司应急救援领导小组指导、协调事故单位现场指挥部救援。超出公司处置能力时，由公司请求属地政府协调救援。

事故单位调度室接到井下发生瓦斯爆炸事故的汇报后，立即启动Ⅳ级响应，立即撤出灾区人员和停止灾区供电→按矿井应急预案规定的顺序通知矿长、总工程师等有关人员→立即向公司调度室和所属区应急救援办公室汇报→召请矿

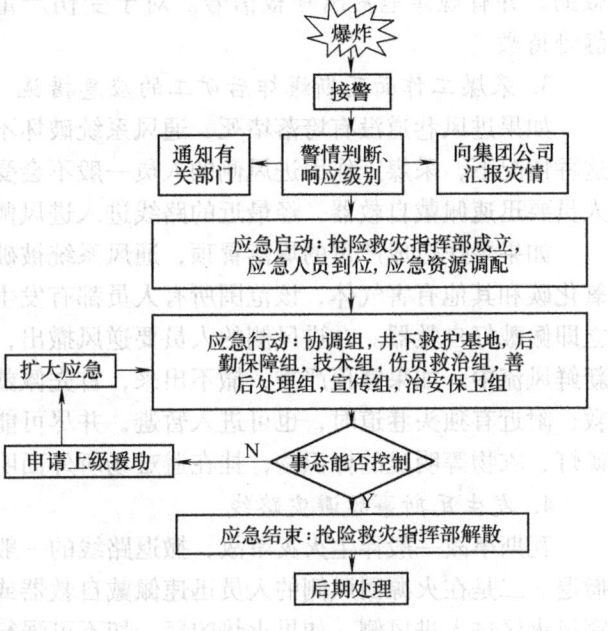

图9-1 瓦斯爆炸事故应急救援流程

山救护大队→成立应急救援指挥部→派救护队员进入灾区侦察灾情、救人→指挥部制定救灾方案→救护队进行救灾工作直至灾情消除、恢复正常生产。

（三）现场应急措施

1. 减轻瓦斯爆炸时遭受伤害的措施

瓦斯爆炸前感觉到附近空气有颤动的现象发生，有时还发出丝丝的空气流动声，一般被认为是瓦斯爆炸前的预兆。井下人员一旦发现这种情况时，要沉着、冷静，采取措施进行自救。具体的方法是：背向空气颤动的方向，俯卧倒地，面部贴在地面，头尽量低些，有水沟的地方要卧倒在水沟侧，闭住气暂停呼吸，用毛巾捂住口鼻，防止把火焰吸入肺部。用衣服盖住身体，尽量减少肉体暴露面积，以减少烧伤。爆炸瞬间，要尽力屏住呼吸，防止吸入有毒高温气体灼伤内脏。与此同时要迅速取下自救器，按使用方法迅速佩戴好自救器。要辨别好方向，沿避灾路线尽快进入新鲜风流中离开灾区；两人以上要同行，互相照应。行进中注

意通风情况，迎着风流方向走，如果巷道破坏严重，没法撤到安全地点，或不清楚撤退路线是否安全，就要选择建立临时避难硐室，在硐室内安静、耐心地等待救护。

2. 掘进工作面瓦斯爆炸后员工的应急措施

（1）如发生小型爆炸，掘进巷道和支护基本未遭破坏，遇险矿工未受直接伤害或受伤不重时，应立即打开随身携带的自救器，佩戴好并迅速撤出受灾巷道进入新鲜风流中。对于附近的伤员，要协助其佩戴好自救器，帮助其撤出危险区。不能行走的伤员，在靠近新鲜风流30～50m范围内，要设法抬运到新鲜风流中；如距离远，则只能为其佩戴自救器，不可抬运。撤出灾区后，要立即向矿领导或调度室报告。

（2）如发生大型爆炸，掘进巷道遭到破坏，退路被阻，但遇险矿工受伤不重时，应佩戴好自救器，千方百计疏通巷道，尽快撤到新鲜风流中。如巷道难以疏通，应坐在支护良好的地点，或利用一切可能的条件建立临时避难硐室，相互安慰，稳定情绪，等待救助，并有规律地发出呼救信号。对于受伤严重的矿工，也要为其佩戴好自救器，使其静卧待救。

3. 采煤工作面瓦斯爆炸后矿工的应急措施

如果进风巷道没有垮落堵死，通风系统破坏不大，所产生的有害气体，较容易排除。在这种情况下，采煤工作面进风侧的人员一般不会受到严重伤害，应迎风撤出灾区。回风侧的人员要迅速佩戴自救器，经最近的路线进入进风侧。

如果爆炸造成严重的塌落冒顶，通风系统被破坏，爆源的进、回风侧都会积聚大量的一氧化碳和其他有害气体，该范围所有人员都有发生一氧化碳中毒的可能，因此，爆炸后，要立即佩戴好自救器。在进风侧的人员要逆风撤出，在回风侧的人员要设法经最短路线撤退到新鲜风流中。如果冒顶严重，撤不出来，首先佩戴好自救器，并协助重伤员在较安全地点待救；附近有独头巷道时，也可进入暂避，并尽可能用木料、风筒等设立临时避难场所，并把矿灯、衣物等明显的标识物，挂在避难场所外面明显的地方，然后静卧待救。

4. 发生瓦斯事故避灾路线

瓦斯事故一般伴生火灾事故，撤退路线的一般规定：一是在火源进风侧的人员迎着风流撤退。二是在火源回风侧的人员迅速佩戴自救器或用湿毛巾捂住口鼻，如果火势不大，尽快穿过火区进入进风侧。如果火势凶猛，切不可强行穿过火区，尽快由回风侧通过就近的风门进入到进风巷道中。三是在回风系统掘进迎头工作的人员，应佩戴自救器迅速经就近的风门撤退到进风巷道。如果在自救器有效时间内不能安全撤出时，切不可盲目撤退，应用木板、风筒等材料将独头巷道构筑成临时避难硐室，等待矿山救护队营救。

二、矿井火灾事故应急预案

（一）矿井火灾事故的预防

1. 内因火灾事故的预防

（1）选择合理的开拓、开采技术措施，选择合理的开采顺序。采区设计中回采巷道的布置要有利于防治煤层自然发火的要求，严格执行《规程》的规定。

（2）加强矿井通风系统管理，优化通风系统，保证通风系统科学、合理、稳定、可靠。

（3）不断完善矿井消防洒水系统、防灭火灌浆和注胶系统、氮气防灭火系统、束管监测系统等，保证系统正常运行，采用均压防火技术，提高矿井抗灾能力。

(4) 矿井必须编制矿井防治自然发火措施，采掘工作面必须有防治自然发火的专门措施，并严格执行。

(5) 回采工作面要坚持正规循环，加快回采速度，不得随意丢煤，提高回采率。

(6) 认真开展火灾的预测预报工作，做好采空区气体分析、"三带"划分，以及煤层自然发火标志性气体确定等工作，及时准确地预报工作面采空区自然发火情况。

(7) 井上下必须设置消防材料库，并按《矿井灾害预防与处理计划》配齐材料、工具、器材，并定期检查和更换。

(8) 加强采煤工作面采后封闭工作，提高封闭质量，杜绝密闭漏风。定期检查密闭质量和温度、CO含量变化，加强矿井永久密闭的检查和维修工作，提高密闭的整体质量和防灾抗灾能力。

2. 外因火灾的预防

(1) 严格执行入井检身制度，入井人员严禁携带火种。

(2) 严格进行井下机械、电器设备管理，井下使用的机械和电器设备以及供电线路，必须符合《规程》的要求，并按规定检查维修，保证完好正常，各种安全保护装置设置齐全，确保正常使用。

(3) 严格井下爆破作业管理，采掘工作面生产作业时必须按照爆破作业说明书进行爆破作业，杜绝放炮造成的火灾。

(4) 健全完善矿井消防供水系统，按规定设置消防栓，保证正常使用。

(5) 加强带式运输系统的管理，完善传送带安全保护装置，严格按照《规程》的规定配齐消防器材，各硐室、带式运输机机头机尾，必须采用不燃性材料支护，严禁使用非阻燃传送带。

(6) 严格执行《规程》，加强井下电焊、气焊、喷灯焊接等工作的管理。

(7) 加强井下机电硐室的管理，按《规程》规定配齐防火设施、器材。

(8) 加强采掘工作面的外因火灾管理，按规定配齐消防器材。

(二) 响应程序

当发生矿井火灾事故时，公司根据人员伤亡和财产损失判断需要启动Ⅳ级响应，由公司应急救援领导小组指导、协调事故单位现场指挥部救援。超出公司处置能力时，由公司请求属地政府协调救援。

(三) 应急救援程序

当矿调度室接到井下发生火灾事故的汇报后，按矿井应急预案要求，立即撤出灾区人员和停止灾区供电→按矿井应急预案规定的顺序通知矿长、总工程师等有关人员→立即向公司调度室汇报→召请矿山救护大队→成立应急救援指挥部→派救护队员进入灾区侦察灾情、救人→指挥部制定救灾方案→救护队进行救灾工作直至灾情消除、恢复正常生产。

撤退路线的一般规定：一是在火源进风侧的人员迎着风流撤退；二是在火源回风侧的人员迅速佩戴自救器或用湿毛巾捂住口鼻，如果火势不大，尽快穿过火区进入进风侧。如果火势凶猛，切不可强行穿过火区，尽快由回风侧通过就近的风门进入到进风巷道中；三是在回风系统掘进迎头工作的人员，应佩戴自救器迅速经就近的风门撤退到进风巷道。如果自救器有效时间内不能安全撤出时，切不可盲目撤退，应用木板、风筒等材料将独头巷道构筑成临时避难硐室，等待矿山救护队营救。

（四）现场处置措施

（1）矿井火灾都有一个由小到大的发展过程，多数火灾在初发时灾害程度、波及范围及危害作用较小，比较易于接近，这正是消灭事故和进行自救、互救的最合理最有利的时机。因此，在井下不论任何人发现烟气和明火等火灾灾情，应立即向现场领导汇报，并迅速通知附近人员和矿调度室，尽最大可能判断事故性质、地点、范围、灾害程度、事故区域的巷道情况、通风系统、风流及火灾烟气蔓延的速度、方向，以及与自己所处巷道位置之间的关系，并根据《矿井灾害预防和处理计划》及现场的实际情况确定撤退路线和避灾自救的方法。同时，根据现场条件，在保证安全的前提下，不失时机地组织力量控制火势直接灭火，直接灭火无效时，立即组织人员撤出。

（2）撤退时，不要惊慌，不能狂奔乱跑，应在现场负责人及有经验的老工人带领下有组织地撤退。

（3）位于火源进风侧的人员，应迎着新鲜风流撤退。

（4）位于火源回风侧的人员，应立即佩戴好自救器，尽快通过捷径绕到新鲜风流中去，或在烟气未到达之前撤到安全地点；如果距火源较近而且越过火源没有危险时，也可迅速穿过火区撤到火源的进风侧。

（5）撤退行动既要迅速果断，又要快而不乱。撤退中靠巷道有联通出口的一侧行进，同时还要随时注意观察巷道和风流的变化情况，谨防火风压可能造成的风流逆转。

（6）如果无论是逆风或顺风撤退都无法躲避着火巷道或火灾烟气可能造成的危害，则应迅速进入避难硐室；没有避难硐室时，应选择合适地点，就地利用现场条件快速构筑临时避难硐室。

（7）逆烟撤退具有很大的危险性，一般情况下不要这样做。除非是在附近有脱离危险区的通道出口，而且又有脱离危险区的把握。

（8）撤退途中，如果有平行并列的巷道或交叉巷道时，应靠有平行并列巷道和交叉巷口的一侧撤退，并随时注意这些出口的位置；在烟雾大，视线不清的情况下，摸着巷道壁前进，以免错过联通出口。

（9）当烟雾在巷道里流动时，一般巷道空间的上部烟雾浓度大，温度高，能见度低，对人的危害也严重，而靠近巷道底板情况要好一些。因此，在有烟雾的巷道内撤退时，应尽量躬身弯腰，贴近巷道底板前进。

（10）在高温浓烟的巷道撤退时，还应注意利用巷道内的水，采用浸湿毛巾、衣物或向身上淋水等办法进行降温，或是利用随身物件等遮挡头面部。

（11）在撤退过程中，当发现有发生爆炸的前兆时，有可能的话要立即避开爆炸的正面巷道，进入旁侧巷道。如果情况紧急，应迅速背向爆源，靠巷道的一帮就地顺着巷道爬卧，面部向下紧贴底板，双臂护住头面部；如果巷道内有水坑或水沟，则应顺势爬入水中。爆炸发生的瞬间，尽力屏住呼气或将头浸入水中，同时，以最快的速度带好自救器。爆炸过后，稍事观察，待没有异常变化迹象后，辨明情况和防线，沿着避灾路线转移到有新鲜风流的安全地带。

三、煤尘爆炸事故应急预案

（一）预防与预警

1. 危险源监控

煤尘危险源不同,监控措施也有所区别。利用测尘仪对每个产尘作业点的每道工序每半月测定一次。当粉尘中的游离二氧化硅小于10%时,粉尘的最大允许浓度为10mg/m^3;当粉尘中的游离二氧化硅大于10%时,粉尘的最大允许浓度为2mg/m^3。如果粉尘浓度超过上述范围,则需要采取防尘措施。

2. 预防煤尘爆炸的主要措施

(1) 防止煤尘沉积和飞扬,预防措施主要是依靠洒水灭尘的综合防尘系统。减少工作面中浮尘和落尘是预防煤尘爆炸的关键,主要是采用湿式打眼、水泡泥、通风除尘、喷雾洒水、冲洗煤尘、采掘机械内外喷雾以及移架喷雾和刷白巷道等技术措施,防止煤尘沉积和飞扬。

(2) 防止点火源的出现:预防煤尘爆炸必须防止点火源的出现,严禁出现一切非生产火源,主要是防止放炮火源、防止电气火源和静电火源、防止摩擦和撞击点火。

(3) 成立"一通三防"专业机构,负责煤尘治理的日常管理工作。

(4) 煤矿要对每一开采煤层,特别是新开采煤层,进行煤尘爆炸指数鉴定,以制定有针对性的防尘措施。

(5) 抓好综合防尘的日常管理工作,严格执行检测、检查、治理等工作。

3. 防止煤尘爆炸传播的主要措施

(1) 分区通风。井下每一生产水平,每一采区都必须布置单独的回风巷,严禁不符合规定的串联通风。尽量避免角联风路的存在。回采工作面和掘进工作面应采用独立的通风路线。矿井主要进、回风巷道之间的联络巷必须构筑永久性挡风墙,需要使用的,必须安设正、反向风门。装有主要通风机的出风口应安装防爆门。

(2) 设置隔爆装置。按《规程》规定设置隔爆装置。

(3) 运输巷道和回风巷道中撒布岩粉。

(二)处置措施与救援程序

1. 报告程序

调度室接到井下发生煤尘爆炸事故的汇报后,按应急预案要求,立即启动Ⅳ级响应,撤出灾区人员和停止灾区供电→按矿井应急预案规定的顺序通知矿长、总工程师等有关人员→立即向公司总调度室汇报→召请矿山救护大队→成立应急救援指挥部→派救护队员进入灾区侦察灾情、救人→指挥部制定救灾方案→救护队进行救灾工作直至灾情消除、恢复正常生产。

2. 处置措施

煤尘爆炸往往伴随瓦斯爆炸,瓦斯爆炸往往会引起煤尘爆炸,发生煤尘爆炸后的应急措施和注意事项参见瓦斯爆炸应急措施的有关内容。

四、矿井水灾事故应急预案

(一)预防与预警

1. 危险源监控和预防

(1) 采用地面防治和井下监控的综合方法开展防治水工作。在做好地面雨季"三防"工作的同时,对大气降水的流径和去向作全面跟踪,最大限度地控制井下各煤层采空区积水范围。

(2) 根据预先测定的各采掘工作面上覆煤层采空区积水情况及水文地质情况说明书，结合各采煤工作面导水裂隙高度，确定是否受水害威胁。

(3) 健全井上、下排水管路系统。煤矿的防治水的设备设施，如水泵、水管、水仓、防水煤柱、防水闸门以及疏水渠道等，应定期检查，发现问题要及时报告或采取相应措施。

(4) 做到"有疑必探、先探后掘、先治后采"，并制定相应的"探、放、堵、截、排"等综合防治措施，达到防治水的目的。

2. 预警行动

井下作业人员发现有透水事故预兆时，立即使用固定电话、移动电话等通信工具向所在单位调度室发出事故警报，调度室立即向公司汇报。公司接到可能导致安全生产事故灾难的信息后，按照应急预案及时研究确定应对方案，并通知有关部门和单位，采取相应行动预防事故发生。

(1) 矿井作业场所出现下列情况时可以作为水灾预兆：

1) 挂汗。积水区的水在自身压力作用下，通过煤岩裂隙而在采掘工作面的煤岩壁上聚结成许多水珠，仔细观察新暴露的煤壁面上是否潮湿，若潮湿则是透水预兆。

2) 挂红。矿井水中含有铁的氧化物，在它通过煤岩裂隙而渗透到采掘工作面的煤岩体表面时，会呈现暗红色水锈。挂红是一种出水信号。

3) 水叫。含水层或积水区内的高压水，向煤壁裂隙挤压时，与两壁摩擦会发出"嘶嘶"的声音，这就说明采掘工作面距积水区或其他水源已经很近了，若是煤巷掘进，则透水即将发生，这时必须立即发出警报，撤出所有受水威胁的人员。

4) 空气变冷。采掘工作面接近积水区域时，空气温度会下降，煤壁发凉，人一进入工作面就有凉爽、阴冷的感觉；但应注意，受地热影响较大的矿井地下水的温度偏高，当采掘工作面接近积水区时，水温反而升高。

5) 出现雾气。当采掘工作面气温较高时，从煤壁渗出的积水，就会被蒸发而形成雾气。

6) 顶板淋水加大。

7) 顶板来压，底板鼓起。

8) 水色发浑，有臭味。

9) 采掘工作面有害气体增加。

10) 裂隙出现渗水。

(2) 由于矿井水的来源不同，发生透水前的预兆各有特点：

1) 老窑水透水预兆。由于老窑水积存时间较长，水量补给较差，故为"死水"。老窑水透水预兆有挂红，酸性大，水味发涩。

2) 溶洞水透水预兆。由于洞内积水长期侵蚀熔岩，所以，水多呈灰色或灰黄色，带有臭味，有时也有挂红现象。

3) 断层水透水预兆。断层破碎带中的地下水一般是流动的，补给较充分，故为"活水"。所以，很少出现挂红现象，水无涩味而发甜；在岩巷中遇到或接近断层水时，有时在岩缝中可见到淤泥，水较浑浊多呈黄色。

4) 冲积层水透水预兆。浅部掘进井筒常遇到冲积层水，采空区顶板冒落，裂缝沟通冲积层时，也会遇到冲积层水。特点是：开始水量较少，呈黄色，并夹有砂子，以后水量急剧增大。

（二）响应程序

发生透水事故后，事故单位应及时将事故地点、时间、伤亡情况以及影响范围、危险程度上报公司应急救援办公室，由公司应急救援领导小组指导、协调事故单位现场指挥部救援。超出公司处置能力时，由公司请求属地政府协调救援。

（三）应急处置

1. 发生透水事故时的处理措施

采掘工作面或其他地点发现有突水预兆时，必须发出警报，撤出所有处于受水威胁地点的人员。

最先发现透水的现场工作人员一方面报告矿调度室，另一方面迅速组织抢救，防止事故继续扩大；水势较猛来不及进行加固时，现场工作人员应遵照"水往低处流、人往高处走"的原则，在班组长或有经验的人员带领下，按各煤矿制定的水灾"避灾路线"快速、有序地撤离至安全地点，直至地面。

井下突然突水，破坏了巷道中的照明和避灾路线上的指示牌，人员一旦迷失方向，必须朝着有风流通过而又能通达地面的巷道方向撤退，切勿进入独头下山巷道。

如果有矿工被围困暂时不能撤出时，需在班组长及有经验的老工人带领下退到空间较大、地势较高、风流畅通的巷道内，临时构筑避难硐室，根据现场条件不断向外界发出信号，节省体力，节约矿灯用电，等待救援。

2. 透水后现场人员撤退时的注意事项

（1）透水后，应在可能的情况下迅速观察和判断透水的地点、水源、涌水量、发生原因、程度等情况，根据《灾害预防和处理计划》中规定的撤退路线，迅速撤退到透水地点以上的巷道，而不能进入透水点附近及下方的独头巷道。

（2）行进中，应靠近巷道一侧，抓牢管路或固定物体，尽量避开压力水头和泄水流，并注意防止被水中流动的矸石和木料撞伤。

（3）如透水破坏了巷道中的照明和路标，迷失行进方向时，遇险人员应朝着有风流通过的上山巷道方向撤退。

（4）在撤退沿途和所经过的巷道交叉口，应留设指示行进方向的明显标志，以提示救护人员的注意。

（5）人员撤退到竖井，需从梯子间上去时，应遵守秩序，禁止慌乱和争抢。手要抓牢，脚要踏稳。

（6）如唯一的出口被水封堵无法撤退时，应有组织地在独头工作面躲避，等待救援人员营救。严禁盲目潜水逃生等冒险行为。

3. 透水后被围困时的避难自救措施

（1）当现场人员被涌水围困无法退出时，应迅速进入预先构筑好的避难硐室中避灾，或选择合适地点快速建筑临时避难硐室避灾。迫不得已时，可爬上巷道高冒空间待救。如系老窑透水，则必须在避难硐室处建临时挡墙或吊挂风帘，防止被涌出的有毒有害气体伤害。进入避难硐室前，应在硐室外留设明显标志。

（2）在避灾期间，遇险矿工要有良好的心理状态，情绪安定、自信乐观、意志坚强，要做好长时间避灾的准备，除轮流担任岗哨观察水情的人员外，其余人员均应静卧，以减少

(3) 避灾时，应用敲击的方法有规律、不间断地发出呼救信号，向营救人员指示躲避处的位置。

(4) 被困期间断绝食物后，即使在饥饿难忍的情况下，也应努力克制自己，决不嚼食杂物充饥。需要饮用井下水时，应选择适宜的水源，并用纱布或衣服过滤。

(5) 长时间被困井下，发觉救护人员到来营救时，避灾人员不可过度兴奋和慌乱，以防发生意外。

（四）救援程序

(1) 根据指挥部命令，救护队员深入灾害现场，对被水围困的人员实施救援行动，并侦察探明灾区情况，及时将现场情况汇报给指挥部。

(2) 迅速控制事态。现场应急指挥部组织人员迅速查明水源，对水灾事故造成的危害进行监测和测定。调集相关单位水泵增援，现场应急指挥部组织泵工及相关人员在受灾巷道起动水泵及排水设备进行排水工作，并派专人看护。

(3) 根据水害来源，考虑封堵水源措施，以防止事故的继续扩大。

(4) 灾害处理过程中，当瓦斯及有害气体超限时，应采取措施先撤离，保证抢险人员的安全。在现场安装局部通风机后，再组织救援工作。若发现异常情况，如风向、风速变化、温度变化、瓦斯涌出量迅速增加、听到巨大声响时等，现场人员应立即组织躲避及撤离，同时尽快查明原因，通过电话及时报告指挥部。

五、顶板事故应急预案

（一）预防与预警

1. 危险源监控

(1) 各矿根据地质条件和开采方法，对可能发生顶板事故的危害程度，建立矿井事故隐患及危险源台账。对重特大顶板事故隐患，立即采取切实可行的措施，及时消除隐患。

(2) 公司生产技术部门及时组织分析各矿顶板信息，研究、判断重特大顶板事故的危险性，预防顶板事故发生。

2. 常见冒顶事故的预兆

(1) 局部冒顶的预兆。具体如下：

1) 工作面遇有小地质构造，由于构造破坏了岩层的完整性，容易发生局部冒顶。
2) 顶板裂隙张开、裂隙增多，敲帮问顶时，声音不正常。
3) 顶板裂隙内卡有活矸，并有掉碴、掉矸现象，掉大块前往往先落小块矸石。
4) 煤层与顶板接触面上，极薄的矸石片不断脱落。这说明劈理（即顶板的节理、裂隙和摩擦滑动面）张开，有冒顶的可能。
5) 淋头水分离顶板劈理，常由于支护不及时而冒顶。

(2) 大型冒顶的预兆。具体如下：

1) 顶板连续发生断裂声。这是直接顶和老顶发生离层或顶板切断而发生的声响。有时采空区顶板发生像闷雷一样的声音，这是老顶板和上方岩层发生离层或断裂的声音。
2) 掉碴。顶板岩层破碎下落，一般由少变多，由稀变密，这是发生冒顶的危险信号。
3) 顶板裂缝增加或裂缝张开。

4) 脱层。顶板快要冒落的时候，往往出现脱层现象。检查是否脱层可用"问顶"的方法，如果声音清脆，表明顶板完好；如果顶板发出"空空"的响声，说明上下岩层之间已经脱离。

5) 由于冒顶前压力增加，煤壁受压后煤质变软、片帮增多，使用电钻打眼时省力，采用采煤机割煤时负荷减少。

6) 液压支柱压力增加，安全阀自动放液。底板松软或底板留有底夹石，丢底煤时，超前支护支柱会被压入底板。

7) 含有瓦斯的煤层，冒顶前瓦斯涌出量突然增大。有淋水的顶板，淋水量增加。

（二）应急处置与救援程序

1. 现场处置方案

（1）当发生顶板冒落后，由跟班队长或班长统一指挥，及时处理冒顶，清理现场，加强支护，以防冒顶区进一步扩大。

（2）支护冒顶应按由外向里的顺序进行，在支护的同时必须设专人观察顶板上余留的煤皮、片帮煤，防止顶板二次冒落造成伤害。

（3）支护完毕，在确定不会发生再次冒顶的情况下方可清理浮煤，撤出被埋压的设备。

2. 抢救方案

（1）工作面发生大面积冒顶后，应保证矿井的正常通风。在不影响正常抢险的情况下，停止冒落区的供电，防止电缆受压引起明火。

（2）准确统计当班下井人数及姓名，分析灾区人员数量及分布，制定救灾方案，抢救遇险人员。

（3）设法与受阻人员联系，调动救灾力量和救灾机械，由救护队负责疏通冒落区域。疏通过程中，在冒落区两头采用木垛和架棚或锚索锚网钢带联合支护方法加固顶板。在垮落区的两端，由外向里，先用双腿套棚维护好顶板，保证退路畅通无阻，棚梁上用木板刹紧背严，防止顶板继续错动、垮落。边架棚子边清理垮落的矸石，逐渐接近遇险者后，将其救出。如顶板垮落的矸石破碎，不易一次通过时，先沿煤帮掘一条小巷道，边支护边掘进，直到把遇险人员救出。

（4）救灾过程中，救护人员必须在确认无危险后方可前行，并随时防备冒落冲击波伤人；当听到片帮响声较大时，要迅速撤到安全地点。冒顶后大的冲击波过后，在确认无第二次冒顶的可能性后方可前行。

3. 冒顶事故发生后抢救被煤、矸埋压人员的方法

一旦发现冒顶征兆，要立即处理或撤退到安全地点。当工作面发生冒顶事故，冒落的煤、矸埋压住人时，现场人员不可惊慌，应按下述方法认真抢救，并派人员迅速通知调度室：

（1）抢救时，应认真观察冒落地点的顶板、两帮情况，防止抢救人时再次冒落伤人。然后要侦察分析遇难者的位置和被埋压状况。

（2）抢救被煤、矸埋住的人员，首先是先清理出人员的头部和胸部，清理口鼻污物，恢复遇难人员的呼吸条件。

（3）被救出的人员身上有外伤时，要将其抬到安全地点，先止血，缠上绷带。如果救出的人受伤较重或有骨折，只要情况允许，要按骨折伤员的处理方法进行处理：先包扎固

定，然后正确搬运送医院治疗。

（4）如果救出的人员已失去知觉或停止了呼吸，但时间不长，可将其放平躺下，进行苏生器供氧或人工呼吸。

4．遇险人员的避灾与自救

发生重特大顶板事故后，遇险人员应立即撤出灾区，如撤离通道堵塞，应在顶板支护较完好的地点避难。在有条件的情况下，应采取临时支护措施，延长自救时间，并保持与外界的联系，等待救援。

（1）采煤工作面冒顶时的避灾自救措施。具体如下：

1）迅速撤退到安全地点。当发现工作地点有即将发生冒顶的征兆，而当时又难以采取措施防止采煤工作面顶板冒落时，最好的避灾措施是迅速离开危险区，撤退到安全地点。

2）采煤工作面作业人员遇到顶板冒落又无法及时撤退到安全地点时，要立即迅速撤到液压支架内躲避，被堵截的人员不可轻易越过冒顶区。

3）遇险后立即发出呼救信号。冒顶对人员的伤害主要是砸伤、掩埋或隔堵。冒落基本稳定后，遇险者应立即采用呼叫、敲打（如敲打岩块可能造成新的冒落时，则不能敲打，只能呼叫）等方法，发出有规律、不间断的呼救信号，以便救护人员和撤出人员了解灾情，组织力量进行抢救。

4）遇险人员要积极配合外部的营救工作。冒顶后被煤矸埋压的人员，不要惊慌失措，在条件不允许时切忌采用猛烈挣扎的办法脱险，以免造成事故扩大。被冒顶隔堵的人员，应在遇险地点有组织地维护自身安全，构筑脱险通道，配合外部的营救工作，为提前脱险创造良好条件。

5）发生冒顶事故后，处于受冒顶威胁区域的人员必须立即撤到安全区域，并立即向救灾指挥部汇报。

（2）独头巷道迎头冒顶被堵人员应急措施。具体如下：

1）遇险人员要正视已发生的灾害，切忌惊慌失措。应迅速组织起来，主动听从班组长和有经验的老工人指挥，团结协作，尽量减少体力和隔堵区的氧气消耗，有计划地使用饮水、食物和矿灯等，做好较长时间避灾的准备。

2）如人员被困地点有电话，应立即用电话汇报灾情、遇险人数和计划采取的避灾自救措施；否则，应采用敲打管道和岩石等方法，发出有规律的呼救信号，以便营救人员了解情况，组织救援。

3）维护加固冒落地点和人员躲避处的支护，并派人检查，以防止冒顶进一步扩大，保障被堵人员避灾时的安全。

4）如人员被困地点有压风管，应打开压风管给被困人员输送新鲜空气，但要注意保暖。

第三节 矿 山 救 护

我国的矿山救护队伍从无到有，从弱到强，逐步发展壮大。从1949年在抚顺、阜新、辽源三个煤矿建立了我国第一批专业矿山救护队伍，至今发展成为具有矿山救护大队76支，救护中队449支，救护小队1445支，直接从事矿山事故应急救援的人员14328人的救援队伍，遍布全国 27 个省、自治区、直辖市的矿山救护网络。据 2001～2003 年的不完全统计，全国矿山救护队伍参加各类矿山事故的抢险救灾共约 1.17 万次，抢救出遇险人员 0.84 万人，从事故现场寻找、运送出遇难人员 1.94 万人。2004 年，全国矿山救护队处理各类重特大矿山事故 3383 起，抢救出遇险人员 1572 人、遇难人员 4135 人。

一、矿山救护队

矿山救护队是处理矿井火灾、瓦斯、煤尘、水、顶板等灾害的专业性队伍，是职业性、技术性组织，严格实行军事化管理。实践证明，矿山救护队在预防和处理矿山灾害事故中发挥了重要作用。

（一）矿山救护队组织与任务

1. 矿山救护队的组织

根据我国煤矿矿山救护队的特点和煤炭行业的管理职能，原煤炭工业部在煤炭系统建立了军事化救护总队—支队—区域大队—中队—辅助队的救护管理体制。跨省（区）调动，由总队统一指挥；省（区）内调动，由支队统一指挥；区域内调动由大队统一指挥。矿山救护队的大、中队长应由熟悉矿山救护业务，具有相应的煤矿专业知识，从事煤矿生产、安全、技术管理工作 5 年以上和矿山救护工作 3 年以上的人员担任。

2. 矿山救护队的任务

（1）救护井下遇险遇难人员。

（2）处理井下火、瓦斯、煤尘、水和顶板等灾害事故。

（3）参加危及井下人员安全的地面灭火工作。

（4）参加排放瓦斯、振动性放炮、启封火区、反风演习和其他需要佩用氧气呼吸器的安全技术工作。

（5）参加审查矿井灾害预防和处理计划，协助矿井搞好安全和消除事故隐患的工作。

（6）负责辅助救护队的培训和业务领导工作。

（7）协助矿山搞好职工救护知识的教育。

（二）矿山救护工作原则

矿山救护队必须认真执行国家的安全生产方针，坚持"加强战备，严格训练，主动预防，积极抢救"的原则，时刻保持高度的警惕，并做到"召之即来，来之能战，战之能胜"。

矿山救护队接到事故召请电话时，应问清事故地点、类别、通知人姓名，立即发出警报，迅速集合队员。必须在接到电话 1 分钟内出动，不需乘车出动时，不得超过 2 分钟出动，赶到事故矿井。

矿井发生重大事故后，必须立即成立抢救指挥部，矿长任总指挥，矿山救护队长为指挥部成员。在处理事故时，矿山救护队长对救护队的行动具体负责、全面指挥。如果有外区域矿山救护队联合作战，应成立矿山救护联合作战部，由事故矿所在区域的救护队长担任指挥，协调各救护队战斗行动。

处理事故时，应在灾区附近的新鲜风流中选择安全地点设立井下基地。基地指挥由指挥部选派人员担任，有矿山救护队指挥员、待机小队和急救员值班，并设有通往地面指挥部和灾区的电话，有必要的备用救护器材和装备，有明显的灯光标志。根据事故处理情况变化，救护基地可向灾区推移，也可撤离灾区。

矿井发生火灾、瓦斯或煤尘爆炸、水灾等重大事故后，救护队必须首先进行侦察工作，准确探明事故的类别、原因、范围、遇险遇难人员数量和所在地，以及通风、瓦斯、有毒有害气体等情况，为指挥部制定符合实际情况的处理事故方案提供可靠依据。

抢救遇险人员是矿山救护队的首要任务，要创造条件以最快的速度、最短的路线，先将受伤、窒息的人员运送到新鲜空气地点进行急救。同时，派人员引导未受伤人员撤离灾区。然后抬出已死亡的人员。

进入灾区侦察或作业的小队人员不得少于6人，并根据事故性质的需要，携带必要的技术设备。救护小队在窒息区内工作时，小队长应使队员保持在彼此能看到或听到声响信号的范围以内，任何情况下都严禁指战员单独行动，严禁通过口具或摘掉口具讲话。

救灾工作需要果断、勇敢和科学性相结合，不能有侥幸心理和蛮干行为。指挥人员应在准确掌握事故情况的基础上，分析研究，根据《煤矿救护规程》中处理各类事故时救护队的行动原则，制定出切实可行的作战方案，并抓住战机，组织力量，尽快地抢救人员和处理事故。事故处理结束，经抢救指挥部同意后，救护队才能整理装备带队返回。

二、矿山救护队技术装备

（一）矿山救护队最低技术装备标准

矿山救护队技术装备必须专人管理，定期检查维护；矿山救护车必须专车专用，并定期保养维护，保持战备状态。矿山救护队及其指战员的最低技术装备标准应符合表9-1、表9-2、表9-3的规定。

表9-1 矿山救护大队最低技术装备标准

类别	装备名称	要求	单位	数量	备注
车辆	装备车		辆	2	
	化验车	能安设和操作化验设备	辆	1	面包车
	指挥车	120km/h	辆	2~3	
通信	录音电话		部	2	
	灾区移动电话		套	1	
	移动电话		部	5	
	寻呼机		部		每人1部
设备	惰气灭火装置	500m³/min	套	1	
	高倍数泡沫灭火机	BGP400型	套	1~2	
	惰泡发射机		套	1	
	高扬程灭火泵		台	2	
仪器	气体分析仪		套	1	
	便携式爆炸三角形测定仪		台	1	
信息	计算机		台	1	
	传真机		台	1	
	复印机		台	1	
	摄像机		台	1	
	录像机		台	1	

表 9-2 矿山救护中队最低技术装备标准

类别	装备名称	要求	单位	数量	备注
车辆	矿山救护车	100km/h	辆	2~3	
	指挥车	120km/h	辆	1	
	装备车		辆	1	
通信	程控电话		部	1	
	灾区电话		套	4	
	移动电话		部	4	
	寻呼机				每人1部
仪器	呼吸器		台	9	4h，正压氧
	呼吸器		台	9	2h，正压氧
	自动苏生器		台	6	
	红外线测温仪		台	2	
	氧气呼吸器校检仪		台	6	
装备	氧气充填泵				
	高倍数泡沫灭火机	BGP400 或 BGP200 型	台	1	
	防爆工具		套	5	
	液压起重器		台	5	
	工业冰箱		台	1	

表 9-3 矿山救护队员个人最低技术装备标准

装备名称	要求	单位	数量
4h 呼吸器	推广使用正压呼吸器	台	1
自救器	压缩氧	台	1
企业消防服装	按公安消防服装标准执行	套/年	1
战斗服	带反光标志	套/年	1
劳动保护用品	按规定执行	套	1

救护装备、器材、防护用品和安全检测仪器、仪表，必须符合国家标准或行业标准。

（二）氧气呼吸器

氧气呼吸器是一种与外界空气隔绝的个体防护装置。国内生产的有 AHG2、AHG-3、AHG-4 和 AHG-6 等型号，它们的工作原理基本相同，其有效使用时间分别为 2h、3h、4h 和 6h。美国 BIOMARINE 公司生产的 BIOPAK-240 型呼吸器，其结构形式与我国生产的呼吸器有较大区别，但呼吸器的主要系统基本相似。

AHG-4A 型氧气呼吸器，是带压缩氧气储备的隔绝再生式闭路循环呼吸保护器具，它由呼吸循环系统、氧气供应系统和辅助装置组成。其构造如图 9-2 所示。

呼吸循环系统包括带口片的口具盒 16（或全面罩）、呼吸软管组件 15、呼气阀 21、清净

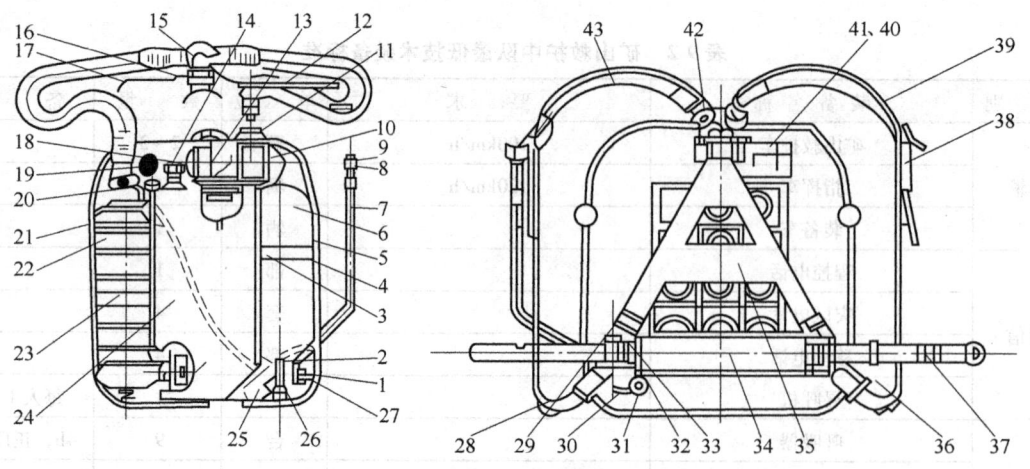

图 9-2 AHG-4A 型氧气呼吸器

1—外壳 2—手动补给接头 3—氧气瓶左紧带 4—氧气瓶右紧带 5—开口销 6—氧气瓶 7—压力表导管 8—氧气压力表 9—垫圈 10—降温器 11—吸气阀 12—右头带 13—保护片 14—自动排气阀 15—呼吸软管组件 16—口具组件(或全面罩) 17—左头带 18—输氧管 19—调节器 20—连调节器导管 21—呼气阀 22—清净罐 23—清净罐束紧带 24—呼吸袋 25—分路器 26—氧气瓶开关 27—连氧气瓶导管 28—调节带 29—钩环螺帽 30—手动补给按钮 31—压力表开关 32—连接螺钉 33—保护管 34—腰垫 35—A 形带 36—连接钩环 37—腰带 38—哨子 39—左肩带 40—螺钉 41—垫圈 42—扣环 43—右肩带

罐 22、呼吸袋 24、排气阀 14、降温器 10、吸气阀 11 以及口具附带的鼻夹等组成。呼吸循环系统与呼吸器其他部分有三处连接：一是通过呼吸软管组件 15 的中心螺栓，连接口具 16 或面罩，以实现与佩用者呼吸器官的连接；二是通过呼吸袋上的手动补给接头 2 与分路器 25 相连，以输入手动补给氧气；三是通过输氧管 18 与调节器 19 相联，以输入定量供氧和自动补给供氧。氧气供应系统由带开关 26 的压缩氧气瓶 6、连氧气瓶导管 27、分路器 25、连调节器导管 20、调节器 19、输氧管 18、压力表导管组件 7、压力表 8 等组成。供氧系统的操作部位有三处：一是氧气瓶开关 26，二是手动补给按钮 30，三是压力表开关 31。为便于操作，它们均布置在佩用者的右手下方。

辅助装置包括外壳、外壳内部设置的氧气瓶束紧带、清净罐束紧带、降温器束紧带、外壳外部设置的肩带、腰带、腰垫、A 形组件等，以供佩戴呼吸器时用。

（三）自动苏生器

自动苏生器是一种自动进行正负压人工呼吸的急救装置，它适于抢救如胸部外伤、中毒、溺水、触电等原因造成的呼吸抑制或窒息的伤员。我国救护队现用的 ASZ-30 型自动苏生器的构造和工作原理如图 9-3 所示。

氧气瓶 2 中的高压（20MPa）氧气经

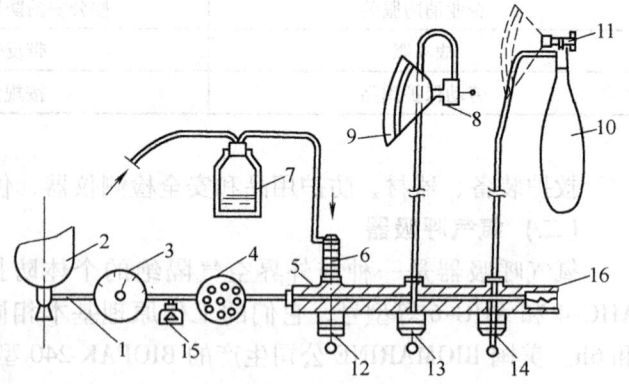

图 9-3 自动苏生器工作原理示意图

1—氧气管 2—氧气瓶 3—压力表 4—减压阀 5—配气阀 6—引射器 7—吸引瓶 8—自动肺 9—面罩 10—储气囊 11—呼吸阀 12、13、14—开关 15—逆止阀 16—安全阀

氧气管 1、压力表 3 进入减压阀 4，将压力减到 0.5MPa 以下，然后进入配气阀 5。在配气阀 5 上有 3 个气路开关：开关 12 通过引射器 6 和导管相连，其功用是在苏生前，借引射器中高速气流造成的负压先将被抢救人员口中的泥、粘液、水等抽到吸引瓶 7 内。开关 13 利于导气管和自动肺 8 相连，自动肺 8 通过其中的引射器喷出氧气时吸入外界一定量的空气，二者混合后经过面罩 9 压入被抢救人员肺内，然后引射器又自动操纵阀门将肺内气体抽出，以实现自动进行人工呼吸的目的。当被抢救人员恢复自动呼吸能力后，可停止自动人工呼吸改为自主呼吸下的供氧，即将面罩 9 通过呼吸阀 11 与储气囊 10 相接，储气囊通过导气管和开关 14 相接。储气囊 10 中的氧气经呼吸阀供被抢救者呼吸用，呼出的气体由呼吸阀排出。

为保证苏生抢救工作不致中断，应在氧气瓶内的氧气压力接近 3MPa 时，换用备用氧气瓶或工业大氧气瓶供氧，备用氧气瓶使用两端带有螺旋的导管接到逆止阀 15 上。此外，在配气阀上还备有安全阀 16，它能在减压后氧气压力超过规定数值时泄出一部分氧气以降低压力，使苏生工作能可靠地进行。

（四）氧气充填泵

氧气充填泵是将大储量氧气瓶中的氧气充入小氧气瓶内，使后者压力提高到 20～30MPa 的设备。实物图如图 9-4 所示。

它主要用于矿山救护队，也广泛用在消防、航空、医疗和化工部门。目前使用的有 ABD-200 型（电机功率 1kW）、CT-250 型（电机功率 3kW）和 AE-120 型（电机功率 2.2kW）电动氧气充填泵。

（五）氧气呼吸器校验仪

氧气呼吸器校验仪主要配备于煤矿、矿山救护队或其他使用了氧气呼吸器的单位，当其需要对正负压氧气呼吸器产品及其组件的性能进行检查或校验时使用。也可以对其他方面的气体压力、流量做单独测量，是正、负压型氧气呼吸器的多功能校验仪。如图 9-5 所示。

图 9-4 氧气充填泵

图 9-5 氧气呼吸器校验仪

目前使用的有：AJH-3 型氧气呼吸器校验仪（重庆煤矿安全仪器厂生产）和 AJ-3 型氧气呼吸器校验仪（抚顺煤矿安全仪器厂生产）。

（六）矿山救护通信设备

矿山救护通信设备（俗称灾区电话），是矿山救护队在抢险救灾过程中不可缺少的通信设备。目前使用的有 PXS-1 型声能电话机和 KJT-75 型救灾通信设备。

PXS-1 型声能电话机为矿用防爆型，有效通话距离 2～4km。该机由发话器、受话器、声频发电机、扩大器等组成。有手握式对手握式和手握式对面罩式组成无源通话两种安装形式。在抢险救灾时，进入灾区的人员可选用发话器、受话器全装在面罩中，扩大器固定在腰间的安装形式，如图 9-6 所示。日常工作联络或指挥所使用时，可选用手握式电话机的安装形式，如图 9-7 所示。

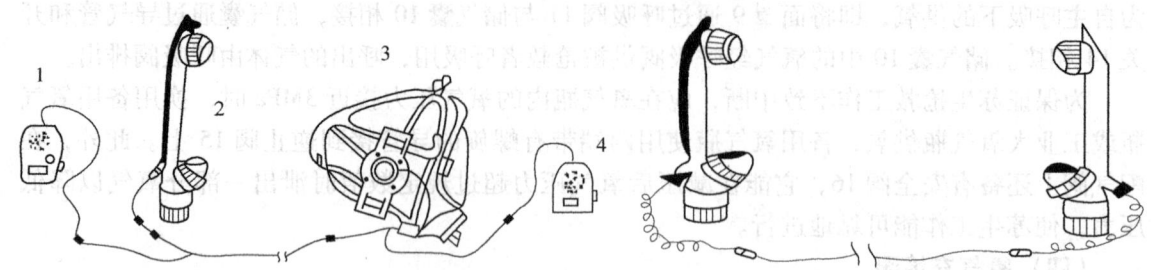

图 9-6　手握式对面罩式通信设备的安装形式　　图 9-7　手握式对手握式通信设备的安装形式
1—发话器　2—受话器　3—声频发电机　4—扩大器

PXS-1 型声能电话机由声能供电，扩大器、对讲扩大器的电源选用 6F22.9V 层叠电池供电。该机携带方便、使用可靠、具有防尘、防潮、防爆等特点。

KJT-75 型救灾通信设备由主机、副机和袖珍发射机三部分组成。通信主机供井下基地使用，副机和袖珍发射机供进入灾区的救护队员使用。救护队员通过副机扬声器收听主机传来的话音，使用袖珍发射机向主机发话。救护队员随身携带缠制好的放线包，救灾作业时边行进边放线，并随时和基地的主机保持井下联系（主、副机间的通信距离为 2km）。通信导线兼作救护队员的探险绳。基地通信主机可同时对三路救灾队员实现救灾指挥。

（七）冰冷防热服

冰冷防热服（也叫冷却服）用于救护队员在高温地区工作时免受高温危害和提高工作效率。普通冰冷防热服由冰衣和冰袋组成。冰衣有三层：内层为尼龙编织物，中层为隔热聚酯毡，外层为镀铝玻璃纤维服。其袖口、领口和胸带是由加宽编织物制成的，使上身严密不透气。冰袋用钮扣扣在冰衣的内层胸前和背部，由 44 个隔离的冰槽组成。根据作业环境的温度不同，一般可用 1～2h。

（八）生命探测仪

在救灾过程中，利用生命探测仪能够迅速发现遇险遇难人员的位置，以便尽快地进行抢救。

美国矿业局研制了一种低频无线电收发装置，这个装置很小，适于矿工系在腰带上。它完全密封，发射机的天线安装在一个小盒内，能够间断产生 600～30000Hz 的定位信号。由于每台发射机只能产生一个固定频率，故可从其发出的频率鉴别遇险遇难人员。这套装置除发射机外，还包括一个基音接收器、一个按钮和一个开关。接收器能使遇险矿工收到来自地面的声音信息，它是由地面上的发射机发出的。同时，救护队还能向遇险者询问有关情况，遇险矿工对某些问题用发射器发出几组信号做"是"，或用另外几组做"不是"的回答，这些均用装置上的按钮来完成。收发机通过一个特殊的与矿灯电池连接的电源作动力源，一个充好电的矿灯电池可供收发机使用 40h，已用了 8h 的矿灯电池可供收发机使用 16h。这种信号装置已在美国的 93 个矿井进行了试验，井筒深度小于 600m 时效果很好。

我国研制成功的 KXY 型矿井寻人仪，由微型发射器和测向机等组成，可测定遇险遇难人员的方位和距离。微型发射器安装在矿工佩戴的矿灯内，矿灯充电后即可发出呼救信号，其耗电功率小，不影响矿灯的正常照明。测向机用于探测发射器发射信号，确定遇险遇难人员的方位。

美国超视安全系统公司于 2005 年新近推出一种安全救生系统。生命侦测仪是通过测试被探测者的呼吸运动或者移动来工作的。由于呼吸的频率较低，一般每秒 1 到 2 次，就可以把呼吸运动和其他较高频率的运动区分开来。超视安全系统公司的天线是美国航空航天局（NASA）指定的两种火星探测器地质雷达天线之一，能够非常敏锐地捕捉到非常微弱的运动，加上功能强大的算法处理，是安全救生部门最好的帮手，如图 9-8 所示。

图 9-8　雷达生命探测仪

（九）检测仪器

1. 矿用红外测温仪

矿用红外测温仪应为安全防爆电气产品，可在具有粉尘或气体爆炸危险的环境中使用，也可在一般环境中使用。一般具有小巧、坚固、快速、准确、使用方便等特点，不到 1s 即可测定出被测任何物体的表面温度，如图 9-9 所示。

大屏幕液晶显示器、各种形象图标加 LED 背景光使识读各种参数清晰、直观。环形激光瞄准，发射率可调，无须接触即可安全方便地测量出热的、危险的或难以接触的任何物体的表面温度，测量精度高、重复性好、测量范围宽，可十分方便地选择最大值、最小值、差值、平均值的显示，可任意设置高、低温超限报警，可外选接红外传感器探针，还可存储多个测点的温度数据。

2. 多参数气体测定器

多参数气体测定器可同时检测并显示甲烷（CH_4）、一氧化碳（CO）、氧气（O_2）、硫化氢（H_2S）的含量。当检测到待测气体的含量达到或超过预置报警值时，探测器立即发出声光或振动报警，如图 9-10 所示。

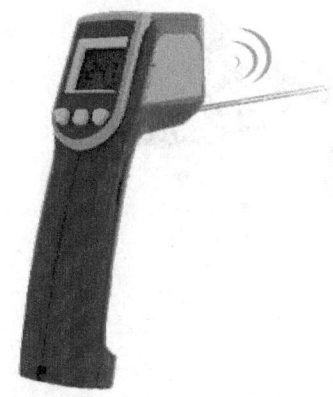

图 9-9　矿用红外测温仪

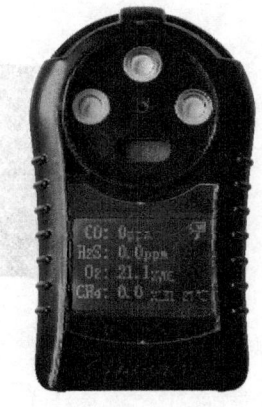

图 9-10　多参数气体测定器

(十) 破拆与支护工具

重型液压防爆破拆工具组，主要由液压链锯、液压圆盘锯、液压破碎镐、防爆液压动力站等组成，如图 9-11 所示。这些工具具有切、割、破碎等功能，用于矿山救援时，快速拆除障碍物。

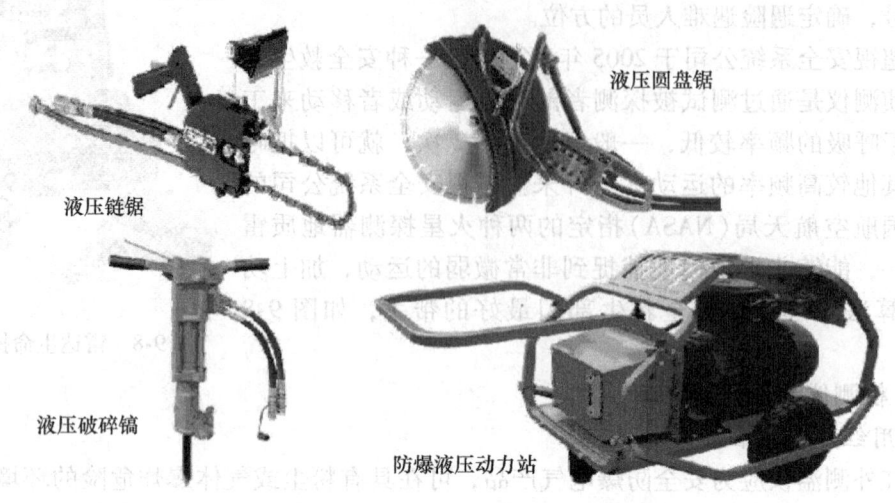

图 9-11　重型液压防爆破拆工具组

液压链锯以液压油为动力、以带有金刚石刀头的锯链为切割载体，可应用于各种工程和矿山岩石硬度不大于 12MPa 的各种软硬岩切割，是切割煤层、岩石、混凝土、钢筋混凝土、管道、砖石、石头和其他石材的理想工具，操作便捷，横向切割能力强；液压圆盘锯可切割金属或岩石材料，比如混凝土、砖、型钢、管材和护栏等；液压破碎镐能高效地完成混凝土、岩石、沥青的破碎工作；防爆液压动力站采用推车、胶轮式结构，为液压工具提供液压动力来源。

(十一) 起重气垫

起重气垫主要用于狭窄空间抢救被重物压陷的人员，采用了芳族聚酰胺增强材料（凯夫拉材料），由气源（高压气瓶或脚踏空气充填泵）提供动力。如图 9-12 所示。

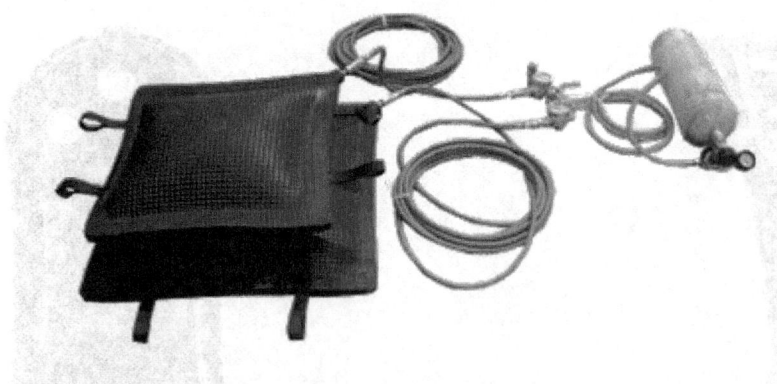

图 9-12　起重气垫

该装置升举力强，独立起重垫的起重量为 1~71t，升举速度快（4s 升举 10000kg），柔韧性高，耐腐蚀性强，超薄型设计，有 2.5cm 的缝隙便可插入气垫，表面印有防滑网纹、边缘加厚设计、耐磨。其工作原理为：高压气瓶通过压力调节器（减压阀）的减压，将 25MPa 的高压空气降低为 0.8MPa 低压空气，0.8MPa 低压空气通过双向控制器连接两个气垫或两个气囊，可完成两组起重操作。气囊与气垫的区别为，气囊起重力小，起重高度高，气垫刚好相反。

（十二）灭火装备

1. 惰性气体发生装置

惰性气体发生装置适用于煤矿井下扑灭大型火灾，快速惰化火区空气，抑制瓦斯爆炸，减少或杜绝残火复燃，即能阻爆灭火，又能起到隔绝、窒息火灾等作用。惰性气体装置一般由烟道、燃烧室、供风部分、供水降温部分、供油部分和控制台等组成。由烟道、燃烧室、供风部分、供水降温部分等联成主机，如图 9-13 所示。

图 9-13 惰性气体发生装置

惰性气体装置的各部分应采用快速连接方式，连成整机后，无明显漏气或严重漏水。目前主要有 DQ-150、DQ-500、DQ-1000 等几种型号。

2. 高倍数泡沫灭火机

高倍数泡沫灭火机在单位时间内产生泡沫量大，充满有限空间和巷道速度快，主要用于扑灭巷道、硐室等有限空间内大面积明火火灾。其对象包括油类、木材、煤炭、橡胶及各种织物等物质火灾。该装置能产生大量的高倍数泡沫，迅速充满灭火区域，并能消除一定高度上固体物质的阴燃火灾。高倍数泡沫具有良好的"渗透性"，可隔绝火焰，阻止热导、热对流和热辐射，由于泡沫水渍损失小，灭火效率高，灭火后恢复工作容易，使用灵活、轻便。目前主要有 BGP-400 型或 BGP-200 型两种，实物图如图 9-14 所示。

图 9-14 高倍数泡沫灭火机

3. 高扬程灭火泵

高扬程灭火泵扬程达 100 多米，适用于煤矿井下灭火及各种恶劣环境下的水源抽送，用于扑灭井下火灾，阻止火势蔓延。

三、矿工自救

多数灾害事故发生初期，波及范围和危害程度都比较小，这是消灭事故、减少损失的最有利时机。而且灾害刚发生，救护队很难马上到达，因此，在场人员要尽可能利用现有的设备和工具材料将其消灭在萌芽阶段。如不能消灭灾害事故时，正确地进行自救和互救是极为重要的。

发生事故后，现场人员应尽量了解和判断事故的性质、地点和灾害程度，迅速向矿调度室报告。同时，应根据灾情和现有条件，在保证安全的前提下，及时进行现场抢救，制止灾害进一步扩大。在制止无效时，应由在场的负责人或有经验的老工人带领，选择安全路线迅速撤离危险区域。

当井下掘进工作面发生爆炸事故时，在场人员要立即打开并按规定佩戴好随身携带的自救器，同时帮助受伤的同伴戴好自救器，迅速撤至新鲜风流中。如因井巷破坏严重退路被阻时，应千方百计疏通巷道。如巷道难以疏道，应坐在支架良好的下面，等待救护队抢救。采煤工作面发生爆炸事故时，在场人员应立即佩戴好自救器，在进风侧的人员要逆风撤出，在回风侧的人员要设法经最短路线撤退到新鲜风流中。如果由于冒顶严重撤不出来时，应集中在安全地点待救。

井下发生火灾时，在初起阶段要竭力扑救。当扑救无效时，应选择相对安全的避灾路线撤离灾区。在烟雾中行走时，迅速戴好自救器。最好利用平行巷道，迎着新鲜风流背离火区行走。如果巷道已充满烟雾，也绝对不要惊慌、乱跑，要冷静而迅速地辨认出发生火灾的地区和风流方向，然后有秩序地外撤。如无法撤出时，要尽快在附近找一个硐室等地点暂时躲避，并把硐室出入口的门关闭以隔断风流，防止有害气体侵入。

当井下发生透水事故时，应避开水头冲击（手扶支架或多人手挽手），撤退到上部水平。不要进入透水地点附近的平巷或下山独头巷道中。当独头上山下部唯一出口被淹没无法撤退时，可在独头上山迎头暂避待救。独头上山水位上升到一定位置后，上山上部能因空气压缩增压而保持一定的空间。若是采空区或老窑涌水，要防止有害气体中毒或窒息。

井下发生冒顶事故时，应查明事故地点顶、帮情况及人员埋压位置、人数和埋压状况。采取措施，加固支护，防止再次冒落，同时小心地搬运开遇险人员身上的煤、岩块，把人救出。搬挖的时候，不可用镐刨、锤砸的方法扒人或破岩（煤），如岩（煤）块较大，可多人搬或用撬棍、千斤顶等工具抬起，救出被埋压人员。对救出来的伤员，要立即抬到安全地点，根据伤情妥善救护。

四、矿工自救设施及设备

（一）压风自救装置

压风自救装置是利用矿井已装备的压风系统，由管路、自救装置、防护罩（急救袋）三部分组成。目前，世界上几个技术比较先进的国家，如美国、英国、日本等已在煤矿中普遍使用。1987年煤炭科学研究总院重庆分院研制了适合我国煤矿的压风自救装置系统，并在江西省英岗岭煤矿试用，效果良好。进入20世纪90年代以来，我国不少矿井使用了压风自救系统。平顶山矿区在井下使用的压风自救装置系统如图9-15所示，它安装

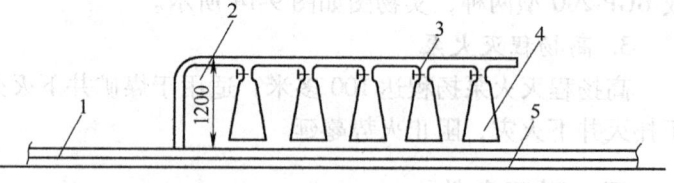

图9-15 压风自救装置示意图
1—压风管路 2—压风自救装置支管 3—减压阀
4—防护袋 5—巷道底板

在硐室、有人工作场所附近、人员流动的井巷等地点。

当井下出现煤与瓦斯突出预兆或突出时，避难人员立即前往自救装置处，解开防护袋，打开通气开关，迅速钻进防护袋内。压气管路中的压缩空气经减压阀节流减压后充满防护袋，对袋外空气形成正压力，使其不能进入袋内，从而保护避难人员不受有害气体的侵害。防护袋是用特制塑料经热合而成的，具有阻燃和抗静电性能。每组压风自救装置上安多少个头(开关、减压阀和防护袋)，应视工作场所的人数而定。

(二) 自救器

自救器是一种体积小、携带轻便，但作用时间较短的供矿工个人使用的呼吸保护仪器。主要用途是当煤矿井下发生事故时，矿工佩戴它可以通过充满有害气体的井巷，迅速离开灾区。因此，《煤矿救护规程》规定："每一入井人员必须随身携带自救器。"

自救器分为过滤式和隔离式两类，隔离式自救器又有化学氧和压缩氧两种。我国生产有AZL-40型、AZL-60型、MZ-3型和MZ-4型等过滤式自救器，AZH-40型化学氧自救器，AYG-45型和AYG-60型压缩氧自救器。

1. AZL-60型过滤式自救器

这种自救器是用于矿井发生火灾或瓦斯爆炸时防止CO中毒的呼吸保护装置，它适用于周围空气中O_2含量不低于18%的条件下。当CO含量小于1.5%、环境温度在50℃以下时，使用时间可达60min。该自救器的外形如图9-16所示。自救器的滤罐密封在外壳内，外壳由上、下壳体、密封圈、封口带、开启扳手、腰带挂环、封印条和号码牌等组成，密封后可以长期携带(3年)或存放(5年)。

使用时，滤毒罐由口具与人体肺部相通，含有CO的空气，首先经过滤尘层进入干燥剂药层除湿，以防止触媒剂中毒。经干燥的气体进入触媒层进行氧化反应，将其中的CO气体转化为无毒的CO_2气体。这时滤毒罐完成滤毒作用，再经吸气阀及降温网由口具进入人的肺部，人体呼出的气体由呼气阀直接排出。

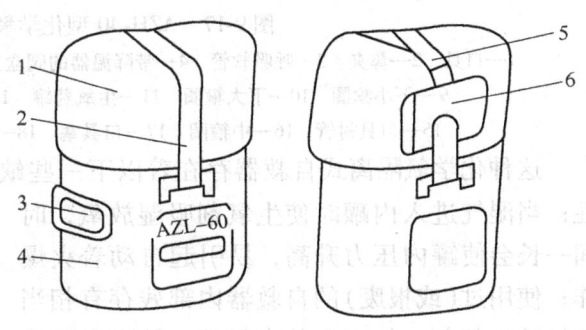

图9-16 自救器外形
1—上壳 2—封口带 3—号码牌
4—下壳 5—开启扳手 6—腰带环

佩带自救器的方法步骤：掀起保护罩，再用拇指掀起红色的开启扳手，拉断封印条；撕掉封口带，拨开外罐上部并扔掉；握住头带，把药罐从外罐中拉出，并扔掉外罐下部；从口具上拉开鼻夹，把口具片塞进牙齿与嘴唇之间，并咬住牙垫；用两手轻轻拉开鼻夹垫，夹在鼻子上，并立即用口呼吸；取下矿帽，把头带套在头顶上；戴上矿帽，撤离危险区。

2. AZH—40型化学氧自救器

这种自救器为隔离式自救器，可用于矿井发生各种灾害情况下矿工的自救。该自救器有效作用时间为：步行速度5.5km/h或从事中等强度劳动(196000N·m/h)时，不少于40min，静坐条件下大于2h。

AZH—40型化学氧自救器的结构原理如图9-17所示。人的呼气从口具1经呼吸软管3、带降温器的阀盒4、呼气阀19、呼气管8、药罐中心管18，再从生氧药罐11的底部返上来，经过药罐中的生氧剂 13（药片状或粒状超氧化钾），将呼气中的水汽及 CO_2 吸收掉并放出 O_2，富氧的空气再进入气囊 6 以供吸气时使用。吸气时，富氧空气经吸气阀 20、阀盒 4、呼吸软管 3、口具 1 吸入人的肺部。当生氧量超过人的呼吸需要时，气囊因积聚过多气体而膨胀，设在气囊上的拉绳遂将排气阀 7 拉开，见图 9-17 中 b，气囊中过剩的气体即从排气阀排泄到外界大气中。

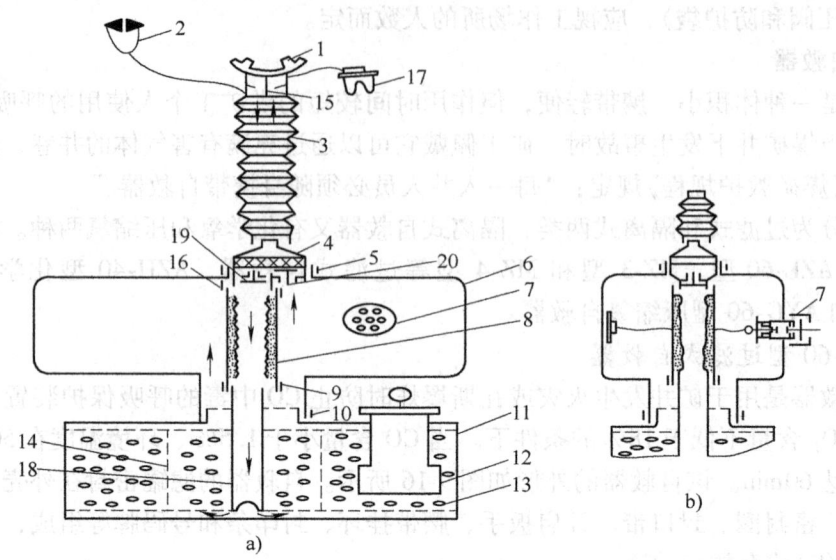

图 9-17 AZH-40 型化学氧自救器的结构原理

1—口具 2—鼻夹 3—呼吸软管 4—带降温器的阀盒 5—上箍圈 6—气囊 7—排气阀 8—呼气管
9—下小箍圈 10—下大箍圈 11—生氧药罐 12—起动装置 13—生氧剂 14—散热片
15—口具衬管 16—中箍圈 17—口具塞 18—药罐中心管 19—呼气阀 20—吸气阀

这种化学氧隔离式自救器存在着以下一些缺点：生氧剂中混入有机物时具有易燃易爆性；当湿气进入内罐时使生氧剂吸湿放氧，时间一长会使罐内压力升高，易引起自动着火爆炸；使用过（或报废）的自救器内部残存有相当数量的生氧剂，加之无外壳保护，易混进有机物而引燃着火。因此，这种自救器应放置在不受碰撞和强烈冲击的地方，并定期进行气密性检查，对使用过或报废的自救器不能丢放在井下，应带到地面妥善处理。

3. AYG—45 型压缩氧自救器

AYG—45 型压缩氧自救器的原理及结构如图 9-18 所示。其工作原理为：当佩戴使用时，人体呼出的气体经口具及呼吸软管 6 进入 CO_2 吸收剂盒中，呼气中的 CO_2 被盒中的吸收剂（$Ca(OH)_2$）吸收掉，经净化的气体再进入氧气袋 10 中与由减压器 3 送来的 O_2 混合，供再

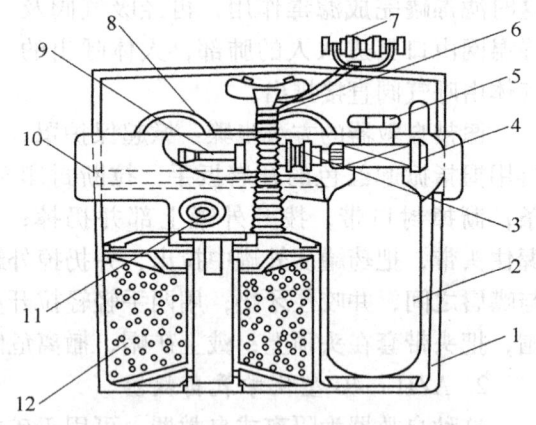

图 9-18 AYG-45 型自救器原理结构

1—外壳 2—氧气瓶 3—减压器 4—压力计
5—氧气瓶开关 6—口具及呼吸软管 7—鼻夹
8—眼镜 9—自动补给端杆 10—氧气袋
11—排气阀 12—CO_2 吸收剂

次呼吸使用。吸气时氧气袋 10 中的富氧空气经呼吸软管、口具进入人体肺部，完成呼吸循环。当氧气袋 10 中空气不足时，自动补给端杆 9 会自动工作，由氧气瓶经减压向氧气袋迅速补充氧气。当氧气袋空气储量超过人体需要时，袋中压力上升，使排气阀 11 开启，将多余空气排到外界大气中，以使呼吸压力维持在规定范围内。

AYG-45 型自救器重 3.7kg，在中等劳动强度时的使用时间为 45min。AYG—60 型自救器总重 5kg，在中等劳动强度时的使用时间为 60min，其原理和结构与 AYG—45 型相同。

4. 自救器的选用原则

对于流动性较大，可能会遇到各种灾害威胁的人员应选用隔离式自救器；在有煤与瓦斯突出矿井或突出区域的采掘工作面，应选用隔离式自救器。其余情况下，一般应选用过滤式自救器。

五、煤矿井下安全避险六大系统

2010 年 7 月 19 日，国务院下发《国务院关于进一步加强企业安全生产工作的通知》（国发[2010]23 号）通知，要求所有井工煤矿应按照规定要求建设完善煤矿井下紧急避险系统，并符合"系统可靠、设施完善、管理到位、运转有效"的要求。2012 年 6 月底前，所有煤（岩）与瓦斯（二氧化碳）突出矿井，中央企业所属煤矿和国有重点煤矿中的高瓦斯、开采容易自燃煤层的矿井，要完成紧急避险系统的建设完善工作。2013 年 6 月底前，其他所有煤矿要完成紧急避险系统的建设完善工作。

井下安全避险六大系统包括：监测监控系统，实现对煤矿井下瓦斯、一氧化碳含量、温度、风速的动态监控，完善紧急情况下及时断电撤人制度；人员定位系统，准确掌握各个区域作业人员的情况；救生舱、避难硐室等紧急避险系统，实现井下灾害突发时的安全避险；压风自救系统，确保灾变时现场作业人员有充分的氧气供应；供水施救系统，在灾变后为井下作业人员提供清洁水源或必要的营养液；通信联络系统，实现井上井下和各个作业地点通信通畅，并要求全国煤矿在 5 年内都要建立以救生舱为代表的煤矿避险系统。建成后，"六大系统"将平时在保障安全生产上发挥重要作用，同时，又能在发生险情时构成煤矿井下安全避险的主要系统，对维护矿井作业人员的生命安全与健康、保障煤矿安全生产具有重要的意义。

（一）矿井监测监控系统

矿井监测监控技术包含对矿井的监测和监控两个部分，"监测"是指对煤矿环境与生产参数进行自动监测。"监控"是指系统根据监测所得到的数据来进行分析，并依据所得结果对生产进行反馈控制。

监测监控在安全防护体系中具有重要作用，通过对被测参数的比较和分析，为预防灾害事故提供技术数据，便于提前采取防范措施；通过对被测参数实施实时有效的控制，及时实现自动报警、断电和闭锁，便于制止事故的发生或扩大；在发生事故的情况下，能及时指示最佳救灾和避灾路线，为抢救和疏散人员、器材，提供决策信息。

国外煤矿监控技术是 20 世纪 60 年代开始发展起来的，至今已有五代产品，从技术特性来看，主要是从信息传输方式的进步来划分监控系统发展阶段的（见表 9-4）。

表 9-4 国外煤矿监控技术发展

	通信制式	代表产品	特 点
第一代	空分制	CCT63/40	一个测点用一对电缆芯线来传输
第二代	频分制	TF200 系统	传输信道电缆芯线减少
第三代	时分制	MINOS 系统	2 芯线传输与测点数无关
第四代	分布式网络技术	森透里昂 600	开放性、集约化和网络化
第五代	人工智能数据库技术	—	远程监测监控信息采集、动态预警技术

我国的煤矿安全监测监控技术是伴随着煤炭工业发展而逐步发展起来的,它经历了从简单到复杂,从低水平到高技术的发展过程。

1983~1985 年,我国从欧美国家先后引进了法国、波兰等数十套矿井监控系统,如最早阳泉矿务局引进英国的监测系统,重庆安仪厂引进了德国的 TF200 监测系统;"七五"之后,我国引进消化吸收国外产品的精髓,先后研制出系列煤矿监控系统,如 KJ95、KJ90 等,逐步实现了对矿井安全及生产方面多种参数的连续监测、监控、定位、数据存储和处理。我国研制的 KTJ-4 矿井通风在线监测系统(见图 9-19),可以监测瓦斯、风速、负压、一氧化碳、烟雾、温度、风门开关等环境参数,也可监测煤仓煤位、水仓水位、压风机风压、箕斗计数器、各种机电设备开停等生产参数和电压、电流、功率等电量参数,以及传送带跑偏、传送带速度、轴承温度、机头堆煤等各种机电设备的运行情况。

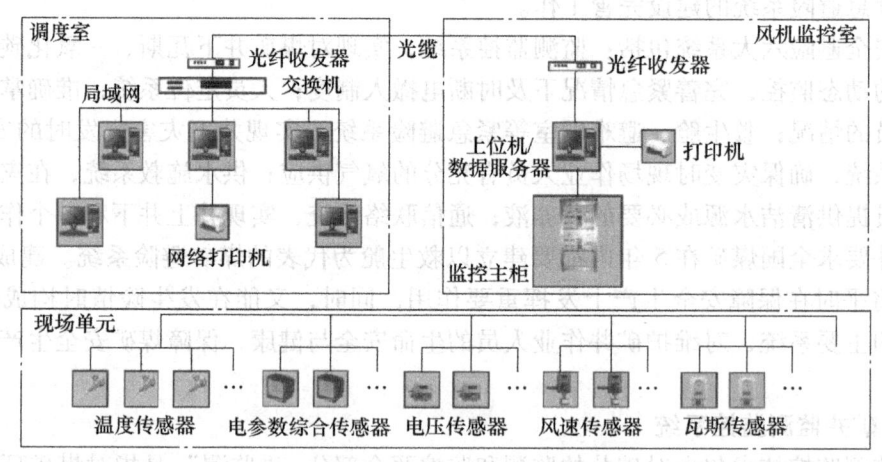

图 9-19 KTJ-4 矿井通风在线监测系统结构图

(二) 人员定位系统

人员定位系统(personnel location system):实时准确掌握各个区域井下人员的分布及作业情况。正常情况下,实时监测井下各地点人员的分布情况,对矿井人员进行井下定位管理。

目前,煤矿安全普遍存在着以下隐患:井上管理人员不能及时与井下工作人员进行即时通信,不能实时掌握井下人员的分布及作业情况,难以进行人员的精确定位。因此,准确、实时、快速履行煤矿安全监测职能,保证抢险救灾、安全救护的高效运作,实现管理的现代化、信息化,对于提高煤矿安全水平具有重要意义。

一般煤矿人员定位系统包含以下部分：

地面部分：人员信息采集处理中心，也称"监控主站"，主要以通信接口、专用人员监测管理软件和监控主机、打印机、监视器等组成。

井下部分：以人员定位分站作为井下人员编码信息无线检测处理的基本单元。它可连接防爆兼本安电源、低频发射天线和高频接收天线。

连接：一根二芯矿用信号电缆。

原理：定位分站将低频的加密数据载波信号经发射天线向外发送；人员随身携带的标识卡进入发射天线工作区域被激活；发送加密的载有目标识别码的信息；接收天线接收到标识卡发来的载波信号，经分站接收处理后，提取出目标识别码，并经数据通信网络送至地面监控计算机，完成矿井人员自动跟踪定位管理工作。

煤矿人员定位系统一般包含以下三个类型。

1. 射频识别技术

射频识别技术是从20世纪80年代起走向成熟的一项自动识别技术。典型的射频识别系统主要包括两个部分：射频识别卡和读卡器。系统通过井下放置的各个读卡器来读取为井下人员配发的唯一识别卡信息，并对信息进行上传处理，从而完成对井下人员的定位。

当下井人员进入井下以后，只要通过或接近放置在坑道内的任何一个读卡器，读卡器就会马上感应到信号，并立即上传到控制中心的计算机上，计算机马上就可判断出具体信息，同时，把它显示在控制中心的大屏幕或电脑显示屏上，做好备份。管理者也可以根据大屏幕上或电脑上的分布示意图点击井下某一位置，计算机就会把这一区域的人员情况统计显示出来。同时，控制中心的计算机会根据一段时间的人员出入信息整理出这一时期的每个下井人员的各种出勤报表。如出勤率、总出勤时间、迟到/早退记录、未出勤时间等。另外，一旦井下发生事故，可根据电脑中的人员分布信息马上查出事故地点的人员情况，在事故发生处确定人员位置，以便营救人员准确、快速地营救出被困人员。

2. 基于WIFI的定位系统

WIFI全称Wireless Fidelity，采用802.11a/b/g标准，它的最大优点就是传输速度较高，可以达到54Mbit/s，另外，它的有效距离也很长，同时，也与已有的多种设备兼容。利用井下以太网络，在井下设立若干基站，通过无线网络覆盖井下巷道，利用WIFI手机、固定电话等终端设备来进行通信，从而实现井上与井下的语音调度以及井下对井上、井下对井下之间的信息反馈。为生产调度、应急救援、安全监控等提供可靠的依据。

3. GIS结合的定位系统

地理信息系统(GIS, Geographic Information System)是一种基于计算机的工具，它可以对在地球上存在的东西和发生的事件进行成图和分析。

通过基于GIS技术的地理信息实时显示、查询井下情况。主要内容是任一时间井下或某个地点究竟有多少人，这些人都是谁，每个人在井下任一时间的活动轨迹；查询一个或多个人员现在的实际位置，方便调度中心快速、正确地用电话联系该人员；查询有关人员在任一地点的到离时间和总工作时间等一系列信息，可以督促和落实重要巡查人员。如瓦斯检测人员、温度检测人员、通风人员等是否按时到地点进行各项数据的测试和处理，从根本上杜绝因人为因素而造成的相关事故；可实现多点共享，供多个领导者同时在不同地点查看。了解井下人员每时每刻在巷道中的实时动态分布，并根据井下的实际地理情况制作相应的动态图，使井下情况一目了然。

(三) 紧急避险系统

煤矿井下紧急避险系统，是指在煤矿井下发生紧急情况下，为遇险人员安全避险提供生命保障的设施、设备、措施组成的有机整体。紧急避险系统建设的内容包括为入井人员提供自救器、建设井下紧急避险设施、合理设置避灾路线、科学制定应急预案等。

井下紧急避险设施，是指在井下发生灾害事故时，为无法及时撤离的遇险人员提供生命保障的密闭空间。该设施对外能够抵御高温烟气，隔绝有毒有害气体，对内提供氧气、食物、水，去除有毒有害气体，创造生存基本条件，为应急救援创造条件、赢得时间。紧急避险设施主要包括永久避难硐室、临时避难硐室、可移动式救生舱。其中，永久避难硐室是指设置在井底车场、水平大巷、采区（盘区）避灾路线上，具有紧急避险功能的井下专用巷道硐室，服务于整个矿井、水平或采区，服务年限一般不低于5年。临时避难硐室，是指设置在采掘区域或采区避灾路线上，具有紧急避险功能的井下专用巷道硐室，主要服务于采掘工作面及其附近区域，服务年限一般不大于5年。可移动式救生舱是指可通过牵引、吊装等方式实现移动，适应井下采掘作业地点变化要求的避险设施。紧急避险系统一般包含三级防护。

第一级：以个人防护为重点，配备自救器、便携式瓦斯检测仪或报警矿灯等防护装备，为灾变发生后人员快速脱离灾害影响范围或达到安全避灾地点提供支持。

第二级：在工作面附近和局部区域设置可移动式避难舱或建设临时避难硐室，配备一定数量的食物、饮水和供氧系统，使逃生人员能就近快速进入安全环境紧急避险。

第三级：在采区上下山附近或井底车场设置固定式避难所，形成为避难所内持续输送氧气、水和一定量的食物的系统，实现通讯、环境监测等功能，为整个采区或矿井避灾人员提供应急避难空间。

《国家安全监管总局国家煤矿安监局关于印发煤矿井下紧急避险系统建设管理暂行规定的通知》（安监总煤装［2011］15号）中规定：所有煤与瓦斯突出矿井都应建设井下紧急避险设施。其他矿井在突发紧急情况时，凡井下人员在自救器额定防护时间内靠步行不能安全撤至地面的，应建设井下紧急避险设施。

煤与瓦斯突出矿井应建设采区避难硐室。突出煤层的掘进巷道长度及采煤工作面推进长度超过500m时，应在距离工作面500m范围内建设临时避难硐室或设置可移动式救生舱。

其他矿井应在距离采掘工作面1000m范围内建设避难硐室或设置可移动式救生舱。

矿用应急避难所的分类如图9-20所示。

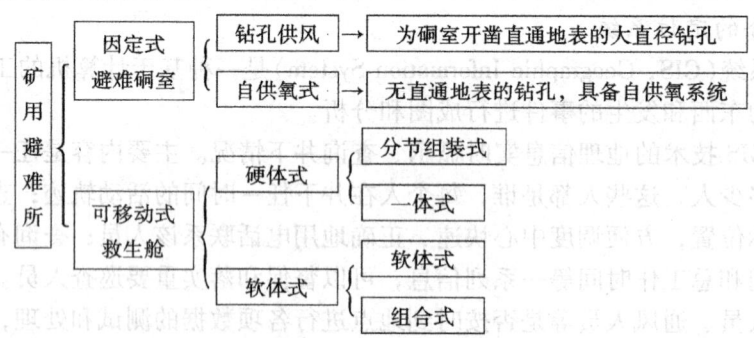

图9-20 矿井避难所的分类

根据世界各国对矿井事故的调查统计和救援经验，在煤矿瓦斯煤尘爆炸、煤与瓦斯突出、透水、冒顶等事故中，事故发生第一现场，因爆炸、坍塌等伤害立刻遇难的人员仅占事故总死亡人数的很少部分，而超过80%遇险矿工的遇难是由于爆炸后其附近区域氧气耗尽、含有高含量有毒有害气体、逃生路线因爆炸阻断等原因，而无法及时撤离到安全区域或升井而造成的。因此，为矿难后井下被困的幸存人员提供可保障其生命的密闭空间是矿工生命的重要保障。

矿用避难所就是设置在矿井下各危险工作区域的密闭空间，一般为钢制腔体，亦可依托巷道墙壁挖掘而成，整体设计上能够做到气密，并能抵御一定的外力冲击。井下发生突出、火灾、瓦斯煤尘爆炸、水害等灾变事故后，在逃生路径被阻和逃生不能的情况下，为无法及时撤离的遇险人员提供一个安全的密闭空间，对外能够抵御爆炸冲击、高温烟气，隔绝有毒有害气体；对内能为遇险人员提供氧气、食物、水等，并能够监测空间内外的环境状况，去除有毒有害气体，保障舱内适宜被困人员生存的环境空间，通过通信设备联系、协助外部救援工作，延长其生存时间，直至救援人员到达，提高井下被困人员的生还几率，实现井下灾害时的安全避险，保障矿工的生命安全与健康。

目前，欧美各国在矿井避难所研究方面均有一定的进展和成果，并制定了相关的法律法规。2003年和2004年，南非的两个特大金矿发生停电和火灾事故，当时一个矿井下有3400多人，结果仅死亡9人，有280人是救护队在井下的各个避难所里救出的；另一个矿井在2600人返回地面后，发现有52人失踪，两天后在井下的避难所和救生舱里找到的失踪矿工，全部安然无恙。

1. 国内外主要采煤国对矿井避难所的基本要求及法律法规

国外采矿业发达国家的矿山应急救援体系、法规等非常完善，应急避难室类产品在南非、澳大利亚等国已经广泛应用于金属矿山等危险工业场所。

南非《矿山健康与安全规程》规定：长壁开采的工作面，距离工作面不超过750m的地点必须建立避难所；采用房柱式开采时，每1000m应设置避难所。《矿山安全与健康法》16.1(1)规定：矿主须指定称职的专人定期检查避难所等安全设施，从而保证井下作业人员在发生爆炸、火灾或水灾时有足够的逃生机会。

2006年，美国西弗吉尼亚州政府率先对避难所作出规定，并对救生舱产品实施州政府批准，规定防护时间不得少于48h。2008年12月，MSHA发布救生舱条例，规定2009年12月前所有美国煤矿井下必须配备避难所，保证所有入井人员都有灾变时期的避险位置，防护时间提高到96h，并对避难所的设置做了详细的规定：矿工在30min或更短时间内能够到达地面的矿山不需要布置，避难所必须能够容纳邻近区域工作的最大矿工人数，包括轮班替换人员设置位置距离最近工作面不超过300m，在距离工作面较远区域，两个避难所间隔不超过矿工1h的行进距离，即矿工距离任一避难所或安全出口的行进时间不超过30min。

避难所内可吸入气体应由压缩空气瓶、压缩氧气瓶、或地面安装了排风扇或空压机的矿井提供，并保证气体未被污染。为每人提供的可吸入气体可维持96h，O_2在18.5%~23%（体积分数）之间，CO_2平均含量不高于1%且最大含量不高于2.5%。在使用期间，应对救生舱内的大气进行监测。具有有害气体清除措施，有效清除CO、CO_2、CH_4等有毒有害气体。当用户依照生产商的操作说明及定义的极限使用时，救生舱在全部满员情况下的体感温度不得超过95°F(35℃)。

2005年西澳大利亚洲《矿山安全和检查规章1995》规定：地下矿井中必须有明确的紧急情况预防措施，为遇险人员提供避难所和新鲜空气。避难所距离工作地点最大距离确定原则是,人以合适身体状态、使用50%自救器防护时间、中等行进速度可以走出的最远距离。避难所覆盖所有工作人员,包括管理人员,推荐避难所容量应该是本地作业人员数量的2倍以上。避难所建设位置,应远离潜在岩崩、淹井、火灾、爆炸等危险的区域(如变电站、炸药库、燃料存储设施或停车场等),岩层稳定、支护良好。

2009年4月30日国家安全生产监督管理总局发布19号令,出台《防治煤与瓦斯突出规定》,对井下避难所提出了建设要求,有突出煤层的采区必须设置采区避难所,避难所的位置应当根据实际情况确定,并发布了《煤矿井下避难所建设基本要求》(试行),对井下避难所的建设提出了具体要求。

2. 国内外矿井避难所类型

目前,国内外所研制的煤矿井下避难所类型可分为固定式避难硐室和可移动式救生舱。其中固定式避难硐室分为永久避难硐室和临时避难硐室,可移动式救生舱分为硬体式和软体式。

(1) 永久性固定避难室。这种避难室是在矿井巷道两侧地层中直接挖掘而成的,主要布置在主巷或逃生路线上(见图9-21)。利用贯穿岩层到达地面的管道为避难室内持续地输送氧气、实现通信畅通。

永久性的避难硐室,是一般设在井底车场附近或采区工作地点安全出口路线上事先建造的服务年限比较长的避难硐室。永久性的避难硐室又可分为中央避难硐室和采区避难硐室。中央避难硐室可设在井底车场附近,与井下保健站硐室结合在一起。《规程执行说明》对永久性的避难硐室的要求是:设在采掘工作面附近和放炮器起动地点,距采掘工作面的距离应根据具体条件确定;室内净高不得小于2m,长度和宽度应根据同时避难的最多人数确定,每人占用面积不得小于0.5m²;室内支护必须良好,并设有与矿(井)调度室直通电话;室内必须设有供给空气的设施,且供应空气设施通过钻孔与地面直接联通,每人供风量不少于0.3m³/min(见图9-22);室内应配备足够数量的隔离式自救器;避难硐室在使用时必须用正压通风。

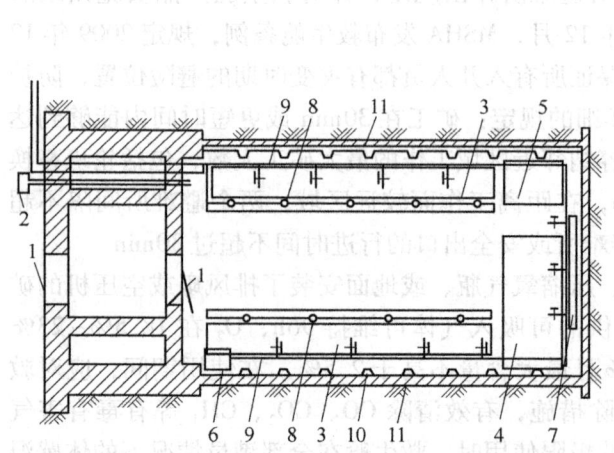

图9-21 井下永久避难硐室结构示意图

1—密闭门 2—虹吸排管 3—座椅 4—板床 5—食物与水柜
6—药箱 7—自救器存放架 8—氧气瓶 9—压缩空气管路
10—槽钢拱支架 11—水泥隔板

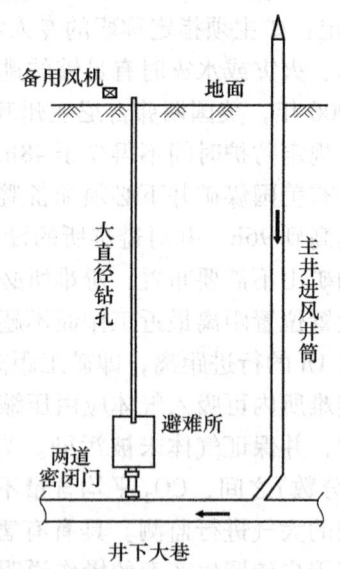

图9-22 永久避难硐室钻孔供氧示意图

(2) 临时性固定避难室。临时性固定避难室是在矿井工作区域附近的巷道岩层中挖掘而成的，依靠氧气瓶等设备为避难室提供一定时间的氧气。当此处采掘工作完成后，临时性避难室即被废弃，室内密封门、氧气瓶、通信、监测仪器等重复性使用设备将拆除，并转移到新建设的临时避难室中(见图9-23)。

临时性避难硐室比永久性避难硐室简单，服务的范围较小，服务年限较短。一般不设置通往地面的钻孔，内部的供氧主要靠压缩氧气瓶或化学氧，并设置空气净化装置。

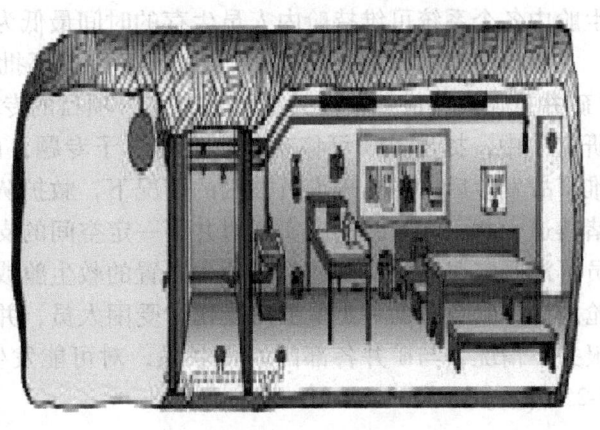

图9-23　临时避难硐室

(3) 移动式救生舱。国外移动式救生舱多数为车体式结构，具有行进装置或者吊装、拖曳部件，能在巷道中移动，随工程进度不断改变架设位置。氧气瓶、通信、监测仪器等设备均安装在车体中。在南非、澳大利亚、加拿大、美国、德国等矿业发达国家，应急救生舱已经是一项在采矿行业应用广泛的应急救援设备，如图9-24所示的应急救生舱大多为整体式钢结构，能够依靠车辆、轨道等在井下拖曳行进，以改变假设位置；体积较大，截面积一般约为 $2m \times 2m$；避难室内部配备有氧气瓶、气体净化装置、监测、通信设备等；温湿度控制主要依靠空调。

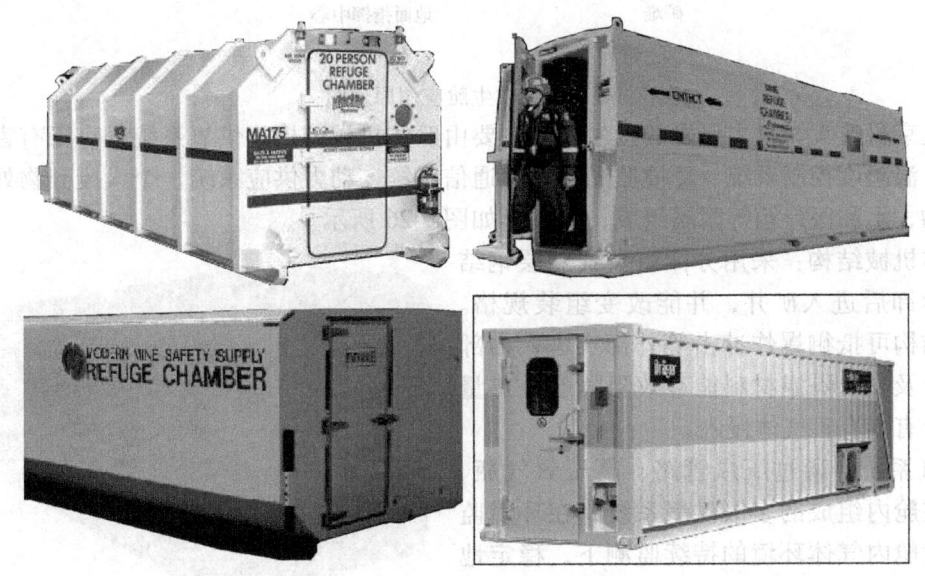

图9-24　国外应急避难室

救生舱由舱体机械结构、供氧系统、有毒有害气体处理系统、温湿度控制系统、环境监测系统、通信系统、动力供应系统、附属设备等各部分紧密结合，组成一个独立完整的复杂救援系统。一般国内外救生舱的救援能力可分为8人、12人、16人、24人等几个层次，救生舱内各个系统可维持舱内人员生存的时间最低为96h。

为提高我国矿山救援水平，2006年科技部批准立项的国家"十一五"科技支撑计划"矿井重大灾害应急救援关键技术研究"项目的专题"遇险人员快速救护关键技术与装备的研究"中，提出了"可移动式救生舱"子专题，由北京科技大学承担。此专题目标是：矿难事故发生后，在出现人员被困的情况下，救护队使用高效防爆清矸装载机械，快速打通被堵巷道，并可在短时间内实现对井下一定空间的支护，对遇险人员实施救护；同时，幸存人员可沿既定避灾路线到达最近预先设置的救生舱或避难所，人员在救生舱或避难所内可通过舱内设备紧急救助一定范围内受伤、受困人员，并通过监测仪器了解所处环境各类参数，通报井下情况，与矿井各部门取得联系，对可能发生的事故做出预警。救生舱应用原理如图9-25所示。

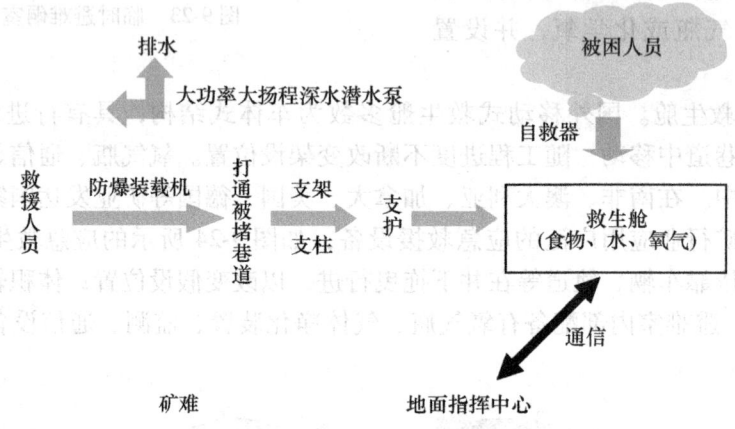

图9-25 救生舱应用原理图

由北京科技大学自主研发的救生舱，主要由舱体机械结构、供氧系统、有毒有害气体处理系统、温湿度控制系统、环境监测系统、通信系统、动力供应系统、个人废弃物处理装置以及食物、水和医疗箱等附属组成，其外形如图9-26所示。

舱体机械结构：采用分体组装式双层钢结构，可拆卸后进入矿井，并能改变组装规格。外部钢结构可抵御爆炸冲击等外部灾害，内部特殊设计及高效隔温材料能有效阻隔舱外热量传递以及有毒有害气体侵入。

供氧系统：通过压风管路、高压氧气瓶、自救器在舱内组成的多级供氧系统，在环境监测系统对舱内气体环境的持续监测下，稳定地向舱内供给空气或氧气，补充舱内人员呼吸消耗掉的氧气，保持舱内大气总气压和氧分压在要求的控制范围内。

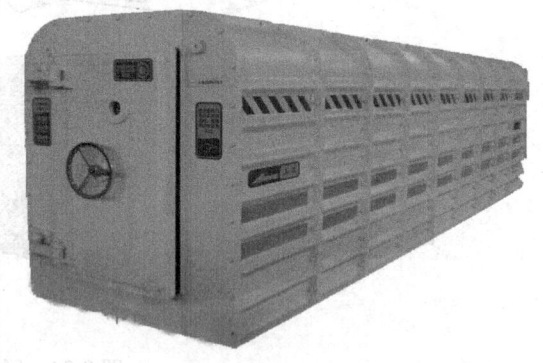

图9-26 北京科技大学自主研发的救生舱

有毒有害气体处理系统：采用净化器控制舱内空气循环，使空气通过净化器内药剂层，处理舱内有毒有害气体，将其控制在规定范围内。

温湿度控制系统：在矿山发生爆炸、火灾等灾变事故时，巷道外高温烟气及矿井断电会导致普通制冷系统应用，舱内需要满足应急条件下的独立制冷系统。舱内制冷除湿需要采用蓄冷空调原理，在矿井未发生事故时，依靠矿山电力正常储备冷量并维持，事故发生后，才能不受外界动力供应条件的制约，通过舱内储备的冷量调节救生舱内温湿度。

环境监测系统：采用救生舱专用传感器对舱内外总气压、氧气含量、二氧化碳含量、一氧化碳含量、硫化氢含量、温度和湿度等舱内大气环境的主要特征参数进行监测，并独立维持96h以上。在舱内环境参数发生变化的情况下，实现语音报警提示相关动作，为舱内人员提供生命维持设备操作指导依据，并能通过矿井监测分站并入现有煤矿监测监控系统中，将舱内外环境特征参数传输至井上。

通信系统：选用目前成熟的矿用通信设备安装在救生舱内，并将其接入矿井通信网络。

动力供应系统：舱内环境监测设备、空气净化装置等电气设备运行均需要电力供应。在矿井发生事故时，矿山电力网络很可能中断，因此，救生舱动力供应系统必须解决无外部支持条件下舱内设备的电力供应问题。舱内采用专门设计的矿用防爆兼本安蓄电池组，其电量能够满足救生舱额定救援时间内舱内电气设备的用电需求。平时通过矿山电源接入舱内对电池组保持充电状态，维持电池组电量，若矿山电源意外中断，则由蓄电池组为舱内设备供电。

附属：包括舱内和舱外两部分。舱内附属包括食物、水、便携式气体检测仪、废物收集桶、急救箱、工具箱、使用说明书、自救指南、娱乐消遣类阅读材料；舱外附属包括救生舱附近区域的荧光反射指示标志、带方向指示的导向绳、灭火器、状态指示灯等。

我国救生舱的研发起点高、发展快，在充分借鉴发达国家成功经验和做法的基础上，将潜艇、船舶、高楼逃生等领域的一些高新技术用于井下避难所研发。同时，结合我国矿井生产的具体环境和国内矿山领域的法律规范，对国内矿井环境具有较好的适应性。

为了获取人体在密闭空间内生存代谢的基础数据及边界条件，北京科技大学在矿山救生舱环境模拟实验舱（见图9-27）内对密闭空间生存环境水平及各类维持、保障技术进行了全面、深入、系统的研究试验，包括密闭空间气体平衡调节、热环境调节、有毒有害气体处理、特殊环境模拟及密闭空间人员生存维持等。通过大量的试验研究取得了系列的人体在密闭空间不同条件下的生存代谢基础数据、蓄冰制冷调节数据、人体代谢有毒有害气体去除数据（见图9-28）等，为救生舱生命保障关键技术的研究奠定了基础。

图9-27 救生舱矿山环境模拟实验室

通过实验室的研究模拟及验证，研制成功了分段式矿用可移动式救生舱样舱。为了测试救生舱在矿井灾变环境下的综合生存保障能力，2008年7月在山西潞安矿务局职业技术学校模拟巷道内完成了4人96h模拟矿井灾变环境下生存试验。在试验过程中，通过标准气体钢瓶向救生舱外巷道空间注入一定含量的有毒有害气体，

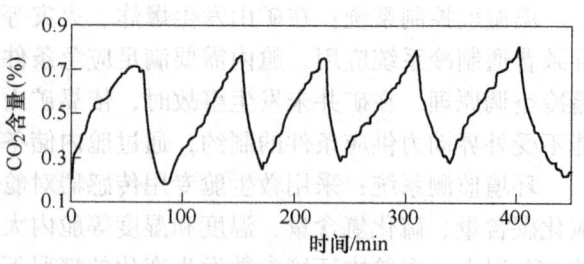

图9-28 救生舱内二氧化碳处理曲线图

模拟矿井灾变环境，试验中舱外巷道空间内实际气体环境及含量为：$CO(1400 \times 10^{-6})$、$CH_4(2\%)$、$CO_2(3.7\%)$、$N_2(84\%)$。救生舱试验模拟巷道布局如图9-29所示。

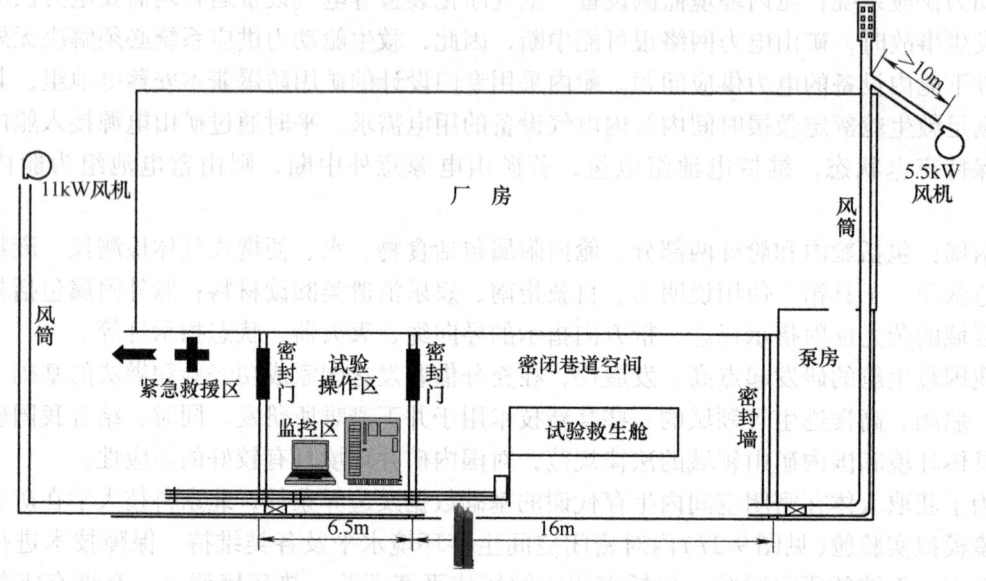

图9-29 救生舱试验模拟巷道布局示意图

在试验过程中，救生舱内各环境参数控制范围如下：氧气含量在18.5%~23.0%之间，CO_2含量不大于0.8%，CO含量不大于0.0024%，温度不高于30℃，湿度不大于85%，舱内各环境参数完全控制在人体需求范围之内。舱内CO_2控制曲线见图9-30。为了在试验中确认受试人员的生理状态，还每隔2h对受试人员的血压、脉搏和体温做测试，并选用主观投票的调查方法填写人体舒适度值，舒适度平均值如图9-31所示。

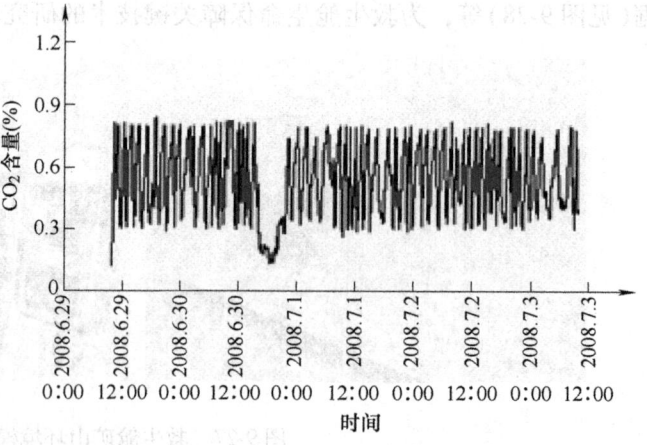

图9-30 救生舱内4人4天CO_2控制曲线图

从图 9-31 中可看出，受试者舒适度只是在刚进入舱内进行试验阶段变化较大，而随着试验的进行，受试者舒适度趋于稳定，随时间变化并不明显，这也与前人的研究相符。

(4) 充气式救生舱。作为矿用救生舱的一个重要类型，充气式救生舱在国外已经有了较成熟的技术。例如美国 Strata 公司的

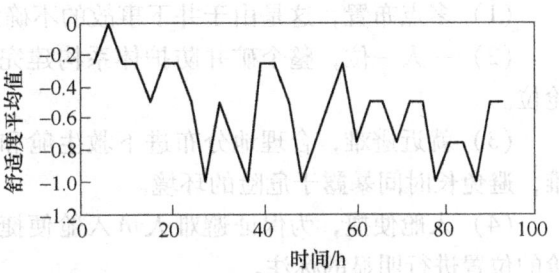

图 9-31 舒适度平均值随时间变化曲线

充气式避难室，可作为为被困井下的矿工提供呼吸气体的安全站使用。根据有关考察报告，美国目前煤矿井下配备避难所 1193 台，其中：可充气软体式救生舱 1000 台（占 80% 以上）；硬体式钢制救生舱 123 台；避难硐室 70 个。图 9-32、图 9-33 分别为国内外充气式救生舱。

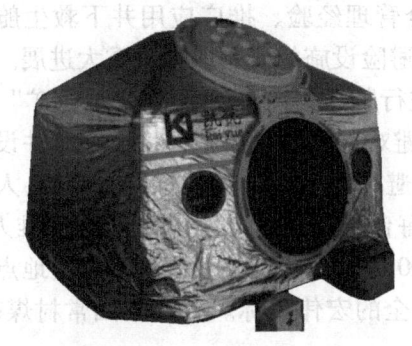
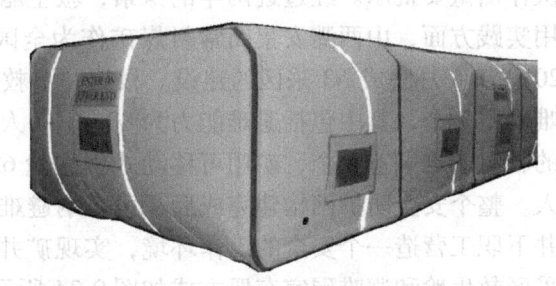

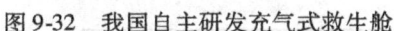

图 9-32 我国自主研发充气式救生舱　　　　图 9-33 美国充气式避难室

正常情况下软体式救生舱储存在一个被称为新鲜空气室滑撬的钢制防爆箱中，当在紧急情况下需要充气时，通过打开高压压缩空气钢瓶充气，国外产品一般采用支架气柱和舱室独立充气的方式，一般在 5~10min 完成充气。在舱体充气完成后，舱内的供氧系统和 CO_2 主动吸收器开始运行维持舱内的气体环境。整个救生系统开始运行后，可布置在救援区或安全空间内维持 96h 的呼吸性气体。充气式救生舱规格一般包括 1~16 人、17~26 人、27~36 人等。箱体的底部设有滚轮以提高机动性。充气舱采用耐用的织品，且边缘处作了紧密处理，达到了很好的气密性，使整个构筑物可长期使用。进入舱室的入口，设计有带净化空气系统的独立气障，消除进入舱室的被污染的气体。

可呼吸气体维持系统设计用于有限空间中，供应 O_2 和去除空气中的 CO_2 等有毒有害气体。此系统利用压缩氧气钢瓶和碱石灰药剂，进行完整的空气交换。所需钢瓶数量根据避难人员数量和避难持续时间而定，其氧气的流量也根据舱内避难的人数而调整。一般配有便携式多气体探测器，用于检测舱室内的空气环境；饮用水和应急食品，以维持避难人员的生命。另外还有急救包、废物收集带、照明设备以及其他的应急设备。

3. 避难硐室和救生舱在井下布置

构建以救生舱等应急所为核心的煤矿安全防护体系，永久避难硐室、临时避难硐室、移动救生舱组成的覆盖全矿井的应急避难网络，保证所有井下作业人员均能获得紧急情况下的避难空间，并配合矿井监测、通风、通信等系统构成覆盖全矿井的安全防护系统。

根据井下救生舱和避难硐室的特点，其在井下的布置应符合以下四个原则：

(1) 多点布置，这是由于井下事故的不确定性和井下人员分布特点决定的。

(2) 一人一位，整个矿井防护体系构建完成后，必须保证每个下井人员有都有避难的舱位。

(3) 就近避难，合理地分布进下救生舱和避难硐室的位置，使得井下的工人可就近避难，避免长时间暴露于危险的环境。

(4) 入舱便捷，为保证避难人员入舱便捷，应在紧急出口处、避灾路线等地点对救生舱的位置进行明显的标注。

根据国外的经验数据，矿工距离救生舱和避难硐室的最大距离不能超过1000m，这个距离是自救器正常使用50%时间段内人员正常行走的经验数值。由于井下发生事故后，巷道环境恶劣，人员的行走速度较慢，为确保避难人员安全，必须在自救器的50%时间内到达救生舱。

2008年以来，中央领导同志对借鉴南非煤矿安全管理经验、推广应用井下救生舱等多次作出重要批示。经过近两年的探索，救生舱等紧急避险设施的研制取得了重大进展。在应用实践方面，山西潞安集团常村煤矿作为全国首个进行紧急避险六大系统"示范矿"已于2010年5月完成N3采区的建设。根据井下救生舱和避难硐室布置原则，将在全矿井设置避难硐室7个，其中包括避难能力为80~100人的永久避难硐室2个，避难能力为40人左右的临时避难硐室5个，矿用可移动式救生舱62台，每台可移动式救生舱可容纳避难人员8人。整个安全防护网构建完成后，可容纳避难人数800人左右，覆盖井下各个作业地点，为井下职工营造一个安全的工作环境，实现矿井本质安全的宏伟目标。潞安集团常村煤矿N3采区救生舱和避难硐室布置方式如图9-34所示。

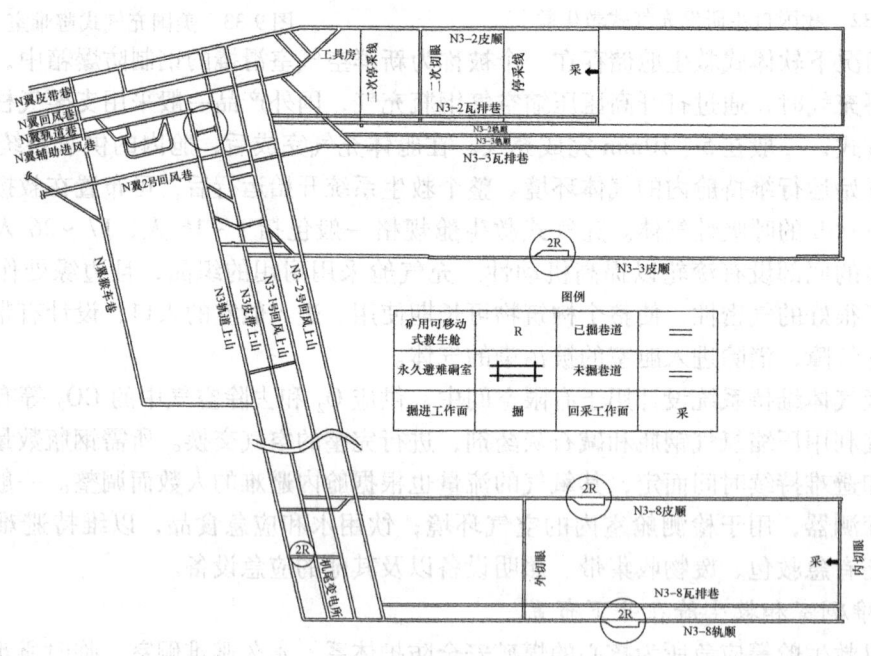

图9-34 潞安集团常村煤矿避难硐室和救生舱井下布置

永久避难硐室建设于井底车场或采区内人流量较大的区域，由于救生舱具有较好的移动性能，在井下布置时将救生舱放置在距离工作面较近的区域，发生矿井事故时为工作面人员提供避险空间。救生舱为安全防护产品，其在井下的布置以不影响矿井正常生产为原则，直接将救生舱放置在矿井巷道对矿井的交通和通风有较大的影响，因此在矿井掘进过程中，每隔1000m在巷道两侧掘进两个置舱硐室，用于放置救生舱。将救生舱放置在置舱硐室内既能有效地避免对矿井生产的影响，同时又可避免在发生瓦斯爆炸等事故时冲击波对救生舱的破坏，并且便于救生舱的管理。井下置舱硐室的设计和救生舱的布置如图9-35、图9-36、图9-37所示。

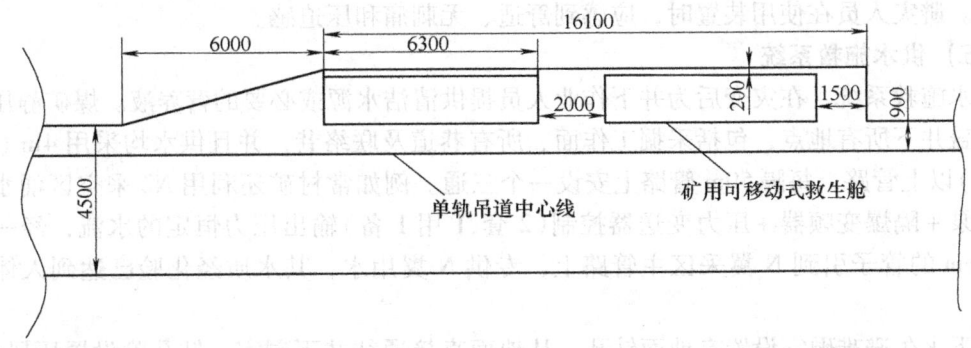

图9-35　救生舱在巷道安装示意图

图9-36　潞安集团常村煤矿井下救生舱

图9-37　潞安集团常村煤矿井下避难硐室

事故发生后，井下人员根据就近避难的原则选择避灾设施。其中工作面人员的选择距离工作面较近的矿用可移动式救生舱避难，避难硐室可为井底工作人员、巷道维修人员、回撤人员、运输人员、巡检人员以及零散人员提供避难空间。

（四）压风自救系统

利用矿井的压风风源，在矿井发生灾变情况时，利用压风自救装备及时向灾区提供新鲜空气，使受灾害威胁的人员达到安全自救的目的。

压风自救装置系统是一种固定式永久性自救装备，用于具有煤与瓦斯突出的煤矿井下救灾防护。安装在硐室、有人工作的场所、人员流动的井巷，也可安装在掘进和回采工作面。当发生煤和瓦斯突出或突出前有预兆出现时，工作人员可就近进入自救装置，打开压气阀避灾。

构成：管路、开关、送气器、防护袋等。关键部件：送气器，其作用是对压气进行减压（可调节）、消除噪声、过滤、净化压气。

工作原理：本装置为隔绝式装置。当煤矿井下出现煤与瓦斯突出预兆或突出时，避灾人员立即去到自救装置处，解开防护袋，打开通气开关，然后迅速钻进防护袋内，压气管路中的压气经减压阀节流减压后的新鲜空气充满防护袋，其压力达 0.09MPa 左右，对袋外空气形成正压力，而袋外有害空气压力低，不能进入袋内，避灾人员不致受到有害气体的侵害。防护袋是用特制塑料通过热合而成的，不漏气，具有阻燃和抗静电的特性。

根据《矿井压风自救装置技术条件》(MT 390—1995)的规定，压风自救装置适用的压风管道供气压力为 0.3~0.7MPa，在 0.3MPa 压力时，每个装置的排气量应在 100~150L/min 范围内。避灾人员在使用装置时，应感到舒适、无刺痛和压迫感。

（五）供水施救系统

供水施救系统，在灾变后为井下作业人员提供清洁水源或必要的营养液。煤矿静压水系统已覆盖井下所有地点，包括采掘工作面、所有巷道及联络巷，并且供水均采用 4in (1in = 2.54cm) 以上管路，每隔 50m 管路上安设一个三通。例如常村矿还利用 N2 采空区涌水，通过潜水泵 + 隔爆变频器 + 压力变送器控制(2 套,1 用 1 备)输出压力恒定的水流，经一趟直径 100mm 的管子引到 N 翼采区主管路上，专供 N 翼用水，其水质经化验已达到人体饮用标准。

井下永久避难硐室设置有地面钻孔，从地面直接通往井下硐室，钻孔除设置压风管路、动力电缆和通信电缆外，还设置有供水管路。供水管路直径一般为 30~50mm。当井下事故发生时，救援人员可通过地面的供水孔向硐室内避难人员提供水和营养液。保证避难人员的生命安全。

（六）通信联络系统

井下通信系统是实现矿山生产过程控制与调度、安全预警、突发灾害应急救援的基础数据传输平台。有线通信：以铜缆为传输媒介的有线通信、以光缆为传输媒介的有线通信。无线通信：泄露电缆通信系统和小灵通通信系统等。

矿井发生事故，在井下人员进入救生舱避难的情况下，矿井救援指挥中心及矿山救护队如果能及时掌握救生舱内避难人员提供的相关信息，就能迅速地对照应急预案确定救生舱位置制定针对性的救援方案，迅速、有效地展开救援工作，使被困人员生还的几率大大提高。在矿井巷道复杂条件下传递信息，需要有性能优良的通信系统。在事故发生后矿井各类管线都可能遭到破坏的情况下，通信的保障困难尤为突出。要使得救生舱具备灾变情况下的有效通信能力，必须依据矿山现场环境以及现有矿用通信设备的水平来选择救生舱内装备的通信系统。

美国最新的关于矿难被困人员救生舱的规则条例：《联邦注册 80694 第 73 卷 251 号》中关于通信系统的要求为：矿难救生舱内应包括一套双向通信设施，该设施是煤矿通信系统的一部分，该通信系统可用于从救生舱内向外通话，是操作人员已获通过的《紧急情况应对计划》中的通信部分规定的额外通信系统。

1. 国外井下通信设备

国外最先进的矿山救援通信技术是 Impact802.11b 存取点(AP)，其专为地下矿业环境设计，设计考虑到煤矿井下充满挑战性的应用环境所需的特殊要求。Impact 存取点可适用于提供全面、连续的信号覆盖(可用 IP 话音来取代传统的无线电系统)，或者可在指定位置设定"热点"，在一般矿井，每一存取电信号覆盖可达 200~300m，这代表每一存取点可相距达 600m 而仍能提供连续信号覆盖。其具有很大的优越性，适应性也很强。

其次，TTE(Through—The—Earth)通信系统很可能称为与矿工联系的最佳通信系统，因为这种系统能够有效地阻止顶板冒落、火灾和爆炸对信号的破坏。但目前市场上销售的 TTE 通信系统大多局限于从地面到井下的通信。只有一种系统能够实现地面到井下双向通信，而且不是便携式的系统。

（1）加拿大的 Flexalert Flexalert 是一种应急疏散系统。采用低频率电磁波把信息传输给佩戴特制矿灯接收器的矿工。它是一种单向 TTE 传输系统。在矿山地面架设 10～120m 金属环形天线，矿灯内安装接收器。接收的疏散信号使矿灯闪光。

（2）澳大利亚的个人应急装置(PED)通信系统是一种单向 TTE 传输系统，它能够在不借助井下任何电缆和布线的情况下将专用文本信息传输给井下矿工。虽不具备从井下向地面 TTE 传输信息功能，但可通过一种独立的漏泄馈电电缆系统实现向地面通信。PED 通信系统工作频率是 1000Hz，能将数字信息直接传输给矿工、队组或井下所有人员。当接收到一条信息时，矿灯闪烁，位于矿灯蓄电池上部的液晶显示器上显示出信息。1990 年美国首次采用了这种通信系统。目前，美国煤矿安装了 17 部这种 PED 通信系统，金属非金属矿山也安装了一部 PED 通信系统。1998 年 11 月 25 日，美国犹他州 Willow Creek 煤矿发生火灾，PED 通信系统成功报警。

（3）美国的 TeleMag Transtek TeleMag 是一种无线 TTE 双向话音和数据通信系统。这种通信系统的工作频率是 4000Hz。它是一种便携式站对站系统。井下和地面天线是由 60ft (1ft＝0.3048m) 直径环路组成。曾在 300ft 深度进行试验。2000 年 8 月首次在美国国家职业安全健康研究院 LakeLynn 试验矿井进行了样机试验。目前尚未在煤矿使用。生产厂家申请在几个非煤矿井中安装使用。

目前，国外开发了煤矿井下超低频透地通信系统，它是以大地为传播媒介，令无线电波直接透过大地来实现地面与井下通信的一种方式。例如，澳大利亚国家矿山技术开发公司研制的 PED 井下无线通信急救系统，采用超低频信号传透岩层传输无线信号，可由地面调度中心寻呼矿井下数百米深处的工作人员。透地通信的突出优点是抗事故灾害的能力强，因其信道是大地，不会因砸碰、顶板塌落、爆炸、火灾等情况而损坏。

2. 国内井下通信设备

目前，我国煤矿井下比较完善的通信系统都是以有线调度电话为主体，再因地制宜地辅以其他的通信手段构成一个完整的井下通信网。通常情况下煤矿井下通信网由有线生产调度通信系统、有线扩音通信系统、动力载波电话、感应无线通信系统、漏泄无线通信系统等构成。

（1）井下有线通信系统

目前我国煤矿井下通信基本上是有线装置，依靠电缆传输信息。由于井下采煤作业的实际环境所限，地面潮湿，电缆腐蚀严重，平时信号不好，一旦发生事故，通信马上中断。

（2）井下无线通信系统

井下无线通信系统为井下采煤提供通信手段，帮助矿山提高生产率和安全性，以减少煤矿瓦斯爆炸等恶性事故给煤矿带来的巨大损失。为了减少地质条件对无线通信信号的衰减，通常采用低频通信直至超低频通信，但这样需要的天线将会很大，这对于井下移动通信来说很不方便。

目前，我国煤矿井下无线通信的主要方式有动力载波通信、感应通信、漏泄通信、中频

本章习题

1. 矿山救护及应急救援组织体系由哪几部分组成？
2. 矿山救护及应急救援支持体系包括哪几部分？
3. 瓦斯爆炸事故的救援程序为什么？
4. 简要概述矿井火灾事故的现场处置措施。
5. 矿山救护队的任务有哪些？
6. 矿山救护队的技术装备主要有哪些？
7. 简要介绍一下氧气呼吸器的工作原理。
8. 避难硐室分为哪几种？它们的特点如何？
9. 煤矿井下安全避险六大系统包括哪几部分？

参 考 文 献

[1] 《应急救援系列丛书》编委会. 非煤矿山应急救援必读[M]. 北京：中国石化出版社，2008.
[2] 何学秋，等. 中国煤矿灾害防治理论与技术[M]. 徐州：中国矿业大学出版社，2006.
[3] 中国煤炭工业协会. 中国煤炭经济研究[M]. 北京：煤炭工业出版社，2009.
[4] 张国枢. 通风安全学[M]. 徐州：中国矿业大学出版社，2000.
[5] 张国枢. 矿井实用通风技术[M]. 北京：煤炭工业出版社，1992.
[6] 吴中立. 矿井通风与安全[M]. 徐州：中国矿业学院出版社，1989.
[7] 杨大明，孙承仁，李英贤. 煤矿通风与安全技术[M]. 北京：煤炭工业出版社，1989.
[8] 史惠昌. 通风与安全[M]. 北京：煤炭工业出版社，1989.
[9] 王英敏. 矿内空气动力学与矿井通风系统[M]. 北京：冶金工业出版社，1994.
[10] 王英敏. 矿井通风与防尘[M]. 北京：冶金工业出版社，1993.
[11] 汪德淇. 矿井通风防尘[M]. 北京：冶金工业出版社，1994.
[12] 王德明. 矿井通风与安全[M]. 徐州：中国矿业大学出版社，2007.
[13] 张国枢. 通风安全学[M]. 2版. 徐州：中国矿业大学出版社，2007.
[14] 黄元平. 矿井通风[M]. 徐州：中国矿业学院出版社，1986.
[15] 贾荣先，等. 建井通风与安全[M]. 北京：煤炭工业出版社，1980.
[16] 李庆宜. 通风机[M]. 北京：机械工业出版社，1981.
[17] 浑宝炬，郭立稳. 矿井通风与除尘[M]. 北京：冶金工业出版社，2007.
[18] 吴超主. 矿井通风与空气调节[M]. 长沙：中南大学出版社，2008.
[19] 王海桥. 掘进工作面射流通风流场研究[J]. 煤炭学报，1999，24(3).
[20] 游华聪. 煤矿通风技术与安全管理[M]. 成都：西南交通大学出版社，2003.
[21] 任洞天. 矿井通风与安全[M]. 北京：煤炭工业出版社，1983.
[22] 中国煤炭教育协会职业教育教材编审委员会. 矿井通风与安全：通风技术[M]. 北京：煤炭工业出版社，2007.
[23] 何学秋，等. 中国煤矿灾害防治理论与技术[M]. 徐州：中国矿业大学出版社，2006.
[24] 金龙哲. 矿井粉尘防治[M]. 北京：煤炭工业出版社，1993.
[25] 蒋仲安. 湿式除尘技术及其应用[M]. 北京：煤炭工业出版社，1999.
[26] 蒋仲安. 湿式除尘机理的研究与运用[D]. 北京：中国矿业大学北京研究生部，1994.
[27] 傅贵. 煤体预湿机理与注水防尘技术研究[D]. 北京：中国矿业大学北京研究生部，1994.
[28] 金龙哲，李晋平，孙玉福. 矿井粉尘防治理论[M]. 北京：科学出版社，2010.
[29] 郭金刚，金龙哲，等. 潞安矿区防尘技术及实践[M]. 北京：科学出版社，2010.
[30] 赵益芳. 矿井防尘理论及技术[M]. 北京：煤炭工业出版社，1994.
[31] 杨胜强. 粉尘防治理论及技术[M]. 徐州：中国矿业大学出版社，2007.
[32] 赵书田. 煤矿粉尘防治技术[M]. 北京：煤炭工业出版社，1987.
[33] 王青松，金龙哲，孙金华. 煤层注水过程分析和煤体润湿机理研究[J]. 安全与环境学报，2004，4(1).
[34] 宋涛. 矿山企业粉尘控制现状及对策[J]. 科技资讯，2006(8)：9-10.
[35] 鄢小虎，廖结. 我国常用除尘器的应用现状[J]. 环境技术，2005(4)：14-16.
[36] 时训先，蒋仲安，褚燕燕. 煤矿综采工作面防尘技术研究现状及趋势[J]. 中国安全生产科学技术，2005，2(1)：41-43.
[37] 姚海飞，金龙哲，刘建，等. 高效水炮泥降尘实验研究[J]. 中国煤炭，2009，35(11)：99-102.

[38] 马中飞. 工业通风与防尘[M]. 北京：化学工业出版社，2007.
[39] 谢振华. 个体防护知识[M]. 北京：化学工业出版社，2008.
[40] 周世宁. 煤层瓦斯赋存与流动理论[M]. 北京：煤炭工业出版社，1999.
[41] 张丽，周玲玲. 瓦斯爆炸机理及预防措施[J]. 化学教育，2006(1)：2-3.
[42] 林柏泉，菅从光，支晓伟. 瓦斯爆炸机理及湍流对火焰传播速度的影响[J]. 北京理工大学学报，2003(23)：120-126.
[43] 周心权，吴兵，徐景德. 煤矿井下瓦斯爆炸的基本特性[J]. 中国煤炭，28(9)：8-11.
[44] 储重苏. 瓦斯[M]. 北京：煤炭工业出版社，1983.
[45] 郑伦金. 被动式隔爆水棚子的安装及使用基本要求[J]. 煤矿安全，1984(2)：54-56.
[46] 马沃舍夫斯基，索巴拉. 论煤尘爆炸防治方法及措施的改进[J]. 矿业安全与环保，1988(2)：38-43.
[47] 张金锋，聂百胜，杨艺，等. 煤矿瓦斯煤尘爆炸阻隔爆新技术探讨[C]//中国兵工学会. 第九届全国爆炸与安全技术学术会议论文集，2006：178-181.
[48] 陈月琴，蒋曙光，吴征艳，等. 煤矿用阻隔爆技术综述[J]. 煤矿机械，2009，30(3)：4-6.
[49] 孙孟杰，卢双菊，焦安金. 浅谈煤尘爆炸及预防[J]. 山东煤炭科技，2000(增刊)：157-158.
[50] 匡学建，吴素琪. 烟花爆竹爆炸事故现场勘查探讨[J]. 花炮科技与市场，2007(2)：24-26.
[51] 冯思静，马云东. 中国煤矿安全事故损失计算模型研究[J]. 灾害学，2009，24(1)：92-96.
[52] 中国煤炭工业劳动保护科学技术学会. 矿井火灾防治技术[M]. 北京：煤炭工业出版社，2003.
[53] 余明高，潘荣锟. 煤矿火灾防治理论与技术[M]. 郑州：郑州大学出版社，2008.
[54] 金龙哲，宋存义. 安全科学技术[M]. 北京：化学工业出版社，2004.
[55] 陈宝智. 矿山安全工程[M]. 北京：冶金工业出版社，2009.
[56] 王德明. 矿井火灾学[M]. 徐州：中国矿业大学出版社，2008.
[57] 陈雄. 矿井灾害防治技术[M]. 重庆：重庆大学出版社，2009.
[58] 安全生产监察编写组. 安全生产监察[M]. 北京：化学工业出版社，2006.
[59] 刘阳. 煤矿重大水灾预防与快速治理新技术及水灾监测预警实务全书[M]. 北京：煤炭工业出版社，2006.
[60] 孙华山. 金属非金属矿山安全[M]. 武汉：湖北科学技术出版社，2003.
[61] 中国安全生产科学研究院. 金属非金属矿山安全培训教程[M]. 北京：化学工业出版社，2006.
[62] 印万忠，李丽匣. 尾矿的综合利用与尾矿库的管理[M]. 北京：冶金工业出版社，2009.
[63] 姜德义，朱合华，杜云贵. 边坡稳定性分析与滑坡防治[M]. 重庆：重庆大学出版社，2005.
[64] 郑颖人，等. 边坡与滑坡工程治理[M]. 北京：人民交通出版社，2006.
[65] 宰金珉. 岩土工程测试与监测技术[M]. 北京：中国建筑工业出版社，2008.
[66] 《采矿手册》编辑委员会. 采矿手册第3卷[M]. 北京：冶金工业出版社，1991.
[67] 王德明. 矿井通风与安全[M]. 徐州：中国矿业大学出版社，2007.
[68] 李谦. 呼吸器应用技术[M]. 北京：中国科学技术出版社，2007.
[69] 施文. 有毒有害气体检测仪器原理和应用[M]. 北京：化学工业出版社，2009.
[70] 刘蓉，等. 煤矿监测监控综合技术手册[M]. 长春：吉林电子出版社，2004.
[71] 金龙哲，等. 矿山安全技术[M]. 北京：化学工业出版社，2004.
[72] 北京达飞安全科技有限公司. 非煤矿山矿长和管理人员安全培训教材[M]. 北京：中国石化出版社，2005.
[73] 北京达飞安全科技有限公司. 非煤矿山职工安全培训教材[M]. 北京：中国石化出版社，2005.
[74] 周星火. 铀矿通风与辐射安全[M]. 哈尔滨：哈尔滨工业大学出版社，2009.
[75] 宏伟. 解密我国矿山应急救援体系[J]. 当代矿工，2002(4)：7-9.

[76] 杨大明. 我国矿山救护现状[J]. 当代矿工，2002(4)：11.
[77] 国家安全生产监督管理总局. 矿山救护规程[S]. 北京：煤炭工业出版社，2009.
[78] 国家安全生产监督管理总局. 煤矿安全规程[S]. 北京：煤炭工业出版社，2010.
[79] 曾凡付. 矿山救护呼吸保护装备[M]. 北京：煤炭工业出版社，2007.
[80] 田卫东，周华龙. 矿山救护(高职煤矿开采技术专业)[M]. 重庆：重庆大学出版社，2010.
[81] 王振东. 矿山救护队员[M]. 北京：中国劳动社会保障出版社，2008.
[82] 燕雁. 图文："矿用救生舱"模拟试验在山西潞安取得成功[N]. 新华每日电讯，2008.7.15.
[83] 邢娟娟，廖江海，胡福静，等. 事故现场救护与应急自救[M]. 北京：航空工业出版社，2006.
[84] 覃继兰. 矿山安全法律法规知识与应用[M]. 成都：西南交通大学出版社，2003.
[85] 马世海. 安全生产监察[M]. 北京：化学工业出版社，2006.
[86] 韩鸿彬. 浅议矿山安全法律法规[J]. 现代矿业，2009(8)：128-129.
[87] 赵军，王庆，王云海，等. 完善我国煤矿安全生产法律法规探讨[J]. 中国安全生产科学技术，2007，3(4)：64-68.
[88] 周维新. 矿山安全监察法律制度研究[D]. 重庆：重庆大学，2008.
[89] 魏良贤. 浅谈国家矿山安全监察[J]. 劳动保护，1987(9)：28-29.
[90] 开胜. 要重点加强矿山安全监察工作[J]. 劳动保护，1988(2)：7.